정 수 론

제9판

박승안 · 김응태

경문사

머 리 말

整數論은 수학의 여러 분야 중에서도 가장 오래된 분야이며 오랜 세월에 걸쳐서 수많은 수학자들이 연구하고 발전시켜 온 분야이다. 정수론은 대수적 정수론(代數的 整數論)과 해석적 정수론(解析的 整數論) 두 분야로 발전되어 왔으며, 최근에 전자계산기와 관련하여 암호학, 부호이론, 이산수학, 전산학, 정보과학 등 여러 분야 학문 발전에 중요한 공헌을 하고 있다.

이 책의 맨 처음 원고를 1977 년에 손으로 집필한 지 42 년이 지난 2019 년에 '정수론, 제 9 판'을 출간하게 되어 기쁜 마음 이를 데 없다. 올해 여러 달에 걸쳐 이 책을 집필하고 편집하면서 '정수론 제 8 판'의 내용과 서술을 대폭 수정, 보완하고 상당히 많은 부분을 보다 쉽고 명확하게 설명하는 데 심혈을 기울였다.

이 책은 학부 학생과 일반인을 위하여 기초 이론과 응용을 다룬 책으로서 정리의 증명과 보기에 대한 설명, 그리고 해설과 연습문제 풀이를 상세히 하여 학습에 도움이 되도록 하였다. 이 책의 각 장의 내용은 다음과 같다.

제 1 장에서는, 사상과 수의 체계에 대하여 간단히 논하고, 정수의 성질과 약수, 배수, 최대공약수, 최소공배수와 일차부정방정식에 대하여 논한다.

제 2 장에서는, 素數와 정수의 표준분해, Fermat 素數와 Mersenne 素數에 대하여 논하고, 정수론적 함수의 성질과 양의 약수 전체의 개수와 합 그리고 정수를 나타내는 여러 가지 방법과 Fibonacci 수에 대하여 논한다.

제 3 장에서는, 합동식의 성질, 합동식의 활용과 일차합동식의 해, 중국인의 나머지 정리, 연립일차합동식의 해와 이차합동식에 대하여 논한다.

제 4 장에서는, Fermat 의 정리와 Wilson 의 정리, Euler 의 φ 함수의 성질, Euler 의 정리, 이항합동식에 대하여 논하고 암호체계를 간단히 소개한다.

제 5 장에서는, 법 m 에 관한 위수, 원시근과 이산로그의 특성, 원시근의 활용 문제에 대하여 논하고, 실수를 b 진법으로 나타내는 방법과 활용에 대하여 논한다.

제 6 장에서는, 이차잉여, Legendre 기호, 이차합동식과 응용, 零知識 증명, 이차잉여의 상호 법칙, Jacobi 기호에 대하여 논한다.

제 7 장에서는, 피타고라스의 세 수, Fermat 의 마지막 정리, 부정방정식의 정수해, 두 제곱수의 합 등에 대하여 논한다.

제 8 장에서는, 유한 단순연분수와 무한 단순연분수, 무리수 $\sqrt{n}$ 의 연분수 전개에 대하여 논하고, 제곱수가 아닌 양의 정수 d 에 대하여 부정방정식

$$x^2 - dy^2 = 1, \quad x^2 - dy^2 = -1$$

의 정수해에 대하여 논한다.

제 9 장에서는 원시근의 존재성, 원시근과 이항합동식, 원시근과 素數, 알고리즘 등과 같은 독립적인 논제를 논한다.

제 10 장에서는, 여러 가지 정수론적 함수, 완전 곱셈함수, Möbius 의 반전 공식, 형식적 멱급수, 정수론적 함수의 Bell 멱급수, Riemann ζ 함수의 특성에 대하여 논한다.

다음 그림은 각 장 사이의 관계를 나타내는 위계도이다.

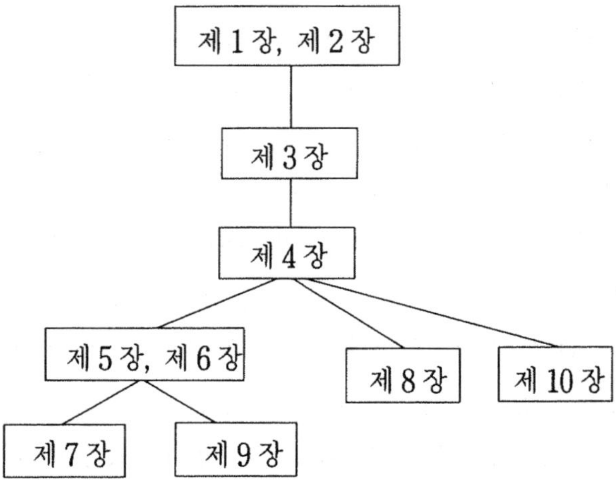

이 책의 부록에서는 자연수에 대한 Peano 의 공리계를 이용하여 자연수의 기본성질을 상세히 증명하고 동치관계에 대하여 간단히 논하며 여러 가지 표를 소개하였다.

그리고, 각 장의 머리에서는 그 장에서 다루는 내용을 간략히 소개하였고 끝에서는 정수론 발전에 기여한 수학자에 관한 이야기를 실어 학습에 도움이 되게 하였다. 수학자에 대한 약력은

www.gap-system.org/~history/Mathematicians

에서 찾아 볼 수 있다.

또, 특정한 논제에 대한 해설과 연습문제에 대한 상세한 모범답안 및 참고 사항과 보충문제를 본문과 같은 체제로 집필하여

북이오 (https://buk.io/@la4903)

에 올려놓아 학생 스스로 자습하는 데 도움이 되게 하였다.

이 책의 초판은 1978 년에 출간하였고 1982 년에 부분 수정하였으며 1989 년에 제 2 판, 1990 년에 제 3 판, 1997 년에 제 4 판, 2003 년에 제 5 판, 그리고 2005 년에 제 6 판, 2007 년에 제 7 판, 2012 년에 제 8 판을 출간하였으며 2019 년에 '정수론, 제 9 판'을 출간하게 되었다.

여러 친우들과 처의 응원과 격려에 그리고 경문사의 박종화 상무의 열성에 감사드리고, 특히 오랫동안 보관해 두었던 '**호글** 97'과 32 bit version PC 로 본문과 해설 및 연습문제 풀이를 직접 입력하고 편집한 후에 pdf 파일과 함께 출판사로 보낼 수 있었던 것을 기쁘게 생각한다.

박승안의 영원한 스승이시고 이 책의 공저자이신 김응태 선생님의 명복을 삼가 빕니다.

2019 년 7 월

박 승 안

차 례

제 4 장 Fermat 의 정리와 Euler 의 정리

제 5 장 원시근

제 6 장 이차잉여

제 7 장 부정방정식

제 8 장 연 분 수

제 9 장 素數와 원시근

제 10 장 정수론적 함수와 Riemann ζ 함수

수학자 소개

그리스 문자

Α	α	(alpha)	Ι	ι	(iota)	Ρ	ρ	(rho)
Β	β	(beta)	Κ	ϰ	(kappa)	Σ	σ	(sigma)
Γ	γ	(alpha)	Λ	λ	(lambda)	Τ	τ	(tau)
Δ	δ	(delta)	Μ	μ	(mu)	Υ	υ	(upsilon)
Ε	ε	(epsilon)	Ν	ν	(nu)	Φ	φ, ϕ	(phi)
Ζ	ζ	(zeta)	Ξ	ξ	(xi)	Χ	χ	(chi)
Η	η		Ο	ο	(omicron)	Ψ	ψ	(psi)
Θ	θ		Π	π	(pi)	Ω	ω	(omega)

제 1 장

정　수

'수학은 모든 과학의 여왕이고,
정수론은 수학의 여왕이다.'

'Mathematics is the queen of
the science and number theory
the queen of mathematics.'

——— *Karl Friedrich Gauss*

이 장에서는 집합과 사상, 수체계에 대하여 간단히 논하고 정수 전체의 집합 $\mathbb{Z}$의 연산과 순서에 관한 기본성질에 대하여 논하며, 정수 전체의 집합 $\mathbb{Z}$ 에서의 약수와 배수, 최대공약수와 최소공배수, 유클리드의 알고리즘, 일차부정방정식의 정수해에 대하여 논한다.

이 책의 [부록] 에서는, 자연수에 대한 Peano의 공리계를 도입하여 자연수와 덧셈과 곱셈 및 순서를 정의하여 이에 관한 성질을 엄밀히 증명하고, 또 동치관계에 대하여 간단히 논한다.

§1.1 집합과 사상

집합 A 에 대하여 x 가 A 의 원소(element) 일 때, 이 사실을 $x \in A$ 또는 $A \ni x$ 로 나타내고, 또 x가 A 의 원소가 아닐 때 이 사실을 $x \notin A$ 또는 $A \not\ni x$ 로 나타낸다. 그리고, 집합 B가 집합 A 의 부분집합(subset) 일 때 이 사실을 $B \subseteq A$ 또는 $A \supseteq B$ 로 나타내고, 특히 B 가 A 의 진부분집합(眞部分集合, proper subset)일 때 이 사실을

$$B \subset A,\ A \supset B \quad \text{또는} \quad B \subsetneq A,\ A \supsetneq B$$

로 나타낸다.

그리고, 집합 A 가 유한집합(finite set)일 때 A 에 속해 있는 원소 전체의 개수를 $|A|$ 로 나타낸다. 공집합(空集合, empty set) 은 $\emptyset$ 로 나타낸다.

조건 $p(x)$ 를 만족시키는 원소 전체의 집합을 $\{x \mid p(x)\}$ 로 나타내고, 특히 집합 A 의 원소 중에서 조건 $p(x)$ 를 만족시키는 원소 전체의 집합을

$$\{x \in A \mid p(x)\} \quad \text{또는} \quad \{x \mid x \in A,\ p(x)\}$$

로 나타낸다. 그리고, 두 집합 A, B 에 대하여

$$A \cup B = \{x \mid x \in A \text{ 또는 } x \in B\},$$

$$A \cap B = \{x \mid x \in A,\ x \in B\},$$

$$A - B = \{x \in A \mid x \notin B\}$$

을 각각 A, B 의 합집합(union), 교집합(intersection), 差집합(difference)이라 하고, 특히 $A \cap B = \emptyset$ 일 때 A 와 B 는 서로 소(disjoint)라고 한다.

집합 A 의 원소 a 와 B 의 원소 b 를 이 순서대로 늘어놓아 괄호로 묶은 순서쌍(ordered pair) (a, b) 전체의 집합을 $A \times B$ 로 나타내고 이 집합을 A, B 의 **곱집합** 또는 **데카르트 곱**(Cartesian product)이라고 한다. 즉,

$$A \times B = \{(a, b) \mid a \in A,\ b \in B\}$$

$$(a, b) = (c, d) \Longleftrightarrow a = c,\ b = d$$

여기서, Cartesian 은 'Descartes 의' 를 뜻한다.

참인 명제 'p 이면, q 이다.' 를 $p \Longrightarrow q$ 로 나타내며 p 를 q 의 (q 이기 위한) **충분조건**이라 하고 q 를 p 의 (p 이기 위한) **필요조건**이라고 한다.

특히, $p \Longrightarrow q$ 인 동시에 $q \Longrightarrow p$ 일 때, 이 사실을 $p \Longleftrightarrow q$ 로 나타내고 이것을 'p 일 때 그리고 이때에만 q 이다(p if and only if q)' 라고 말한다. 또한, $p \Longleftrightarrow q$ 인 경우에, p 를 q 의 (q 이기 위한) **필요충분조건**이라 하고 q 를 p 의 (p 이기 위한) 필요충분조건이라고 한다. 그리고, $p \Longleftrightarrow q$ 일 때, p 와 q 는 서로 **동치**(同値, equivalent) 인 명제라고 한다.

함수 $f: A \longrightarrow B$ 를 흔히 **사상**(寫像, map, mapping) 이라고 한다. 여기서 A, B 를 각각 사상 f 의 **정의역**(定義域, domain), **공역**(共域, codomain)이라 하고 f 에 의한 x 의 상을 $f(x)$ 로 나타낸다. 또, f 에 의한 상 전체의 집합을 $\operatorname{im} f$ 또는 $f(A)$ 로 나타내고 이것을 f 의 **상**(像, image)이라고 한다. 즉,

$$\operatorname{im} f = f(A) = \{ f(x) \mid x \in A \}$$

두 사상 $f: A \longrightarrow B$, $g: A \longrightarrow B$ 에서 모든 원소 $x \in A$ 에 대하여 $f(x) = g(x)$ 일 때, f, g 는 **서로 같다**고 하고 이 사실을 $f = g$ 로 나타낸다. 그리고, 사상

$$1_A : A \longrightarrow A, \quad 1_A(x) = x$$

를 A 위의 **항등사상**(恒等寫象, identity map) 또는 **항등함수**라고 한다.

두 사상 $f: A \longrightarrow B$, $g: B \longrightarrow C$ 에 의하여 정의되는 사상

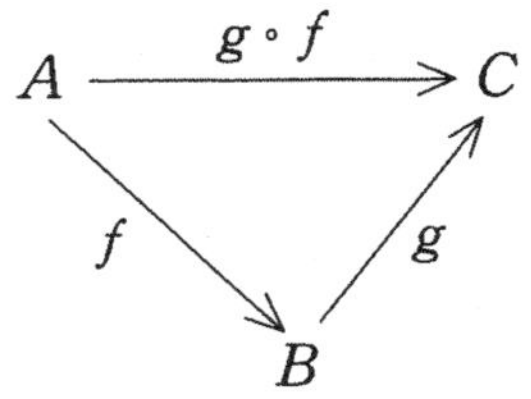

$$g \circ f : A \longrightarrow C, \quad (g \circ f)(x) = g(f(x))$$

를 f 와 g 의 **합성사상**(合成寫象, composite) 또는 **합성함수**라고 한다.

정리 1.1.1 세 사상 $f: A \longrightarrow B$,
$g: B \longrightarrow C$, $h: C \longrightarrow D$
에 대하여 다음이 성립한다.

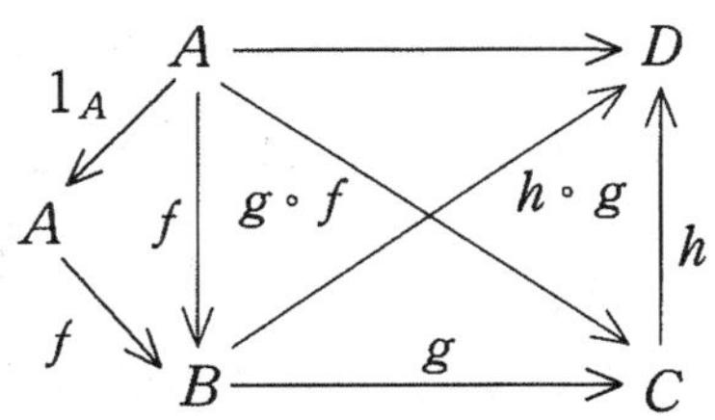

(1) $f \circ 1_A = f, \quad 1_B \circ f = f$

(2) $(h \circ g) \circ f = h \circ (g \circ f)$

정의 1.1.2 사상 $f : A \longrightarrow B$ 에서, 임의의 원소 $x_1, x_2 \in A$ 에 대하여 $x_1 \neq x_2$ 이면 $f(x_1) \neq f(x_2)$ 일 때 즉 $f(x_1) = f(x_2)$ 이면 $x_1 = x_2$ 일 때, f 를 **일대일 사상**(one-to-one map, injective map, injection)이라고 한다. 또,

$$\{f(x) \mid x \in A\} = B$$

일 때, f 를 **위로의 사상**(onto map, surjective map, surjection)이라고 한다.

그리고, f 가 일대일 사상인 동시에 위로의 사상일 때, f 를 **일대일 대응**(one-to-one correspondence)이라고 한다.

정리 1.1.3 사상 $f : A \longrightarrow B$, $g : B \longrightarrow C$ 에 대하여 다음이 성립한다.

(1) f 와 g 가 모두 일대일 사상이면, $g \circ f : A \longrightarrow C$ 는 일대일 사상이다.

(2) f 와 g 가 모두 위로의 사상이면, $g \circ f : A \longrightarrow C$ 는 위로의 사상이다.

(3) f 와 g 가 모두 일대일 대응이면, $g \circ f : A \longrightarrow C$ 는 일대일 대응이다.

증 명 (1) 두 사상 f, g 가 일대일 사상일 때, 원소 $x_1, x_2 \in A$ 에 대하여 $(g \circ f)(x_1) = (g \circ f)(x_2)$ 이라고 가정하면 $g(f(x_1)) = g(f(x_2))$ 이고 따라서 $f(x_1) = f(x_2)$ 이므로 $x_1 = x_2$ 이다.

그러므로, $g \circ f$ 는 일대일 사상이다.

(2) 두 사상 f, g 가 모두 위로의 사상이면,

$$(g \circ f)(A) = g(f(A)) = g(B) = C$$

이므로 $g \circ f$ 는 위로의 사상이다.

(3) 위의 (1), (2) 에 의하여 (3) 이 성립한다.

정리 1.1.4 사상 $f : A \longrightarrow B$, $g : B \longrightarrow C$ 에 대하여 다음이 성립한다.

(1) $g \circ f : A \longrightarrow C$ 가 일대일 사상이면, f 는 일대일 사상이다.

(2) $g \circ f : A \longrightarrow C$ 가 위로의 사상이면, g 는 위로의 사상이다.

특히, 두 사상 $f : A \longrightarrow B$, $g : B \longrightarrow A$ 에 대하여

$$g \circ f = 1_A, \qquad f \circ g = 1_B$$

이면, f 와 g 는 모두 일대일 대응이다.

증 명 (1) 합성사상 $g \circ f : A \longrightarrow C$ 가 일대일 사상일 때, $x_1, x_2 \in A$ 에 대하여 $f(x_1) = f(x_2)$ 이면 $g(f(x_1)) = g(f(x_2))$ 이므로

$$(g \circ f)(x_1) = (g \circ f)(x_2)$$

이고 따라서 $x_1 = x_2$ 이다. 그러므로, f 는 일대일 사상이다.

(2) 합성사상 $g \circ f$ 가 위로의 사상이면, $(g \circ f)(A) = C$ 이므로

$$C = g(f(A)) \subseteq g(B) \subseteq C$$

이고 따라서 $g(B) = C$ 이므로 g는 위로의 사상이다.

정리 1.1.5 사상 $f : A \longrightarrow B$ 가 일대일 대응이면,

$$g \circ f = 1_A, \quad f \circ g = 1_B$$

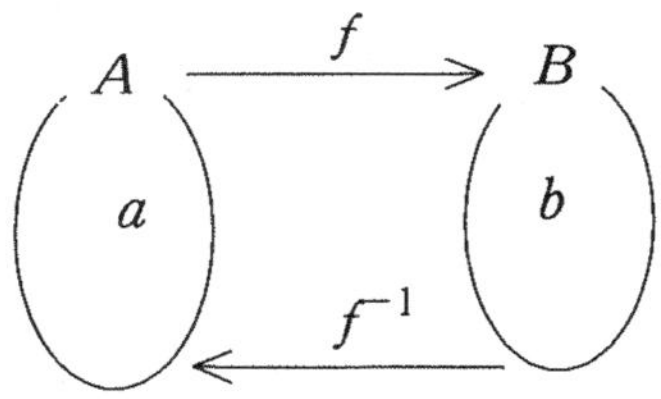

인 일대일 대응 $g : B \longrightarrow A$ 가 단 하나 존재한다.

이러한 g를 f의 **역사상**(逆寫象, inverse) 또는 **역함수**라 하고 g를 f^{-1}로 나타낸다. 즉,

$$f(a) = b \Leftrightarrow f^{-1}(b) = a \qquad (a \in A,\ b \in B)$$

$$f^{-1}(f(a)) = a,\ \ f(f^{-1}(b)) = b \qquad (a \in A,\ b \in B)$$

증 명 사상 $f : A \longrightarrow B$ 가 일대일 대응이라고 하자. 이 때, 각 $b \in B$ 에 대하여 $b = f(a)$ 인 원소 $a \in A$ 가 존재하고 이러한 원소 a는 단 하나뿐이다. 그러므로 다음과 같이 사상 $g : B \longrightarrow A$ 를 정의할 수 있다.

$$g(b) = a \Leftrightarrow f(a) = b \qquad (b \in B)$$

이와 같이 정의하면, 임의의 원소 $a \in A$ 와 $b \in B$에 대하여

$$(g \circ f)(a) = g(f(a)) = a, \quad (f \circ g)(b) = f(g(b)) = b$$

이므로 $g \circ f = 1_A$, $f \circ g = 1_B$ 이다.

또, 사상 $g' : B \longrightarrow A$ 에 대하여 $g' \circ f = 1_A$, $f \circ g' = 1_B$ 이면,

$$g' = 1_A \circ g' = (g \circ f) \circ g' = g \circ (f \circ g') = g \circ 1_B = g$$

이므로 $g \circ f = 1_A$, $f \circ g = 1_B$ 인 사상 g 는 단 하나뿐이다.

정리 1.1.6 두 유한집합 A, B 에서 $|A| = |B|$ 일 때, 사상 $f : A \longrightarrow B$ 에 대하여 다음 세 조건은 서로 동치이다.

(1) f 는 일대일 사상이다.

(2) f 는 위로의 사상이다.

(3) f 는 일대일 대응이다.

증 명 이제 $A = \{a_1, a_2, \cdots, a_n\}$, $|A| = |B| = n$ 이라고 하자.

먼저 사상 $f: A \longrightarrow B$ 가 일대일 사상이면, $f(a_1), f(a_2), \cdots, f(a_n)$ 은 모두 서로 다르고 또 $\{f(a_1), f(a_2), \cdots, f(a_n)\} \subseteq B$, $|B| = n$ 이므로

$$\{f(a_1), f(a_2), \cdots, f(a_n)\} = B$$

이고 따라서 f는 위로의 사상이고 또 f는 일대일 대응이다.

그리고, $f: A \longrightarrow B$가 위로의 사상이면,

$$\{f(a_1), f(a_2), \cdots, f(a_n)\} = B, \qquad |B| = n$$

이므로 $f(a_1), f(a_2), \cdots, f(a_n)$ 은 모두 서로 다르므로 f 는 일대일 사상이고 따라서 f 는 일대일 대응이다.

또, f가 일대일 대응이면, f 는 일대일 사상인 동시에 위로의 사상이다.

집합 $A\ (\neq \emptyset)$ 에서 각 순서쌍 $(x, y) \in A \times A$ 에 대하여 A 의 단 하나의 원소 z 를 대응시키는 사상

$$f : A \times A \longrightarrow A, \quad f(x, y) = z$$

를 A 위의 **이항연산**(二項演算, binary operation) 또는 간단히 **연산**이라 하고, $f(x, y)$ 를 x, y 의 합(sum), 곱(product) 또는 합성(composite) 이라고 한다. 그리고, $\circ$ 와 같은 기호를 사용하여 $f(x, y) = z$ 를 $x \circ y = z$ 로 나타내고

'A 위에 연산 $\circ$ 이 **정의되어 있다**(defined)'

고 한다. 이항연산을 나타내는 기호로서는 $\circ$, $*$, $+$, $\times$, $\cdot$ 등이 쓰인다.

집합 A 위에 연산 $\circ$ 이 정의되어 있을 때, A 의 부분집합 B 에 대하여

$$b, c \in B \implies b \circ c \in B$$

인 경우에 'B 는 연산 $\circ$ 에 관하여 **닫혀 있다**(closed)' 고 한다.

§ 1.2 수체계

실수 전체의 집합을 $\mathbb{R}$로 나타낼 때, $\mathbb{R}$위에 덧셈과 곱셈이 정의되어 있고

즉, $$a, b \in \mathbb{R} \Longrightarrow a+b \in \mathbb{R},\ ab \in \mathbb{R}$$

이고 또 집합 $\mathbb{R}$는 이들 두 연산에 관하여 다음 성질을 만족시킨다.

A.1 : $(a+b)+c = a+(b+c)$ (덧셈에 관한 결합법칙)

A.2 : $a+b = b+a$ (덧셈에 관한 교환법칙)

A.3 : 특정한 원소 $0 \in \mathbb{R}$이 존재하여, 모든 원소 $a \in \mathbb{R}$에 대하여 등식 $a+0 = 0+a = a$가 성립한다(0은 덧셈에 관한 항등원(恒等元)).

A.4 : 각 원소 $a \in \mathbb{R}$에 대하여 $a+(-a) = (-a)+a = 0$인 원소 $-a \in \mathbb{R}$가 존재한다($-a$는 덧셈에 관한 a의 역원(逆元)).

M.1 : $(ab)c = a(bc)$ (곱셈에 관한 결합법칙)

M.2 : $ab = ba$ (곱셈에 관한 교환법칙)

M.3 : 특정한 원소 $1 \in \mathbb{R}$, $1 \neq 0$ 이 존재하여, 모든 원소 $a \in \mathbb{R}$에 대하여 등식 $a1 = 1a = a$가 성립한다(1은 곱셈에 관한 항등원).

M.4 : 각 원소 $a \in \mathbb{R}$, $a \neq 0$에 대하여 $aa^{-1} = a^{-1}a = 1$ 인 원소 $a^{-1} \in \mathbb{R}$가 존재한다(a^{-1}는 곱셈에 관한 a의 역원).

D : $a(b+c) = ab+ac$, $(a+b)c = ac+bc$ (분배법칙)

집합 $\mathbb{R}$ 위에서의 뺄셈과 나눗셈은 각각 다음과 같이 정의된다.

$$a-b = a+(-b), \qquad a \div b = \frac{a}{b} = ab^{-1} \quad (b \neq 0)$$

그리고, 실수 전체의 집합 $\mathbb{R}$에는 순서관계 $<$가 정의되어 있고 또 임의의 실수 a, b, c에 대하여 다음이 성립한다.

(1) (三一律, trichotomy) 다음 중에서 하나 그리고 단 하나가 성립한다.

(i) $a < b$ (ii) $a = b$ (iii) $b < a$

(2) $a < b$, $b < c$이면, $a < c$이다.

(3) $a < b$, $0 < c$이면, $a+c < b+c$, $ac < bc$이다.

두 실수 a, b에 대하여 $a \le b$ 는 '$a < b$ 또는 $a = b$' 임을 뜻하고 $a \ge b$ 는 '$a > b$ 또는 $a = b$' 임을 뜻한다. 그리고, 실수 a의 絶代값 $|a|$를

$$|a| = \begin{cases} a & (a \ge 0 \text{ 일 때}) \\ -a & (a < 0 \text{ 일 때}) \end{cases}$$

으로 정하면, 임의의 두 실수 a, b 에 대하여 다음이 성립한다.

$$|ab| = |a||b|$$

두 정수 $a, b\ (b \ne 0)$ 에 대하여 $\frac{a}{b}$ 와 같은 **분수**(fraction) 의 꼴로 나타내어지는 수를 유리수(有理數, rational number)라 하고 유리수 전체의 집합을 $\mathbb{Q}$로 나타낸다. 즉,

$$\mathbb{Q} = \{\tfrac{a}{b} \mid a, b \text{는 정수}, b \ne 0\}, \qquad \mathbb{Q} \subset \mathbb{R}$$

$$\frac{a}{b} = \frac{c}{d} \Longleftrightarrow ad = bc$$

$$\frac{a}{b} + \frac{c}{d} = \frac{bc + ad}{bd}, \qquad \frac{a}{b} \cdot \frac{c}{d} = \frac{ac}{bd}$$

$\mathbb{R}$
|
$\mathbb{Q}$
|
$\mathbb{Z}$

유리수 전체의 집합 $\mathbb{Q}$는 덧셈과 곱셈에 관하여 실수 전체의 집합 $\mathbb{R}$의 경우와 마찬가지로 A.1 ~ A.4, M.1 ~ M.4, D 가 성립한다.

정수(整數, integer) a는 $a = \frac{a}{1}$로 나타낼 수 있으므로, 정수는 유리수이기도 하고 따라서 정수 전체의 집합의 집합을 $\mathbb{Z}$로 나타내면 $\mathbb{Z} \subset \mathbb{Q} \subset \mathbb{R}$이다.

유리수가 아닌 실수를 무리수(無理數, irrational number)라고 한다.

실수체 $\mathbb{R}$ 안에는 이차방정식 $x^2 + 1 = 0$의 근이 존재하지 않는다. 이제 이 방정식이 근을 가지도록 $i^2 = -1$ 인 새로운 수 i 를 도입하여

$$a + bi \qquad\qquad (a, b \text{는 실수})$$

와 같은 꼴의 수를 **복소수**(複素數, complex number) 라고 한다. 복소수 전체의 집합을 $\mathbb{C}$ 로 나타내고, 상등관계 및 덧셈과 곱셈을 다음과 같이 정의한다.

$$a + bi = c + di \Longleftrightarrow a = c,\ b = d$$

$$(a + bi) + (c + di) = (a + c) + (b + d)i,$$

$$(a + bi)(c + di) = (ac - bd) + (ad + bc)i$$

$\mathbb{C}$
|
$\mathbb{R}$

복소수 $\alpha = a + bi$에 대하여

$$\overline{\alpha} = a - bi, \quad N(\alpha) = \alpha\overline{\alpha} = a^2 + b^2, \quad |\alpha| = \sqrt{N(\alpha)}$$

를 각각 α의 켤레복소수, 노름(독일어, Norm), 絶代값이라고 한다.

두 복소수 $\alpha = a + ib$, $\beta = c + id$ 에 대하여 다음이 성립한다.

(1) $N(\alpha) = 0 \iff a = b = 0 \iff \alpha = 0$

(2) $\overline{\alpha + \beta} = \overline{\alpha} + \overline{\beta}, \qquad \overline{\alpha\beta} = \overline{\alpha}\,\overline{\beta}$

(3) $N(\alpha\beta) = \alpha\beta\,\overline{\alpha\beta} = \alpha\beta\overline{\alpha}\,\overline{\beta} = (\alpha\overline{\alpha})(\beta\overline{\beta}) = N(\alpha)\,N(\beta)$

즉, $(a^2 + b^2)(c^2 + d^2) = (ac - bd)^2 + (ad + bc)^2$

(4) $\alpha \neq 0$ 일 때, $\alpha^{-1} = \dfrac{\overline{\alpha}}{N(\alpha)} = \dfrac{a}{a^2 + b^2} + \dfrac{-b}{a^2 + b^2}\,i$ 이다.

복소수 전체의 집합 $\mathbb{C}$는 덧셈과 곱셈에 관하여 실수 전체의 집합 $\mathbb{R}$의 경우와 마찬가지로 A.1 ~ A.4, M.1 ~ M.4, D 가 성립한다.

정의 1.2.1 양의 정수 n에 대하여 곱 $n! = 1 \cdot 2 \cdot \cdots \cdot n$을 n의 **계승**(繼承, factorial) 이라 하고 또 $0! = 1$ 로 정한다.

그리고, $0 \leq r \leq n$인 정수 r에 대하여 다음과 같이 정의된 양의 정수를 **이항계수**(二項係數, binomial coefficient) 라고 한다.

$$\binom{n}{r} = \frac{n!}{r!\,(n-r)!} = {}_n\mathrm{C}_r$$

양의 정수 n과 $0 \leq r \leq n-1$인 정수 r에 대하여

$$\binom{n}{0} = 1, \quad \binom{n}{r} = \binom{n}{n-r}, \quad \binom{n+1}{r+1} = \binom{n}{r} + \binom{n}{r+1}$$

이고, 또 다음 정리를 쉽게 증명할 수 있다.

정리 1.2.2 (이항정리, Binomial Theorem) 두 실수 a, b와 양의 정수 n에 대하여 다음이 성립한다.

$$(a+b)^n = \sum_{r=0}^{n} \binom{n}{r} a^{n-r} b^r = \sum_{r=0}^{n} \binom{n}{r} a^r b^{n-r}$$

§ 1.3 정수의 기본 성질

정수 전체의 집합 $\mathbb{Z} = \{\cdots, -2, -1, 0, 1, 2, 3, \cdots\}$ 위에는 덧셈과 곱셈이 정의되어 있고 이에 관하여 다음이 성립한다.

A.1 : $(a+b)+c = a+(b+c)$ (덧셈에 관한 결합법칙)

A.2 : $a+b = b+a$ (덧셈에 관한 교환법칙)

A.3 : 특정한 정수 $0 \in \mathbb{Z}$ 이 존재하여, 모든 정수 $a \in \mathbb{Z}$ 에 대하여 등식 $a+0 = 0+a = a$ 가 성립한다(0 은 덧셈에 관한 항등원).

A.4 : 각 정수 $a \in \mathbb{Z}$ 에 대하여

$$a+(-a) = (-a)+a = 0$$

인 $-a \in \mathbb{Z}$ 가 단 하나 존재한다($-a$ 는 덧셈에 관한 a 의 역원).

M.1 : $(a\,b)\,c = a\,(b\,c)$ (곱셈에 관한 결합법칙)

M.2 : $a\,b = b\,a$ (곱셈에 관한 교환법칙)

M.3 : 특정한 정수 $1 \in \mathbb{Z}$ 이 존재하여, 모든 정수 $a \in \mathbb{Z}$ 에 대하여 등식 $a1 = 1a = a$ 가 성립한다(1 은 곱셈에 관한 항등원).

M.4 : $a\,b = a\,c,\ a \neq 0$ 이면, $b = c$ 이다. (소약법칙)
$ab = 0$ 이면, $a = 0$ 또는 $b = 0$ 이다.

D : $a(b+c) = a\,b + a\,c,\quad (a+b)\,c = a\,c + b\,c$ (분배법칙)

그리고, 정수 전체의 집합 $\mathbb{Z}$ 위에는 순서관계 $<$ 가 정의되어 있고 임의의 정수 a, b, c 에 대하여 다음이 성립한다.

(1) (三一律, trichotomy) 다음 중에서 하나 그리고 단 하나가 성립한다.

(i) $a < b$ (ii) $a = b$ (iii) $b < a$

(2) $a < b,\ b < c$ 이면, $a < c$ 이다.

(3) $a < b,\ 0 < c$ 이면, $a+c < b+c,\quad a\,c < b\,c$ 이다.

정수 a 에 대하여 $0 < a$ 인 경우에 a 를 **양의 정수**(positive integer) 또는 **자연수**(自然數, natural number) 라 하고, $a < 0$ 인 경우에 a 를 **음의 정수**(negative integer) 라고 한다.

양의 정수(자연수) 전체의 집합을 N 으로 나타내면 다음이 성립한다.

$$\mathbb{Z} = \{\cdots,\ -2,\ -1, 0, 1, 2, 3, \cdots\},$$

$$\mathrm{N} = \{1, 2, 3, 4, 5, 6, 7, \cdots\}, \qquad \mathrm{N} \subset \mathbb{Z}$$

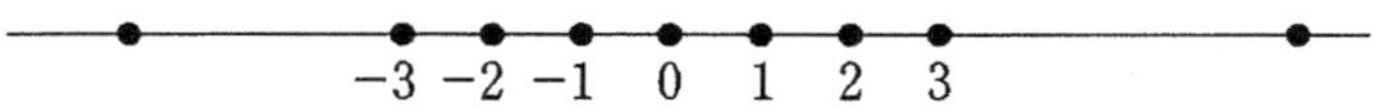

자연수(양의 정수)에 관한 이론은 독일 수학자 데데킨트(J.W.R. Dedekind)와 이탈리아 수학자 페아노(Giuseppe Peano)에 의하여 완성되었다.

자연수에 대한 Peano의 공리계에 대해서는 부록에서 상세히 논하기로 하고, 여기서는 다음에 소개할 수학적 귀납법의 원리와 정수의 정렬성(整列性)을 인정하기로 한다.

I (수학적 귀납법의 원리) 양의 정수 전체의 집합 N 의 부분집합 S에 대하여 다음 두 조건이 성립한다고 하자.

(i) $1 \in S$

(ii) $n \in S$이면, $n+1 \in S$ 이다

이 때, $S =$ N이다.

정리 1.3.1 (수학적 귀납법) 양의 정수 n에 관한 명제 $p(n)$에 대하여 다음 두 조건이 성립한다고 하자.

(i) $p(1)$은 참이다.

(ii) 양의 정수 k에 대하여, $p(k)$가 참이면 $p(k+1)$도 참이다.

이 때, 모든 양의 정수 n에 대하여 $p(n)$은 참이다.

증 명 이제 $p(n)$이 참인 양의 정수 n 전체의 집합을 S라고 하자.
이 때, 정리의 두 조건에 의하여 다음이 성립한다.

(i) $1 \in S$

(ii) 양의 정수 k에 대하여 $k \in S$이면, $k+1 \in S$ 이다

따라서 I에 의하여 $S =$ N 이다.

그러므로, 모든 양의 정수 n에 대하여 $p(n)$은 참이다.

정리 1.3.2 (정수의 整列性, well-ordering property) 양의 정수 전체의 집합 N의 부분집합 $S\,(\neq \varnothing)$ 에는 가장 작은 양의 정수 l 이 단 하나 존재한다.

즉, $\varnothing \subsetneq S \subseteq \mathrm{N}$ 일 때, 모든 원소 $s \in S$ 에 대하여 $l \leq s$ 인 원소 $l \in S$ 이 단 하나 존재한다.

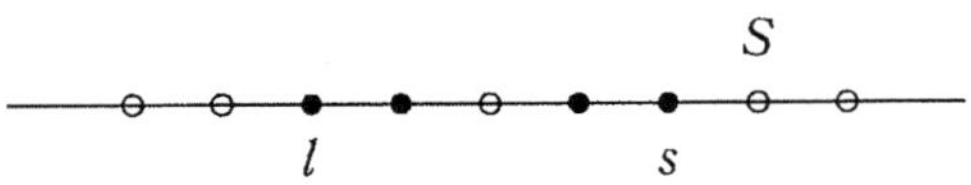

양의 정수 전체의 집합 N 에서는 I 와 함께 다음의 I′, I′′ 이 성립한다.

I′ (제 2 수학적 귀납법의 원리) 집합 N 의 부분집합 S 에 대하여 다음 두 조건이 성립한다고 하자.

(i) $1 \in S$

(ii) 양의 정수 k 에 대하여 $1, 2, \cdots, k \in S$ 이면, $k+1 \in S$ 이다.

이 때, $S = \mathrm{N}$ 이다.

I′′ 한 정수 c 에 대하여

$$C = \{a \in \mathbb{Z} \mid a \geq c\}$$

이라고 할 때, C 의 부분집합 S 가 다음 두 조건을 만족시킨다고 하자.

(i) $c \in S$

(ii) $c \leq n$ 인 정수 n 에 대하여 $n \in S$ 이면, $n+1 \in S$ 이다.

이 때, $S = C$ 이다.

위의 성질 I′ 과 성질 I′′ 을 이용하면, 다음 두 정리를 증명할 수 있다.

정리 1.3.3 (제 2 수학적 귀납법) 양의 정수 n 에 관한 명제 $p(n)$ 에 대하여 다음 두 조건이 성립한다고 하자.

(i) $p(1)$ 은 참이다.

(ii) 양의 정수 k 에 대하여 $p(1), \cdots, p(k)$ 가 모두 참이면, $p(k+1)$ 도 참이다.

이 때, 모든 양의 정수 n 에 대하여 $p(n)$ 은 참이다.

정리 1.3.4 한 정수 c에 대하여 $c \leq n$인 정수 n에 관한 명제 $p(n)$가 다음 두 조건을 만족시킨다고 하자.

(i) $p(c)$는 참이다.

(ii) $c \leq n$인 정수 n에 대하여, $p(n)$이 참이면 $p(n+1)$도 참이다.

이 때, $n \geq c$인 모든 정수 n에 대하여 $p(n)$은 참이다.

정리 1.3.5 (나눗셈 알고리즘, Division Algorithm) 정수 a와 양의 정수 b에 대하여

$$a = qb + r, \qquad 0 \leq r < b$$

인 정수 q, r가 존재하고 이와 같은 정수 q, r는 각각 하나뿐이다.

이러한 두 정수 q, r를 각각 a를 b로 나누었을 때의 **몫**(quotient), **나머지**(remainder)라고 한다.

증 명 $S = \{a - xb \mid a - xb \geq 0,\ x \in \mathbb{Z}\}$이라고 하면, $b \geq 1$이므로

$$a - (-|a|)b = a + |a|b \geq a + |a| \geq 0$$

이고 따라서 $a - (-|a|)b \in S$이므로 $S \neq \emptyset$이다.

이제 $0 \in S$이면, 0은 S에 속하는 정수 중에서 가장 작다. 한편 $0 \notin S$이면, $S \subseteq \mathrm{N}$이므로 정수의 정렬性(정리 1.3.2)에 의하여 S에는 가장 작은 정수가 존재한다. 따라서 어느 경우에나 S에는 가장 작은 정수 r가 존재하고 이때 적당한 정수 q에 대하여 $a - qb = r,\ r \geq 0$이다.

그런데, $r \geq b$이라 가정하고 $c = r - b$이라고 하면,

$$0 \leq c < r, \qquad c = a - qb - b = a - (q+1)b \in S$$

이므로 모순이 생긴다. 따라서 $a = qb + r,\ 0 \leq r < b$이다.

끝으로, q, r가 하나뿐임을 증명하기 위하여 두 정수 q', r'에 대하여

$$a = q'b + r', \qquad 0 \leq r' < b$$

이라고 가정하자. 이 때, $(q - q')b = r' - r,\ -b \leq r' - r < b$이므로

$$-b < (q - q')b < b$$

이고 따라서 $-1 < q - q' < 1$이므로 $q = q',\ r = r'$이다.

앞의 정리로부터 다음 따름정리를 얻는다.

따름정리 1.3.6 두 정수 a, b에 대하여 $b \neq 0$일 때,

$$a = qb + r, \qquad 0 \leq r < |b|$$

인 두 정수 q, r가 존재하고 이와 같은 정수 q, r는 각각 하나 뿐이다.

보기 1.3.1 $a = 43$, $b = 8$일 때, 다음이 성립한다.

$$43 = 5 \cdot 8 + 3, \qquad q = 5, \quad r = 3$$

$$43 = (-5)(-8) + 3, \qquad q = -5, \quad r = 3$$

$$-43 = (-6) \cdot 8 + 5, \qquad q = -6, \quad r = 5$$

$$-43 = 6 \cdot (-8) + 5, \qquad q = 6, \quad r = 5$$

고정된 양의 정수 m에 대하여, 임의의 정수 a는

$$a = mk + r \qquad (k \text{ 는 정수, } 0 \leq r < m)$$

와 같은 꼴로 나타내어지므로 임의의 정수를 m으로 나누었을 때의 나머지는 $0, 1, \cdots, m-1$ 중의 어느 하나이다.

특히, 임의의 정수를 적당한 정수 k에 대하여 $2k$ 또는 $2k+1$의 꼴로 나타낼 수 있다. 여기서, $2k$의 꼴인 정수를 **짝수**(even number)라 하고, 또 $2k+1$의 꼴인 정수를 **홀수**(odd number)라고 한다. 예를 들면,

$$-6, \ -4, \ -2, \ 0, \ 2, \ 4, \ 6, \ 8$$

는 짝수이고 $-3, -1, 1, 3, 5$는 홀수이다. 경우에 따라서 자연수 전체의 집합 N 안에서 짝수와 홀수를 논하기도 한다.

마찬가지로, 임의의 정수를

$$3k, \ 3k+1 \text{ 또는 } 3k+2$$

의 꼴로 나타낼 수 있고, 또

$$4k, \ 4k+1, \ 4k+2 \text{ 또는 } 4k+3$$

의 꼴로 나타낼 수 있다.

§1.4 약수와 배수

이 절에서는, 정수 전체의 집합 $\mathbb{Z}$ 안에서 생각하기로 한다.

정의 1.4.1 두 정수 a, b에 대하여

$$b = ac$$

인 정수 c가 존재하는 경우에 a를 b의 **약수**(約數, divisor) 또는 **인수**(因數, factor)라 하고 b를 a의 **배수**(倍數, multiple)라고 하며, 이 사실을

$$a \mid b$$

로 나타낸다. 그리고 $a \mid b$일 때 'a는 b를 나누어 떨어뜨린다'고 말하고, $a \mid b$가 아닌 경우에 이 사실을 $a \nmid b$로 나타낸다.

보기 1.4.1 분명히 $3 \mid 12$, $-3 \mid 12$, $12 \mid 12$, $12 \mid 0$ 이다.
그리고, 6 과 -6 의 약수 전체의 집합은 $\{\pm 1, \pm 2, \pm 3, \pm 6\}$ 이고, 6 과 -6 의 배수 전체의 집합은 $\{0, \pm 16, \pm 12, \pm 24, \cdots\}$ 이다.

정리 1.4.2 정수 a, b, c, d 에 대하여 다음이 성립한다.

(1) $1 \mid a$ 이고, 또 $a \mid 1$ 이면 $a = \pm 1$ 이다.

(2) $a \mid 0$ 이고, 또 $0 \mid a$ 이면 $a = 0$ 이다.

(3) $a \mid a$

(4) $a \mid b$, $b \mid a$ 이면, $a = \pm b$ 이다.

(5) $a \mid b$, $b \mid c$ 이면, $a \mid c$ 이다.

증 명 (1) 분명히 $a = a \cdot 1$ 이므로 $1 \mid a$ 이다.
또, $a \mid 1$ 이면 적당한 정수 s에 대하여 $1 = as$ 이므로 $a = \pm 1$ 이다.
(2) 분명히 $0 = a \cdot 0$ 이므로 $a \mid 0$ 이다.
또, $0 \mid a$ 이면, 적당한 정수 s에 대하여 $a = 0 \cdot s$ 이므로 $a = 0$ 이다.

(3) 분명히 $a = a \cdot 1$ 이므로 $a|a$ 이다.

(4) $a \mid b$, $b \mid a$ 이면, 적당한 정수 s, t 에 대하여 $b = as$, $a = bt$ 이므로 $b = b(st)$ 이다. 그런데, $b = 0$ 이면, $a = 0 = \pm b$ 이다.

한편, $b \neq 0$ 이면, $st = 1$ 이므로 $s = \pm 1$ 이고 따라서 $a = \pm b$ 이다.

(5) $a \mid b$, $b \mid c$ 이면, 적당한 정수 s, t 에 대하여 $b = as$, $c = bt$ 이고 이때 $c = a(st)$ 이므로 $a|c$ 이다.

정리 1.4.3 정수 a, b, d 에 대하여 $d \mid a$, $d \mid b$ 이면, 임의의 정수 x, y 에 대하여 $d \mid (ax + by)$ 이다.

특히, $d|a$, $d|b$ 이면, $d \mid (a+b)$, $d \mid (a-b)$ 이다.

증 명 $d \mid a$, $d \mid b$ 이면, 적당한 정수 s, t 에 대하여 $a = ds$, $b = dt$ 이고 이때 $ax + by = d(sx + ty)$ 이므로 $d \mid (ax + by)$ 이다.

정리 1.4.4 정수 a, b, c, d 에 대하여 다음이 성립한다.

(1) $a|b$ 이면, $a \mid (-b)$, $(-a) \mid b$, $(-a) \mid (-b)$ 이다.

(2) $a \mid b$, $b \neq 0$ 이면, $1 \leq |a| \leq |b|$ 이다.

(3) $a \mid b$, $c \mid d$ 이면, $ac \mid bd$ 이다.

(4) $a \mid b$ 이면, $a \mid bc$, $ac \mid bc$ 이다.

(5) $ac \mid bc$, $c \neq 0$ 이면, $a \mid b$ 이다.

(6) $a \mid b$ 이면, 모든 양의 정수 n 에 대하여 $a^n \mid b^n$ 이다.

증 명 (1) $a \mid b$ 이면, 적당한 정수 s 에 대하여 $b = as$ 이고 이때

$$-b = a(-s), \quad b = (-a)(-s), \quad -b = (-a)s$$

이므로 $a \mid (-b)$, $(-a) \mid b$, $(-a) \mid (-b)$ 이다.

(2) $a \mid b$, $b \neq 0$ 이면, 적당한 정수 s 에 대하여 $b = as$ 이고 또 $b \neq 0$ 이므로 $a \neq 0$, $s \neq 0$ 이고 따라서

$$|b| = |a||s|, \quad |a| \geq 1, \ |s| \geq 1$$

이므로 $1 \leq |a| \leq |b|$ 이다.

(3) $a \mid b$, $c \mid d$ 이면, 적당한 정수 s, t 에 대하여 $b = as$, $d = ct$ 이고 따라서 $bd = (ac)st$ 이므로 $ac \mid bd$ 이다.

(4) 분명히 $1 \mid c$, $c \mid c$ 이므로 (3) 에 의하여 (4) 가 성립한다.

(5) $ac \mid bc$, $c \neq 0$ 이면, 적당한 정수 s 에 대하여 $bc = asc$, $c \neq 0$ 이므로 $b = as$ 이고 따라서 $a \mid b$ 이다.

(6) $a \mid b$ 이면, 적당한 정수 s 에 대하여 $b = as$ 이고 이때 모든 양의 정수 n 에 대하여 $b^n = a^n s^n$ 이므로 $a^n \mid b^n$ 이다.

보기 1.4.2 임의의 정수 a 에 대하여 $a^3 - a$ 는 3 의 배수이다.

실제로, 임의의 정수 a 는 $3k$, $3k+1$ 또는 $3k+2$ 의 꼴이고, 또 각 경우에 대하여 다음이 성립한다.

(1) $a = 3k$ 이면, $a^3 - a = 3k(9k^2 - 1)$ 이다.

(2) $a = 3k+1$ 이면, $a^3 - a = 3k(3k+1)(3k+2)$ 이다.

(3) $a = 3k+2$ 이면, $a^3 - a = 3(k+1)(3k+2)(3k+1)$ 이다.

따라서 임의의 정수 a 에 대하여 $a^3 - a$ 는 3 의 배수이다.

정의 1.4.5 실수 x 에 대하여, x 보다 작거나 같은 정수 중에서 가장 큰 정수를 x 의 **정수부분**(整數部分, integral part) 또는 **최저한도**(最低限度, floor)라 하고 이것을 $[x]$ 또는 $\lfloor x \rfloor$ 로 나타낸다. 또,

$$\{\{x\}\} = x - [x]$$

를 x 의 **소수부분**(decimal part)이라고 한다. 즉,

$$x = [x] + \{\{x\}\}, \qquad [x] \in \mathbb{Z}, \quad 0 \le \{\{x\}\} < 1$$

그리고, x 보다 크거나 같은 정수 중에서 가장 작은 정수를 x 의 **최고한도**(最高限度, ceiling)라 하고 이것을 $\lceil x \rceil$ 로 나타낸다.

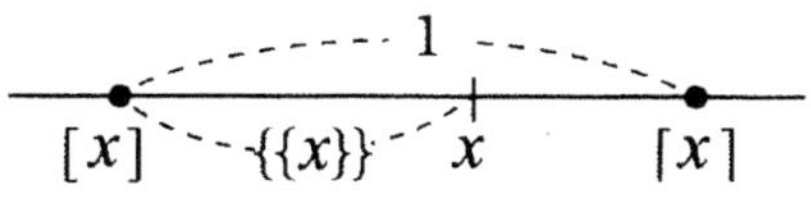

정의에 의하여 다음 정리가 성립함을 쉽게 알 수 있다.

정리 1.4.6 실수 x에 대하여 $[x]$와 x는 정수이고 다음이 성립한다.

(1) $x = [x] + \{\{x\}\}$, $[x] \le x < [x]+1$, $0 \le \{\{x\}\} < 1$

(2) $\lceil x \rceil - 1 < x \le \lceil x \rceil$

(3) 실수 x가 정수이면 $[x] = x = \lceil x \rceil$이고, x가 정수가 아닌 실수이면 $[x] < x < \lceil x \rceil = [x]+1$이다.

함수

$$f : \mathbb{R} \longrightarrow \mathbb{R},\ f(x) = [x]$$

를 **Gauss 함수** 또는 **최대 정수 함수**(greatest integer function)라고 한다. 오른쪽 그림의 실선과 점선은 함수

$$f(x) = [x],\quad g(x) = \lceil x \rceil$$

의 그래프를 나타낸다.

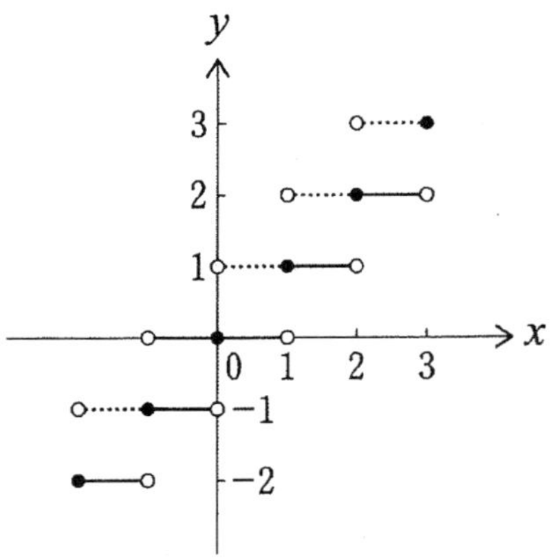

정리 1.4.7 두 양의 정수 n, m $(n \ge m)$에 대하여 q, r를

$$n = qm + r,\quad 0 \le r < m$$

인 정수라고 하면 다음이 성립한다.

(1) $\left[\dfrac{n}{m}\right] = q$, $\dfrac{n}{m} < \left[\dfrac{n}{m}\right] + 1$, $\left\lceil\dfrac{n}{m}\right\rceil - 1 < \dfrac{n}{m}$

(2) $r = 0$이면 $\left\lceil\dfrac{n}{m}\right\rceil = q$이고, $r \ne 0$이면 $\left\lceil\dfrac{n}{m}\right\rceil = q+1$이다.

(3) 정수 $1, 2, 3, \cdots, n$ 중에서 m의 배수인 정수의 개수는 q이다.

증 명 (1), (2) 가정에 의하여

$$\frac{n}{m} = q + \frac{r}{m},\quad 0 \le \frac{r}{m} < 1$$

이므로 (1), (2)가 성립한다.

(3) 분명히 $qm \le n < (q+1)m$이므로 $1, 2, \cdots, n$ 중에서 m의 배수인 것은 q개의 정수 $m, 2m, \cdots, qm$뿐이다.

보기 1.4.3 두 양의 정수 100, 7 에 대하여 $100 = 7 \cdot 14 + 2$ 이므로

$$\left[\frac{100}{7}\right] = 14, \quad \left\lceil\frac{100}{7}\right\rceil = 14 + 1 = 15$$

이고, 또 $1, 2, 3, \cdots, 100$ 중에서 7 의 배수인 정수의 개수는 14 이다.

정리 1.4.8 실수 x 와 두 양의 정수 a, b 에 대하여 다음이 성립한다.

(1) $\left[\frac{x}{a}\right] = \left[\frac{[x]}{a}\right]$

(2) $\left[\frac{x}{ab}\right] = \left[\frac{\left[\frac{x}{b}\right]}{a}\right], \quad \left[\frac{x}{a^2}\right] = \left[\frac{\left[\frac{x}{a}\right]}{a}\right]$

증 명 (1) 두 정수 q, r 를 $[x] = qa + r,\ 0 \leq r < a$ 인 정수라고 하면, $\frac{[x]}{a} = q + \frac{r}{a},\ 0 \leq \frac{r}{a} < 1$ 이므로 다음이 성립한다.

$$\left[\frac{[x]}{a}\right] = q, \quad x = [x] + \{\{x\}\} = qa + r + \{\{x\}\},$$

$$0 \leq r + \{\{x\}\} < (a-1) + 1 = a$$

$$\frac{x}{a} = q + \frac{r + \{\{x\}\}}{a}, \quad 0 \leq \frac{r + \{\{x\}\}}{a} < 1$$

그러므로, $\left[\frac{x}{a}\right] = q = \left[\frac{[x]}{a}\right]$ 이다.

(2) 등식 (1) 의 x 대신에 각각 $\frac{x}{b}$, $\frac{x}{a}$ 를 대입하면, 등식 (2)를 얻는다.

보기 1.4.4 다음이 성립한다.

$$\left[\frac{100}{3}\right] = 33, \qquad \left[\frac{100}{6}\right] = \left[\frac{\left[\frac{100}{3}\right]}{2}\right] = \left[\frac{33}{2}\right] = 16,$$

$$\left[\frac{100}{3^2}\right] = \left[\frac{\left[\frac{100}{3}\right]}{3}\right] = \left[\frac{33}{3}\right] = 11,$$

$$\left[\frac{100}{3^3}\right] = \left[\frac{\left[\frac{100}{3^2}\right]}{3}\right] = \left[\frac{11}{3}\right] = 3$$

정의 1.4.9 정수 a 의 배수 전체의 집합을 $a\mathbb{Z}$ 로 나타낸다. 즉,

$$a\mathbb{Z} = \{ax \mid x \in \mathbb{Z}\} = \{0, \pm a, \pm 2a, \pm 3a, \cdots\}$$

정의에 의하여 다음이 성립한다.

$$a\mathbb{Z} = (-a)\mathbb{Z}, \quad 1\mathbb{Z} = \mathbb{Z} = (-1)\mathbb{Z}, \quad 0\mathbb{Z} = \{0\}$$
$$2\mathbb{Z} = \{0, \pm 2, \pm 4, \pm 6, \cdots\} = (-2)\mathbb{Z}$$

정리 1.4.10 정수 a 에 대하여 $a\mathbb{Z}$ 는 덧셈과 뺄셈에 관하여 닫혀 있다.
역으로, $\mathbb{Z}$ 의 부분집합 $S\,(\neq \varnothing)$ 가 덧셈과 뺄셈에 관하여 닫혀 있으면, 다음과 같은 정수 m 이 단 하나 존재한다.

$$S = m\mathbb{Z}, \qquad m \geq 0$$

증 명 임의의 두 정수 x, y 에 대하여

$$ax \pm ay = a(x \pm y) \in a\mathbb{Z}$$

이므로 $a\mathbb{Z}$ 는 덧셈과 뺄셈에 관하여 닫혀 있다.

다음에 $\mathbb{Z}$ 의 부분집합 $S\,(\neq \varnothing)$ 가 덧셈과 뺄셈에 관하여 닫혀 있다고 가정하자. 이 때, 한 원소 $a \in S$ 가 존재하고 이때 $0 = a - a \in S$ 이다.

먼저 $S = \{0\}$ 이면, $S = 0\mathbb{Z}$ 이다.

이제 $\{0\} \subsetneq S$ 이라고 하자. 이 때, S 에는 0 이 아닌 정수 a 가 존재하고 $-a = 0 - a \in S$ 이므로 S 에는 양의 정수가 존재한다. 따라서 정수의 정렬성(정리 1.3.4) 에 의하여 S 에 속하는 정수 중에서 가장 작은 양의 정수 m 이 단 하나 존재한다. 또, 임의의 양의 정수 k 에 대하여

$$km = m + m + \cdots + m \in S, \quad (-k)m = 0 - km \in S$$

이고 또 $0m = 0 \in S$ 이므로 $m\mathbb{Z} \subseteq S$ 이다.

한편, 임의의 $a \in S$ 에 대하여 q, r 를 $a = qm + r,\ 0 \leq r < m$ 인 정수라고 하면, $qm \in S$ 이므로 $r = a - qm \in S$ 이고 이 사실은 m 의 最小性에 의하여 $r = 0$ 임을 뜻하므로 $a = qm \in m\mathbb{Z}$ 이다. 따라서 $S \subseteq m\mathbb{Z}$ 이다.

그러므로, $S = m\mathbb{Z}$ 이다.

보기 1.4.5 짝수 전체의 집합 $2\mathbb{Z}$는 덧셈과 뺄셈에 관하여 닫혀 있다. 그러나, 홀수 전체의 집합은 덧셈과 뺄셈에 관하여 닫혀 있지 않다. 예를 들면, 5와 3은 홀수이지만 $5+3$, $5-3$은 모두 홀수가 아니다.

정리 1.4.11 두 정수 a, b에 대하여 다음이 성립한다.

(1) $b\mathbb{Z} \subseteq a\mathbb{Z} \iff a \mid b$

(2) $a\mathbb{Z} = b\mathbb{Z} \iff b = \pm a$

증 명 (1) 먼저 $b\mathbb{Z} \subseteq a\mathbb{Z}$이면, $b \in b\mathbb{Z} \subseteq a\mathbb{Z}$이므로 $a \mid b$이다. 역으로, $a \mid b$이면, 적당한 정수 c에 대하여 $b = ac$이고 임의의 정수 x에 대하여 $bx = a(cx) \in a\mathbb{Z}$이므로 $b\mathbb{Z} \subseteq a\mathbb{Z}$이다.

(2) 위의 (1)과 정리 1.4.2에 의하여 다음이 성립한다.

$$\begin{aligned} & a\mathbb{Z} = b\mathbb{Z} \\ \iff & a\mathbb{Z} \subseteq b\mathbb{Z} \text{ 이고 } b\mathbb{Z} \subseteq a\mathbb{Z} \\ \iff & a \mid b \text{ 이고 } b \mid a \\ \iff & b = \pm a \end{aligned}$$

연 습 문 제 (1.4)

1. 정수 a, b, c에 대하여 다음이 성립하는지를 판정하여라.
   (1) $a \mid bc$이면, $a \mid b$ 또는 $a \mid c$이다.
   (2) $a \mid c$, $b \mid c$이면, $(a+b) \mid c$이다.
   (3) $a \mid c$, $b \mid c$이면, $ab \mid c$이다.

2. 임의의 정수의 제곱은 $3k$ 또는 $3k+1$의 꼴임을 밝혀라. 그리고, 임의의 홀수의 제곱은 $8k+1$의 꼴임을 밝혀라.

3. 다음이 성립함을 밝혀라.
   (1) 임의의 홀수의 제곱은 $8k+1$의 골이다.
   (2) 임의의 두 홀수 a, b에 대하여 a^2-b^2은 8의 배수이다.

4. 정수 $a_1, a_2, \cdots, a_n, b_1, b_2, \cdots, b_n$ 에 대하여 $a_1 | b_1$, $a_2 | b_2$, $\cdots$, $a_n | b_n$ 이면, $a_1 a_2 \cdots a_n | b_1 b_2 \cdots b_n$ 임을 증명하여라.

5. 임의의 정수 a_1, a_2, $\cdots$, a_n, d 에 대하여 $d | a_1$, $d | a_2$, $\cdots$, $d | a_n$ 일 때, 다음이 성립함을 밝혀라.

(1) 임의의 x_1, x_2, $\cdots$, x_n 에 대하여 $d | (a_1 x_1 + a_2 x_2 + \cdots + a_n x_n)$ 이다.

(2) $d^n | a_1 a_2 \cdots a_n$

6. 양의 정수 m 에 대하여 연이은 n 개의 정수 $m, m+1, m+2, \cdots, m+n-1$ 의 곱을 P 라고 하면, P 는 $n!$ 의 배수임을 밝혀라.

7. 다음 값을 구하여라.

(1) $\left[\frac{100}{2}\right]$, $\left[\frac{100}{4}\right]$, $\left[\frac{100}{12}\right]$ (2) $\left[\frac{100}{5}\right]$, $\left[\frac{100}{5^2}\right]$, $\left[\frac{100}{5^3}\right]$

8. 두 실수 x, y 와 정수 a 에 대하여 다음이 성립함을 증명하여라.

(1) $[x+a] = [x] + a$, $[x] + [y] \le [x+y]$

(2) $x > 0$ 이면, $[-x] = -([x]+1)$ 이다.

(3) $x > 0$, $y > 0$ 이면, $[xy] \ge [x][y]$ 이다.

9. 정수 전체의 집합 $\mathbb{Z}$ 의 부분집합 $S(\neq \varnothing)$ 가 뺄셈에 관하여 닫혀 있으면, S 는 덧셈에 관해서도 닫혀 있음을 증명하여라.

10. 정수 1 부터 300 까지의 정수 중에서 다음과 같은 정수의 개수를 구하여라.

(1) 3, 5 또는 7 의 배수인 정수

(2) 3 의 배수인 동시에 5 의 배수이지만 7 의 배수는 아닌 정수

(3) 5 의 배수이지만 3 의 배수도 아니고 7 의 배수도 아닌 정수

(4) 105 와 서로 소인 정수

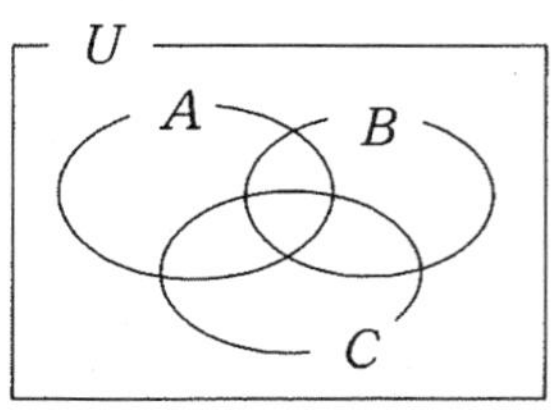

§1.5 최대공약수와 최소공배수

이 절에서는, 정수 전체의 집합 $\mathbb{Z}$ 안에서 생각한다.

정의 1.5.1 두 정수 a, b에 대하여

$$d \mid a, \quad d \mid b$$

인 정수 d를 a, b의 **공약수**(公約數, common divisor)라 하고

$$a \mid c, \quad b \mid c$$

인 정수 c를 a, b의 **공배수**(公倍數, common multiple)라고 한다.

정의 1.5.2 두 정수 a, b에 대하여 다음 세 조건을 만족시키는 정수 d를 a, b의 **최대공약수**(最大公約數, greatest common divisor)라 하고, 이것을 (a, b) 또는 $\gcd\{a, b\}$로 나타낸다.

(i) $d \geq 0$

(ii) $d \mid a,\ d \mid b$

(iii) 정수 e에 대하여 $e \mid a,\ e \mid b$이면, $e \mid d$이다.

또, 다음 세 조건을 만족시키는 정수 l을 a, b의 **최소공배수**(最小公倍數, least common multiple)라 하고, 이것을 $[a, b]$ 또는 $\operatorname{lcm}\{a, b\}$로 나타낸다.

(i)′ $l \geq 0$

(ii)′ $a \mid l,\ b \mid l$

(iii)′ 정수 c에 대하여 $a \mid c,\ b \mid c$이면, $l \mid c$이다.

임의의 정수 s, t에 대하여 $s \mid t,\ s \mid -t,\ (-s) \mid t,\ (-s) \mid (-t)$는 서로 동치이다(정리 1.4.4). 따라서 두 정수 a, b에 대하여 다음이 성립한다.

$$(a, -b) = (-a, b) = (-a, -b) = (a, b),$$

$$[a, -b] = [-a, b] = [-a, -b] = [a, b]$$

또, a, b가 양의 정수이면, (a, b)는 a, b의 양의 공약수 중에서 가장 큰 것이고 $[a, b]$는 a, b의 양의 공배수 중에서 가장 작은 것이다(정리 1.4.4).

보기 1.5.1 두 정수 12, 18 의 공약수 전체는 ± 1, ± 2, ± 3, ± 6 이고, 이들 공약수는 모두 6 의 약수이므로 $(12, 18) = 6$ 이다.

한편, 12, 18 의 공배수 전체는 0, ± 36, ± 72, ± 108, $\cdots$ 이고 이들 공배수는 모두 36 의 배수 전체이므로 $[12, 18] = 36$ 이다.

두 정수 a, b의 최대공약수 d에 대한 세 조건과 최소공배수 l에 대한 세 조건은 각각 다음과 같이 고쳐 쓸 수 있다(정리 1.4.11 참조).

(i) $d \geq 0$

(ii) $a\mathbb{Z} \subseteq d\mathbb{Z}$, $b\mathbb{Z} \subseteq d\mathbb{Z}$

(iii) 정수 e에 대하여 $a\mathbb{Z} \subseteq e\mathbb{Z}$, $b\mathbb{Z} \subseteq e\mathbb{Z}$ 이면, $d\mathbb{Z} \subseteq e\mathbb{Z}$ 이다.

(i)′ $l \geq 0$

(ii)′ $l\mathbb{Z} \subseteq a\mathbb{Z}$, $l\mathbb{Z} \subseteq b\mathbb{Z}$

(iii)′ 정수 c에 대하여 $c\mathbb{Z} \subseteq a\mathbb{Z}$, $c\mathbb{Z} \subseteq b\mathbb{Z}$ 이면, $c\mathbb{Z} \subseteq l\mathbb{Z}$ 이다.

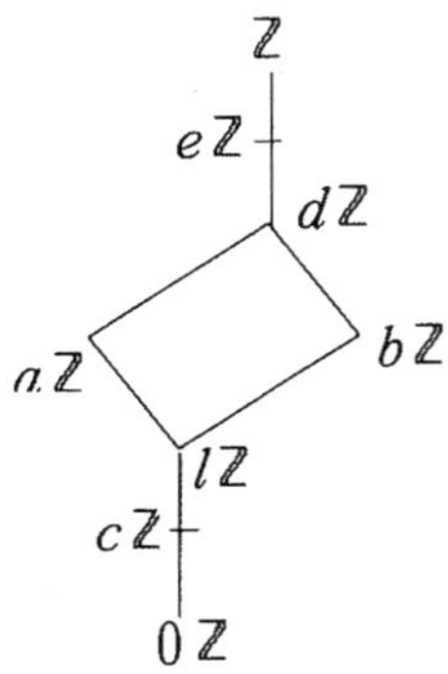

정리 1.5.3 두 정수 a, b 에 대하여 a, b 의 최대공약수 $d = (a, b)$ 와 최소공배수 $l = [a, b]$ 은 단 하나씩 존재하고 또 다음이 성립한다.

(1) $S = a\mathbb{Z} + b\mathbb{Z} = \{ax + by \mid x, y \in \mathbb{Z}\}$ 이라고 하면, $S = d\mathbb{Z}$ 이고 또

$$d = as + bt$$

인 정수 s, t 가 존재한다.

(2) $a\mathbb{Z} \cap b\mathbb{Z} = l\mathbb{Z}$

증 명 (1) 임의의 두 정수 x, y 에 대하여

$$ax = ax + b0 \in S, \quad by = a0 + by \in S$$

이므로 $a\mathbb{Z} \subseteq S$, $b\mathbb{Z} \subseteq S$ 이다.

그리고, 임의의 정수 x, y, u, v 에 대하여

$$(ax + by) \pm (au + bv) = a(x \pm u) + b(y \pm v) \in S$$

이므로 S는 덧셈과 뺄셈에 관하여 닫혀 있고, 따라서 정리 1.4.10 에 의하여

$S = d\mathbb{Z}$, $d \geq 0$ 인 정수 d가 단 하나 존재한다. 그런데,

$$a \in a\mathbb{Z} \subseteq S = d\mathbb{Z}, \quad b \in b\mathbb{Z} \subseteq S = d\mathbb{Z}$$

이므로 $d|a$, $d|b$ 이다.

그리고, $d \in d\mathbb{Z} = S$ 이므로 적당한 정수 s, t 에 대하여 $d = as + bt$ 이고, 따라서 정수 e에 대하여 $e|a$, $e|b$ 이면 $e|d$ 이다(정리 1.4.4).

그러므로, d 는 a, b 의 최대공약수이다.

(2) 이제 $T = a\mathbb{Z} \cap b\mathbb{Z}$ 이라고 하자. 이 때, $0 \in T$ 이므로 $T \neq \varnothing$ 이다.

그리고, $c, d \in T$ 이라고 하면, 적당한 정수 x, u, y, v 에 대하여

$$c = ax = bu, \quad d = ay = bv$$

이고 이때

$$c \pm d = a(x \pm y) = b(u \pm v) \in T$$

이므로 T는 덧셈과 뺄셈에 관하여 닫혀 있다.

따라서 $T = l\mathbb{Z}$, $l \geq 0$ 인 정수 l 이 단 하나 존재한다(정리 1.4.10).

그런데, $l \in l\mathbb{Z} = a\mathbb{Z} \cap b\mathbb{Z}$ 이므로 $a | l$, $b | l$ 이다. 또, 정수 c 에 대하여 $a | c$, $b | c$ 이면, $c \in a\mathbb{Z} \cap b\mathbb{Z} = l\mathbb{Z}$ 이므로 $l | c$ 이다.

따라서 l 은 a, b 의 최소공배수이다.

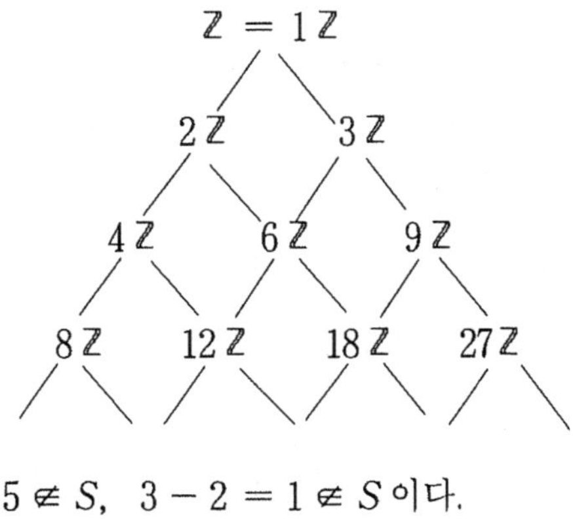

보기 1.5.2 다음이 성립한다.

$4\mathbb{Z} + 6\mathbb{Z} = 2\mathbb{Z}$, $(4, 6) = 2$

$4\mathbb{Z} \cap 6\mathbb{Z} = 12\mathbb{Z}$, $[4, 6] = 12$

$2\mathbb{Z} + 3\mathbb{Z} = 1\mathbb{Z}$, $2\mathbb{Z} \cap 3\mathbb{Z} = 6\mathbb{Z}$

한편, 집합 $S = 2\mathbb{Z} \cup 3\mathbb{Z}$는 덧셈과 뺄셈에 관하여 닫혀 있지 않다.

실제로, $2, 3 \in S$에 대하여 $2 + 3 = 5 \notin S$, $3 - 2 = 1 \notin S$ 이다.

보기 1.5.3 양의 정수 a, b 에 대하여 $b\mathbb{Z} \subseteq a\mathbb{Z}$ 즉 $a | b$ 이면,

$$a\mathbb{Z} + b\mathbb{Z} = a\mathbb{Z}, \; a\mathbb{Z} \cap b\mathbb{Z} = b\mathbb{Z} \;\text{ 즉 }\; (a, b) = a, \; [a, b] = b$$

이고, 또 $(a, 0) = a$, $[a, 0] = 0$, $(0, 0) = 0$, $[0, 0] = 0$ 이다.

정리 1.5.4 네 정수 a, b, c, k 사이에 관계식 $a = kb + c$가 성립하면, $(a, b) = (c, b)$ 즉 $(kb + c, b) = (c, b)$ 이다.

특히, 정수 a를 양의 정수 m으로 나누었을 때의 나머지를 r라고 하면, $(a, m) = (r, m)$, $0 \leq r < m$ 이다.

증 명 이제 $a = kb + c$이라 하고 $d = (a, b)$, $e = (c, b)$이라고 하자.
이 때, $d \mid a$, $d \mid b$이므로 $d \mid c$, $d \mid b$이고 따라서 $d \mid e$이다(정리 1.4.3).
그리고, $e \mid c$, $e \mid b$이므로 $e \mid a$, $e \mid b$이고 따라서 $e \mid d$이다.
그런데, $d \geq 0$, $e \geq 0$ 이므로 이 결과는 $d = e$ 임을 뜻한다(정리 1.4.3).

보기 1.5.4 두 정수 20, 14 에 대하여 다음이 성립한다.

$$(20, 14) = (6, 14) = (6, 8) = (6, 2) = 2$$

정리 1.5.5 (유클리드의 알고리즘, Euclidean algorithm) 두 양의 정수 a, b에 대하여 $r_0 = a$, $r_1 = b$이라 놓고 $a_0, \cdots, a_m, r_2, \cdots, r_m, r_{m+1}$을 다음과 같은 정수라고 하자.

$$\begin{aligned} r_0 &= a_0 r_1 + r_2, & 0 < r_2 < r_1 \\ r_1 &= a_1 r_2 + r_3, & 0 < r_3 < r_2 \\ r_2 &= a_2 r_3 + r_4, & 0 < r_4 < r_3 \\ &\vdots & \vdots \\ r_{m-1} &= a_{m-1} r_m + r_{m+1}, & 0 < r_{m+1} < r_m \\ r_m &= a_m r_{m+1} \end{aligned}$$

a_0	r_0	r_1	a_1
	$a_0 r_1$	$a_1 r_2$	
	$\vdots$	$\vdots$	
a_{m-1}	r_{m-1}	r_m	a_m
	$a_{m-1} r_m$	$a_m r_{m+1}$	
	r_{m+1}	0	

이 때, $(a, b) = r_{m+1}$ 이고, 또

$$\begin{aligned} s_0 = 1,\ s_1 = 0, \quad s_i &= s_{i-2} - a_{i-2} s_{i-1} \\ t_0 = 0,\ t_1 = 1, \quad t_i &= t_{i-2} - a_{i-2} t_{i-1} \end{aligned} \qquad (2 \leq i \leq m+1)$$

이라고 하면 다음이 성립한다.

$r_i = a s_i + b t_i \quad (0 \leq i \leq m+1)$

$(a, b) = r_{m+1} = a s_{m+1} + b t_{m+1}$

a_i	a_0	a_1	a_2	$\cdots$	a_{m-1}		
s_i	1	0	s_2	$\cdots$	s_{m-1}	s_m	s_{m+1}
t_i	0	1	t_2	$\cdots$	t_{m-1}	t_m	t_{m+1}

증 명 나눗셈 알고리즘에 의하여 정수 $a_0, a_1, \cdots, a_m, r_2, \cdots, r_{m+1}$ 은 존재하고, 또 다음이 성립한다(정리 1.5.4)

$$d = (a, b) = (r_0, r_1) = (r_1, r_2) = \cdots = (r_m, r_{m+1}) = r_{m+1}$$

분명히 $r_0 = a = as_0 + bt_0$, $r_1 = b = as_1 + bt_1$ 이다.

그리고, $0 \le k \le m$ 일 때, 정수 $i\ (0 \le i \le k)$ 에 대하여 $r_i = as_i + bt_i$ 이라고 가정하면, 다음이 성립한다.

$$\begin{aligned} r_{k+1} &= r_{k-1} - a_{k-1}r_k \\ &= as_{k-1} + bt_{k-1} - a_{k-1}(as_k + bt_k) \\ &= a(s_{k-1} - a_{k-1}s_k) + b(t_{k-1} - a_{k-1}t_k) \\ &= as_{k+1} + bt_{k+1} \end{aligned}$$

따라서 수학적 귀납법에 의하여

$$r_i = as_i + bt_i \qquad (1 \le i \le m+1)$$

이고, 특히 $(a, b) = r_{m+1} = as_{m+1} + bt_{m+1}$이다.

보기 1.5.5 두 정수 710, 68 에 대하여 다음이 성립한다.

10	710	68	2
	680	60	
3	30	8	1
	24	6	
3	6	2	
	6		
	0		

a_i	10	2	3	1		
s_i	1	0	1	-2	7	-9
t_i	0	1	-10	21	-73	94

$(710, 68) = 2$, $(-710, 68) = 2$,

$710 \cdot (-9) + 68 \cdot 94 = 2$,

$(-710) \cdot 9 + 68 \cdot 94 = 2$

아래와 같이 두 정수 14, 73 을 크기순으로 놓으면 계산이 번거롭다.

0	14	73	5
	0	70	
4	14	3	1
	12	2	
2	2	1	
	2		
	0		

a_i	0	5	4	1		
s_i	1	0	1	-5	21	-26
t_i	0	1	0	1	-4	5

$(14, 73) = 1$, $14 \cdot (-26) + 73 \cdot 5 = 1$

$14 \cdot (-26 + 73k) + 73 \cdot (5 - 14k) = 1$

(k는 임의의 정수)

정의 1.5.6 두 정수 a와 b의 최대공약수가 1일 때, 즉 $(a, b) = 1$일 때, 두 정수 a, b는 **서로 소**(relatively prime)라고 한다.

정리 1.5.7 두 정수 a, b에 대하여 다음 두 조건은 서로 동치이다.

(1) $(a, b) = 1$

(2) $as + bt = 1$인 정수 s, t가 존재한다.

증 명 먼저 $(a, b) = 1$이면, 정리 1.5.3에 의하여 (2)가 성립한다.

역으로, 조건 (2)가 성립할 때, $d = (a, b)$라고 하면, $d \mid a$, $d \mid b$이므로 $d \mid (as + bt)$ 즉 $d \mid 1$이고 따라서 $d = 1$이다(정리 1.4.3).

따름정리 1.5.8 두 정수 a, b에 대하여 $d = (a, b) \geq 1$일 때, $\frac{a}{d}$와 $\frac{b}{d}$는 정수이고 $(\frac{a}{d}, \frac{b}{d}) = 1$이다.

증 명 정리 1.5.3에 의하여 $d = as + bt$인 정수 s, t가 존재한다.

이 때, $d \mid a$, $d \mid b$이므로 $\frac{a}{d}, \frac{b}{d}$는 정수이고 또 $\frac{a}{d}s + \frac{b}{d}t = 1$이므로 정리 1.5.7에 의하여 $(\frac{a}{d}, \frac{b}{d}) = 1$이다.

정리 1.5.9 정수 a, b, m에 대하여 다음이 성립한다.

$$(a, m) = (b, m) = 1 \iff (ab, m) = 1$$

증 명 먼저 $(a, m) = (b, m) = 1$이면, $as + mt = 1$, $bu + mv = 1$인 정수 s, t, u, v가 존재하고 이때 $(as + mt)(bu + mv) = 1$ 즉

$$ab(su) + m(asv + but + mtv) = 1$$

이므로 $(ab, m) = 1$이다(정리 1.5.7)

역으로, $(ab, m) = 1$이면, $(ab)s + mt = 1$인 정수 s, t가 존재하고 이때

$$a(bs) + mt = 1, \qquad b(as) + mt = 1$$

이므로 $(a, m) = 1$, $(b, m) = 1$이다(정리 1.5.7).

앞의 정리에 의하여 다음 따름정리가 성립한다.

따름정리 1.5.10 정수 $a, b, a_1, \cdots, a_n$과 양의 정수 m, n에 대하여 다음이 성립한다.

(1) $(a, b) = 1 \Longleftrightarrow (a^n, b) = 1 \Longleftrightarrow (a, b^n) = 1$

(2) $(a, b) = 1 \Longleftrightarrow (a^m, b^n) = 1$

(3) $(a_1 \cdots a_n, b) = 1 \Longleftrightarrow (a_1, b) = \cdots = (a_n, b) = 1$

정리 1.5.11 세 정수 a, b, c에 대하여 다음이 성립한다.

(1) $(a, b) = 1$일 때, $a \mid c$, $b \mid c$이면 $ab \mid c$이다.

(2) $(a, b) = 1$일 때, $a \mid bc$이면 $a \mid c$이다.

(3) $(a, b) = 1$일 때, $[a, b] = |ab|$이다.

증 명 (1), (2) 가정에 의하여 $as + bt = 1$인 정수 s, t가 존재한다, 그런데, $a \mid c$, $b \mid c$이면,

$$(ac)s + (bc)t = c, \qquad ab \mid ac, \ ab \mid bc$$

이므로 $ab \mid c$ 이다. 그리고, $a \mid bc$이면,

$$a(cs) + (bc)t = c, \qquad a \mid a, \ a \mid bc$$

이므로 $a \mid c$ 이다.

(3) 먼저 a, b가 양의 정수일 때, ab는 양의 정수이고 $a \mid ab$, $b \mid ab$이며 (1)이 성립하므로 정의에 의하여 $[a, b] = ab$이다(정의 1.5.2).

위의 결과로부터 그 밖의 경우에 $[a, b] = |ab|$임을 알 수 있다.

앞의 정리에서 조건 '$(a, b) = 1$'은 반드시 필요한 조건이다.

예를 들어, $a = 6$, $b = 3$, $c = 4$일 때, $a \mid bc$이지만 $a \nmid c$이다.

그리고, $a = 4$, $b = 6$, $c = 12$일 때, $a \mid c$, $b \mid c$이지만 $ab \nmid c$이다.

정리 1.5.12 두 양의 정수 a, b에 대하여 $(a, b)[a, b] = ab$이다.

특히, $(a, b) = 1$일 때 그리고 이때에만 $[a, b] = ab$이다.

증 명 이제 $d=(a, b)$ 이라 하고 $a=ud$, $b=vd$ 라고 하자. 이 때, $l=va$ 이라 놓고 정의 1.5.2 에 따라 $l=[a, b]$ 임을 증명한다.

먼저 $l\geq 1$ 이고, $l=va=vud=ub$ 이므로 $a\mid l$, $b\mid l$ 이다.

다음에 $a\mid c$, $b\mid c$ 이라 가정하고 $c=ak=br$ 라고 하자. 이 때,

$$ld=vad=ab$$

이고 적당한 정수 s, t 에 대하여 $d=as+bt$ 이므로 다음이 성립한다.

$$\frac{c}{l}=\frac{cd}{ld}=\frac{cd}{ab}=\frac{acs+bct}{ab}$$
$$=\left(\frac{c}{b}\right)s+\left(\frac{c}{a}\right)t=rs+kt$$

이 등식은 $\frac{c}{l}$ 가 정수임을 뜻하므로 $l\mid c$ 이다.

그러므로, $l=[a, b]$ 이고, 따라서 $(a, b)[a, b]=dl=ab$ 이다.

예를 들면, $(10, 6)[10, 6]=2\cdot 30=10\cdot 6$ 이다.

다음에는 이제까지 논한 정의와 정리를 일반화하기로 한다.

정의 1.5.13 정수 $a_1, a_2, \cdots, a_n$ $(n\geq 2)$ 에 대하여

$$d\mid a_1,\ d\mid a_2,\ \cdots,\ d\mid a_n$$

인 정수 d 를 이들 정수의 **공약수**라 하고, 또

$$a_1\mid c,\ a_2\mid c,\ \cdots,\ a_n\mid c$$

인 정수 c 를 이들 정수의 **공배수**라고 한다,

정의 1.5.14 정수 $a_1, a_2, \cdots, a_n$ $(n\geq 2)$ 에 대하여 다음 세 조건을 만족시키는 정수 d 를 $a_1, a_2, \cdots, a_n$ 의 **최대공약수**(greatest common divisor)라 하고, d 를 $(a_1, a_2, \cdots, a_n)$ 또는 $\gcd\{a_1, a_2, \cdots, a_n\}$ 으로 나타낸다.

(i) $d\geq 0$

(ii) $d\mid a_1, d\mid a_2, \cdots, d\mid a_n$

(iii) 정수 e 에 대하여 $e\mid a_1, e\mid a_2, \cdots, e\mid a_n$ 이면, $e\mid d$ 이다.

정의 1.5.15 정수 $a_1, a_2, \cdots, a_n$ $(n \geq 2)$ 에 대하여 다음 세 조건을 만족시키는 정수 l 을 $a_1, a_2, \cdots, a_n$ 의 **최소공배수**(least common multiple)라 하고, l 을 $[a_1, a_2, \cdots, a_n]$ 또는 $\text{lcm}\{a_1, a_2, \cdots, a_n\}$ 으로 나타낸다.

(i) $l \geq 0$

(ii) $a_1 | l,\ a_2 | l,\ \cdots,\ a_n | l$

(iii) 정수 c 에 대하여 $a_1 | c,\ a_2 | c,\ \cdots,\ a_n | c$ 이면, $l | c$ 이다.

보기 1.5.6 세 정수 6, 18, 24 의 공약수 전체는 $\pm 1, \pm 2, \pm 3, \pm 6$ 이고 이들 공약수는 모두 6 의 약수이므로 $(12, 18, 24) = 6$ 이다.

한편, 6, 18, 24 의 공배수 전체는 $0, \pm 72, \pm 142, \pm 216, \cdots$ 이고 이들 공배수는 모두 72 의 배수 전체이므로 $[6, 18, 24] = 72$이다.

양의 정수 $a_1, \cdots, a_n$ 에 대하여 최대공약수는 이들의 양의 공약수 중에서 가장 크고, 최소공배수는 이들의 양의 공배수 중에서 가장 작다.

정의와 정리 1.5.3 을 이용하여 다음 두 정리를 얻는다(문제 12 참조).

정리 1.5.16 정수 $a_1, a_2, a_3, \cdots, a_n$ 에 대하여 이들 정수의 최대공약수와 최소공배수는 각각 단 하나씩 존재하며 다음이 성립한다.

$$(a_1, a_2, \cdots, a_{n-1}, a_n) = ((a_1, a_2, \cdots, a_{n-1}), a_n)$$
$$[a_1, a_2, \cdots, a_{n-1}, a_n] = [[a_1, a_2, \cdots, a_{n-1}], a_n]$$

정리 1.5.17 정수 $a_1, a_2, \cdots, a_n$ 의 최대공약수를 d 이라고 하면, 적당한 정수 $s_1, s_2, \cdots, s_n$ 에 대하여 다음이 성립한다.

$$d = a_1 s_1 + a_2 s_2 + \cdots + a_n s_n$$

보기 1.5.7 세 정수 15, 10, 6 에 대하여 다음이 성립한다.

$$(15, 10) = 5, \qquad 5 = 15 \cdot 1 + 10 \cdot (-1),$$
$$(5, 6) = 1, \qquad 1 = 5 \cdot (-1) + 6 \cdot 1$$

1	15	10	2	1	6	5	5
	10	10			5	5	
	5	0			1	0	

a_i	1	1
s_i	1 0 1	1 0 1
t_i	0 1 -1	0 1 -1

$$(15, 10, 6) = ((15, 10), 6) = (5, 6) = 1,$$

$$\begin{aligned} 1 = 5 \cdot (-1) + 6 \cdot 1 &= \{15 \cdot 1 + 10 \cdot (-1)\}(-1) + 6 \cdot 1 \\ &= 15 \cdot (-1) + 10 \cdot 1 + 6 \cdot 1 \end{aligned}$$

정의 1.5.18 정수 $a_1, a_2, \cdots, a_n$ 에 대하여 $(a_1, a_2, \cdots, a_n) = 1$ 일 때, 이들 정수는 **서로 소**(mutually prime)라고 한다. 그리고,

$$(a_i, a_j) = 1 \qquad (1 \le i \ne j \le n)$$

일 때, 이들 정수는 **쌍마다 서로 소**(pairwise relatively prime)라고 한다.

정수 $a_1, a_2, \cdots, a_n$ 이 쌍마다 서로 소이면, 분명히 이들 정수는 서로 소이다. 한편, 3, 4, 6 은 서로 소이지만 이들 정수는 쌍마다 서로 소는 아니다.

정리 1.5.17 과 정리 1.5.7 의 증명을 이용하여 다음 정리를 증명할 수 있다.

정리 1.5.19 정수 $a_1, a_2 \cdots, a_n$ 에 대하여 다음 두 조건은 동치이다.

(1) $a_1, a_2, \cdots, a_n$ 은 서로 소이다.

(2) 적당한 정수 $s_1, s_2, \cdots, s_n$ 에 대하여 $a_1 s_1 + a_2 s_2 + \cdots + a_n s_n = 1$ 이다.

정리 1.5.20 양의 정수 $a_1, a_2, \cdots, a_n$ 이 쌍마다 서로 소일 때, 정수 c 에 대하여 다음이 성립한다.

(1) $a_1 \mid c, a_2 \mid c, \cdots, a_n \mid c$ 이면, $a_1 a_2 \cdots a_n \mid c$ 이다.

(2) $[a_1, a_2, \cdots, a_n] = a_1 a_2 \cdots a_n$

증 명 (1) 가정에 의하여 각 정수 i $(2 \le i \le n)$ 대하여

$$(a_1, a_i) = \cdots = (a_{i-1}, a_i) = 1$$

이므로 $(a_1 a_2 \cdots a_{i-1}, a_i) = 1$ 이다(따름정리 1.5.10). 이 결과와 정리 1.5.11

을 이용하여 수학적 귀납법으로 (1)을 증명할 수 있다.

(2) $a_1, a_2, \cdots, a_n$이 양의 정수이므로 $a_1 a_2 \cdots a_n$도 양의 정수이고 또

$$a_i \mid a_1 a_2 \cdots a_n \qquad (1 \le i \le n)$$

이고 (1)이 성립하므로 $[a_1, a_2, \cdots, a_n] = a_1 a_2 \cdots a_n$이다(문제 13 참조).

연 습 문 제 (1.5)

1. 두 정수 78, 32의 최대공약수를 d라고 할 때, $d = 78s + 32t$인 정수 s, t와 $d = (-78)u + 32v$인 정수 u, v를 한 벌 씩 구하여라

2. 정수 a, b, c, d에 대하여 다음이 성립함을 밝혀라.
   (1) $(a, b) = 1$일 때, $c \mid a$, $d \mid b$이면 $(c, d) = 1$이다.
   (2) $(a, b) = 1$일 때, $c \mid (a+b)$이면 $(a, c) = (b, c) = 1$이다.

3. 정수 a, b, c에 대하여 다음이 성립함을 증명하여라.
   (1) $(a, a+1) = 1$, $(a, a-1) = 1$
   (2) a가 홀수이면, $(a-1, a+1) = 2$이다.
   (3) $b \mid c$이면, $(a+c, b) = (a, b)$이다.

4. 정수 a, b, c에 대하여 다음이 성립함을 증명하여라.
   (1) $(a, b) = 1$일 때, $(a, bc) = (a, c)$이다.
   (2) $(a, b) = 1$일 때, $(ab, c) = (a, c)(b, c)$이다.

5. 두 정수 a, b가 서로 소일 때, 다음이 성립함을 증명하여라.
   (1) $d = (a+b, a-b)$이라고 할 때, a, b가 모두 홀수이면 $d = 2$이고 그 밖의 경우에는 $d = 1$이다.
   (2) $e = (a+b, a^2+b^2)$이라고 할 때, a, b가 모두 홀수이면 $e = 2$이고 그 밖의 경우에는 $e = 1$이다.

6. 두 양의 정수 a, m에 대하여 $d = (a^m+1, a^m-1)$이라고 할 때, a가 홀수이면 $d = 2$이고 a가 짝수이면 $d = 1$임을 증명하여라.

7. 두 양의 정수 a, b 에 대하여 다음이 성립한다.

(1) $a = b$ 이면, $(a, b) = a$ 이다.

(2) a, b 가 모두 짝수이면, $(a, b) = 2(\frac{a}{2}, \frac{b}{2})$ 이다.

(3) a 가 짝수이고 b 가 홀수이면, $(a, b) = (\frac{a}{2}, b)$ 이다.

(4) a, b 가 모두 홀수이고 $a > b$ 이면, $(a, b) = (a-b, b)$ 이다.

그리고, 위의 결과를 이용하여 최대공약수 $(105, 300)$ 를 구하여라.

8. 두 양의 정수 a, b 에 대하여 d 가 a, b 의 공약수인 경우에 $(\frac{a}{d}, \frac{b}{d}) = 1$ 이면 $(a, b) = d$ 임을 밝혀라.

9. 정수 a, b, u, v 에 대하여 $a | u$, $b | v$ 이면, 다음이 성립함을 증명하여라.

(1) $(a, b) \,|\, (u, v)$ (2) $[a, b] \,|\, [u, v]$

10. 양의 정수 a, b, k 에 대하여 다음이 성립한다.

(1) $(ak, bk) = (a, b)k$ (2) $[ak, bk] = [a, b]k$

11. 정수 a, b, c 에 대하여 다음 명제 중에서 참인 것을 찾아라.

(1) $(a, b) = 1$ 이면, $(a, b, c) = 1$ 이다.

(2) $(a, b, c) = 1$ 이면, $(a, b) = 1$ 이다.

(3) $(a, b, c) = 1$ 이면, $(a, c) = 1$ 이다.

12. 정리 1.5.16 을 증명하여라.

13. 정리 1.5.17 을 증명하여라.

14. 양의 정수 $a_1, \cdots, a_n, k$ 에 대하여 다음이 성립함을 밝혀라.

(1) $(a_1 k, a_2 k, \cdots, a_n k) = (a_1, a_2, \cdots, a_n)k$

(2) $[a_1 k, a_2 k, \cdots, a_n k] = [a_1, a_2, \cdots, a_n]k$

15. 정수 $a_1, a_2 \cdots, a_n$ $(n \geq 2)$ 이 쌍마다 서로 소일 때, $m_1, m_2, \cdots, m_n$ 이 양의 정수이면 $a_1^{m_1}, a_2^{m_2}, \cdots, a_n^{m_n}$ 도 쌍마다 서로 소임을 밝혀라.

§1.6 일차부정방정식

이 절에서는, 정수를 계수로 가지는 방정식의 해에 대하여 논한다.

정의 1.6.1 정수를 계수로 가지는 방정식이 주어졌을 때, 이 방정식의 해 중에서 미지수의 값이 모두 정수인 해를 이 방정식의 **정수해**(整數解, integral solution)라고 한다. 그리고, 이러한 정수해 전체를 하나도 빠짐없이 구하는 경우에 주어진 방정식을 **부정방정식**(不定方程式 indeterminate equation) 또는 **Diophantus 방정식**(Diophantine equation)이라고 한다.

두 미지수 x, y 에 관한 일차부정방정식

$$ax + by = c$$

$(a, b, c$ 는 정수, $a \neq 0,\ b \neq 0)$

는 좌표평면 위에서 직선을 나타내고 이 직선 위의 점 (x_0, y_0) 중에서 x_0, y_0 가 모두 정수인 경우에

$$x = x_0,\ \ y = y_0 \quad \text{즉} \quad \begin{cases} x = x_0 \\ y = y_0 \end{cases}$$

는 이 방정식의 정수해이다.

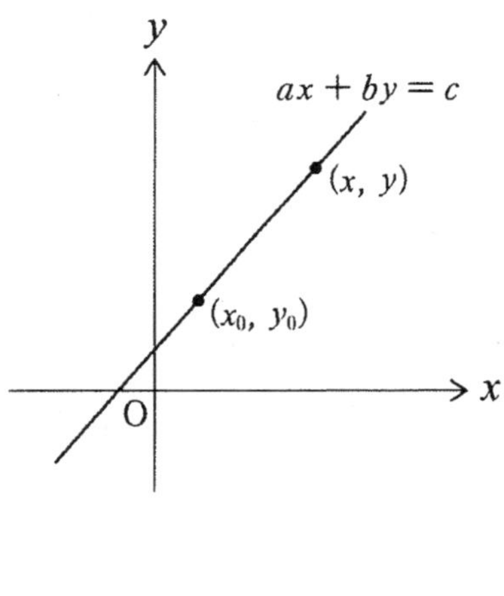

정리 1.6.2 일차부정방정식

$$ax + by = c \qquad (a \neq 0,\ b \neq 0)$$

에서 $d = (a, b)$ 이라고 할 때, 이 방정식의 정수해가 존재하기 위한 필요충분조건은 $d \mid c$ 인 것이다. 그리고, $d \mid c$ 인 경우에, $x = x_0,\ y = y_0$ 가 한 정수해이면 이 방정식의 정수해 x, y 전체는 다음과 같이 나타내어진다.

$$\begin{cases} x = x_0 + \dfrac{b}{d}\,t \\ y = y_0 - \dfrac{a}{d}\,t \end{cases} \qquad (t \in \mathbb{Z})$$

증 명 부정방정식 $ax+by=c$의 정수해 $x=x_0$, $y=y_0$가 존재하면,

$$ax_0+by_0=c, \quad d\,|\,a, \ \ d\,|\,b$$

이므로 $d\,|\,c$이다(정리 1.4.4).

다음에 $d\,|\,c$일 때, $c=de$이라고 하자.

이 때, 적당한 정수 s, t에 대하여 $as+bt=d$ 이므로(정리 1.5.3)

$$a(se)+b(te)=de=c$$

이고 따라서 $x_0=se$, $y_0=te$이라고 놓으면, $x=x_0$, $y=y_0$는 방정식 $ax+by=c$의 한 정수해이다.

그리고, x, y를 방정식 $ax+by=c$ 의 임의의 정수해라고 하면,

$$ax+by=c=ax_0+by_0$$

이고 또 $\frac{a}{d}, \frac{b}{d}$ 는 모두 정수이므로 다음이 성립한다.

$$\frac{a}{d}x+\frac{b}{d}y=\frac{a}{d}x_0+\frac{b}{d}y_0$$

즉, $$\frac{a}{d}(x-x_0)=-\frac{b}{d}(y-y_0)$$

그런데, $(\frac{a}{d}, \frac{b}{d})=1$ 이므로(따름정리 1.5.8), 정리 1.5.11 에 의하여

$$\frac{b}{d}\,\Big|\,(x-x_0)$$

이고 따라서 적당한 정수 t에 대하여 다음이 성립한다.

$$x-x_0=\frac{b}{d}t, \qquad y-y_0=-\frac{a}{d}t$$

즉, $$x=x_0+\frac{b}{d}t, \qquad y=y_0-\frac{a}{d}t$$

역으로, 임의의 정수 t에 대하여 위의 같은 x, y는 $ax+by=c$ 의 해이다. 따라서 주어진 일차부정방정식의 정수해 전체는 다음과 같다.

$$\begin{cases} x=x_0+\frac{b}{d}t \\ y=y_0-\frac{a}{d}t \end{cases} \quad (t\in\mathbb{Z})$$

보기 1.6.1 다음 일차부정방정식의 정수해를 구해 보자.

$$710x + 68y = 6$$

먼저 $(710, 68) = 2$, $2 \mid 6$ 이므로 이 방정식은 $355x + 34y = 3$ 으로 고쳐 쓸 수 있고 다음이 성립한다.

$$355 \cdot (-9) + 34 \cdot 94 = 1,$$
$$355 \cdot (-27) + 34 \cdot 282 = 3$$

10	710	68	2
	680	60	
3	30	8	1
	24	6	
3	6	2	
	6		
	0		

10	2	3	1		
1	0	1	-2	7	-9
0	1	-10	21	-73	94

따라서 $x = -27$, $y = 282$ 는 이 방정식의 한 정수해이고, 이 방정식의 정수해 전체는 다음과 같다.

$$\begin{cases} x = -27 + 34t \\ y = 282 - 355t \end{cases} \quad (t \in \mathbb{Z})$$

다음에 일차부정방정식

$$710x - 68y = 6$$

은 $710x + 68(-y) = 6$ 으로 고쳐 쓸 수 있고 위에서 얻은 결과에 따라 이 방정식의 정수해 전체는 다음과 같다.

$$\begin{cases} x = -27 + 34t \\ -y = 282 - 355t \end{cases} \quad (t \in \mathbb{Z}) \quad \text{즉} \quad \begin{cases} x = -27 + 34t \\ y = -282 + 355t \end{cases} \quad (t \in \mathbb{Z})$$

정의 1.6.3 부정방정식의 정수해 중에서 그 값이 모두 양의 정수인 해를 **양의 정수해**(positive integral solution)라고 한다.

보기 1.6.2 일차부정방정식 $x + 2y = 5$ 의 정수해를 구해 보자.

먼저 $(1, 2) = 1$, $1 \mid 5$ 이므로 이 방정식의 정수해가 존재한다.

또, $1 \cdot 1 + 2 \cdot 2 = 5$ 이므로 $x = 1$, $y = 2$ 는 이 방정식의 정수해이다.

따라서 일차부정방정식 $x + 2y = 5$ 의 정수해 전체는 다음과 같다.

$$\begin{cases} x = 1 + 2t \\ y = 2 - t \end{cases} \quad (t \in \mathbb{Z})$$

그런데, $1+2t \geq 1$, $2-t \geq 1$ 이려면, $0 \leq t \leq 1$ 이어야 하므로 이 일차부정방정식의 양의 정수해는 다음 둘 뿐이다.

$$\begin{cases} x=1 \\ y=2 \end{cases} \qquad \begin{cases} x=3 \\ y=1 \end{cases}$$

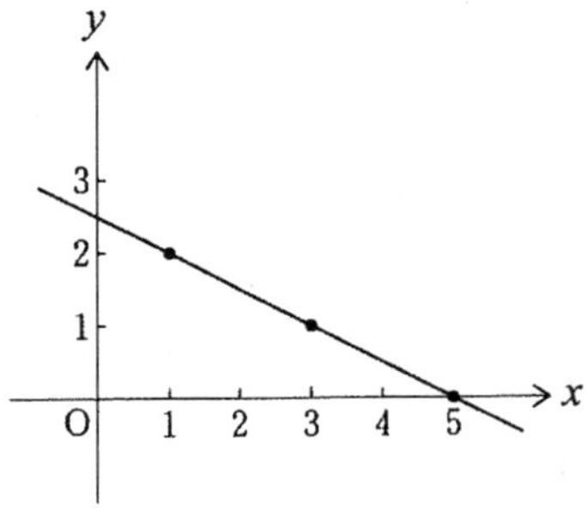

정리 1.6.2 의 증명과 마찬가지로 다음 정리를 증명할 수 있다(정리 1.5.19).

정리 1.6.4 미지수 $x_1, x_2, \cdots, x_n$ 에 관한 일차부정방정식

$$a_1x_1 + a_2x_2 + \cdots + a_nx_n = c$$

(정수 $a_1, a_2, \cdots, a_n$ 중에서 적어도 하나는 0 이 아님)

에서 $d = (a_1, a_2, \cdots, a_n)$ 이라고 할 때, 이 방정식의 정수해가 존재하기 위한 필요충분조건은 $d \mid c$ 인 것이다.

보기 1.6.3 일차부정방정식 $2x + 3y + 4z = 5$ 의 정수해를 구해 보자.

먼저 $(2, 3, 4) = 1$, $1 \mid 5$ 이므로 이 방정식의 정수해는 존재한다.

그런데, 이 방정식은

$$2x + 3y = 5 - 4z$$

로 고쳐 쓸 수 있고, $(2, 3) = 1$ 이므로 이 방정식을 x, y 에 관한 방정식으로 생각하고 정리 1.6.2 를 이용하여 그 정수해를 구할 수 있다. 실제로,

$$2 \cdot (-1) + 3 \cdot 1 = 1,$$
$$2 \cdot (-5+4z) + 3 \cdot (5-4z) = 5-4z$$

이므로, 위의 부정방정식의 해 전체는 다음과 같다.

$$\begin{cases} x = -5+4z+3t \\ y = 5-4z-2t \end{cases} \qquad (t \in \mathbb{Z})$$

따라서 방정식 $2x + 3y + 4z = 5$ 의 정수해 전체는 다음과 같다.

$$\begin{cases} x = -5 + 4s + 3t \\ y = \quad 5 - 4s - 2t \qquad (s,\ t \in \mathbb{Z}) \\ z = \qquad s \end{cases}$$

연 습 문 제 (1.6)

1. 다음 부정방정식의 정수해를 구하여라.

(1) $43x + 21y = 3$ (2) $43x - 21y = 3$

(3) $9x + 45y = 30$ (4) $-9x + 45y = 30$

2. 다음 부정방정식의 양의 정수해를 구하여라.

(1) $3x + y = 5$ (2) $2x + 3y = 17$

3. 다음 부정방정식의 정수해를 구하여라.

(1) $38x + 42y = -2$ (2) $38x - 42y = -2$

4. 다음 부정방정식의 정수해를 구하여라.

(1) $2x + 3y = -3$ (2) $2x - 3y = -3$

5. 다음 두 부정방정식을 동시에 만족시키는 정수해를 구하여라.

$$7x + 23y = 1, \qquad 5x - 2y + 7z = 46$$

6. 부정방정식 $101x + 102y + 103z = 1$ 의 정수해를 구하여라.

7. 다음 부정방정식의 정수해를 구하여라.

(1) $2x + 4y + 5z = 9$ (2) $17x + 21y + 35z = 8$

유클리드

고대 이집트와 바빌로니아에서 탄생한 기하학(幾何學, geometry)은 실제 고대 그리스의 여러 수학자에 의하여 발전되었으며, 이러한 성과를 기원전 300 년경에 그리스의 유클리드(Euclid, 323? ~ 285?, B.C)가 '기하학 원론'이라는 책에 집대성하여 이른바 '유클리드 기하학(Euclidean geometry)'이라는 학문의 이론 체계가 확립되었다. 이 책은 수학에 관한 최초의 위대한 교과서로서 전체 13 권으로 이루어져 있다. 이 책의 제 1 권은 평면기하학을 다루고 있는데 정의(定義, definition), 공준(公準, postulate), 공리(公理, axiom)로부터 시작되며 특히 공리로서는 다음 다섯 가지가 서술되어 있다.

(1) 동일한 것에 같은 것은 서로 같다.

(2) 서로 같은 것에 같은 것을 더하면, 그 합은 서로 같다.

(3) 서로 같은 것에서 같은 것을 빼면, 그 차는 서로 같다.

(4) 서로 포개 놓을 수 있는 것은 서로 같다.

(5) 전체는 그 부분보다 크다.

이 책의 제 7 권, 제 8 권, 제 9 권에 정수론에 관하여 서술되어 있다. 제 7 권에 이른바 유클리드의 알고리즘이 들어 있고, 제 9 권에 素數가 무한히 많다는 증명이 있으며 완전수에 관한 공식이 소개되어 있다. 이 책은 가장 성공적이며 세계적인 저술로서, 1482 년에 첫 인쇄본이 출간된 이래 1,000 판 이상이 출간되었고 서유럽과 미국에서 교과서로 사용되었다.

현대적인 관점에서 보면 '기하학 원론'의 유클리드 기하학에 관한 이론 전개는 논리적으로 엄밀하지 못하며 많은 결함을 가지고 있으며 이러한 결함과 미비점을 보완하는 데 많은 수학자들이 공헌하였다. 특히, 독일의 수학자 힐버트(David Hilbert, 1862 ~ 1943)는 1899 년에 발표한 그의 저서 '기하학의 기초(Grundlagen der Geometrie)'를 통하여 유클리드 기하학에 대한 엄밀한 公理系를 설정함으로써 유클리드 기하학은 논리적으로 완전한 이론 체계를 갖추게 되었다.

유클리드 기하학의 평행선 公理를 부정(否定)함으로써 쌍곡적 非유클리드 기하학(hyperbolic non-Euclidean geometry)과 타원적 非유클리드 기하학(elliptic non-Euclidean geometry)이 탄생했다. 이들 두 기하학을 간단히 각각 쌍곡적 기하학(雙曲的 幾何學), 타원적 기하학(楕圓的 幾何學)이라 하고, 또 유클리드 기하학을 포물적 기하학(拋物的 幾何學, parabolic geometry)이라고 한다.

제 2 장

정수의 소인수분해

'수학의 본질은 그 자유로움에 있다.'

'Das Wesen der Mathematik liegt in ihrer Freiheit.'

——— *Georg Cantor*

'정수는 자애로우신 신이 창조하였고,
그 밖의 모든 것은 인간의 작품이다.'

'Die ganzen Zahlen hat der liebe Gott gemacht, alles andere ist Menschenwerk.'

——— *Leopold Kronecker*

이 장에서는, 素數의 특성과 정수의 소인수분해와 표준분해에 대하여 논하고, 또 Fermat 素數와 Mersenne 素數에 대하여 간단히 논한다.

그리고, 양의 정수의 양의 약수 전체의 개수와 합에 대하여 논하고, 정수를 나타내는 여러 가지 방법과 특히 Fibonacci 수의 특성에 대하여 논한다.

§2.1 素 數

이 절에서는, 특수한 성질을 가진 정수에 대하여 간단히 논한다.

정의 2.1.1 정수 $p\ (\geq 2)$ 의 양의 약수가 $1,\ p$ 뿐일 때, p를 **素數**(prime, prime number)라고 한다.

그리고, 양의 정수 $a\ (\geq 2)$ 가 素數가 아닐 때, 즉

$$a = de, \qquad 2 \leq d \leq e < a$$

인 양의 정수 $d,\ e$ 가 존재할 때, a 를 **합성수**(合成數, composite number)라고 한다.

짝수인 素數는 2 뿐이고, 다음 홀수는 모두 素數이다(표 1, 표 2 참조).

$$3,\ 5,\ 7,\ 11,\ 13,\ 17,\ 19,\ 23,\ 29,\ 31,\ 37,\ 41,\ 43,\ 47,\ \cdots$$

그리고, 다음 정리가 성립한다(따름정리 1.5.10 참조).

정리 2.1.2 정수 p 가 素數일 때, 정수 a 와 양의 정수 $n,\ m$ 에 대하여 다음이 성립한다

(1) $p \mid a \iff (a,\ p) = p, \qquad p \nmid a \iff (a,\ p) = 1$

(2) $(a,\ p^n) = 1 \iff (a,\ p) = 1$

(3) $(a,\ p) = 1 \iff (a^n,\ p) = 1$

(4) $p,\ q$ 가 서로 다른 素數이면, $(p,\ q) = 1$ 이고 $(p^n,\ q^m) = 1$ 이다.

정리 2.1.3 정수 p 가 素數일 때, 두 정수 a, b 에 대하여 $p \mid ab$ 이면, $p \mid a$ 또는 $p \mid b$ 이다.

증 명 素數 p 에 대하여 $p \mid ab$ 일 때, $p \nmid a$ 이라고 가정하자, 이 때, $(a,\ p) = 1$ 이고 $p \mid ab$ 이므로 $p \mid b$ 이다(정리 1.5.11). 따라서 $p \mid ab$ 이면, $p \mid a$ 또는 $p \mid b$ 이다.

정리 2.1.3 에 의하여 다음 따름정리가 성립한다.

따름정리 2.1.4 정수 p가 素數일 때, 정수 a와 양의 정수 n 그리고 n개의 정수 $a_1, a_2, , \cdots, a_n$에 대하여 다음이 성립한다.

(1) $p \mid a^n$ 이면, $p \mid a$ 이다.

(2) $p \mid a_1 a_2 a_3 \cdots a_n$ 이면 적당한 i $(1 \le i \le n)$ 에 대하여 $p \mid a_i$ 이다.

보기 2.1.1 素數 p에 대하여 $\sqrt{p}$ 는 무리수이다.

실제로, $\sqrt{p}$ 가 유리수라고 가정하고

$$\sqrt{p} = \frac{a}{b} \qquad (a, b \text{는 서로 소인 양의 정수})$$

이라고 하자. 이 때, $pb^2 = a^2$ 이므로 $p \mid a^2$ 이고 따라서 따름정리 2.1.4 에 의하여 $p \mid a$ 이므로, 적당한 양의 정수 c에 대하여 $a = pc$ 이다. 이 때,

$$pb^2 = (pc)^2 = p^2c^2 \quad \text{즉} \quad b^2 = pc^2$$

이므로 $p \mid b^2$ 이고 따라서 $p \mid b$ 이다(따름정리 2.1.4 참조). 그러나, 이 결과는 $(a, b) = 1$ 이라는 사실에 모순된다. 그러므로, $\sqrt{p}$ 는 무리수이다.

정의 2.1.5 양의 정수 a 의 素數인 인수(약수)를 a 의 **소인수**(素因數, prime factor) 라고 한다.

정리 2.1.6 정수 a (≥ 2) 에 대하여 a 의 소인수가 적어도 하나 존재한다.

증 명 이제 $S = \{d \mid d \ge 2,\ d \text{는 } a \text{의 약수}\}$ 이라고 하자.

이 때, 분명히 $a \mid a$, $a \ge 2$ 이므로 $a \in S \ne \emptyset$ 이고, 따라서 정리 1.3.2 (정수의 정렬性) 에 의하여 S에 속하는 정수 중에서 가장 작은 정수 p가 존재하며 $p \ge 2$ 이다.

한편, d 를 $d \mid p$, $d \ge 2$ 인 정수라고 하면, $d \mid p$, $p \mid a$ 이므로 $d \mid a$ 이고 따라서 p의 최소性에 의하여 $d = p$ 이다.

그러므로, p 는 素數이고, 따라서 p는 a 의 소인수이다.

정리 2.1.7 양의 정수 n이 합성수이면, n의 소인수 중에는 $p \le [\sqrt{n}]$인 소인수 p가 존재한다.

증 명 양의 정수 n이 합성수이면,

$$n = de, \quad 2 \le d \le e < n$$

인 정수 d, e가 존재하며,

$$2^2 \le d^2 \le de = n$$

이므로 $2 \le d \le [\sqrt{n}]$이다. 그런데, $d \ge 2$이므로 정리 2.1.6에 의하여 d의 소인수 p가 존재하고 이때 $p \le d$이므로 $p \le d \le [\sqrt{n}]$이다.

한편, $p \mid d$, $d \mid a$이므로 $p \mid a$이고, 따라서 p는 a의 소인수이다.

보기 2.1.2 정수 89가 素數인지를 판정해 보자.

먼저 $9 < [\sqrt{89}] < 10$, $[\sqrt{89}] = 9$이고 9 이하의 素數는 2, 3, 5, 7 뿐이므로 89가 합성수이면 그 소인수를 2, 3, 5, 7 중에서 찾을 수 있다. 한편,

$$89 = 2 \cdot 44 + 1, \qquad 89 = 3 \cdot 29 + 2,$$
$$89 = 5 \cdot 17 + 4, \qquad 89 = 7 \cdot 12 + 5$$

이므로 2, 3, 5, 7은 89의 소인수가 아니다.

따라서 89는 素數이다.

보기 2.1.3 정수 $2^7 - 1 = 127$은 素數임을 밝혀 보자.

먼저

$$11^2 < 127 < 12^2, \quad 11 < \sqrt{127} < 12, \quad [\sqrt{127}] = 11$$

이므로 127이 합성수이면 그 소인수를 2, 3, 5, 7, 11 중에서 찾을 수 있다.

한편,

$$127 = 2 \cdot 63 + 1, \quad 127 = 3 \cdot 42 + 1, \quad 127 = 5 \cdot 25 + 2,$$
$$127 = 7 \cdot 18 + 1, \quad 127 = 11 \cdot 11 + 6$$

이므로 이들 素數는 모두 127의 소인수가 아니다.

따라서 127은 素數이다.

素數는 공식을 이용하여 구하는 것이 아니라, 일종의 체(sieve)로 걸러낸다. 이러한 체 중에서 널리 알려진 체는 고대 그리스의 수학자 에라토스테네스(Eratosthenes)가 고안해낸 것으로 정리 2.1.7에 그 근거를 두고 있다.

보기 2.1.4 정수 50보다 작은 素數를 모두 구해 보자.

먼저 $7^2 < 50 < 8^2$, $[\sqrt{50}] = 7$이므로 $\sqrt{50}$ 이하인 素數는 $2, 3, 5, 7$ 뿐이다. 따라서 50 이하인 합성수의 소인수는 $2, 3, 5, 7$ 중에 있다.

	2	3	~~4~~	5	~~6~~	7	~~8~~	~~9~~	~~10~~
11	~~12~~	13	~~14~~	~~15~~	~~16~~	17	~~18~~	19	~~20~~
~~21~~	~~22~~	23	~~24~~	~~25~~	~~26~~	~~27~~	~~28~~	29	~~30~~
31	~~32~~	~~33~~	~~34~~	~~35~~	~~36~~	37	~~38~~	~~39~~	~~40~~
41	~~42~~	43	~~44~~	~~45~~	~~46~~	47	~~48~~	~~49~~	~~50~~

한편, 위의 표에서와 같이 $2, 3, 4, \cdots, 50$ 중에서 $2, 3, 5, 7$의 배수인 것을 차례로 지워나가면, 50 이하인 素數는 다음과 같다.

$$2, 3, 5, 7, 11, 13, 17, 19, 23, 29, 31, 37, 41, 43, 47$$

마찬가지 방법으로, 120 이하인 素數 전체는 다음과 같음을 알 수 있다.

$$2, 3, 5, 7, 11, 13, 17, 19, 23, 29, 31, 37, 41, 43, 47, 53,$$
$$59, 61, 67, 71, 73, 79, 83, 89, 97, 101, 103, 107, 109, 113$$

정리 2.1.8 (유클리드) 素數는 무한히 많다.

증 명 유한 개의 素數 $p_1, p_2, \cdots, p_n$만이 존재한다고 가정하자. 이 때,

$$N = p_1 p_2 \cdots p_n + 1$$

이라고 하면, $N \geq 2$이므로 N의 소인수 p가 존재한다(정리 2.1.6). 그런데, 가정에 의하여 p는 $p_1, p_2, \cdots, p_n$ 중의 어느 하나와 같으므로

$$p \mid N, \qquad p \mid p_1 p_2 \cdots p_n$$

이고 따라서 $p \mid (N - p_1 p_2 \cdots p_n)$ 즉 $p \mid 1$로 되어 모순이 생긴다.

그러므로, 素數는 무한히 많다.

앞의 정리는 앞으로 여러 가지 방법으로 증명된다.

보기 2.1.5 임의의 양의 정수 n에 대하여 $a_n = n! + 1$이라고 할 때, p를 a_n의 소인수라고 하면 $n < p$이다.

실제로, $a_n \geq 2$이므로 a_n의 소인수는 존재한다(정리 2.1.6). 그런데, a_n의 소인수 중에서 $p \leq n$인 소인수 p가 존재한다고 가정하면, $p \mid n!$, $p \mid a_n$이므로 $p \mid (a_n - n!)$ 즉 $p \mid 1$로 되어 모순이 생긴다.

위의 결과로부터 素數가 무한히 많음을 알 수 있다.

$$a_1 = 2, \quad a_2 = 3, \quad a_3 = 7, \quad a_4 = 5^2,$$
$$a_5 = 121 = 11^2, \quad a_6 = 7 \cdot 103, \quad a_7 = 71^2$$

보기 2.1.6 양의 정수 n에 대하여 a_n을 다음과 같이 귀납적으로 정하자.

(i) $a_1 = 2$

(ii) $a_n = a_1 a_2 \cdots a_{n-1} + 1 \qquad (n \geq 2)$

두 양의 정수 $i, j\ (1 \leq i < j)$에 대하여 $d = (a_i, a_j)$이라고 하면,

$$a_j = a_1 \cdots a_i \cdots a_{j-1} + 1, \quad d \mid a_1 \cdots a_i \cdots a_{j-1}, \quad d \mid a_j$$

이므로 $d \mid 1$이고 따라서 $d = 1$이다. 한편, 모든 양의 정수 n에 대하여 $a_n \geq 2$이므로 a_n의 소인수가 적어도 하나 존재하므로, 각 a_n의 소인수 p_n을 택하면, 위의 결과에 의하여 $p_1, p_2, \cdots, p_n, \cdots$은 모두 서로 다르다. 그러므로, 素數는 무한히 많다.

다음 정수는 모두 素數이다.

$$2 + 1 = 3,$$
$$2 \cdot 3 + 1 = 7,$$
$$2 \cdot 3 \cdot 5 + 1 = 31,$$
$$2 \cdot 3 \cdot 5 \cdot 7 + 1 = 211,$$
$$2 \cdot 3 \cdot 5 \cdot 7 \cdot 11 + 1 = 2311$$

그러나, 다음 정수는 모두 素數가 아니다.

$$2 \cdot 3 \cdot 5 \cdot 7 \cdot 11 \cdot 13 + 1 = 59 \cdot 509,$$
$$2 \cdot 3 \cdot 5 \cdot 7 \cdot 11 \cdot 13 \cdot 17 + 1 = 19 \cdot 97 \cdot 277$$

보기 2.1.7 양의 정수 n에 대하여 n개의 연이은 정수

$$(n+1)!+2,\ (n+1)!+3,\ \cdots,\ (n+1)!+(n+1)$$

는 모두 합성수이다. 실제로, $2 \le k \le n+1$ 인 정수 k에 대하여

$$k \mid (n+1)!, \qquad k \mid k$$

이므로 $(n+1)!+k$는 k의 배수이고, 따라서 이 정수는 합성수이다.

연 습 문 제 (2.1)

1. 素數 p에 대하여 다음이 성립함을 증명하여라.
   (1) $p \ge 5$ 이면, p는 $6k+1$ 또는 $6k+5$ 의 꼴이고 p^2+1 은 합성수이다.
   (2) $p = 2^n - 1$ $(n \ge 3)$ 이면, n은 홀수이다.

2. 다음이 성립함을 증명하여라.
   (1) 素數 p가 n^3+1 의 꼴이면, $p = 2$ 이다.
   (2) 素數 p가 n^3-1 의 꼴이면, $p = 7$ 이다.

3. 다음이 성립함을 증명하여라.
   (1) 세 양의 정수 $p, p+2, p+4$ 가 모두 素數이면, $p = 3$ 이다.
   (2) $p \ge 5$ 일 때, $p, p+2$ 가 모두 素數이면 이들의 합은 12 의 배수이다.

4. 양의 정수 n에 대하여 $a_n = n^2 - 2$ 이라고 할 때, $a_1, a_2, a_3, a_4, \cdots$ 중에서 素數인 것을 네 개만 들어라.

5. 정수 n (≥ 3) 에 대하여 $a_n = n! - 1$ 이라고 할 때, $a_1, a_2, a_3, a_4, \cdots$ 중 중에 합성수가 존재함을 증명하여라.

6. 세 정수 a, b, c 와 양의 정수 n 에 대하여 $a^n + b^n = c^n$ 일 때, 다음이 성립함을 증명하여라.

(1) $(a, b) = 1$ 이면, $(a, c) = 1$ 이다.

(2) $(a, b, c) = 1$ 이면, $(a, b) = 1$, $(a, c) = 1$, $(b, c) = 1$ 이다.

7. 다음이 성립함을 증명하여라.

(1) 양의 정수 a 와 정수 $n\ (\geq 2)$ 에 대하여 $\sqrt[n]{a}$ 가 유리수이면, $\sqrt[n]{a}$ 는 정수이다.

(2) 모든 정수 $n\ (\geq 2)$ 에 대하여 $\sqrt[n]{n}$ 은 무리수이다.

8. 素數를 $p_1 = 2$, $p_2 = 3$, $p_3 = 5$, $p_4 = 7$, $\cdots$, p_n, $\cdots$ 과 같이 크기순으로 배열할 때, 다음이 성립함을 밝혀라.

(1) $p_{n+1} \leq p_1 p_2 \cdots p_n + 1 \qquad (n \geq 1)$

(2) $p_n \leq 2^{2^{n-1}} \qquad (n \geq 1)$

(3) 각 양의 정수 n 에 대하여 2^{2^n} 보다 작은 素數가 적어도 $n+1$ 개 존재한다.

9. 유한개의 서로 다른 素數 $p_1, p_2, p_3, \cdots, p_n$ 만이 존재한다고 가정하고

$$N = p_1 p_2 \cdots p_m + p_{m+1} \cdots p_n \qquad (1 < m < n)$$

이라고 할 때, 정리 2.1.6 을 이용하여 모순이 생긴다는 것을 밝혀라.

10. 정리 2.1.7 을 이용하여 211 이 素數인지를 판정하여라.

11. 정수 4, 6, 8, 10 을 각각 두 素數의 합으로 나타내어라.
그리고, 24 를 세 가지 방법으로 두 素數의 합으로 나타내어라.

12. 홀수 7, 17, 27 을 각각 세 素數의 합으로 나타내어라.

13. 정수 11 보다 큰 정수는 두 합성수의 합으로 나타낼 수 있음을 밝혀라.

§2.2 소인수분해와 표준분해

이 절에서는, 양의 정수에 대하여 논한다.

정의 2.2.1 정수 n (≥ 2) 이 유한개의 소인수 $p_1, p_2, \cdots, p_k$ 의 곱

$$n = p_1 p_2 \cdots p_k$$

으로 나타내어질 때, 정수 n 은 **소인수분해된다**고 말하고 또 이 등식을 n 의 **소인수분해**(素因數分解, prime factorization)라고 한다.

정리 2.2.2 (유일 인수분해 정리, Unique Factorization Theorem)

정수 n (≥ 2) 은 유한 개의 素數 $p_1, p_2, \cdots, p_s$ 의 곱 $n = p_1 p_2 \cdots p_s$ 으로 소인수분해된다(여기서, $p_1, p_2, \cdots, p_s$ 에는 같은 것이 있을 수 있다).

더욱이, 정수 n (≥ 2) 의 소인수분해는 본질적으로 단 한 가지뿐이다. 즉,

$$n = p_1 p_2 \cdots p_s, \qquad n = q_1 q_2 \cdots q_t$$

을 n 의 소인수분해라고 하면, $s = t$ 이고 $p_1, p_2, \cdots, p_s$ 와 $q_1, q_2, \cdots, q_t$ 는 그 순서만이 다르다.

증 명 먼저 정수 n (≥ 2) 중에서 소인수분해되지 않는 정수 전체로 이루어진 집합을 S 라 하고 $S \neq \emptyset$ 이라고 가정하자.

이때, 정수의 정렬性(정리 1.3.2)에 의하여 S 에 속하는 가장 작은 양의 정수 m 이 존재한다. 그런데, 정수 m 은 素數가 아니므로

$$m = de, \quad 2 \leq d \leq e < m$$

인 정수 d, e 가 존재하고 m 의 최소性에 의하여 $d \notin S$, $e \notin S$ 이므로 d, e 는 $d = p_1 p_2 \cdots p_k$, $e = q_1 q_2 \cdots q_l$ 과 같이 소인수분해되고 이 사실은 m 이 $m = p_1 p_2 \cdots p_k q_1 q_2 \cdots q_l$ 로 소인수분해됨을 뜻하게 되어 모순이 생기므로 $S = \emptyset$ 이다.

따라서 정수 n (≥ 2) 은 유한 개의 素數의 곱으로 소인수분해된다.

다음에 $n = 2$ 일 때, n 은 素數이므로 n 의 소인수분해는 유일하다.

이제 $n > 2$ 일 때, $2 \leq k < n$ 인 모든 정수 k 의 소인수분해가 유일하다고 가정하고

$$n = p_1 p_2 \cdots p_s, \qquad n = q_1 q_2 \cdots q_t$$

를 n 의 소인수분해라고 하자.

먼저 $t = 1$ 이면, $p_1 p_2 \cdots p_s = q_1$ 이므로 $s = 1 = t$, $q_1 = p_1$ 이다.

다음에 $t \geq 2$ 이라고 가정하자. 이 때, $q_1 | p_1 p_2 \cdots p_s$ 이므로 적당한 정수 i $(1 \leq i \leq k)$ 에 대하여 $q_1 | p_i$ 이고 따라서 $q_1 = p_i$ 이다(따름정리 2.1.4). 그러므로, 필요하다면 $p_1, p_2, \cdots, p_s$ 의 순서를 적당히 바꾸어 $i = 1$ 이라고 놓으면, $q_1 = p_1$, $n = p_1 p_2 \cdots p_s = p_1 q_2 \cdots q_t$ 이므로 다음이 성립한다.

$$p_2 \cdots p_s = q_2 \cdots q_t$$

그런데, $2 \leq p_2 \cdots p_s < n$ 이므로 귀납법 가정에 의하여 $s - 1 = t - 1$ 즉 $s = t$ 이다(정리 1.3.4). 그러므로, 필요하다면 $p_2, \cdots, p_s$ 와 $q_2, \cdots, q_t$ 의 번호를 적당히 재배열하여 $q_2 = p_2, \cdots, q_t = p_t$ 로 놓을 수 있다.

따라서 모든 정수 n (≥ 2) 의 소인수분해는 유일하다.

정의 2.2.3 정수 n (≥ 2) 의 서로 다른 소인수 전체가 $p_1, p_2, \cdots, p_r$ 일 때, n 은 단 한 가지 방법으로 다음과 같이 소인수분해된다(정리 2.2.2).

$$n = p_1^{e_1} p_2^{e_2} \cdots p_r^{e_r} \qquad (e_i \geq 1)$$

위의 등식을 n 의 **표준분해**(標準分解, standard decomposition) 라고 한다.

예를 들면, 양의 정수 360 은

$$360 = 2 \cdot 2 \cdot 2 \cdot 3 \cdot 3 \cdot 5, \qquad 360 = 2^3 \cdot 3^2 \cdot 5$$

와 같이 소인수분해되며, $360 = 2^3 \cdot 3^2 \cdot 5$ 은 360 의 표준분해이다.

부록의 표 3 에는 정수 n $(10000 \leq n \leq 10269)$ 의 표준분해가 실려 있다.

정리 2.2.4 양의 정수 중에서 $4k+3$의 꼴인 素數는 무한히 많다.

증 명 이제 $4k+3$의 꼴인 素數가 유한개만 존재한다고 가정하고, 또 $q_1, q_2, \cdots, q_s$를 이와 같은 꼴의 素數 전체라고 하자. 그리고, 정수

$$N = 4q_1q_2\cdots q_s - 1 \quad 즉 \quad N = 4(q_1q_2\cdots q_s - 1) + 3$$

를 생각하고 $N = p_1^{e_1}p_2^{e_2}\cdots p_r^{e_r}$을 N의 표준분해라고 하자.

이 때, N은 홀수이므로 N의 소인수 $p_1, p_2, \cdots, p_r$는 모두 홀수이고 따라서 이들 소인수는 $4k+1$ 또는 $4k+3$의 꼴이다. 그런데,

$$(4k_1+1)(4k_2+1) = 4(4k_1k_2 + k_1 + k_2) + 1$$

이므로 $4k+1$의 꼴의 두 정수의 곱은 $4k+1$의 꼴이다.

한편, N은 $4k+3$의 꼴이므로 N의 소인수 $p_1, p_2, \cdots, p_r$ 중에서 적어도 한 소인수 p_i는 $4k+3$의 꼴이므로 p_i는 $q_1, q_2, \cdots, q_s$ 중의 어느 하나와 일치한다. 그러므로, $p_i \mid 4q_1q_2\cdots q_s$, $p_i \mid N$ 이므로 $p_i \mid 1$로 되어 모순이 생긴다.

따라서 $4k+3$의 꼴인 素數는 무한히 많다.

보기 2.2.1 다음 정수는 모두 $4k+3$의 꼴인 素數이다.

3, 7, 11, 19, 23, 31, 43, 47, 59, 67, 71, 79, 83, 103, 107

그리고, 素數

5, 13, 17, 29, 37, 41, 53, 61, 73, 89, 97, 101, 109, 113

은 모두 $4k+1$의 꼴이다.

실제로, $4k+1$의 꼴인 素數도 무한히 많다(정리 5.1.5, 정리 6.3.1 참조).

정의 2.2.5 한 정수의 제곱인 정수를 **제곱수**(square)라 하고, 특히 1보다 큰 정수의 제곱인 정수를 **완전제곱수**(perfect square) 라고 한다.

정의에 의하여 0, 1, 4, 9, 16, ⋯ 는 제곱수이고, 특히 4, 9, 16, 25, ⋯ 는 완전제곱수이다. 정리 2.2.2에 의하여 다음이 성립한다(문제 4).

정리 2.2.6 정수 $n\ (\geq 2)$ 의 표준분해가 $n = p_1^{e_1} p_2^{e_2} \cdots p_r^{e_r}$ 인 경우에 $e_1, e_2, \cdots, e_r$가 모두 짝수일 때 그리고 이때에만 n은 완전제곱수이다.

보기 2.2.2 두 표준분해 $720 = 2^4 \cdot 3^2 \cdot 5$, $4725 = 3^3 \cdot 5^2 \cdot 7$ 에 나타나 있는 소인수를 이용하여 이들 두 정수를 다음과 같이 나타낼 수 있다.

$$720 = 2^4 \cdot 3^2 \cdot 5^1 \cdot 7^0,$$
$$4725 = 2^0 \cdot 3^3 \cdot 5^2 \cdot 7^1$$

따라서 720 과 4725 의 공약수와 공배수는 각각

$$2^0 \cdot 3^r \cdot 5^s \cdot 7^0 \qquad (0 \leq r \leq 2,\ 0 \leq s \leq 1)$$
$$2^{4+t} \cdot 3^{3+u} \cdot 5^{2+v} \cdot 7^{1+w} \qquad (t \geq 0,\ u \geq 0,\ v \geq 0,\ w \geq 0)$$

와 같은 꼴이므로 이들 공약수는 모두 $2^0 \cdot 3^2 \cdot 5^1 \cdot 7^0$ 의 약수이고 또 이들 공배수는 모두 $2^4 \cdot 3^3 \cdot 5^2 \cdot 7^1$ 의 배수이다. 그러므로, 다음 결과를 얻는다.

$$(720,\ 4725) = 2^0 \cdot 3^2 \cdot 5^1 \cdot 7^0 = 45,$$
$$[720,\ 4725] = 2^4 \cdot 3^3 \cdot 5^2 \cdot 7^1 = 75600$$

일반적으로, 다음 정리가 성립한다. 이 정리에서 $\max\{a, b\}$, $\min\{a, b\}$는 각각 두 정수 a, b 중에서 가장 큰 정수와 가장 작은 정수를 나타낸다.

정리 2.2.7 양의 정수 a, b가 서로 다른 素數 $p_1, p_2, \cdots, p_t$에 대하여

$$a = p_1^{k_1} p_2^{k_2} \cdots p_t^{k_t}, \qquad b = p_1^{s_1} p_2^{s_2} \cdots p_t^{s_t} \qquad (k_i \geq 0,\ s_i \geq 0)$$

으로 나타내어질 때, 각 정수 $i\ (1 \leq i \leq t)$ 에 대하여 $m_i = \min\{k_i, s_i\}$, $n_i = \max\{k_i, s_i\}$ 라고 하면 다음이 성립한다.

(1) $(a, b) = p_1^{m_1} p_2^{m_2} \cdots p_t^{m_t}$, $\quad [a, b] = p_1^{n_1} p_2^{n_1} \cdots p_t^{n_t}$

(2) $(a, b)[a, b] = ab$

두 양의 정수의 표준분해를 알면 위의 정리를 이용하여 최대공약수를 구할 수 있으나, 상당히 큰 양의 정수의 표준분해를 구하는 일은 대단히 어렵다.

정의 2.2.8 두 양의 정수 a, b에 대하여 $b^e | a$, $b^{e+1} \nmid a$ $(e \geq 0)$일 때, 이 사실을 $b^e \| a$로 나타낸다.

양의 정수 a의 서로 다른 소수인 전체가 $p_1, p_2, \cdots, p_r$일 때, 각 p_i에 대하여 $p_i^{e_i} \| a$이면, a의 표준분해는 $a = p_1^{e_1} p_2^{e_2} \cdots p_r^{e_r}$이다.

정리 2.2.9 정수 n (≥ 2)의 계승 $n! = 1 \cdot 2 \cdot \cdots \cdot n$과 素數 p에 대하여 $p^e \| n!$인 지수 e를 $e_p(n)$으로 나타내면 다음이 성립한다.

$$e_p(n) = \sum_{k=1}^{\infty} \left[\frac{n}{p^k}\right] = \left[\frac{n}{p}\right] + \left[\frac{n}{p^2}\right] + \left[\frac{n}{p^3}\right] + \cdots$$

증 명 정수 $1, 2, \cdots, n$ 중에서 p의 배수인 정수 전체는

$$p,\ 2p,\ \cdots,\ \left[\frac{n}{p}\right]p$$

이므로 p가 $n! = 1 \cdot 2 \cdot \cdots \cdot n$의 소인수로 나타나는 횟수는 p가

$$p \cdot 2p \cdot \cdots \cdot \left[\frac{n}{p}\right]p \quad 즉 \quad p^{\left[\frac{n}{p}\right]} \cdot 1 \cdot 2 \cdot \cdots \cdot \left[\frac{n}{p}\right]$$

의 소인수로 나타나는 횟수와 일치하고, 또 다음 등식이 성립한다.

> $14! = 1 \cdot 2 \cdot 3 \cdot \cdots \cdot 13 \cdot 14$
> $3 \cdot 6 \cdot 9 \cdot 12 = 3^4 \cdot 1 \cdot 2 \cdot 3 \cdot 4$
> $1 \cdot 2 \cdot 3 \cdot 4 = 4!$, $\left[\frac{14}{3}\right] = 4$

$$e_p(n) = \left[\frac{n}{p}\right] + e_p\left(\left[\frac{n}{p}\right]\right)$$

그런데, 정리 1.4.8에 의하여 다음 등식의 성립한다

$$e_p\left(\left[\frac{n}{p}\right]\right) = \left[\frac{\left[\frac{n}{p}\right]}{p}\right] + e_p\left(\left[\frac{\left[\frac{n}{p}\right]}{p}\right]\right) = \left[\frac{n}{p^2}\right] + e_p\left(\left[\frac{n}{p^2}\right]\right)$$

이와 같은 과정을 되풀이하면, 다음 등식이 성립함을 알 수 있다.

$$e_p(n) = \sum_{k=1}^{\infty} \left[\frac{n}{p^k}\right] = \left[\frac{n}{p}\right] + \left[\frac{n}{p^2}\right] + \left[\frac{n}{p^3}\right] + \cdots$$

앞의 정리에서 적당한 정수 $r\ (\geq 0)$에 대하여 $p^r \leq n < p^{r+1}$인 경우에 $\dfrac{n}{p^r} \geq 1$, $\dfrac{n}{p^{r+1}} < 1$이므로 $\left[\dfrac{n}{p^r}\right] \geq 1$, $\left[\dfrac{n}{p^{r+1}}\right] = \left[\dfrac{n}{p^{r+2}}\right] = \cdots = 0$이고 따라서 $e_p(n)$은 유한 개의 항으로 이루어진 합이다.

보기 2.2.3 곱 $10! = 1 \cdot 2 \cdot 3 \cdot \cdots \cdot 9 \cdot 10$에 대하여

$$\left[\frac{10}{2}\right] = 5, \quad \left[\frac{10}{2^2}\right] = \left[\frac{5}{2}\right] = 2, \quad \left[\frac{10}{2^3}\right] = \left[\frac{2}{2}\right] = 1$$

이므로 $e_2(10) = 5 + 2 + 1 = 8$이다.

정리 2.2.10 정수 $n\ (\geq 2)$에 대하여 $p_1, p_2, \cdots, p_t$를 n보다 크지 않은 서로 다른 素數 전체라고 할 때 다음이 성립한다.

(1) $n!$의 소인수 전체는 $p_1, p_2, \cdots, p_t$이고, $1, 2, \cdots, n$의 최소공배수 $[1, 2, \cdots, n]$의 소인수 전체는 $p_1, p_2, \cdots, p_t$이다.

(2) 각 정수 $i\ (1 \leq i \leq t)$에 대하여 $e_{p_i}(n) = e_i$이면, $n!$의 표준분해는 $n! = p_1^{e_1} p_2^{e_2} \cdots p_t^{e_t}$이다.

(3) 각 $i\ (1 \leq i \leq t)$에 대하여

$$p_i^{f_i} \leq n < p_i^{f_i+1} \quad \text{즉} \quad 1 \leq \left[\frac{n}{p_i^{f_i}}\right] < p_i$$

이면, $[1, 2, \cdots, n]$의 표준분해는 $[1, 2, \cdots, n] = p_1^{f_1} p_2^{f_2} \cdots p_t^{f_t}$이다.

증 명 (1) 먼저 $p \leq n$인 素數 p는 모두 $n! = 1 \cdot 2 \cdot \cdots \cdot n$의 소인수이다. 그리고, $1, 2, \cdots, n$은 모두 최소공배수 $[1,2, \cdots, n]$의 약수이므로 $p \leq n$인 素數 p는 모두 $[1,2, \cdots, n]$의 소인수이다.

또, p가 $n!$의 소인수이면, 다음과 같은 정수 m이 존재한다.

$$p \mid m, \qquad 1 < m \leq n$$

여기서, $1 < p \leq m \leq n$이므로 $p \leq n$이다. 그런데, $1, 2, \cdots, n$은 모두 $n!$의 약수이고 따라서 $[1, 2, \cdots, n]$은 $n!$의 약수이다(정의 1.5.15). 그러

므로, p 가 $[1, 2, \cdots, n]$ 의 소인수이면, p 는 $n!$ 의 소인수이므로 앞의 결과에 의하여 $p \le n$ 이다. 따라서 $n!$ 의 소인수 전체와 $[1, 2, \cdots, n]$ 의 소인수 전체는 $p_1, \cdots, p_t$ 이다.

(2) 정리 2.2.9 에 의하여 $n! = p_1^{e_1} p_2^{e_2} \cdots p_t^{e_t}$ 이다.

(3) 각 i $(1 \le i \le t)$ 에 대하여 $p_i^{f_i} \le n < p_i^{f_i+1}$ 이라고 하자. 이때,

$$p_i^{f_i} \le n < p_i^{f_i+1} \Leftrightarrow 1 \le \frac{n}{p_i^{f_i}} < p_i \Leftrightarrow 1 \le \left[\frac{n}{p_i^{f_i}}\right] < p_i$$

이고, 또 각 정수 k $(1 \le k \le n)$ 는

$$k = p_1^{r_{k1}} \cdots p_i^{r_{ki}} \cdots p_t^{r_{kt}} \qquad (r_{k1} \ge 0, \cdots, r_{ki} \ge 0, r_{kt} \ge 0)$$

의 꼴로 나타낼 수 있으며 이때 각 p_i 에 대하여

$$p_i^{r_{ki}} \le k \le n, \qquad p_i^{f_i} \le n < p_i^{f_i+1} \qquad (1 \le i \le t)$$

이므로 $\max\{r_{1i}, r_{2i}, \cdots, r_{ni}\} = f_i$ 이다.

그러므로, $[1, 2, \cdots, n] = p_1^{f_1} p_2^{f_2} \cdots p_t^{f_t}$ 이다.

보기 2.2.4 곱 $10! = 1 \cdot 2 \cdot \cdots \cdot 10$ 과 최소공배수 $[1, 2, \cdots, 10]$ 의 표준분해를 구해 보자(보기 2.2.3 참조).

먼저 정수 10 보다 크지 않은 素數는 2, 3, 5, 7 뿐이고 다음 결과를 얻는다.

$$\left[\frac{10}{2}\right] = 5, \quad \left[\frac{10}{2^2}\right] = \left[\frac{5}{2}\right] = 2, \quad \left[\frac{10}{2^3}\right] = \left[\frac{2}{2}\right] = 1$$

$$e_2(10) = 5 + 2 + 1 = 8, \qquad 3\text{ 회 계산}$$

$$\left[\frac{10}{3}\right] = 3, \quad \left[\frac{3}{3}\right] = 1, \quad e_3(10) = 3 + 1 = 4, \qquad 2\text{ 회 계산}$$

$$\left[\frac{10}{5}\right] = 2 \qquad e_5(10) = 2. \qquad 1\text{ 회 계산}$$

$$\left[\frac{10}{7}\right] = 1 \qquad e_7(10) = 1, \qquad 1\text{ 회 계산}$$

따라서 $10!$ 과 $[1, 2, \cdots, 10]$ 의 표준분해는 다음과 같다.

$$10! = 2^8 \cdot 3^4 \cdot 5^2 \cdot 7, \qquad [1, 2, \cdots, 10] = 2^3 \cdot 3^2 \cdot 5 \cdot 7$$

연 습 문 제 (2.2)

1. 다음 정수의 표준분해를 구하여라.

   (1) 111 (2) 289 (3) 424

2. 두 양의 정수 a, b에 대하여 다음이 성립함을 증명하여라.

   (1) $a^3 \mid b^2$ 이면, $a \mid b$ 이다.

   (2) $a^2 \mid b^2$ 이면, $a \mid b$ 이다.

3. 정리 2.2.2 를 이용하여 다음을 증명하여라.

   (1) $\left(\frac{3}{2}\right)^a = 2^b$ 을 만족시키는 양의 정수 a, b는 존재하지 않는다.

   (2) 등식 $a^2 = 2b^2$ 을 만족시키는 양의 정수 a, b는 존재하지 않는다.

   (3) 素數 p 와 양의 정수 n 사이에 등식 $p + (p+2) = n(n+1)$ 이 성립하면, $p = n = 2$ 또는 $p = 5,\ n = 3$ 이다.

4. 정리 2.2.6 을 증명하여라.

5. 모든 양의 정수 n 에 대하여 $n(n+1)$ 은 완전제곱수가 아님을 밝혀라.

6. 양의 정수 a 의 표준분해가 $a = p_1^{e_1} p_2^{e_2} \cdots p_r^{e_r}$ 일 때, 양의 정수 b, n 에 대하여 다음이 성립함을 증명하여라.

   (1) $(a, b) = 1 \Longleftrightarrow (p_1, b) = (p_2, b) = \cdots = (p_r, b) = 1$

   (2) $a = b^n$ 이면, $e_1, e_2, \cdots, e_r$는 모두 n 의 배수이다.

7. 두 정수가 $3k+1$ 의 꼴이면, 이들의 곱도 $3k+1$ 의 꼴임을 밝혀라.
   또, 이 결과를 이용하여 $3k+2$ 의 꼴인 素數가 무한히 많음을 밝혀라.

8. 두 정수가 $6k+1$ 의 꼴이면, 이들의 곱도 $6k+1$ 의 꼴임을 밝혀라.
   그리고, 이 결과를 이용하여 $6k+5$ 의 꼴인 素數가 무한히 많이 존재함을 증명하여라.

9. 다음이 성립함을 증명하여라.

(1) 素數 p에 대하여 $3p+1$이 완전제곱수이면, $p=5$이다.

(2) 홀수인 素數 p에 대하여 $p=x^2-y^2$인 양의 정수 x, y가 존재한다.

10. 정수를 계수로 가지는 다항식

$$f(x) = x^n + a_{n-1}x^{n-1} + \cdots + a_1x + a_0$$

와 유리수 u에 대하여 $f(u)=0$이면, u는 정수이고 또 u는 a_0의 약수임을 증명하여라.

11. 문제 10의 결과를 이용하여 다음이 성립함을 밝혀라.

(1) 양의 정수 n이 제곱수가 아니면, $\sqrt{n}$은 무리수이다.

(2) 두 실수 $1+\sqrt{3}$, $1-\sqrt{3}$은 무리수이다.

(3) 두 실수 $\sqrt{2}+\sqrt{3}$, $\sqrt{2}-\sqrt{3}$은 무리수이다.

(4) 실수 $\sqrt[3]{5}$는 무리수이다.

12. 다음 정수의 표준분해를 구하여라.

(1) $12!$, $[1,2,3,\cdots,12]$ (2) $20!$, $[1,2,3,\cdots,20]$

13. 곱 $100!$을 전개했을 때 끝자리에 꼭 24개의 0이 있음을 밝혀라.
또, $1000!$을 전개했을 때 끝자리에 꼭 249개의 0이 있음을 밝혀라.

14. 정수 $n\ (\geq 3)$에 대하여 $n < p < n!$인 素數 p가 존재함을 밝혀라.

15. 정수 $b\ (\geq 2)$의 표준분해가 $b = p_1^{e_1} p_2^{e_2} \cdots p_r^{e_r}$일 때, 양의 정수 a에 대하여 유리수 $\frac{a}{b}$는 다음과 같은 꼴로 나타내어짐을 밝혀라.

(1) $\frac{a}{b} = \frac{a_1}{p_1^{e_1}} + \frac{a_2}{p_2^{e_2}} + \cdots + \frac{a_r}{p_r^{e_r}}$ ($a_1, \cdots, a_r$는 정수)

(2) $\frac{a}{b} = k + \sum_{i=1}^{r} \left(\frac{d_{i1}}{p_i} + \frac{d_{i2}}{p_i^2} + \cdots + \frac{d_{ie_i}}{p_i^{e_i}} \right)$

(k와 d_{ij}는 $k \geq 0$, $0 \leq d_{ij} < p_i$인 정수)

§2.3 Fermat 素數와 Mersenne 素數

일반적으로, 두 실수 x, y 에 대하여 다음 등식이 성립한다.

(1) 정수 n 이 양의 정수일 때,

$$x^n - y^n = (x-y)(x^{n-1} + x^{n-2}y + \cdots + xy^{n-2} + y^{n-1})$$

(2) 정수 k 가 양의 홀수일 때,

$$x^k + y^k = (x+y)(x^{k-1} - x^{k-2}y + \cdots - xy^{k-2} + y^{k-1})$$

정리 2.3.1 양의 정수 m 에 대하여 정수 $2^m + 1$ 이 素數이면, 적당한 정수 n (≥ 0) 에 대하여 $m = 2^n$ 이다.

증 명 양의 정수 m 은 다음과 같은 꼴로 나타낼 수 있다(문제 2.2.2).

$$m = 2^n k \qquad (n \geq 0,\ k \text{는 홀수})$$

이 때, k 는 홀수이므로 다음이 성립한다.

$$2^m + 1 = (2^{2^n} + 1)\{2^{2^n(k-1)} - 2^{2^n(k-2)} + \cdots - 2^{2^n} + 1\},$$

$$2^{2^n} + 1 \geq 2^{2^0} + 1 = 3$$

따라서 $2^m + 1$ 이 素數이면, $2^m + 1 = 2^{2^n} + 1$ 이므로 $m = 2^n$ 이다.

정의 2.3.2 다음과 같은 꼴의 정수를 **페르마 수**(Fermat number)라고 한다.

$$F_n = 2^{2^n} + 1 \qquad (n \geq 0)$$

특히, F_n 이 素數일 때, F_n 을 **페르마 素數**(Fermat prime)라고 한다.

Fermat 素數는 2019 년 현재 다음의 5 개만이 알려져 있다.

$$F_0 = 2^1 + 1 = 3, \quad F_1 = 2^2 + 1 = 5, \quad F_2 = 2^4 + 1 = 17,$$

$$F_3 = 2^8 + 1 = 257, \quad F_4 = 2^{16} + 1 = 65537$$

한편, 아래에서 보는 바와 같이 F_5, F_6 는 素數가 아니다.

$$F_5 = 2^{32} + 1 = 4294967297 = 641 \cdot 6700417, \qquad 641 = 2^7 \cdot 5 + 1,$$

$$F_6 = 2^{64} + 1 = 274177 \cdot 67280421310721, \quad 2742177 = 2^8 \cdot 1071 + 1$$

정리 2.3.3 Fermat 수 $F_n = 2^{2^n} + 1$ 에 대하여 다음이 성립한다.

(1) $F_0 F_1 \cdots F_{n-1} = F_n - 2 \qquad (n \geq 1)$

(2) $(F_m, F_n) = 1 \qquad (m \geq 1,\ n \geq 1,\ m \neq n)$

증 명 (1) 먼저 $n = 1$ 일 때, $F_0 = 3 = 5-2 = F_1 - 2$ 이다.

다음에 $n = k \geq 1$ 일 때 (1) 이 성립한다고 가정하면,

$$\begin{aligned} F_0 F_1 \cdots F_{k-1} F_k &= (F_k - 2) F_k \\ &= (2^{2^k} - 1)(2^{2^k} + 1) \\ &= 2^{2^{k+1}} - 1 = F_{k+1} - 2 \end{aligned}$$

이므로 $n = k+1$ 일 때에도 (1) 이 성립한다.

따라서 모든 양의 정수 n 에 대하여 (1) 이 성립한다.

(2) 이제 $1 \leq m < n$ 일 때, $d = (F_m, F_n)$ 이라고 하자.

위의 (1) 에 의하여

$$F_0 F_1 \cdots F_m \cdots F_{n-1} = F_n - 2$$

이고 또 $d | F_m$, $d | F_n$ 이므로 $d | 2$ 이고 F_m 과 F_n 은 모두 홀수이므로 $d = 1$ 이다.

보기 2.3.1 Fermat 수를 이용하여 素數가 무한히 많음을 밝힐 수 있다.

실제로, 각 정수 $n\,(\geq 0)$ 에 대하여 Ferma 수 $F_n = 2^{2^n} + 1$ 에는 적어도 한 개의 소인수 p_n 이 존재한다(정리 2.1.6). 그런데, m, n 이 서로 다른 두 양의 정수이면, $(F_m, F_n) = 1$ 이므로 p_m 과 p_n 은 서로 다른 素數이다.

그러므로, p_0, p_1, $\cdots$, p_n, $\cdots$ 은 모두 서로 다른 素數이다.

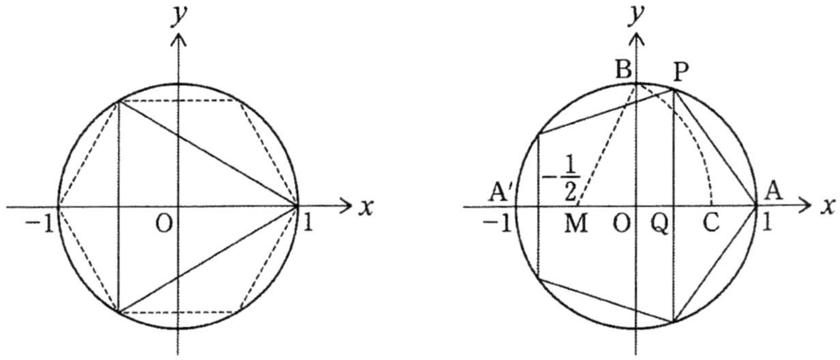

$\overline{OM} = \overline{MA'} = \frac{1}{2}$, $\overline{MB} = \overline{MC}$, $\overline{AP} = \overline{CB}$

素數 p가 Fermat 素數인 경우에 눈금 없는 자와 컴퍼스만을 이용하여 원에 내접하는 정 p각형을 작도할 수 있다. 예를 들어, 원에 내접하는 정 3각형, 정 5각형, 정 17각형은 작도 가능하다([1], 정리 5.5.13, 정리 6.3.8).

정리 2.3.4 양의 정수 a와 정수 $m\ (\geq 2)$에 대하여 $a^m - 1$이 素數이면, $a = 2$이고 m은 素數이다.

증 명 먼저 $m \geq 2$이므로

$$a^m - 1 = (a-1)(a^{m-1} + a^{m-2} + \cdots + a + 1),$$

$$a^{m-1} + a^{m-2} + \cdots + a + 1 \geq a + 1 \geq 2$$

이고, 따라서 $a^m - 1$이 素數이면, $a - 1 = 1$ 즉 $a = 2$이어야 한다.

한편, m이 합성수일 때, $m = de\ \ (2 \leq d \leq e < m)$이라고 하면

$$2^m - 1 = (2^d)^e - 1 = (2^d - 1)(2^{d(e-1)} + 2^{d(e-2)} + \cdots + 2^d + 1)$$

이고 우변의 두 항은 모두 1보다 큰 정수이다.

따라서 $2^m - 1$이 素數이면, m도 素數이다.

정의 2.3.5 정수 $M_m = 2^m - 1\ \ (m \geq 2)$를 **메르센 수**(Mersenne number)라고 한다. 특히,

$$M_p = 2^p - 1 \qquad\qquad (p\text{는 素數})$$

가 素數일 때, M_p를 **메르센 素數**(Mersenne prime)라고 한다.

보기 2.3.2 다음 정수는 모두 Mersenne 素數이다(보기 2.1.4 참조).

$$M_2 = 2^2 - 1 = 3, \qquad M_3 = 2^3 - 1 = 7,$$

$$M_5 = 2^5 - 1 = 31, \qquad M_7 = 2^7 - 1 = 127$$

한편, 아래에서 보는 바와 같이 M_{11}, M_{23}은 素數가 아니다.

$$M_{11} = 2047 = 23 \cdot 89, \qquad 23 = 2 \cdot 11 + 1,$$

$$M_{23} = 8388607 = 47 \cdot 178481, \qquad 47 = 2 \cdot 23 + 1$$

정리 2.3.6 정수 a와 양의 정수 m, n에 대하여 다음이 성립한다.

(1) $m \mid n$이면, $(a^m - 1) \mid (a^n - 1)$이다.

(2) $(a^m - 1, a^n - 1) = a^{(m, n)} - 1$

증 명 (1) 이제 $n \mid m$일 때, $m = nk$이라고 하면

$$a^m - 1 = (a^n)^k - 1 = (a^n - 1)(a^{n(k-1)} + \cdots + a^n + 1)$$

이므로 $a^n - 1$은 $a^m - 1$의 약수이다.

(2) 먼저 $m = qn + r,\ \ 0 \le r < n$이라고 하면,

$$\begin{aligned} a^m - 1 &= a^{qn} a^r - 1 = (a^{qn} - 1) a^r + a^r - 1 \\ &= (a^n - 1)(a^{n(q-1)} + \cdots + a^n + 1) a^r + a^r - 1 \end{aligned}$$

이므로 $a^m - 1$을 $a^n - 1$로 나누었을 때의 몫과 나머지는 다음과 같다.

$$(*) \qquad A = (a^{n(q-1)} + \cdots + a^n + 1) a^r, \qquad R = a^r - 1$$

이제 $r_0 = m,\ \ r_1 = n$이라 하고 $a_0, \cdots, a_k, r_2, \cdots, r_{k+1}$을 다음과 같은 정수라고 하자(정리 1.5.5 참조)

$$\begin{aligned} r_0 &= a_0 r_1 + r_2, & 0 < r_2 < r_1 \\ r_1 &= a_1 r_2 + r_3, & 0 < r_3 < r_2 \\ &\ \vdots & \vdots \\ r_{k-1} &= a_{k-1} r_k + r_{k+1}, & 0 < r_{k+1} < r_k \\ r_k &= a_k r_{k+1} \end{aligned}$$

이 때, $R_0 = a^m - 1$, $R_1 = a^n - 1$ 이라고 하면, 앞의 (*)에 의하여 다음과 같은 정수 $A_0, \cdots, A_k, R_2, \cdots, R_{k+1}$ 이 존재한다.

$$
\begin{aligned}
R_0 &= A_0 R_1 + R_2, & R_2 &= a^{r_2} - 1 \\
R_1 &= A_1 R_2 + R_3, & R_3 &= a^{r_3} - 1 \\
&\vdots & &\vdots \\
R_{k-1} &= A_{k-1} R_k + R_{k+1}, & R_{k+1} &= a^{r_{k+1}} - 1 \\
R_k &= A_k R_{k+1}
\end{aligned}
$$

따라서 유클리드 알고리즘(정리 1.5.5)에 의하여

$$(m,\ n) = r_{k+1}, \qquad (a^m - 1, a^n - 1) = R_{k+1}$$

이므로 $(a^m - 1, a^n - 1) = a^{r_{k+1}} - 1 = a^{(m,\,n)} - 1$ 이다.

앞의 정리로부터 다음 따름정리를 얻는다.

따름정리 2.3.7 양의 정수 $m,\ n$ 에 대하여 다음이 성립한다.

(1) $(M_m, M_n) = M_{(m,\,n)}$ 즉 $(2^m - 1, 2^n - 1) = 2^{(m,\,n)} - 1$

(2) $(m,\ n) = 1 \Leftrightarrow (M_m, M_n) = 1$

보기 2.3.3 정수 $3^{12} - 1$ 에서 $1, 2, 3, 4, 6$ 은 12 의 양의 약수이므로

$$3^1 - 1,\quad 3^2 - 1,\quad 3^3 - 1,\quad 3^4 - 1,\quad 3^6 - 1$$

은 모두 $3^{12} - 1$ 의 약수이다. 그리고, $10, 13, 17$ 은 쌍마다 서로 소이므로 세 Mersenne 수

$$M_{10} = 2^{10} - 1,\quad M_{13} = 2^{13} - 1,\quad M_{17} = 2^{17} - 1$$

은 쌍마다 서로 소이다.

현재까지 Mersenne 素數가 무한히 많은지는 알려져 있지 않다. 부록의 표 4는 2019 년 현재까지 발견된 Mersenne 素數 전체를 보여 주고 있다.

현재까지 알려진 가장 큰 Mersenne 素數는 2018 년 12월에 발견된

$$M_{82589933} = 2^{82589933} - 1$$

이며 이 수는 24862048 자리의 정수이다. 또, 2017 년에 발견된 Mersenne 素數 $M_{77232917} = 2^{77232917} - 1$ 은 23249425 자리의 정수이다.

정의 2.3.8 두 양의 정수 p, $p+2$ 가 모두 素數일 때 이들을 **쌍둥이 素數** (twin primes)라고 한다.

다음 쌍은 모두 쌍둥이 素數이다.

$$3, 5; \quad 5, 7; \quad 11, 13; \quad 17, 19; \quad 29, 31; \quad 41, 43;$$
$$59, 61; \quad 71, 73; \quad 101, \ 103; \quad 107, 109; \quad 137, 139; \ \cdots$$

이제까지 발견된 쌍둥이 素數 중 큰 것은 2016 년에 발견된

$$2996863034895 \cdot 2^{1290000} \pm 1$$

으로서 이 수는 388342 자리의 정수이다.

쌍둥이 素數가 무한히 많은지는 아직까지 밝혀지지 않았다.

素數와 쌍둥이 素數에 대한 읽을거리는

www.utm.edu/research/primes, www.mersenne.org/prime.htm

에서 찾을 수 있으며, 앞으로도 Fermat 수와 Mersenne 수에 대하여 논한다.

연 습 문 제 (2.3)

1. Fermat 수 $F_5 = 2^{2^5} + 1$ 에서, $a = 2^7 = 128$, $b = 5$ 라고 할 때,

$$1 + ab = 1 + 2^7 \cdot 5 = 641,$$
$$1 + ab - b^4 = 1 + (a - b^3)b = 1 + 3b = 2^4$$

임을 이용하여 641 이 F_5 의 약수임을 밝혀라.

2. Fermat 수 F_n 에 대하여 $F_n = (2^{2^n - 1} + 1)^2 - (2^{2^n - 1})^2$ 임을 확인하여라.

3. Mersenne 수 $M_{12} = 2^{12} - 1 = 4098$ 의 양의 약수 중에서 Mersenne 수인 약수를 모두 구하여라.

4. 정수 $a\ (\geq 2)$ 와 양의 정수 m, d 에 대하여 $m = dk$ (k 는 홀수) 일 때, $a^d + 1$ 은 $a^m + 1$ 의 약수임을 증명하여라.

5. 정수 $a_n = 2^{2^n} - 1\ (n \geq 1)$ 은 적어도 n 개의 서로 다른 소인수를 가짐을 수학적 귀납법으로 증명하여라.

6. 양의 정수 m 에 대하여

$$R_m = \frac{10^m - 1}{9} = 111 \cdots 11 \qquad (1 \text{ 이 } m \text{ 개})$$

이라고 할 때, 양의 정수 m, n 에 대하여 다음이 성립함을 증명하여라.

(1) $m \mid n$ 이면, $R_m \mid R_n$ 이다.

(2) R_m 이 素數이면, m 도 素數이다.

(3) $R_{m+n} = R_m 10^n + R_n$

(4) $d \mid R_n,\ d \mid R_n$ 이면, $d \mid R_{m+n}$ 이다.

(5) $(m, n) = 1$ 이면, $(R_m, R_n) = 1$ 이다.

7. 양의 정수 a 에 대하여 $a_n = a^{2^n} + 1\ (n \geq 0)$ 이라고 할 때, 다음이 성립함을 밝혀라.

(1) $(a-1)\, a_0\, a_1 \cdots a_{n-1} = a_n - 2 \qquad (n \geq 1)$

(2) $1 \leq m < n$ 일 때, a 가 짝수이면 $(a_m, a_n) = 1$ 이다.

(3) $1 \leq m < n$ 일 때, a 가 홀수이면 $(a_m, a_n) = 2$ 이다.

8. 항등식 $4a^4 + 1 = (2a^2 + 2a + 1)(2a^2 - 2a + 1)$ 을 이용하여 다음 등식이 성립함을 증명하여라.

$$2^{4n+2} + 1 = (2^{2n+1} - 2^{n+1} + 1)(2^{2n+1} + 2^{n+1} + 1) \qquad (n \geq 1)$$

그리고, 이 결과를 이용하여 $2^{18} + 1$ 의 표준분해를 구하여라.

9. 정수 p 가 3 보다 큰 素數일 때, 쌍둥이 素數 $p,\ p+2$ 의 합은 12 의 배수임을 밝혀라.

§2.4 약수의 개수와 합

이 절에서, $\mathbb{N} = \{1, 2, 3, 4, 5, 6, \cdots\}$ 은 양의 정수 전체의 집합을 나타내고 $\mathbb{R}$는 실수 전체의 집합을 나타낸다.

정의 2.4.1 함수 $f : \mathbb{N} \to \mathbb{R}$를 **정수론적 함수**(number-theoretic function) 또는 **산술적 함수**(arithmetic function)라고 한다. 특히 다음 두 조건을 만족시키는 정수론적 함수 f를 **곱셈함수**(multiplicative function) 라고 한다.

(i) $f(1) = 1$

(ii) $(m, n) = 1$ 이면, $f(mn) = f(m)f(n)$ 이다.

정의 2.4.2 정수론적 함수 τ, σ를 다음과 같이 정의한다.

$$\tau(m) = (m \text{ 의 서로 다른 양의 약수 전체의 개수}),$$
$$\sigma(m) = (m \text{ 의 서로 다른 양의 약수 전체의 합})$$

부록의 표 5에서 $\tau(n)$ 과 $\sigma(n)$ 의 값을 찾아 볼 수 있다.

보기 2.4.1 정수 12 의 양의 약수는 $1, 2, 3, 4, 6, 12$ 뿐이므로 다음이 성립한다.

$$\tau(12) = 6, \quad \sigma(12) = 1 + 2 + 3 + 4 + 6 + 12 = 28$$

마찬가지로 다음 사실을 확인할 수 있다.

$$\tau(1) = 1,\ \tau(2) = 2,\ \tau(3) = 2,\ \tau(4) = 3,\ \tau(5) = 2,$$
$$\sigma(1) = 1,\ \sigma(2) = 3,\ \sigma(3) = 4,\ \sigma(4) = 7,\ \sigma(5) = 6$$

정리 2.4.3 정수 $n\ (\geq 2)$ 의 표준분해가 $n = p_1^{e_1} p_2^{e_2} \cdots p_r^{e_r}$ 일 때, n 의 양의 약수 d는 모두 다음과 같은 꼴로 나타내어진다.

$$d = p_1^{f_1} p_2^{f_2} \cdots p_r^{f_r} \qquad (0 \leq f_i \leq e_i)$$

증 명 먼저 정수 d가 정리와 같은 꼴이면, d는 n의 양의 약수이다. 이제 d를 n의 양의 약수라고 하자.

먼저 $d=1$이면, $d = p_1^{\ 0} p_2^{\ 0} \cdots p_r^{\ 0}$이다.

다음에 $d \geq 2$일 때, $n = de$이라 하고 또 $d = q_1^{\ f_1} q_2^{\ f_2} \cdots q_s^{\ f_s}$를 d의 표준분해라고 하자(정리 2.2.2). 이 때,

$$q_1^{\ f_1} q_2^{\ f_2} \cdots q_s^{\ f_s}\, e = p_1^{\ e_1} p_2^{\ e_2} \cdots p_r^{\ e_r}$$

이므로 정리 2.2.2에 의하여 q_1은 $p_1, p_2, \cdots, p_r$ 중의 어느 하나와 같다.

예를 들어, $q_1 = p_1$이라고 하면, $p_1^{\ f_1} \mid p_1^{\ e_1}$이므로 $f_1 \leq e_1$이고 따라서 $q_2^{\ f_2} \cdots q_s^{\ f_s}\, e = p_1^{\ e_1 - f_1} p_2^{\ e_2} \cdots p_r^{\ e_r}$이다.

이제 위의 논법을 되풀이하면, 정리가 성립함을 알 수 있다.

정리 2.4.4 두 함수 τ, σ에 대하여 다음이 성립한다.

(1) 정수 $m\ (\geq 2)$의 표준분해가 $m = p_1^{\ e_1} p_2^{\ e_2} \cdots p_r^{\ e_r}$일 때, $\tau(m)$과 $\sigma(m)$은 각각 다음과 같다.

$$\tau(m) = (e_1+1)(e_2+1)\cdots(e_r+1),$$

$$\sigma(m) = (1+p_1+\cdots+p_1^{\ e_1})(1+p_2+\cdots+p_2^{\ e_2})\cdots(1+p_r+\cdots+p_r^{\ e_r})$$

$$= \frac{p_1^{\ e_1+1}-1}{p_1-1}\ \frac{p_2^{\ e_2+1}-1}{p_2-1} \cdots \frac{p_r^{\ e_r+1}-1}{p_r-1}$$

(2) 두 함수 τ, σ는 곱셈함수이다.

증 명 (1) 분명히 素數 p와 양의 정수 e에 대하여 p^e의 약수 전체는 $1, p, p^2, \cdots, p^e$이므로 다음이 성립한다.

$$\tau(p^e) = e+1, \qquad \sigma(p^e) = 1+p+\cdots+p^e = \frac{p^{e+1}-1}{p-1}$$

이제 정수 $m\ (\geq 2)$의 표준분해가 $m = p_1^{\ e_1} p_2^{\ e_2} \cdots p_r^{\ e_r}$이라고 하자. 이 때, 정리 2.4.3에 의하여 m의 양의 약수 d는 모두

$$d = p_1^{f_1} p_2^{f_2} \cdots p_r^{f_r} \qquad (0 \le f_i \le e_i)$$

의 꼴로 나타내어지고, $f_1, f_2, \cdots, f_r$ 가 택할 수 있는 정수의 개수는 각각 $e_1+1, e_2+1, \cdots, e_r+1$ 이므로 $\tau(m)$ 의 값은 다음과 같다.

$$\tau(m) = (e_1+1)(e_2+1)\cdots(e_r+1) = \tau(p_1^{e_1})\tau(p_2^{e_2})\cdots\tau(p_r^{e_r})$$

한편, 곱

$$(1+p_1+\cdots+p_1^{e_1})(1+p_2+\cdots+p_2^{e_2})\cdots(1+p_r+\cdots+p_r^{e_r})$$

을 전개했을 때의 각 항은

$$p_1^{f_1} p_2^{f_2} \cdots p_r^{f_r} \qquad (0 \le f_i \le e_i)$$

와 같은 꼴이므로 이 곱은 $\sigma(m)$ 과 같고, 따라서 다음이 성립한다.

$$\begin{aligned}\sigma(m) &= (1+p_1+\cdots+p_1^{e_1})(1+p_2+\cdots+p_2^{e_2})\cdots(1+p_r+\cdots+p_r^{e_r}) \\ &= \frac{p_1^{e_1+1}-1}{p_1-1}\,\frac{p_2^{e_2+1}-1}{p_2-1}\cdots\frac{p_r^{e_r+1}-1}{p_r-1}\end{aligned}$$

(2) 분명히 $\tau(1) = 1$, $\sigma(1) = 1$ 이다.

이제 서로 소인 양의 정수 m, n 에 대하여 다음이 성립함을 증명한다.

$$\tau(mn) = \tau(m)\,\tau(n), \qquad \sigma(mn) = \sigma(m)\,\sigma(n)$$

먼저 $m = 1$ 또는 $n = 1$ 이면, 분명히 위의 두 등식이 성립한다.

다음에 $m \ge 2$, $n \ge 2$ 일 때,

$$m = p_1^{e_1} \cdots p_r^{e_r}, \qquad n = q_1^{k_1} \cdots q_s^{k_s}$$

을 각각 양의 정수 m, n 의 표준분해라고 하자. 이 때, $(m, n) = 1$ 이므로 $p_1, \cdots, p_r, q_1, \cdots, q_s$ 는 모두 서로 다른 素數이고, mn 의 표준분해는

$$mn = p_1^{e_1} \cdots p_r^{e_r} q_1^{k_1} \cdots q_s^{k_s}$$

이므로 (1) 에 의하여 다음이 성립한다.

$$\tau(mn) = \tau(p_1^{e_1})\cdots\tau(p_r^{e_r})\,\tau(q_1^{k_1})\cdots\tau(q_s^{k_s}) = \tau(m)\,\tau(n),$$

$$\sigma(mn) = \sigma(p_1^{e_1})\cdots\sigma(p_r^{e_r})\,\sigma(q_1^{k_1})\cdots\sigma(q_s^{k_s}) = \sigma(m)\,\sigma(n)$$

그러므로, τ 와 σ 는 곱셈함수이다.

정의 2.4.5 양의 정수 m의 양의 약수 전체의 합이 $2m$과 같을 때, 즉

$$\sigma(m) = 2m$$

일 때, m을 **완전수**(完全數, perfect number)라고 한다.

보기 2.4.2 아래에서 보는 바와 같이 6은 완전수이다.

$$\sigma(6) = 1 + 2 + 3 + 6 = 2 \cdot 6$$

그러나, $\sigma(12) = 28$이므로 12는 완전수가 아니다.

홀수인 완전수는 아직까지 발견되지 않았으나 짝수인 완전제곱수에 대해서는 다음 정리가 성립한다.

정리 2.4.5 素數 p에 대하여 Mersenne 수 $M_p = 2^p - 1$가 素數일 때,

$$N_p = 2^{p-1} M_p$$

는 완전수이다. 또, 짝수인 완전수는 모두 이와 같은 꼴로 나타내어진다.

증 명 Mersenne 수 $M_p = 2^p - 1$가 素數일 때, 2^{p-1}과 $M_p = 2^p - 1$은 서로 소이고 따라서 다음이 성립하므로 N_p는 완전수이다.

$$\begin{aligned} \sigma(N_p) &= \sigma(2^{p-1})\,\sigma(M_p) = (2^p - 1)(M_p + 1) \\ &= M_p\, 2^p = 2 \cdot 2^{p-1} M_p = 2N_p \end{aligned}$$

다음에 m을 짝수인 완전수라 하고 m을 다음과 같이 나타내자.

$$m = 2^e k \qquad (e \geq 1,\ k \text{ 는 홀수})$$

이 때, $(2^e, k) = 1$이므로 $\sigma(m) = \sigma(2^e)\sigma(k) = (2^{e+1} - 1)\,\sigma(k)$ 이고 또 m은 완전수이므로 $\sigma(m) = 2m = 2^{e+1}k$ 이다. 따라서

$$2^{e+1}k = (2^{e+1} - 1)\,\sigma(k)$$

이고, $(2^{e+1} - 1, 2^{e+1}) = 1$이므로 $(2^{e+1} - 1) \mid k$ 이다(정리 1.5.11).

그러므로, 적당한 양의 정수 q에 대하여

$$k = (2^{e+1} - 1)\,q \quad \text{즉} \quad k = 2^{e+1}q - q$$

이고 이때 앞의 두 등식에 의하여 다음이 성립한다.

$$(*) \qquad \sigma(k) = 2^{e+1}q = k + q$$

한편, $2^{e+1} - 1 \geq 2^2 - 1 = 3$ 이므로 $k > q$ 이다.

그런데, $q \neq 1$ 이라고 가정하면, k 는 적어도 세 개의 서로 다른 약수 $1, q, k$ 를 가지므로 $\sigma(k) \geq 1 + q + k$ 로 되어 $(*)$ 에 모순된다. 그러므로, $q = 1$ 이고 따라서 $(*)$ 에 의하여

$$\sigma(k) = 2^{e+1} = k + 1, \qquad k = 2^{e+1} - 1$$

이므로 k 의 양의 약수는 1 과 k 뿐이고 따라서 k 는 素數이다.

이제 $p = e + 1$ 이라고 하면, $k = 2^p - 1 = M_p$ 는 素數이므로 정리 2.3.4 에 의하여 p 는 素數이고, 또 $m = 2^e k = 2^{p-1} M_p = N_p$ 이다.

보기 2.4.3 다음 정수는 모두 완전수이다.

$$N_2 = 2\,(2^2 - 1) = 6, \qquad N_3 = 2^2\,(2^3 - 1) = 28$$

$$N_5 = 2^4\,(2^5 - 1) = 496, \qquad N_7 = 2^6\,(2^7 - 1) = 8128$$

한편, $M_{11} = 2^{11} - 1 = 2047 = 23 \cdot 89$ 와 같이 M_{11} 은 두 素數의 곱으로 인수분해되고 $N_{11} = 2^{10} M_{11}$ 은 완전수가 아니다.(문제 7 참조).

연 습 문 제 (2.4)

1. 정의에 따라 양의 정수 m 에 대하여 다음이 성립함을 밝혀라.

   (1) $m \geq 3$ 이면 $2 \leq \tau(m) \leq m - 1$ 이다.

   (2) $m \geq 2$ 이면 $\sigma(m) \geq 1 + m$ 이다.

2. 정수 $m\ (\geq 2)$ 에 대하여 다음이 성립함을 밝혀라.

   (1) m 이 素數일 때 그리고 이때에만 $\tau(m) = 2$ 이다.

   (3) m 이 素數일 때 그리고 이때에만 $\sigma(m) = 1 + m$ 이다.

3. 다음 정수 m 에 대하여 $\tau(m)$ 과 $\sigma(m)$ 의 값을 구하여라.

(1) $m = 54$

(2) $m = 100$

(3) $m = 2^4 \cdot 3^5$

(4) $m = 2^3 \cdot 3^2 \cdot 5$

(5) $m = 12\,!$

(6) $m = [1, 2, 3, \cdots, 12]$

4. 다음을 증명하여라.

(1) 素數 p 에 대하여 $m = p^2$ 일 때 그리고 이때에만 $\tau(m) = 3$ 이다.

(2) 정수 m 이 완전제곱수일 때 그리고 이때에만 $\tau(m)$ 은 홀수이다.

5. 다음이 성립하는지를 판정하여라.

(1) 양의 정수 k 에 대하여 $\sigma(2^k)$ 은 홀수이다.

(2) 素數 p 와 양의 정수 k 가 모두 홀수일 때, $\sigma(p^k)$ 은 짝수이다.

6. 정수 p 가 素數일 때, 다음이 성립함을 증명하여라.

(1) $\tau(p\,!) = 2\,\tau((p-1)\,!)$,

(2) $\sigma(p\,!) = (1+p)\,\sigma((p-1)\,!)$

7. 다음이 성립함을 증명하여라.

(1) 정수 $N_{11} = 2^{10}M_{11} = 2^{10}(2^{11}-1)$ 은 완전수가 아니다.

(2) 素數 p 에 대하여 p^k $(k \geq 1)$ 은 완전수가 아니다.

8. 양의 정수 m 의 서로 다른 약수 전체의 곱은 $m^{\frac{\tau(m)}{2}}$ 임을 밝혀라.

9. 양의 정수 m 에 대하여 $\sigma(m) < 2m$ 일 때 m 을 **부족수**(不足數, deficient number)라 하고, $\sigma(m) > 2m$ 일 때 m 을 **풍족수**(豊足數, abundant number)라고 한다. 다음이 성립함을 증명하여라.

(1) 素數 p 와 양의 정수 k 에 대하여 p^k 은 부족수이다.

(2) 양의 정수 m 이 부족수이면, m 의 모든 양의 약수 d 도 부족수이다.

(3) 정수 18 은 풍족수이다.

(4) 정수 k (≥ 2) 에 대하여 $2^k \cdot 3$ 은 풍족수이다.

(5) $M_n = 2^n - 1$ 이 합성수일 때, $N_n = 2^{n-1}M_n$ 은 풍족수이다.

10. 서로 다른 두 양의 정수 m, n 에 대하여 $\sigma(m) = \sigma(n) = m + n$ 일 때, m 과 n 은 **우호적 쌍**(友好的 雙, amicable pair)을 **이룬다**고 한다.
   (1) 두 정수 $220, 284$ 는 우호적 쌍을 이룸을 확인하여라.
   (2) 두 정수 $1184, 1210$ 는 우호적 쌍을 이룸을 확인하여라.

11. 양의 정수 m 에 대하여 $\sigma(\sigma(m)) = 2m$ 이 성립할 때, m 을 **초완전수**(超完全數, superperfect number) 라고 한다. 다음을 증명하여라.
   (1) 양의 정수 e 에 대하여 $2^{e+1} - 1$ 이 素數일 때, $m = 2^e$ 이라고 하면 m 은 짝수인 초완전수이다.
   (2) 양의 정수 m 이 짝수인 초완전수이면, m 은 $m = 2^e \ (e \geq 1)$ 와 같은 꼴로 나타내어지고 이때 $2^{e+1} - 1$ 은 素數이다.

12. 두 양의 정수 m, n 이 서로 소일 때, mn 의 양의 약수 d 는

$$d = d_1 d_2 \qquad (d_1, d_2 \text{ 는 각각 } m, n \text{ 의 양의 약수})$$

와 같이 나타낼 수 있고 $(d_1, d_2) = 1$ 임을 밝혀라.

13. 각 실수 k 에 대하여 정수론적 함수 σ_k 는 다음과 같이 정의된 함수이다.

$$\sigma_k(m) = (m \text{ 의 양의 약수의 } k \text{ 제곱 전체의 합})$$

특히, $\sigma_0(m) = \tau(m), \ \sigma_1(m) = \sigma(m)$ 이다.

각 실수 $k \ (\neq 0)$ 에 대하여 다음이 성립함을 증명하여라.

   (1) 素數 p 와 양의 정수 e 에 대하여 $\sigma_k(p^e)$ 은 다음과 같다.

$$\sigma_k(p^e) = 1 + p^k + p^{2k} + \cdots + p^{ek} = \frac{p^{k(e+1)} - 1}{p^k - 1}$$

   (2) 양의 정수 m 의 표준분해가 $m = p_1^{e_1} p_2^{e_2} \cdots p_r^{e_r}$ 일 때, $\sigma_k(m)$ 은 다음과 같다.

$$\begin{aligned} \sigma_k(m) &= \sigma_k(p_1^{e_1})\, \sigma_k(p_2^{e_2}) \ \cdots \ \sigma_k(p_r^{e_r}) \\ &= \frac{p_1^{k(e_1+1)} - 1}{p_1^k - 1} \ \frac{p_2^{k(e_2+1)} - 1}{p_2^k - 1} \ \cdots \ \frac{p_r^{k(e_r+1)} - 1}{p_r^k - 1} \end{aligned}$$

   (3) σ_k 는 곱셈함수이다.

§2.5 정수의 여러 가지 표현

이 절에서는, 양의 정수를 나타내는 몇 가지 표현 방법에 대하여 논한다.

정리 2.5.1 양의 정수 a와 정수 $b\ (\geq 2)$에 대하여 정수 $m\ (\geq 0)$을 $b^m \leq a < b^{m+1}$인 정수라고 하면, 다음과 같은 정수 $r_0, r_1, \cdots, r_m$이 단 하나씩 결정된다.

$$a = r_m b^m + r_{m-1} b^{m-1} + \cdots + r_1 b + r_0$$
$$1 \leq r_m < b, \quad 0 \leq r_i < b \ (0 \leq i \leq m-1)$$

위의 등식을 a의 **b진법**(進法)에 관한 **전개식**이라고 하며 이 전개식을

$$a = r_m r_{m-1} \cdots r_1 r_0\ _{(b)}$$

로 나타내고 b를 **밑수**(base)라고 한다.

증 명 나눗셈 알고리즘(정리 1.3.5)에 의하여

$$a = q_1 b + r_0, \quad 0 \leq r_0 < b$$
$$q_1 = q_2 b + r_1, \quad 0 \leq r_1 < b$$
$$q_2 = q_3 b + r_2, \quad 0 \leq r_2 < b$$
$$\vdots$$
$$q_{m-1} = q_m b + r_{m-1}, \quad 0 \leq r_{m-1} < b$$

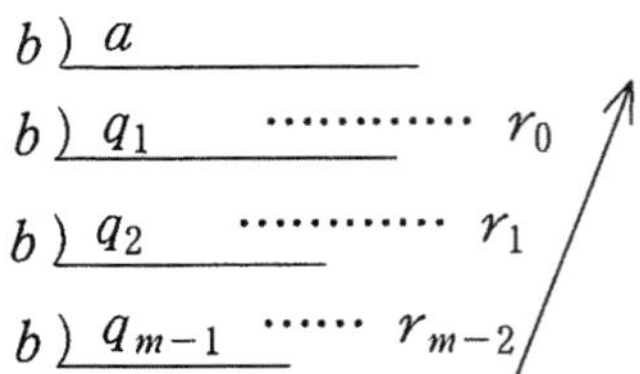

인 정수 $q_1, \cdots, q_m, r_0, \cdots, r_{m-1}$이 유일하게 결정되고 다음이 성립한다.

$$\begin{aligned} a &= q_1 b + r_0 = q_2 b^2 + r_1 b + r_0 \\ &= q_3 b^3 + r_2 b^2 + r_1 b + r_0 = \cdots \\ &= q_m b^m + r_{m-1} b^{m-1} + \cdots + r_1 b + r_0 \end{aligned}$$

특히, $m = 0$이면, $a = r_0$, $1 \leq r_0 < b$이다.

한편, $m \geq 1$일 때, $b^m \leq a < b^{m+1}$, $q_1 b = a - r_0$, $0 \leq r_0 < b$이므로

$$b^m - b < q_1 b < b^{m+1} \quad 즉 \quad b^{m-1} - 1 < q_1 < b^m$$

이고 따라서 $b^{m-1} \le q_1 < b^m$ 이고 마찬가지로

$$b^{m-1} \le q_1 < b^m, \quad b^{m-2} \le q_2 < b^{m-1}, \quad \cdots, \quad b^0 \le q_m < b$$

이므로, $r_m = q_m$ 이라고 놓으면 다음 등식이 성립한다.

$$a = r_m b^m + r_{m-1} b^{m-1} + \cdots + r_1 b + r_0, \qquad 1 \le r_m < b$$

정수를 십진법(decimal notation)으로 나타낼 때에는 밑수를 생략한다.

앞의 정리에서 $b^m \le a < b^{m+1}$ 일 때, a 를 b 진법으로 나타낼 때의 자리의 개수는 $m+1$ 이고, $m \le \log_b a < m+1$ 이므로 $[\log_b a] = m$ 이다.

진법은 수를 나타내는 방법에 지나지 않으므로, 예를 들어, 이진법(binary notation)으로 나타낸 것을 '이진법의 수' 라고 표현하는 것은 옳지 않다.

실수를 b 진법으로 나타내는 방법에 대해서는 §5.4에서 논한다.

보기 2.5.1 다음이 성립한다.

$$\begin{aligned} 346 &= 2 \cdot 5^3 + 3 \cdot 5^2 + 4 \cdot 5^1 + 1 \\ &= 2341_{(5)}, \qquad 5^3 < 346 < 5^4 \end{aligned}$$

$$\begin{array}{r|l} 5 & 346 \\ 5 & 69 \quad \cdots\ 1 \\ 5 & 13 \quad \cdots\ 4 \\ & 2 \quad \cdots\ 3 \end{array}$$

오른쪽 계산과 같이, b 진법으로 나타낸 두 정수를 합하거나 빼거나 곱할 때에는 받아올림과 받아내림의 원칙을 적용한다.

$$\begin{array}{r} 1001_{(2)} \\ +)\ 1101_{(2)} \\ \hline 10110_{(2)} \end{array}$$

보기 2.5.2 체계적으로 2^n 개의 원소를 나타내려면 2진법을 이용한다.

예를 들어 2^3 개를 나타내려면, 0, 1, 2, 3, …, 7을 2진법으로 나타낸 후에 그 밑수 2를 없애고

000, 001, 010, 011
100, 101, 110, 111

로 나타낸다(앞에 0을 허용하여).

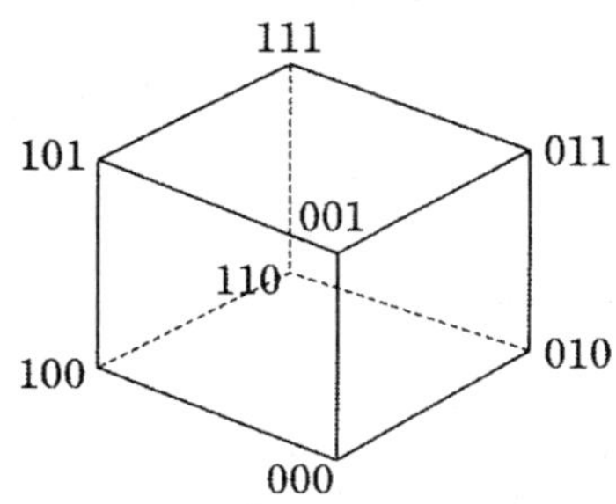

보기 2.5.3 정수 $b\ (\geq 2)$ 와 양의 정수 c 에 대하여 다음이 성립한다.

$$\frac{c(b^m-1)}{b-1} = c(b^{m-1}+b^{m-2}+\cdots+b+1) = c\,c\cdots c_{(b)} \quad (m \text{ 개})$$

$$M_p = 2^p-1 = 2^{p-1}+\cdots+2+1 = 11\cdots11_{(2)} \quad (1\text{은 } p\text{개})$$

$$N_p = 2^{p-1}(2^p-1) = 11\cdots1100\cdots0_{(2)} \quad (1\text{은 } p\text{개},\ 0\text{은 } p-1\text{개})$$

정리 2.5.2 양의 정수 a 에 대하여 $m! \leq a < (m+1)!$ 인 양의 정수 m 이 존재하고, 이때 다음과 같은 정수 $c_1, \cdots, c_m$ 이 유일하게 결정된다

$$a = c_m m! + c_{m-1}(m-1)! + \cdots + c_2 2! + c_1 1!$$

$$1 \leq c_m \leq m, \quad 0 \leq c_i \leq i \quad (0 \leq i \leq m-1)$$

위의 등식을 a 의 **칸토어 전개식**(Cantor expression)이라고 한다.

증 명 무한수열 $1!, 2!, 3!, 4!, \cdots$ 은 단조 증가수열이므로 양의 정수 a 에 대하여 $m! \leq a < (m+1)!$ 인 양의 정수 m 이 단 하나 존재한다.

한편, 나눗셈 알고리즘에 의하여

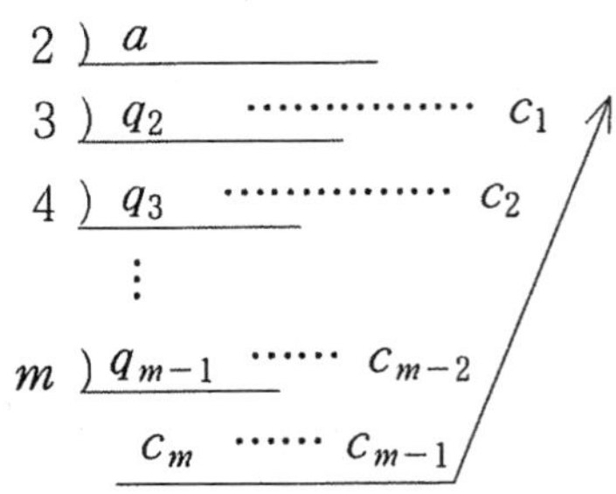

$$a = 2q_2 + c_1, \quad 0 \leq c_1 \leq 1$$

$$q_2 = 3q_3 + c_2, \quad 0 \leq c_2 \leq 2$$

$$q_3 = 4q_4 + c_3, \quad 0 \leq c_3 \leq 3$$

$$\vdots$$

$$q_{m-1} = mq_m + c_{m-1}, \ 0 \leq c_{m-1} \leq m-1$$

인 정수 $q_2, \cdots, q_m, c_1, \cdots, c_{m-1}$ 이 유일하게 결정되고 다음이 성립한다.

$$\begin{aligned} a &= 3\cdot 2q_3 + 2c_2 + c_1 \\ &= 4!\,q_4 + 3!\,c_3 + 2!\,c_2 + 1!\,c_1 \\ &= \cdots = m!\,q_m + (m-1)!\,c_{m-1} + \cdots + 3!\,c_3 + 2!\,c_2 + c_1 \end{aligned}$$

한편, $(m-1)!(m-1) + \cdots + 3!3 + 2!2 + 1 = m! - 1$ 이므로

$$0 \leq (m-1)!\,c_{m-1} + \cdots + 2!\,c_2 + c_1 \leq m! - 1$$

이고 또 $m! \leq a < (m+1)!$ 이므로 다음이 성립한다.

$$1 \le m!\, q_m < (m+1)! = (m+1)\, m! \quad 즉 \quad 1 \le q_m \le m$$

이제 $c_m = q_m$ 이라고 하면, $1 \le c_m \le m$ 이고 정리의 등식이 성립한다.

보기 2.5.4 오른쪽 표에 의하여

$$63 = 2 \cdot 4! + 2 \cdot 3! + 1 \cdot 2! + 1 \cdot 1!,$$

$$4! < 63 < 5!$$

이고, 또 다음이 성립한다.

2) 63
3) 31 …… 1
4) 10 …… 1
 2 …… 2

$$m! - 1 = (m-1) \cdot (m-1)! + \cdots + 2 \cdot 2! + 1 \cdot 1!$$

정의 2.5.3 다음과 같이 정의된 정수 f_n 을 **피보나치 수**(Fibonacci number)라고 한다.

(i) $f_1 = 1,\ f_2 = 1$

(ii) $f_{n+2} = f_n + f_{n+1} \qquad (n \ge 1)$

그리고, 이와 같이 정의된 무한수열 $\{f_n\}$ 을 **Fibonacci 수열**이라고 한다.

$$\{f_n\} : \ 1, 1, 2, 3, 5, 8, 13, 21, 34, 55, 89, 144, 233, 377, \cdots$$

정리 2.5.4 Fibonacci 수열 $\{f_n\}$ 에 대하여 다음이 성립한다.

(1) $f_1 + f_2 + f_3 + \cdots + f_n = f_{n+2} - 1 \qquad (n \ge 1)$

(2) $f_1 + f_3 + f_5 + \cdots + f_{2n-1} = f_{2n} \qquad (n \ge 1)$

(3) $f_2 + f_4 + f_6 + \cdots + f_{2n} = f_{2n+1} - 1 \qquad (n \ge 1)$

증 명 (1) 먼저 $n = 1$ 일 때, $f_1 = 1 = 2 - 1 = f_3 - 1$ 이므로 (2) 가 성립한다. 다음에 $n = k \ge 1$ 일 때 (1) 이 성립한다고 가정하면,

$$\begin{aligned} f_1 + f_2 + f_3 + \cdots + f_k + f_{k+1} &= f_{k+2} - 1 + f_{k+1} \\ &= f_{k+3} - 1 = f_{(k+1)+2} - 1 \end{aligned}$$

이므로 $n = k+1$ 일 때에도 (1) 이 성립한다.

그러므로, 모든 양의 정수 n 에 대하여 (1) 이 성립한다.

(2) 먼저 $n = 1$ 일 때, $f_1 = 1 = f_2$ 이므로 (2) 가 성립한다.

그리고, $n = k \geq 1$ 일 때 (2) 가 성립한다고 가정하면,

$$f_1 + f_3 + f_5 + \cdots + f_{2k-1} + f_{2(k+1)-1} = f_{2k} + f_{2k+1} = f_{2(k+1)}$$

이므로 $n = k+1$ 일 때에도 (2) 가 성립한다.

그러므로, 모든 양의 정수 n 에 대하여 (2) 가 성립한다.

(3) 등식 (1), (2) 를 이용하여 등식 (3) 을 얻을 수 있다.

아래의 표는 정수를 Fibonacci 수들의 합으로 나타내되 동일한 Fibonacci 수가 되풀이되지 않고 이웃하는 Fibonacci 수가 들어있지 않도록 한 것이다.

$3 = f_4$, $\quad 4 = 3 + 1 = f_4 + f_2$,

$5 = f_5$, $\quad 6 = 5 + 1 = f_5 + f_2$,

$7 = 5 + 2 = f_5 + f_3$, $\quad 8 = f_6$,

$9 = 8 + 1 = f_6 + f_2$, $\quad 10 = 8 + 2 = f_6 + f_3$

정리 2.5.5 모든 양의 정수 a 는 서로 다르면서 어느 둘도 이웃하지 않는 Fibonacci 수들의 합으로 나타낼 수 있다. 즉,

$$a = f_{n_1} + f_{n_2} + \cdots + f_{n_r} \qquad (n_i - 1 > n_{i+1})$$

증 명 Fibonacci 수열 $\{f_n\}$ 은 증가수열이므로, 양의 정수 a 에 대하여 $f_{n_1} \leq a < f_{n_1+1}$ 인 정수 n_1 을 택할 수 있다. 또, $f_{n_1} < a < f_{n_1+1}$

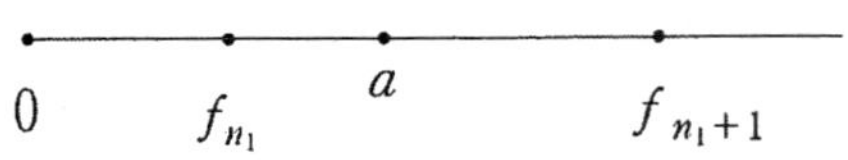

이면, $a = f_{n_1} + (a - f_{n_1})$ 이고 $a - f_{n_1}$ 은 양의 정수이므로 위에서와 같이 $f_{n_2} < a - f_{n_1} < f_{n_2+1}$ 이면 $a = f_{n_1} + f_{n_2} + (a - f_{n_1} - f_{n_2})$ 이다.

한편, $n_2 = n_1 - 1$ 이라고 가정하면, $f_{n_1} + f_{n_2} = f_{n_1+1} < a$ 로 되어 모순이 생기므로 $n_2 < n_1 - 1$ 이다.

이와 같은 절차를 밟으면, a 를 정리에서와 같이 나타낼 수 있다.

Fibonacci 수열과 관련된 선형점화수열에 대해서는 [해설 2.6] 에서 논한다.

연 습 문 제 (2.5)

1. 정수 $1, 2, 3, \cdots, 30, 31$ 을 2 진법으로 나타내어라. 그리고, 다섯 손가락을 사용하여 1 부터 31 까지의 정수를 나타내는 방법을 생각해 보아라.

2. 두 정수 $27, 39$ 을 2 진법으로 나타내고 $35+60$ 을 2 진법으로 나타내어라.

3. 두 정수 $27, 39$ 을 5 진법으로 나타내고 $35+60$ 을 5 진법으로 나타내어라.

4. 정수 100, 719 의 Cantor 전개식을 구하여라.

5. 정수 100 을 정리 2.5.5 에서와 같이 Fibonacci 수들의 합으로 나타내어라.

6. 양의 정수 a 에 대하여 $a = r_m r_{m-1} \cdots r_1 r_{0\,(b)}$ 일 때 다음 물음에 답하여라.
   (1) 양의 정수 k 에 대하여 정수 ab^k 를 b 진법으로 나타내어라.
   (2) 정수 a 를 b 로 나누었을 때의 몫과 나머지를 b 진법으로 나타내어라.

7. 다음 등식을 증명하여라.
   (1) $\begin{bmatrix} f_{n+1} & f_n \\ f_n & f_{n-1} \end{bmatrix} = \begin{bmatrix} 1 & 1 \\ 1 & 0 \end{bmatrix}^n \qquad (n \geq 2)$
   (2) $f_{m+n} = f_{m+1} f_n + f_m f_{n-1} \qquad (m \geq 2,\ n \geq 2)$
   $f_{m+n} = f_m f_{n+1} + f_{m-1} f_n \qquad (m,\ m \geq 2)$
   (3) $f_{n+1} f_{n-1} - {f_n}^2 = (-1)^n \qquad (n \geq 2)$
   (4) $f_{n+2} f_{n-1} - f_n f_{n+1} = (-1)^n \qquad (n \geq 2)$

8. 문제 7 의 등식 (2) 를 이용하여 다음 등식을 유도하여라.
   (1) $f_{2n+1} = {f_{n+1}}^2 + {f_n}^2, \quad f_{2n+2} = {f_{n+2}}^2 - {f_n}^2 \qquad (n \geq 1)$
   (2) $f_{2n} = f_n f_{n+1} + f_{n-1} f_n \qquad (n \geq 2)$
   (3) $f_{2n-1} = f_{n-1} f_{n+1} - f_{n-2} f_n \qquad (n \geq 3)$

§2.6 Fibonacci 수

이 절에서는, Fibonacci 수의 특성에 대하여 알아보기로 한다.

정리 2.6.1 Fibonacci 수열 $\{f_n\}$ 에 대하여 다음이 성립한다.

(1) $f_{m+n} = f_m f_{n+1} + f_{m-1} f_n$ $(m \geq 2,\ n \geq 2)$

$f_{m+n} = f_m f_{n+1} + f_{m-1} f_n$ $(m \geq 2,\ n \geq 2)$

(2) $m \mid n$ 이면, $f_m \mid f_n$ 이다 $(m \geq 1,\ n \geq 1)$

증 명 (1) 이 등식은 문제 2.5.7 에서 증명한 바 있다.

(2) 이제 $n = mr$ 라 하고 r 에 대한 귀납법으로 증명한다.

먼저 $r = 1$ 일 때, $n = m$ 이므로 $f_m \mid f_n$ 이다.

다음에 $r = k \geq 2$ 일 때 (2) 가 성립한다고 가정하면, (1) 에 의하여

$$f_{m(k+1)} = f_{mk+m} = f_{mk} f_{m+1} + f_{mk-1} f_m$$

이며, 가정에 의하여 $f_m \mid f_{mk}$ 이므로 $f_m \mid f_{m(k+1)}$ 이다.

그러므로, 모든 양의 정수 r 에 대하여 $f_m \mid f_{mr}$ 이다.

보기 2.6.1 정리 2.6.1 에 의하면 $f_3 = 2$ 이므로 f_{3n} 은 모두 짝수이고, 또 $m \geq 3$ 일 때 $f_m \mid f_{mn}$ 이므로 f_{mn} 은 합성수이다.

그리고, 素數 3, 5, 7, 11 에 대하여 $f_3 = 2$, $f_5 = 5$, $f_7 = 13$, $f_{11} = 89$ 는 素數이지만, 素數 19 에 대하여 $f_{19} = 4181 = 37 \cdot 113$ 은 합성수이다.

정리 2.6.2 Fibonacci 수열 $\{f_n\}$ 에 대하여 다음이 성립한다.

(1) $(f_n, f_{n+1}) = 1$ $(n \geq 1)$

(2) 네 양의 정수 m, n, k, c 사이에 관계식 $m = kn + c$ 가 성립하면, $(f_m, f_n) = (f_c, f_n)$ 즉 $(f_{kn+c}, f_n) = (f_c, f_n)$ 이다.

(3) $(f_m, f_n) = f_{(m,\ n)}$ $(m \geq 1,\ n \geq 1)$

증 명 (1) 먼저 $n = 1$ 일 때, $(f_1, f_2) = (1, 1) = 1$ 이므로 등식 (1) 이 성립한다.

다음에 $n = k \geq 1$ 일 때 (2) 가 성립한다고 가정하면, 정리 1.5.4 에 의하여

$$(f_{k+1}, f_{k+2}) = (f_{k+1}, f_k + f_{k+1}) = (f_{k+1}, f_k) = 1$$

이므로 $n = k+1$ 일 때에도 (1) 이 성립한다.

그러므로 모든 양의 정수 n 에 대하여 (1) 이 성립한다.

(2) 정리 2.6.1 에 의하여 $m = kn + c$ 일 때,

$$f_m = f_{kn+c} = f_{kn} f_{c+1} + f_{kn-1} f_c, \quad f_n \mid f_{kn} f_{c+1}$$

이므로 다음이 성립한다(정리 1.5.4).

$$(f_m, f_n) = (f_{kn} f_{c+1} + f_{kn-1} f_c, f_n) = (f_{kn-1} f_c, f_n)$$

이제 $e = (f_{kn-1}, f_n)$ 이라고 하면, $e \mid f_{kn-1}$ 이고 $e \mid f_n$, $f_n \mid f_{kn}$ 이므로 $e \mid f_{kn}$ 이다. 그런데, (1) 에 의하여 $(f_{kn-1}, f_{kn}) = 1$ 이므로 $e = 1$ 이다.

그러므로, $(f_{kn-1}, f_n) = 1$ 이고 따라서 다음이 성립한다(문제 1.5.4).

$$(f_m, f_n) = (f_{kn-1} f_c, f_n) = (f_c, f_n)$$

(3) 이제 $r_0 = m$, $r_1 = n$ 이라 하고 또 $q_0, q_1, \cdots, q_k, r_2, \cdots, r_{k+1}$ 을 다음과 같은 정수라고 하자(정리 1.5.5 참조).

$$\begin{aligned}
r_0 &= q_0 r_1 + r_2, & 0 < r_2 < r_1 \\
r_1 &= q_1 r_2 + r_3, & 0 < r_3 < r_2 \\
&\vdots & \vdots \\
r_{k-1} &= q_{k-1} r_k + r_{k+1}, & 0 < r_{k+1} < r_k \\
r_k &= q_k r_{k+1}
\end{aligned}$$

이 때, 정리 2.6.1 에 의하여 다음이 성립한다.

$$(f_m, f_n) = (f_n, f_{r_1}) = (f_{r_2}, f_{r_3}) = \cdots = (f_{r_k}, f_{r_{k+1}})$$

이제 $d = (m, n)$ 이라고 하면, 유클리드 알고리즘(정리 1.5.5)에 의하여 $d = r_{k+1}$ 이고 또 $r_{k+1} \mid r_k$ 이므로 정리 2.6.1 에 의하여 $f_{r_{k+1}} \mid f_{r_k}$ 이다.

따라서 $(f_m, f_n) = (f_{r_k}, f_{r_{k+1}}) = f_{r_{k+1}} = f_d$ 이다.

보기 2.6.2 Fibonacci 수 $f_{12} = 144$, $f_{18} = 2584$ 에 대하여 $(12, 18) = 6$ 이므로 $(f_{12}, f_{18}) = f_6 = 8$ 이다.

정리 2.6.3 (Binet 의 공식) Fubonacci 수 f_n 에 대하여 다음이 성립한다.

$$f_n = \frac{1}{\sqrt{5}}\left\{\left(\frac{1+\sqrt{5}}{2}\right)^n - \left(\frac{1-\sqrt{5}}{2}\right)^n\right\} \qquad (n \ge 1)$$

증 명 이차방정식 $x^2 - x - 1 = 0$ 의 두 근을 α, β 라고 하자. 즉,

$$\alpha = \frac{1+\sqrt{5}}{2}, \qquad \beta = \frac{1-\sqrt{5}}{2}$$

이 때, $\alpha^2 = \alpha+1$, $\beta^2 = \beta+1$, $\alpha+\beta = 1$ 이므로

$$\alpha^{n+2} = \alpha^{n+1} + \alpha^n, \qquad \beta^{n+2} = \beta^{n+1} + \beta^n \qquad (n \ge 1)$$

$$\frac{\alpha^{n+2} - \beta^{n+2}}{\alpha - \beta} = \frac{\alpha^{n+1} - \beta^{n+1}}{\alpha - \beta} + \frac{\alpha^n - \beta^n}{\alpha - \beta} \qquad (n \ge 1)$$

이고, 특히

$$\frac{\alpha^1 - \beta^1}{\alpha - \beta} = f_1, \qquad \frac{\alpha^2 - \beta^2}{\alpha - \beta} = \alpha + \beta = 1 = f_2$$

이므로 Fibonacci 수 f_n 의 정의(정의 2.5.3) 에 의하여 $\dfrac{\alpha^n - \beta^n}{\alpha - \beta} = f_n$ 이다.

$$\text{즉,} \quad f_n = \frac{1}{\sqrt{5}}\left\{\left(\frac{1+\sqrt{5}}{2}\right)^n - \left(\frac{1-\sqrt{5}}{2}\right)^n\right\} \qquad (n \ge 1)$$

위의 증명에서 $0 < |\beta| < 1$, $\alpha - \beta = \sqrt{5}$ 이므로 다음이 성립한다.

$$\left|f_n - \frac{\alpha^n}{\sqrt{5}}\right| = \left|\frac{\alpha^n - \beta^n}{\sqrt{5}} - \frac{\alpha^n}{\sqrt{5}}\right| = \left|\frac{\beta^n}{\sqrt{5}}\right| < \frac{1}{\sqrt{5}} < \frac{1}{2} \qquad (n \ge 1)$$

따라서 f_n 은 $\dfrac{1}{\sqrt{5}}\left(\dfrac{1+\sqrt{5}}{2}\right)^n$ 에 가장 가까운 정수이다.

素數인 Fibonacci 수가 무한히 많은지는 알려져 있지 않으며, Fibonacci 수는 암호학, 생물학, 전산과학, 지리학, 물리학 등에 이용된다. Fibonacci 수열 $\{f_n\}$ 과 Lucas 수열 $\{l_n\}$ 사이의 관계에 대해서는 [해설 2.6] 에서 논한다.

연 습 문 제 (2.6)

1. 정리 2.6.1 을 이용하여 다음 등식을 증명하여라.

(1) $f_{2n-1} = f_n{}^2 + f_{n-1}{}^2 \qquad (n \geq 2)$

(2) $f_{2n} = f_{n+1}{}^2 - f_{n-1}{}^2 \qquad (n \geq 2)$

2. 문제 1 을 이용하여 다음 등식을 증명하여라.

(1) $f_{n+1}{}^2 + f_{n-2}{}^2 = 2f_{2n-1} \qquad (n \geq 3)$

(2) $2(f_{n+1}{}^2 + f_n{}^2) = f_{n+2}{}^2 + f_{n-1}{}^2 \qquad (n \geq 2)$

3. 수학적 귀납법을 써서 다음 등식을 증명하여라.

$$f_1{}^2 + f_2{}^2 + \cdots + f_n{}^2 = f_n f_{n+1} \qquad (n \geq 1)$$

4. 수학적 귀납법을 써서 다음 등식을 증명하여라.

$$f_n{}^2 = f_{n-1}f_{n+1} + (-1)^{n+1} \qquad (n \geq 2)$$

5. 문제 4 의 등식을 이용하여 다음 등식을 증명하여라.

(1) $f_n f_{n-1} = f_n{}^2 - f_{n-1}{}^2 + (-1)^n \qquad (n \geq 2)$

(2) $f_{n-1}f_{n+1} - f_{n-2}f_{n+2} = 2(-1)^n \qquad (n \geq 3)$

(3) $f_n{}^2 = f_{n-2}f_{n+2} + (-1)^n \qquad (n \geq 3)$

(4) $f_n f_{n+1} f_{n+3} f_{n+4} = f_{n+2}{}^4 - 1 \qquad (n \geq 1)$

6. 정의에 따라 다음 등식을 유도하여라.

$$f_{n+1}{}^2 - f_{n-2}{}^2 = 4f_n f_{n-1} \qquad (n \geq 3)$$

7. Binet 의 공식을 이용하여 다음 등식을 증명하여라.

(1) $f_{n+2}{}^2 - f_n{}^2 = f_{2n+2} \qquad (n \geq 1)$

(2) $f_{2n+1}f_{2n-1} - 1 = f_{2n}{}^2 \qquad (n \geq 1)$

(3) $f_{2n} = \sum_{r=1}^{n} \binom{n}{r} f_r \qquad (n \geq 1)$

피보나치

피보나치(Fibonacci, 1180 ~ 1228)는 이탈리아의 상업 중심지인 Pisa에서 태어나 Pisa의 Leonardo라고도 알려져 있으며, 그는 중동 지방을 광범위하게 여행하던 상인이었으며, 여행 중에 동양과 아라비아의 많은 수학 저작물을 접하게 되었다. 그는 1202 년에 'Liber Abaci(주판 책)'을 저술하여 아라비아의 숫자에 관한 기호 체계와 산술에서의 계산 알고리즘을 서부 유럽에 전달하였다. 이 책에 들어 있는 다음과 같은 토끼에 관한 문제는 유명하다.

'어떤 사람이 벽으로 둘러싸인 방 안에 토끼 암수 한 쌍을 넣어 두었다. 이 토끼 한 쌍이 한 달 후부터 매달 암수 한 쌍씩을 낳고 또 새로 태어난 토끼 한 쌍은 자라서 그 다음 달부터 매달 암수 한 쌍씩을 낳는다면, 일년 후에는 토끼 몇 쌍이 이 방 안에 있게 되는가?'

그는 위의 토끼 문제를 통하여 동차 선형점화식(同次 線型漸化式, homogeneous linear recurring sequence)으로 결정되는 Fibonacci 수를 정의하였고 이들 수에 대한 여러 가지 성질을 연구하였다. 오늘날 Fibonacci 수는 식물학, 전산학, 지리학, 물리학 등 여러 분야에 응용되며 이 수에 관한 연구 결과를 발표하는 논문지 'The Fibonacci Quarterly'가 출간되고 있다.

그는 기하학과 삼각법에 관한 책인 'Practica geometriae'와 부정방정식에 관한 책인 'Liber quadratorum'을 저술하였다.

Fibonacci는 그의 저서에서 분수를 단위분수로 나타내는 방법을 소개하여,

$$\frac{1+\dfrac{1+\dfrac{1}{5}}{4}}{3} = \frac{1}{3}+\frac{1}{3\cdot 4}+\frac{1}{3\cdot 4\cdot 5}$$

를 기호 $\frac{1\ 1\ 1}{3\ 4\ 5}$ 로 나타내었다.

Fibonacci 이후에 연분수에 대하여 연구한 학자는 르네상스 시대 이탈리아의 마지막 위대한 대수학자인 봄벨리(Rafel Bombelli)라고 말할 수 있다. 그는 저서 'L'Algebra Opera, 1572'에서 양의 정수의 제곱근을 무한 단순연분수를 이용하여 연구하였고 또 영국의 수학자 브라운커(Lord William Brouncker, 1620 ~ 1684)는 연분수의 성질과 이에 대한 이론을 연구하였다(제 8 장 참조).

제 3 장

합 동 식

가우스가 기호 ≡ 를 창안한 일은 알맞은 기호를 도입함으로써 얻게 되는 이득이 얼마나 큰지를 분명하게 보여 주는 한 예이고, 또 이 일은 산술의 발전에 신기원을 이룬다.

The invention of the symbol ≡ by Gauss affords a striking example of the advantage which may be derived from an appropriate notation, and marks an epoch in the development of the science of arithmetic.

——— *G. B. Mathews*

이 장에서는, 합동관계의 성질, 완전잉여계와 합동식의 활용에 대하여 논하고 일차합동식, 중국인의 나머지 정리, 연립일차합동식, 이차합동식에 대하여 논한다.

§3.1 합 동

이 장에서 논할 합동 개념은 독일 수학자 가우스(Karl Friedrich Gauss)가 19 세기 초에 처음으로 도입한 개념이다.

정의 3.1.1 양의 정수 m에 대하여, 두 정수 a, b의 차가 m의 배수일 때, 즉 $m|(a-b)$ 일 때, a와 b는 **법**(法 modulus) m에 관하여 **합동**(合同 congruent)이라 하고, 이 사실을 $a \equiv b \pmod{m}$으로 나타낸다. 즉,

$$a \equiv b \pmod{m} \Leftrightarrow m|(a-b)$$

합동 기호 $\equiv$가 들어 있는 식을 **합동식**(合同式, congruence)이라고 한다. 또, $a \equiv b \pmod{m}$가 아닐 때 이 사실을 $a \not\equiv b \pmod{m}$로 나타낸다.

보기 3.1.1 정의에 의하여 다음이 성립한다.

$$a \equiv b \pmod{m} \Leftrightarrow a-b \equiv 0 \pmod{m}$$

$$a \equiv 0 \pmod{m} \Leftrightarrow m|a, \quad a \equiv -a \pmod{2}$$

$$7 \equiv 4 \pmod{3}, \quad 6 \equiv 0 \pmod{3}, \quad 5 \equiv -4 \pmod{3}$$

$$10 \equiv 6 \pmod{4}, \quad 5 \equiv 1 \pmod{4}, \quad 7 \equiv -1 \pmod{4}$$

시계에서 시간을 가리키는 짧은 바늘은 12 또는 24를 법으로 하여 같은 시간을 나타내고, 달력에서는 7을 법으로 하여 같은 요일이 되풀이된다.

일	월	화	수	목	금	토
1	2	3	4	5	6	7
8	9	10	11	12	13	14
15	16	17	18	19	20	21
22	23	24	25	26	27	28
29	30	31				

합동식의 성질에 대하여 생각해 보기로 하자(§1.4 참조).

정리 3.1.2 양의 정수 m과 정수 a, b, c에 대하여 다음이 성립한다.

(1) $a \equiv a \pmod{m}$

(2) $a \equiv b \pmod{m}$ 이면, $b \equiv a \pmod{m}$ 이다.

(3) $a \equiv b \pmod{m}$, $b \equiv c \pmod{m}$ 이면, $a \equiv c \pmod{m}$ 이다.

증 명 (1) 분명히 $m \mid (a-a)$ 이므로 $a \equiv a \pmod{m}$이다.

(2) $a \equiv b \pmod{m}$ 이면, $m \mid (a-b)$ 이므로 $m \mid (b-a)$ 이고 따라서 $b \equiv a \pmod{m}$ 이다.

(3) $a \equiv b \pmod{m}$, $b \equiv c \pmod{m}$ 이면,

$$m \mid (a-b),\ m \mid (b-c),\quad a-c=(a-b)+(b-c)$$

이므로 $m \mid (a-c)$ 이고 따라서 $a \equiv c \pmod{m}$ 이다(정리 1.4.2).

정리 3.1.3 정수 m, n 이 양의 정수라고 하자.

(1) $a \equiv b \pmod{m}$, $c \equiv d \pmod{m}$ 이면, 다음이 성립한다.

$$a+c \equiv b+d \pmod{m},\quad ac \equiv bd \pmod{m}$$

(2) $a \equiv b \pmod{m}$ 이면, 다음이 성립한다.

$$a+c \equiv b+c \pmod{m},\quad ac \equiv bc \pmod{m}$$

(3) $a_1 \equiv b_1 \pmod{m}, \cdots, a_n \equiv b_n \pmod{m}$ 이면, 다음이 성립한다.

$$a_1+\cdots+a_n \equiv b_1+\cdots+b_n \pmod{m},$$

$$a_1 \cdots a_n \equiv b_1 \cdots b_n \pmod{m}$$

(4) $a \equiv b \pmod{m}$ 이면, $a^n \equiv b^n \pmod{m}$ 이다.

증 명 (1) $a \equiv b \pmod{m}$, $c \equiv d \pmod{m}$ 이라고 하자.

이 때, $m \mid (a-b)$, $m \mid (c-d)$ 이고 또

$$(a+c)-(b+d)=(a-b)+(c-d),$$

$$ac-bd=(a-b)c+b(c-d)$$

이므로 $m \mid \{(a+c)-(b+d)\}$, $m \mid (ac-bd)$ 이고 따라서 다음이 성립한다.

$$a+c \equiv b+d \pmod{m},\quad ac \equiv bd \pmod{m}$$

(2) 분명히 $c \equiv c \pmod{m}$ 이므로 위의 (1)에 의하여 (2)가 성립한다.

(3) 위의 (1)을 이용하여 (3)이 성립함을 밝힐 수 있다.

(4) 위의 (2)을 이용하여 (4)가 성립함을 밝힐 수 있다.

위의 정리로부터 다음 따름정리가 성립함을 알 수 있다.

따름정리 3.1.4 정수를 계수로 가지는 두 다항식

$$f(x) = a_0 + a_1 x + \cdots + a_n x^n,$$

$$g(x) = b_0 + b_1 x + \cdots + b_n x^n$$

에 대하여 다음이 성립한다.

(1) $a \equiv b \pmod{m}$ 이면, $f(a) \equiv f(b) \pmod{m}$ 이다.

(2) $a_0 \equiv b_0 \pmod{m}$, $a_1 \equiv b_1 \pmod{m}$, $\cdots$, $a_n \equiv b_n \pmod{m}$ 이면, $f(a) \equiv g(a) \pmod{m}$ 이다.

정수 a를 양의 정수 m으로 나누었을 때의 나머지가 r이면, 적당한 정수 q에 대하여 $a = qm + r$, $0 \le r < m$ 이므로 다음이 성립한다.

$$a \equiv r \pmod{m}, \quad 0 \le r < m$$

역으로, 위의 조건을 만족시키면, a를 m으로 나누었을 때의 나머지는 r이다.

보기 3.1.2 다항식 $f(x) = x^{32} + 3x + 4$ 에 대하여 정수 $f(15)$를 13으로 나누었을 때의 나머지를 구해 보자.

먼저 $15 \equiv 2 \pmod{13}$ 이므로 $f(15) \equiv f(2) \pmod{13}$ 이다. 그리고,

$$2^4 \equiv 3 \pmod{13}, \qquad 2^{12} \equiv (2^4)^3 \equiv 3^3 \equiv 27 \equiv 1 \pmod{13},$$

$$2^{32} \equiv (2^{12})^2 \cdot (2^4)^2 \equiv 1^2 \cdot 3^2 \equiv 9 \pmod{13}$$

이므로

$$f(15) \equiv f(2) \equiv 2^{32} + 3 \cdot 2 + 4 \equiv 9 + 6 + 4 \equiv 6 \pmod{13}$$

이고 따라서 $f(15)$를 13으로 나누었을 때의 나머지는 6이다.

정리 3.1.5 양의 정수 m에 대하여 집합 $\mathbb{Z}_m = \{0, 1, \cdots, m-1\}$은 다음 성질을 가진다.

(1) 법 m에 관하여 $0, 1, \cdots, m-1$은 어느 둘도 합동이 아니다.

(2) 임의의 정수 a는 법 m에 관하여 $\mathbb{Z}_m$의 단 하나의 원소와 합동이다.

실제로, 임의의 정수 a를 m으로 나누었을 때의 나머지가 r라고 하면, $a \equiv r \pmod{m}$, $0 \le r < m$이고 이와 같은 정수 r는 단 하나 뿐이다.

증 명 (1) 두 원소 $i, j \in \mathbb{Z}_m$에 대하여 $i \equiv j \pmod{m}$이면,

$$m \mid (i-j), \qquad -m < i-j < m$$

이므로 $i-j=0$ 즉 $i=j$이다. 따라서 (1)이 성립한다.

(2) 가정에 의하여 $a \equiv qm + r$, $0 \le r < m$인 정수 q가 존재하고 이때 $a \equiv r \pmod{m}$, $0 \le r < m$이다.

그리고, (1)에 의하여 이와 같은 r는 단 하나 뿐이다.

정의 3.1.6 양의정수 m에 대하여, m개의 정수로 이루어진 집합

$$S = \{s_0, s_1, \cdots, s_{m-1}\}$$

의 원소 전체가 법 m에 관하여 $\mathbb{Z}_m = \{0, 1, \cdots, m-1\}$의 원소 전체와 합동일 때(순서는 무시하고서) S를 법 m에 관한 **완전잉여계**(完全剩餘系, complete residue system modulo m)라고 한다.

특히, $\mathbb{Z}_m = \{0, 1, \cdots, m-1\}$은 법 m에 관한 완전잉여계이다.

이 집합을 법 m에 관한 **표준잉여계**(標準剩餘系, standard residue system) 또는 **최소 양의 잉여계**(system of least positive residues)라고 한다.

보기 3.1.3 다음 집합은 모두 법 3에 관한 완전잉여계이다.

$$\mathbb{Z}_3 = \{0, 1, 2\}, \qquad S_1 = \{-1, 0, 1\}, \qquad S_2 = \{4, 9, 11\}$$

$$-1 \equiv 2, \;\; 4 \equiv 1, \;\; 9 \equiv 0, \;\; 11 \equiv 2 \pmod{3}$$

$\cdots, -3, 0, 3, 6, 9, \cdots$	$\cdots, -2, 1, 4, 7, \cdots$	$\cdots, -1, 2, 5, 8, \cdots$	$\mathbb{Z}$ (mod 3)

보기 3.1.4 홀수인 素數 p에 대하여 다음 집합은 모두 법 p에 관한 완전잉여계이다.

$$\mathbb{Z}_p = \{0, 1, 2, \cdots, p-1\}, \qquad S_1 = \{1, 2, \cdots, p\},$$

$$S_2 = \{-\frac{p-1}{2}, \cdots, -1, 0, 1, \cdots, \frac{p-1}{2}\}$$

여기서

$$-1 \equiv p-1, \quad -2 \equiv p-2, \quad \cdots, \quad -\frac{p-1}{2} \equiv \frac{p+1}{2} \pmod{p}$$

예를 들면, $S = \{-5, -4, -3, -2, -1, 0, 1, 2, 3, 4, 5\}$는 법 11에 관한 완전잉여계이다.

정리 3.1.7 양의 정수 m에 대하여 $S = \{s_0, s_1, \cdots, s_{m-1}\}$가 다음 두 조건을 만족시킬 때 그리고 이때에만 S는 법 m에 관한 완전잉여계이다.

(i) $|S| = m$

(ii) 법 m에 관하여 $s_0, s_1, \cdots, s_{m-1}$은 어느 둘도 합동이 아니다.

그리고, 집합 S가 법 m에 관한 완전잉여계이면, 임의의 정수 a에 대하여 $a \equiv s \pmod{m}$인 원소 $s \in S$가 단 하나 존재한다.

증 명 집합 S가 두 조건 (i), (ii)를 만족시킬 때, $s_0, s_1, \cdots, s_{m-1}$을 각각 m으로 나누었을 때의 나머지를 $r_0, r_1, \cdots, r_{m-1}$이라고 하면 조건 (ii)에 의하여 법 m에 관하여 $r_0, r_1, \cdots, r_{m-1}$은 어느 둘도 합동이 아니므로

$$\{r_0, r_1, \cdots, r_{m-1}\} = \mathbb{Z}_m$$

이고 따라서 S는 완전잉여계이다.

역으로, S가 법 m에 관한 완전잉여계이면, 정의에 의하여 S는 두 조건 (i), (ii)를 만족시킨다.

그리고, 임의의 정수 a에 대하여 a를 m으로 나누었을 때의 나머지를 r라고 하면,

$$a \equiv r \pmod{m}, \quad r \in \mathbb{Z}_m$$

이고 $s \equiv r \pmod{m}$인 $s \in S$가 존재하므로 $a \equiv r \equiv s \pmod{m}$이다.

보기 3.1.5 집합 $S = \{0, 1, 2, 3\}$ 는 법 4 에 관한 완전잉여계이다.

따라서 임의의 정수 a 는 법 4 에 관하여 0, 1, 2, 3 중의 어느 하나와 합동이고, 또 다음이 성립한다.

(1) $a \equiv 0 \pmod{4}$ 또는 $a \equiv 2 \pmod{4}$ 이면, $a^2 \equiv 0 \pmod{4}$ 이다.

즉, a 가 짝수이면, $a^2 \equiv 0 \pmod{4}$ 이다.

(2) $a \equiv 1 \pmod{4}$ 또는 $a \equiv 3 \pmod{4}$ 이면, $a^2 \equiv 1 \pmod{4}$ 이다.

즉, a 가 홀수이면, $a^2 \equiv 1 \pmod{4}$ 이다.

연 습 문 제 (3.1)

1. 다음 합동식이 성립하는지를 판정하여라.

(1) $24 \equiv 12 \pmod{6}$ (2) $2 \cdot 2 \equiv 0 \pmod{4}$

(3) $3 \cdot 3 \equiv 0 \pmod{9}$ (4) $3 \cdot 4 \equiv 0 \pmod{12}$

2. 다음 명제 중에서 참인 명제를 찾아라.

(1) 모든 정수 a 에 대하여 $a \equiv -a \pmod{2}$ 이다.

(2) 모든 정수 a 에 대하여 $a^2 \equiv a \pmod{3}$ 이다.

(3) 정수 a 에 대하여 $a^2 \equiv 0 \pmod{4}$ 이면, $a \equiv 0 \pmod{4}$ 이다.

3. 정수를 계수로 가지는 다항식 $f(x) = 13x^4 - 8x^3 + 4x^2 + 5x + 2$ 에 대하여 $f(2)$ 와 $f(15)$ 를 각각 7 로 나누었을 때의 나머지를 구하여라.

4. 정수 $a = 1! + 2! + 3! + 4! + \cdots + 99! + 100!$ 를 12 로 나누었을 때의 나머지를 구하여라.

5. 다음이 성립함을 밝혀라.

(1) Fermat 수 $F_n = 2^{2^n} + 1$ 의 끝자리의 수는 7 이다.

(2) Fermat 수 $F_5 = 2^{2^5} + 1$ 에 대하여 $F_5 \equiv 0 \pmod{641}$ 이다.

(3) Mersenne 수 $M_{80} = 2^{80} - 1$ 은 17 의 배수이다.

6. 합동식 $2^r \equiv 1 \pmod{11}$ 을 만족시키는 가장 작은 양의 정수 r의 값을 구하고, 또 $2^{200}+1$ 을 11 로 나누었을 때의 나머지를 구하여라.

7. 합동식 $3^r \equiv 1 \pmod{13}$ 을 만족시키는 가장 작은 양의 정수 r의 값을 구하고, 또 3^{603} 을 13 으로 나누었을 때의 나머지를 구하여라.

8. 다음 집합이 법 5 에 관한 완전잉여계인지를 확인하여라. .

   (1) $\mathbb{Z}_5 = \{0, 1, 2, 3, 4\}$ (2) $S = \{1, 2, 3, 4, 5\}$

   (3) $T = \{0, 2, 4, 6, 8\}$ (4) $U = \{-1, 0, 1, 2, 3\}$

   또, $S = \{-2, -1, 0, 1, 2\}$ 가 법 5 에 관한 완전잉여계를 이용하여, 모든 정수 a에 대하여 $a^5 \equiv a \pmod 5$ 임을 증명하여라.

9. 모든 $4k+3$ 의 꼴인 양의 정수는 두 제곱수의 합으로 나타낼 수 없음을 증명하여라.

10. 다음 명제가 참임을 증명하여라.

    (1) 모든 정수 a에 대하여 a^3-a는 6 의 배수이다.

    (2) 모든 홀수 a에 대하여 $a^2 \equiv 1 \pmod 8$ 이다.

11. 다음 명제가 참임을 증명하여라.

    (1) 임의의 정수 a에 대하여 다음 중 하나가 성립한다.

    $$a^2 \equiv 0 \pmod 8, \quad a^2 \equiv 1 \pmod 8, \quad a^2 \equiv 4 \pmod 8$$

    (2) 모든 홀수 a에 대하여 $a^2 \equiv 1 \pmod 8$ 이다.

    (3) 방정식 $x^2+y^2+z^2 = 1007$ 의 정수해는 존재하지 않는다.

12. 세 양의 정수 a, b, c 사이에 관계식 $a^2+b^2+c^2 = abc$ 가 성립하면, 세 정수 a, b, c는 모두 3 의 배수임을 밝혀라.

13. 모든 양의 정수 n에 대하여 다음이 성립함을 증명하여라.

    (1) $2^{2^n}+5 \equiv 0 \pmod 3$ (2) $3^{n+2}+4^{2n+1} \equiv 0 \pmod{13}$

    (3) $4^n \equiv 3n+1 \pmod 9$ (4) $6^{n+2}+7^{2n+1} \equiv 0 \pmod{43}$

§3.2 합동식의 활용

양의 정수를 b진법으로 나타낸 경우를 생각해 보자.

정리 3.2.1 양의 정수 a, b에 대하여

$$a = r_m r_{m-1} \cdots r_1 r_{0\,(b)} = r_m b^m + r_{m-1} b^{m-1} + \cdots + r_1 b + r_0$$

일 때, c를 b의 양의 약수라고 하면 다음이 성립한다.

$$a \equiv r_{k-1} b^{k-1} + \cdots + r_1 b + r_0 \pmod{c^k} \qquad (1 \le k \le m)$$

특히, $a \equiv r_0 \pmod{c}$, $a \equiv r_1 b + r_0 \pmod{c^2}$ 이다.

증 명 가정에 의하여 $b \equiv 0 \pmod{c}$ 이므로 모든 양의 정수 k에 대하여 $b^k \equiv b^{k+1} = \cdots \equiv 0 \pmod{c^k}$ 이고 따라서 정리가 성립한다.

보기 3.2.1 양의 정수 $a = a_m 10^m + a_{m-1} 10^{m-1} + \cdots + a_1 10 + a_0$ 에 대하여 $10 = 2 \cdot 5$ 이므로 다음이 성립한다.

$$a \equiv a_{k-1} 10^{k-1} + \cdots + a_1 10 + a_0 \pmod{2^k} \qquad (1 \le k \le m)$$

$$a \equiv a_{k-1} 10^{k-1} + \cdots + a_1 10 + a_0 \pmod{5^k} \qquad (1 \le k \le m)$$

$$a \equiv a_0 \pmod{2}, \qquad a \equiv a_1 10 + a_0 \pmod{4},$$

$$a \equiv a_2 10^2 + a_1 10 + a_0 \pmod{8},$$

$$a \equiv a_0 \pmod{5}, \qquad a \equiv a_1 10 + a_0 \pmod{25}$$

$$a \equiv a_2 10^2 + a_1 10 + a_0 \pmod{125}$$

예를 들어, $a = 26358$ 이면 다음이 성립한다.

$$a \equiv 58 \equiv 2 \pmod{4}, \quad a \equiv 385 \equiv 1 \pmod{8}$$

$$a \equiv 8 \equiv 3 \pmod{5}, \quad a \equiv 58 \equiv 8 \pmod{25}$$

특히, a_0가 짝수이면 a는 짝수이고, 또 $a_0 = 0$ 또는 $a_0 = 5$ 이면 a는 5 의 배수이다.

보기 3.2.2 양의 정수 m에 대하여

$$R_m = \frac{10^m - 1}{9} = 111 \cdots 1111 \qquad (1 \text{ 이 } m\text{개})$$

이라고 하면, $10^3 \equiv 0 \pmod 4$, $111 \equiv 3 \pmod 4$ 이므로 R_m은 $4k+3$의 꼴이며, $4k+3$의 꼴인 素數는 무한히 많으나 2007년 현재

$$R_2,\ R_{19},\ R_{23},\ R_{317},\ R_{1031},\ R_{49081},\ R_{86453},\ R_{109297},\ R_{270343}$$

등 9개가 모두 素數임을 밝혀져 있다(정리 2.2.4 참조).

정리 3.2.2 양의 정수 a와 정수 $b\ (\geq 2)$에 대하여

$$a = r_m r_{m-1} \cdots r_1 r_{0\ (b)} = r_m b^m + r_{m-1} b^{m-1} + \cdots + r_1 b + r_0$$

일 때, 양의 정수 n에 대하여 다음이 성립한다.

(1) $b \equiv 1 \pmod n$ 인 경우

$$a \equiv r_m + r_{m-1} + \cdots + r_1 + r_0 \pmod n$$

(2) $b \equiv -1 \pmod n$ 인 경우

$$a \equiv r_0 - r_1 + r_2 + \cdots + (-1)^m r_m \pmod n$$

증 명 먼저 $b \equiv 1 \pmod n$ 인 경우에, 임의의 양의 정수 k에 대하여 $b^k \equiv 1 \pmod n$ 이므로 (1)이 성립한다.

그리고, $b \equiv -1 \pmod n$ 인 경우에, 임의의 양의 정수 k에 대하여 $b^k \equiv (-1)^k \pmod n$ 이므로 (2)가 성립한다.

보기 3.2.3 양의 정수 $a = a_m 10^m + a_{m-1} 10^{m-1} + \cdots + a_1 10 + a_0$ 에서

$$10 \equiv 1 \pmod 3,\quad 10 \equiv 1 \pmod 9,\quad 10 \equiv -1 \pmod{11}$$

이므로 다음이 성립한다.

$$a \equiv a_m + a_{m-1} + \cdots + a_1 + a_0 \pmod 3,$$

$$a \equiv a_m + a_{m-1} + \cdots + a_1 + a_0 \pmod 9,$$

$$a \equiv a_0 - a_1 + a_2 + \cdots + (-1)^m a_m \pmod{11}$$

보기 3.2.4 양의 정수 $a = 26385$ 에 대하여 다음이 성립한다.

$$a \equiv 2+6+3+8+5 \equiv 24 \equiv 2+4 \equiv 6 \equiv 0 \pmod{3},$$
$$a \equiv 2+6+3+8+5 \equiv 24 \equiv 2+4 \equiv 6 \pmod{9},$$
$$a \equiv 5-8+3-6+2 \equiv -4 \equiv 7 \pmod{11}$$

책마다 국제 표준 도서번호(國際標準圖書番號, ISBN, International Standard Book Number)가 써 있다. 원래 ISBN 은 10 개의 숫자로 이루어져 있었으나 2007 년 이후에 13 개의 숫자로 바뀌었다.

일반적으로, 10 개의 숫자로 이루어진 ISBN $x_1\, x_2\, x_3 \cdots x_9\, x_{10}$ 에서 처음 9 개 숫자는 $0, 1, 2, \cdots, 9$ 로 된 숫자이고 마지막 숫자 x_{10} 은 다음과 같이 $x_1, x_2, \cdots, x_9$ 에 의하여 결정되는 정수이다.

$$x_{10} \equiv \sum_{i=1}^{9} i x_i \pmod{11}, \qquad 0 \le x_{10} \le 10$$

여기서, x_{10} 은 $x_1, x_2, \cdots, x_9$ 중에 오류가 있는지를 검사하는 기호(check digit) 이며, 특히 $x_{10} = 10$ 인 경우에 이것을 X 로 나타낸다.

예를 들어, 10 개의 숫자로 이루어진 ISBN 89 − 7282 − 981 − 1 에서, 89 는 한국을 나타내고 7282 는 출판사를 나타내며 981 은 출판사가 이 책에 부여한 번호이고 끝자리의 수 1 은 다음과 같이 결정된다.

$$8\cdot1+9\cdot2+7\cdot3+2\cdot4+8\cdot5+2\cdot6+9\cdot7+8\cdot8+1\cdot9$$
$$\equiv 8+7-1+8+7+1-3-2-2 \equiv 3+5-7 \equiv 1 \pmod{11}$$

한편, 13 개의 숫자로 이루어진 ISBN $x_1\, x_2\, x_3 \cdots x_{12}\, x_{13}$ 에서 처음 12 개의 숫자는 $0, 1, 2, \cdots, 9$ 로 된 숫자이고, x_{13} 은 다음과 같이 결정되는 정수이다.

$$x_1+3x_2+x_3+3x_4+x_5+3x_6+x_7+3x_8+x_9+3x_{10}$$
$$+x_{11}+3x_{12}+x_{13} \equiv 0 \pmod{10}, \quad 0 \le x_{10} \le 9$$

즉, $$x_{13} \equiv -(x_1+3x_2+x_3+3x_4+x_5+3x_6+x_7+3x_8$$
$$+x_9+3x_{10}+x_{11}+3x_{12}) \pmod{10}, \quad 0 \le x_{10} \le 9$$

여기서, x_{13} 은 $x_1, x_2, \cdots, x_{12}$ 중에 오류가 있는지를 검사하는 기호이다.

예를 들어, 이 책의 ISBN 979-11-6073-291-7 에서 첫 부분 979-11 은 한국을 나타내고 또 6073 은 출판사(경문사)를 나타내며 291 은 출판사가 이 책에 부여한 번호이고 끝자리의 수 7 은 다음과 같이 결정된다.

$$\begin{aligned} x_{13} &\equiv -(9+21+9+3+1+18+0+21+3+6+8+24) \\ &\equiv -(9+1+9+3+1+8+1+3+6+8+4) \\ &\equiv -(0+2+9+4+4+4) \equiv -(1+2) \equiv 7 \pmod{10} \end{aligned}$$

연 습 문 제 (3.2)

1. 다음 정수 중에서 8 의 배수와 25 의 배수를 찾아라.

   (1) 200　　(2) 12336　　(3) 5245　　(4) 23450

2. 정수 12345, 18381, 111111 중에서 3, 9 또는 11 의 배수를 찾아라.

3. 정수 $R_m = \dfrac{10^m - 1}{9} = 111 \cdots 111$ 에 대하여 다음을 증명하여라.

   (1) $R_m \equiv m \pmod{9}$

   (2) m 이 짝수일 때 그리고 이때에만 R_m 은 11의 배수이다.

4. 양의 정수 $a = a_m 10^m + a_{m-1} 10^{m-1} + \cdots + a_1 10 + a_0$ 에 대하여

$$a \equiv a_0 + 4(a_1 + a_2 + \cdots + a_m) \pmod{6}$$

   임을 밝히고, 또 26385 를 6 으로 나누었을 때의 나머지를 구하여라.

5. 다음 두 조건을 만족시키는 무한수열 $\{a_n\}$ 를 구하여라.

   (i) $a_1 = 1,\ a_2 = 1$

   (ii) $a_{n+2} \equiv a_n + a_{n+1} \pmod{2},\ 0 \le a_n < 2 \qquad (n \ge 1)$

6. 다음 ISBN 이 올바른 번호인지를 확인하여라.

   (1) 979-11-6073-288-7　　(2) 978-89-6105-168-2

   (3) 89-7282-770-2　　(4) 1-56947-303-X

§3.3 일차합동식

등식과 마찬가지로, 합동식에서도 그 양변에 한 정수를 더하거나 곱하여도 합동식은 그대로 성립한다. 즉, $a \equiv b \pmod{m}$ 일 때, 다음이 성립한다.

$$a+c \equiv b+c \pmod{m}, \quad ac \equiv bc \pmod{m}$$

그러나, 다음 보기에서 보는 바와 같이 등식의 경우와는 달리 합동식을 다룰 때에는 조심해야 할 점이 있다.

보기 3.3.1 일반적으로 다음은 성립하지 않는다.

(1) $ab \equiv 0 \pmod{m}$ 이면, $b \equiv 0 \pmod{m}$ 이다.

(2) $ab \equiv ac \pmod{m}$ 이면, $b \equiv c \pmod{m}$ 이다.

예를 들면, 다음이 성립한다.

$$2 \not\equiv 0 \pmod{6}, \; 2 \cdot 3 \equiv 0 \pmod{6}, \; 3 \not\equiv 0 \pmod{6}$$

$$2 \not\equiv 0 \pmod{6}, \; 2 \cdot 1 \equiv 2 \cdot 4 \pmod{6}, \; 1 \not\equiv 4 \pmod{6}$$

정리 3.3.1 양의 정수 m 과 정수 a, b, c 에 대하여 다음이 성립한다.

(1) $(a, m) = 1$ 일 때, $ab \equiv 0 \pmod{m}$ 이면 $b \equiv 0 \pmod{m}$ 이다.

(2) $(a, m) = 1$ 일 때, $ab \equiv ac \pmod{m}$ 이면 $b \equiv c \pmod{m}$ 이다.

증 명 (1) $ab \equiv 0 \pmod{m}$ 이면, $m \mid ab$ 이므로 정리 1.5.11 에 의하여 $(a, m) = 1$ 일 때 $m \mid b$ 이고 따라서 $b \equiv 0 \pmod{m}$ 이다.

(2) $ab \equiv ac \pmod{m}$ 이면, $a(b-c) \equiv 0 \pmod{m}$ 이므로 위의 (1) 에 의하여 $(a, m) = 1$ 일 때 $b-c \equiv 0 \pmod{m}$ 즉 $b \equiv c \pmod{m}$ 이다.

합동식 $x \equiv c \pmod{m}$ 를 만족시키는 정수 전체의 집합은

$$\overline{c} = \{ c + km \mid k \in \mathbb{Z} \}$$

이고, 이것은 법 m 에 관하여 c 와 합동인 원소 전체로 이루어진 집합이다.

그리고, 임의의 정수 x는 m개의 합동식

$$x \equiv 0 \pmod{m},\ x \equiv 1 \pmod{m},\ \cdots,\ x \equiv m-1 \pmod{m}$$

중에서 단 하나를 만족시킨다(정리 3.1.5).

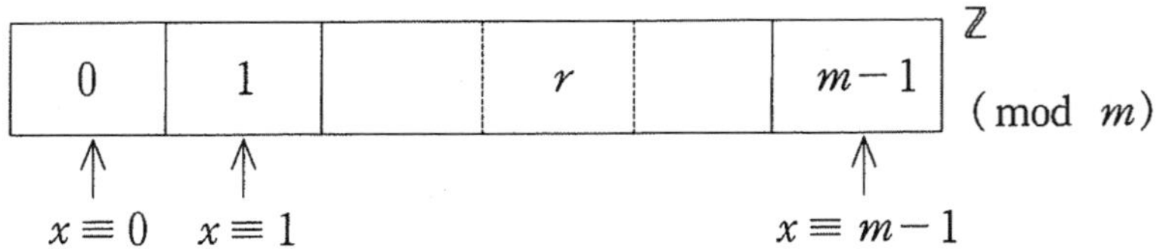

미지수 x에 관한 합동식

$$a_n x^n + \cdots + a_1 x + a_0 \equiv 0 \pmod{m},\quad a_n \not\equiv 0 \pmod{m}$$

을 법 m에 관한 **n차의 합동식**(polynomial congruence) 이라고 한다.

예를 들어, 다음과 같은 법 4 에 관한 일차합동식을 생각해 보자.

$$2x + 2 \equiv 0 \pmod{4}$$

이제 $f(x) = 2x + 2$ 이라고 놓으면, 다음이 성립한다.

$x \equiv 0 \pmod{4}$ 이면, $f(0) = 2 \cdot 0 + 2 \equiv 2 \pmod{4}$ 이다.
$x \equiv 1 \pmod{4}$ 이면, $f(1) = 2 \cdot 1 + 2 \equiv 0 \pmod{4}$ 이다.
$x \equiv 2 \pmod{4}$ 이면, $f(2) = 2 \cdot 2 + 2 \equiv 2 \pmod{4}$ 이다.
$x \equiv 3 \pmod{4}$ 이면, $f(3) = 2 \cdot 3 + 2 \equiv 0 \pmod{4}$ 이다.

따라서 $x \equiv 1 \pmod{4}$ 을 만족시키는 정수 전체와 $x \equiv 3 \pmod{4}$ 을 만족시키는 정수 전체는 합동식 $f(x) \equiv 0 \pmod{4}$ 을 만족시킨다.

그러나, $x \equiv 0 \pmod{4}$ 인 정수 x 와 $x \equiv 2 \pmod{4}$ 인 정수 x는 모두 합동식 $f(x) \equiv 0 \pmod{4}$ 을 만족시키지 않는다.

이러한 의미에서

$$x \equiv 1 \pmod{4},\quad x \equiv 3 \pmod{4}$$

를 합동식 $f(x) \equiv 0 \pmod{4}$ 의 **해**(solution) 라 하고 또 $1 \not\equiv 3 \pmod{4}$ 이므로 이들 두 해는 서로 다르다고 생각한다.

일반적으로, 합동식 $f(x) \equiv 0 \pmod{m}$ 의 해를 구하려면, 법 m에 관한 완전잉여계, 예를 들어 $\mathbb{Z}_m = \{0, 1, \cdots, m-1\}$ 에서 $f(c) \equiv 0 \pmod{m}$

인 정수 c 를 찾아 합동식 $f(x) \equiv 0 \pmod{m}$ 의 해 $x \equiv c \pmod{m}$ 를 구한다. 그리고, 이 합동식의 해 $x \equiv c_1 \pmod{m}$, $x \equiv c_2 \pmod{m}$ 에 대하여 $c_1 \not\equiv c_2 \pmod{m}$ 이면, 이 두 해는 서로 다르다고 생각한다.

정리 3.3.2 일차합동식

$$ax \equiv b \pmod{m}, \qquad (a, m) = 1$$

는 법 m 에 관하여 단 하나의 해 $x \equiv c \pmod{m}$ 를 가진다.

여기서, 정수 c 를 $\mathbb{Z}_m = \{0, 1, \cdots, m-1\}$ 안에서 택할 수 있다.

증 명 먼저 $(a, m) = 1$ 이므로 정리 1.5.7 에 의하여 $as + mt = 1$ 인 두 정수 s, t 가 존재한다. 이 때,

$$asb + mtb = b \quad \text{즉} \quad a(sb) \equiv b \pmod{m}$$

이므로 sb 를 m 으로 나누었을 때의 나머지를 c 라고 하면,

$$ac \equiv a(sb) \equiv b \pmod{m}$$

이므로 $x \equiv c \pmod{m}$ 는 합동식 $ax \equiv b \pmod{m}$ 의 해이다.

이제 $x \equiv x_1 \pmod{m}$, $x \equiv x_2 \pmod{m}$ 가 합동식 $ax \equiv b \pmod{m}$ 의 해이라고 하면, $ax_1 \equiv b \equiv ax_2 \pmod{m}$ 이고 또 $(a, m) = 1$ 이므로 $x_1 \equiv x_2 \pmod{m}$ 이다(정리 3.3.1). 따라서 일차합동식 $ax \equiv b \pmod{m}$ 는 법 m 에 관하여 단 하나의 해를 가진다.

보기 3.3.2 일차합동식 $7x \equiv 5 \pmod{31}$ 의 해를 구해 보자.

먼저 $(7, 31) = 1$, $31 \cdot (-2) + 7 \cdot 9 = 1$ 이므로 다음이 성립한다.

$$31 \cdot (-10) + 7 \cdot 45 = 5$$

$$7 \cdot 45 \equiv 5 \pmod{31}$$

$$\text{즉} \quad 7 \cdot 14 \equiv 5 \pmod{31}$$

따라서 구하는 해는 $x \equiv 14 \pmod{31}$ 이다.

$$\begin{array}{r|rr|l} 4 & 31 & 7 & 2 \\ & 28 & 6 & \\ \hline 3 & 3 & 1 & \\ & 3 & & \\ \hline & 0 & & \end{array}$$

a_i	4 2
s_i	1 0 1 -2
t_i	0 1 -4 9

정리 3.3.3 양의 두 정수 n, d에 대하여 다음이 성립한다.

(1) $a \equiv b \pmod{nd}$ 이면, $a \equiv b \pmod{n}$ 이다.

(2) $ad \equiv bd \pmod{nd} \Longleftrightarrow a \equiv b \pmod{n}$

(3) 합동식 $x \equiv c \pmod{n}$ 는 법 nd 에 관한 d 개의 합동식

$$x \equiv c + nt \pmod{nd} \qquad (0 \leq t \leq d-1)$$

으로 나타낼 수 있다.

증 명 (1) $a \equiv b \pmod{nd}$ 이면, $nd \mid (a-b)$ 이므로 $n \mid (a-b)$ 이고 따라서 $a \equiv b \pmod{n}$ 이다.

(2) 정의에 의하여 다음이 성립한다(정리 1.4.4 (5) 참조).

$$\begin{aligned} ad \equiv bd \pmod{nd} &\Longleftrightarrow nd \mid (ad-bd) \\ &\Longleftrightarrow n \mid (a-b) \\ &\Longleftrightarrow a \equiv b \pmod{n} \end{aligned}$$

(3) 합동식 $x \equiv c \pmod{n}$ 는 적당한 정수 k에 대하여 $x = c + nk$ 임을 뜻하고 여기서 k 를 d 로 나누었을 때의 몫과 나머지를 s, t 라고 하면,

$$k = ds + t, \qquad 0 \leq t \leq d-1$$

이고 $x = c + nk = c + nds + nt$ 이므로 다음이 성립한다((1) 참조).

$$x \equiv c \pmod{n} \Longleftrightarrow x \equiv c + nt \pmod{nd}, \quad 0 \leq t \leq d-1$$

한편, 두 정수 t_1, t_2 에 대하여 다음이 성립한다((2) 참조).

$$\begin{aligned} & c + nt_1 \equiv c + nt_2 \pmod{nd} \\ \Longleftrightarrow\ & nt_1 \equiv nt_2 \pmod{nd} \\ \Longleftrightarrow\ & t_1 \equiv t_2 \pmod{d} \end{aligned}$$

따라서 합동식 $x \equiv c \pmod{n}$ 는 법 nd에 관한 d개의 합동식

$$x \equiv c + nt \pmod{nd} \qquad (0 \leq t \leq d-1)$$

으로 나타낼 수 있다.

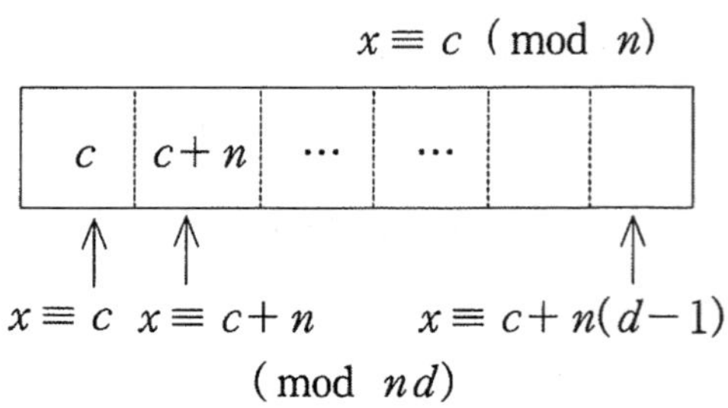

정리 3.3.4 일차합동식

$$ax \equiv b \pmod{m}, \qquad a \not\equiv 0 \pmod{m}$$

에서 $d = (a, m)$ 이라고 하면, 이 일차합동식은 $d \mid b$ 일 때 그리고 이때에만 해를 가진다.

그리고, $d \mid b$ 일 때, 이 해를 법 m 에 관하여 d 개의 해로 나타낼 수 있다.

증 명 일차합동식 $ax \equiv b \pmod{m}$ 가 해 $x \equiv c \pmod{m}$ 를 가지면, $ac \equiv b \pmod{m}$ 이므로 적당한 정수 k 에 대하여 $ac + mk = b$ 이고 또 $d \mid a$, $d \mid m$ 이므로 $d \mid b$ 이다(정리 1.4.3).

이제 $d \mid b$ 이라고 하자. 이 때, $\frac{a}{d}$, $\frac{b}{d}$, $\frac{m}{d}$ 은 모두 정수이고 일차합동식 $ax \equiv b \pmod{m}$ 는 다음 합동식과 동치이다(정리 3.3.3 의 (2)).

$$\frac{a}{d}x \equiv \frac{b}{d} \pmod{\frac{m}{d}}$$

그런데, $(\frac{a}{d}, \frac{m}{d}) = 1$ 이므로(따름정리 1.5.8), 정리 3.3.2 에 의하여 위의 합동식은 법 $\frac{m}{d}$ 에 관하여 단 하나의 해 $x \equiv c \pmod{\frac{m}{d}}$ 를 가지며, 이 해를 다음과 같이 법 m 에 관한 d 개의 해로 나타낼 수 있다(정리 3.3.3).

$$x \equiv c + \frac{m}{d}t \pmod{m} \qquad (0 \le t \le d-1)$$

보기 3.3.3 일차합동식 $9x \equiv 6 \pmod{15}$ 의 해를 구해 보자.

먼저 $(15, 9) = 3$, $3 \mid 6$ 이므로 이 합동식은 합동식

$$3x \equiv 2 \pmod{5}$$

과 동치이다. 그런데,

$$5 \cdot (-1) + 3 \cdot 2 = 1, \quad 5 \cdot (-2) + 3 \cdot 4 = 2$$

이므로 $3 \cdot 4 \equiv 2 \pmod{5}$ 이고, 따라서 위의 합동식의 해는 $x \equiv 4 \pmod{5}$ 이다. 그런데, 이 해는 다음과 같이 법 15 에 관한 3 개의 해로 나타낼 수 있다.

1	15	9	1
	9	6	
2	6	3	
	6		
	0		

1	1		
1	0	1	-1
0	1	-1	2

$$x \equiv 4 \pmod{15}, \quad x \equiv 9 \pmod{15}, \quad x \equiv 14 \pmod{15}$$

합동식 $21x \equiv 2 \pmod{10}$ 는 임의의 정수 y에 대하여

$$21x + 10y = 2$$

임을 뜻한다. 그런데, 정리 1.6.2 에 따라 이 일차부정방정식의 정수해 전체는 다음과 같이 구한다.

2	21	10	10
	20	10	
	1	0	

2		
1	0	1
0	1	-2

$(21, 10) = 1, \quad 21 \cdot 1 + 10(-2) = 1$

$21 \cdot 2 + 10(-4) = 2$

$$\begin{cases} x = \ \ 2 + 10t \\ y = -4 - 21t \end{cases} \qquad (t \in \mathbb{Z})$$

따라서 합동식 $21x \equiv 49 \pmod{10}$ 의 해는 $x \equiv 2 \pmod{10}$ 이다.

여러 종류의 운동 경기의 대진표를 만드는 데에는 토너먼트 방식과 라운드 로빈 방식(round-robin tournament)이 이용되는데, 우리나라에서는 라운드 로빈 방식을 흔히 리그戰이라고 한다. 이제 m개의 팀끼리의 경기에서 각 팀이 나머지 다른 팀과 꼭 한 번씩 대전하는 라운드 로빈 방식으로 대진표(對陣表)를 만드는 방법을 생각해 보자.

(1) m이 짝수인 경우

정수 i, j 가 $S = \{1, 2, \cdots, m-1\}$ 의 원소를 택하면서 변할 때,

$$i + j \equiv k \pmod{m-1}, \quad 1 \le k \le m-1$$

인 k는 S의 원소를 모두 택하면서 변하고 다음이 성립한다..

$$i = j \Longleftrightarrow 2i \equiv k \pmod{m-1}$$

그런데, $(2, m-1) = 1$ 이므로 각 k에 대하여

$$2i \equiv k \pmod{m-1}, \quad 1 \le i \le m-1$$

인 정수 i는 단 하나 존재한다(정리 3.3.2 참조). 따라서 m개의 팀에 번호 $1, 2, \cdots, m$을 지정하고 다음과 같은 방식으로 대전표를 만든다.

① $i \ne j$ 이면, k 회전에서 팀 i와 팀 j가 대전한다.

② $i = j$ 이면, k 회전에서 팀 i와 팀 m이 대전한다.

앞에서 얻은 결과에 의하여 이들 m개의 팀은 $m-1$회전까지의 경기를 통하여 각 팀이 다른 상대팀과 꼭 한 번씩 대전하게 된다.

(2) m이 홀수인 경우

이 경우에 m개의 팀에 각각 번호 $1, 2, \cdots, m$을 매기고 가공의 팀 $m+1$을 추가하여 (1) 에서와 같은 방법으로 $m+1$개의 팀에 대한 대진표를 만들어 각 회전마다 $m+1$과 대전하게 되는 팀은 쉬게 한다.

다시 말하면,

$$i + j \equiv k \pmod{m}, \qquad 1 \leq i, j, k \leq m$$

일 때 다음과 같은 방식으로 대진표를 만든다.

① $i \neq j$ 이면, k 회전에서 팀 i와 팀 j가 대전한다.

② $i = j$ 이면, k 회전에서 팀 i은 쉰다.

보기 3.3.4 아래 표는 $m = 4$ 인 경우의 대진표이다(문제 8).

회전 \ 팀	1	2	3	4
1	3	4	1	2
2	4	3	2	1
3	2	1	4	3

보기 3.3.5 아래 표는 $m = 5$ 인 경우의 대진표이다(문제 8).

회전 \ 팀	1	2	3	4	5
1	5	4	*	2	1
2	*	5	4	3	2
3	2	1	5	*	3
4	3	*	1	5	4
5	4	3	2	1	*

연 습 문 제 (3.3)

1. 다음 일차합동식의 해를 구하여라.

(1) $12x \equiv 25 \pmod{97}$　　(2) $85x \equiv 2 \pmod{97}$

2. 다음과 같은 정수 s $(1 \leq s < 160)$ 을 구하여라.

(1) $23s \equiv 1 \pmod{160}$　　(2) $101s \equiv 1 \pmod{160}$

3. 다음 일차합동식의 해를 구하여라.

(1) $15x \equiv 10 \pmod{85}$　　(2) $-26x \equiv 38 \pmod{30}$

(3) $6x \equiv 15 \pmod{21}$　　(4) $15x \equiv 10 \pmod{20}$

4. 다음 일차합동식의 해를 구하여라.

(1) $6x \equiv 6 \pmod{9}$　　(2) $6x \equiv 12 \pmod{9}$

5. 일차부정방정식 $710x + 68y = 6$ 의 해는 다음과 같다(보기 1.6.1)

$$\begin{cases} x = -27 + 34t \\ y = 282 - 355t \end{cases} \qquad (t \in \mathbb{Z})$$

이 결과를 이용하여 합동식 $710x \equiv 6 \pmod{68}$ 의 해를 구하여라.

6. 합동식 $7x \equiv 5 \pmod{31}$ 의 해는 $x \equiv 14 \pmod{31}$ 이다(보기 3.3.2).
이 결과를 이용하여 부정방정식 $7x + 31y = 5$ 의 해를 구하여라

7. 합동식 $4x \equiv 9 \pmod{51}$ 의 해를 구하여라
그리고, 이 결과를 이용하여 부정방정식 $4x + 51y = 9$ 의 해를 구하여라

8. 보기 3.3.4 와 보기 3.3.5 의 결과를 확인하여라.

§3.4 중국인의 나머지 정리

다음 정리는 자주 이용된다.

정리 3.4.1 양의 두 정수 m, n과 정수 a, b에 대하여 다음 두 조건은 서로 동치이다.

(1) $a \equiv b \pmod{m}$, $a \equiv b \pmod{n}$

(2) $a \equiv b \pmod{[m, n]}$

특히, $(m, n) = 1$이면, 다음 두 조건은 서로 동치이다.

(1)′ $a \equiv b \pmod{m}$, $a \equiv b \pmod{n}$

(2)′ $a \equiv b \pmod{mn}$

증 명 정수 c에 대하여 $m \mid c$, $n \mid c$이면, $[m, n] \mid c$이고(정의 1.5.2), 또 $m \mid [m, n]$, $n \mid [m, n]$이므로 $[m, n] \mid c$이면 $m \mid c$, $n \mid c$이다. 그런데,

$$a \equiv b \pmod{k} \iff k \mid (a-b)$$

이므로 (1), (2)는 서로 동치이다. 특히, $(m, n) = 1$이면, $[m, n] = mn$이므로 (1)′, (2)′은 서로 동치이다(정리 1.5.11 참조).

위의 정리의 증명 방법과 마찬가지 방법으로 다음 정리가 성합함을 증명할 수 있다(정의 1.5.15, 정리 1.5.20 참조).

정리 3.4.2 양의 정수 $m_1, \cdots, m_n$ $(n \geq 2)$과 정수 a, b에 대하여 다음 두 조건은 서로 동치이다.

(1) $a \equiv b \pmod{m_1}$, $\cdots$, $a \equiv b \pmod{m_n}$

(2) $a \equiv b \pmod{[m_1, \cdots, m_n]}$

특히, $m_1, \cdots, m_n$이 쌍마다 서로 소이면, 다음 두 조건은 서로 동치이다.

(1)′ $a \equiv b \pmod{m_1}$, $\cdots$, $a \equiv b \pmod{m_n}$

(2)′ $a \equiv b \pmod{m_1 \cdots m_n}$

두 일차합동식

$$x \equiv 2 \pmod{3}, \quad x \equiv 1 \pmod{5}$$

을 동시에 만족시키는 해를 구하는 문제는 1 세기 경부터 고대 중국인에게 알려져 있던 수수께끼 문제로서, 1247 년에 출간된 책 '九章算術' 에 그 풀이 방법이 실려 있다. 일반적으로, 합동식

$$f_1(x) \equiv 0 \pmod{m_1}, \ \cdots, \ f_n(x) \equiv 0 \pmod{m_n}$$

을 동시에 만족시키는 해를 구하는 경우에, 이들 합동식을 한 데 묶어

$$\begin{cases} f_1(x) \equiv 0 \pmod{m_1} \\ \quad \vdots \\ f_n(x) \equiv 0 \pmod{m_n} \end{cases}$$

으로 나타내고 이것을 **연립합동식**(聯立合同式, system of congruences) 이라 하며 이들 합동식을 동시에 만족시키는 해를 이 연립합동식의 **해**라고 한다.

특히, 일차합동식으로 이루어진 연립합동식을 **연립일차합동식**이라고 한다.

정리 3.4.3 (중국인의 나머지 정리 Chinese Remainder Theorem) 두 양의 정수 m, n 이 서로 소일 때, 연립일차합동식

$$(*) \qquad \begin{cases} x \equiv a \pmod{m} \\ x \equiv b \pmod{n} \end{cases}$$

는 법 mn 에 관하여 단 한 개의 해 $x \equiv c \pmod{mn}$ 를 가진다.

증 명 가정에 의하여 m, n 이 서로 소이므로, $nN_1 + mN_2 = 1$ 인 정수 N_1, N_2 가 존재한다(정리 1.5.7). 이 때,

$$nN_1 \equiv 1 \pmod{m}, \quad mN_2 \equiv 1 \pmod{n}$$

이므로,

$$c = nN_1 a + mN_2 b$$

이라고 놓으면 다음이 성립한다.

$$c \equiv nN_1 a \equiv a \pmod{m}, \quad c \equiv mN_2 b \equiv b \pmod{n}$$

따라서 (*) 의 두 합동식은 각각 $x \equiv c \pmod{m}$, $x \equiv c \pmod{n}$ 으로

고쳐 쓸 수 있고 이는 $x \equiv c \pmod{mn}$ 와 동치이다(정리 3.5.1),

그리고, $x \equiv u \pmod{mn}$ 이 $(*)$ 의 해이면,

$$u \equiv a \equiv c \pmod{m}, \quad u \equiv b \equiv c \pmod{n}$$

이므로 $u \equiv c \pmod{mn}$ 이고 따라서 $(*)$ 는 법 mn 에 관하여 단 하나의 해 $x \equiv c \pmod{mn}$ 를 가진다.

보기 3.4.1 다음 연립일차합동식의 해를 구해 보자.

$$\begin{cases} x \equiv 2 \pmod{3} \\ x \equiv 1 \pmod{5} \end{cases}$$

$(5, 3) = 1,\ 5 \cdot (-1) + 3 \cdot 2 = 1,$

$x \equiv 5 \cdot (-1) \cdot 2 + 3 \cdot 2 \cdot 1$

$\equiv -4 \equiv 11 \pmod{15}$

구하는 해는 $x \equiv 11 \pmod{15}$ 이다.

1	5	3	1
	3	2	
2	2	1	
	2		
	0		

1	1		
1	0	1	-1
0	1	-1	2

보기 3.4.2 다음 연립일차합동식의 해를 구해 보자.

$$\begin{cases} 8x \equiv 4 \pmod{14} \\ 5x \equiv 3 \pmod{11} \end{cases}$$

합동식 $8x \equiv 4 \pmod{14}$ 에서 $(14, 8) = 2,\ 2 \mid 4$ 이므로 이 합동식은 $4x \equiv 2 \pmod{7}$ 과 동치이다(정리 3.3.4). 또,

$$7 \cdot 3 + 4 \cdot (-5) = 1,$$
$$4 \cdot (-5) \equiv 1 \pmod{7},$$
$$4 \cdot (-10) \equiv 2 \pmod{7}$$

이므로 일차합동식 $4x \equiv 2 \pmod{7}$ 의 해는 $x \equiv -10 \equiv 4 \pmod{7}$ 이다.

1	7	4	1
	4	3	
2	3	1	1
	2	1	
	1	0	

1	1	2		
1	0	1	-1	3
0	1	-1	2	-5

마찬가지로, 합동식 $5x \equiv 3 \pmod{11}$ 에서

$$(11, 5) = 1, \qquad 11 \cdot 1 + 5 \cdot (-2) = 1$$
$$11 \cdot 3 + 5 \cdot (-6) = 3, \qquad 5 \cdot (-6) \equiv 3 \pmod{11}$$

이므로 합동식 $5x \equiv 3 \pmod{11}$ 의 해는 $x \equiv -6 \equiv 5 \pmod{11}$ 이다.

따라서 주어진 연립일차합동식은 다음 연립일차합동식과 동치이다.

$$\begin{cases} x \equiv 4 \pmod{7} \\ x \equiv 5 \pmod{11} \end{cases}$$

한편, $11 \cdot 2 + 7 \cdot (-3) = 1$ 이므로 정리 3.4.3 에 의하여 연립합동식의 해는 다음과 같다.

1	11	7	1
	7	4	
1	4	3	3
	3	3	
	1	0	

1	1	1		
1	0	1	-1	2
0	1	-1	2	-3

$$\begin{aligned} x &\equiv 11 \cdot 2 \cdot 4 + 7 \cdot (-3) \cdot 5 \\ &\equiv 88 - 105 \equiv 60 \pmod{77} \end{aligned}$$

이 해는 다음과 같이 법 $14 \cdot 11$ 에 관하여 두 해로 나타낼 수 있다.

$$x \equiv 60 \pmod{154}, \qquad x \equiv 60 + 77 \equiv 133 \pmod{154}$$

정리 3.4.4 (중국인의 나머지 정리) 양의 정수 $m_1, m_2, \cdots, m_n$ $(n \geq 2)$ 이 쌍마다 서로 소일 때, $M = m_1 m_2 \cdots m_n$ 이라고 하면 연립일차합동식

$$\begin{cases} x \equiv b_1 \pmod{m_1} \\ x \equiv b_2 \pmod{m_2} \\ \quad \vdots \\ x \equiv b_n \pmod{m_n} \end{cases}$$

은 법 M에 관하여 단 한 개의 해 $x \equiv c \pmod{M}$ 를 가진다.

증 명 양의 정수 $m_1, m_2, \cdots, m_n$ 이 쌍마다 서로 소이므로

$$M = m_1 M_1 = m_2 M_2 = \cdots = m_n M_n$$

이라고 하면, 따름정리 1.5.10 에 의하여

$$(M_i, m_i) = 1 \qquad\qquad (1 \leq i \leq n)$$

이므로 $M_i N_i \equiv 1 \pmod{m_i}$ 인 정수 N_i 가 존재한다(정리 3.3.2). 그리고,

$$M_j \equiv 0 \pmod{m_i} \qquad\qquad (1 \leq i \neq j \leq n)$$

이므로

$$c = M_1N_1b_1 + M_2N_2b_2 + \cdots + M_nN_nb_n$$

이라고 놓으면 다음이 성립한다.

$$c \equiv M_iN_ib_i \equiv b_i \pmod{m_i} \qquad (1 \le i \le n)$$

따라서 주어진 연립일차합동식의 각 합동식은

$$x \equiv c \pmod{m_1},\ x \equiv c \pmod{m_2},\ \cdots,\ x \equiv c \pmod{m_n}$$

으로 고쳐 쓸 수 있으며, 이는 $x \equiv c \pmod{M}$ 임을 뜻한다(정리 3.4.2).

그리고, $x \equiv u \pmod{M}$ 가 주어진 연립합동식의 해이면,

$$u \equiv b_i \equiv c \pmod{m_i} \qquad (1 \le i \le n)$$

이고 따라서 $u \equiv c \pmod{M}$ 이다. 그러므로, 주어진 연립합동식는 법 M 에 관하여 단 하나의 해 $x \equiv c \pmod{M}$ 를 가진다.

보기 3.4.3 다음 연립일차합동식의 해를 구해 보자.

$$\begin{cases} x \equiv 1 \pmod{4} \\ x \equiv 3 \pmod{5} \\ x \equiv 2 \pmod{7} \end{cases}$$

유클리드 알고리즘을 이용하여 다음 결과를 얻는다.

$$4 \cdot 5 \cdot 7 = 4 \cdot 35 = 5 \cdot 28 = 7 \cdot 20 = 140$$

$$\begin{aligned} (35, 4) = 1,\ \ & 35 \cdot (-1) + 4 \cdot 9 = 1, \\ & 35 \cdot (-1) \equiv 1 \pmod{4}, \\ (28, 5) = 1,\ \ & 28 \cdot 2 + 5 \cdot (-11) = 1, \\ & 28 \cdot 2 \equiv 1 \pmod{5}, \\ (20, 7) = 1,\ \ & 20 \cdot (-1) + 7 \cdot 3 = 1 \\ & 20 \cdot (-1) \equiv 1 \pmod{7} \end{aligned}$$

8	35	4	1
	32	3	
3	3	1	
	3		
	0		

8	1		
1	0	1	-1
0	1	-8	9

5	28	5	1
	25	3	
1	3	2	2
	2	2	
	1	0	

5	1	1		
1	0	1	-1	2
0	1	-5	6	-11

따라서 주어진 연립합동식의 해는 다음과 같다.

$$x \equiv 35 \cdot (-1) \cdot 1 + 28 \cdot 2 \cdot 3 + 20 \cdot (-1) \cdot 2 \pmod{140}$$

즉,
$$x \equiv -35 + 168 - 40 \equiv 93 \pmod{140}$$

정리 3.4.5 양의 정수 $m_1, m_2, \cdots, m_n$ $(n \geq 2)$이 쌍마다 서로 소일 때, $M = m_1 m_2 \cdots m_n$이라 하고 $x \equiv c \pmod{M}$, $x \equiv d \pmod{M}$를 각각 다음 연립일차합동식의 해라고 하자.

$$\begin{cases} x \equiv c_1 \pmod{m_1} \\ \vdots \\ x \equiv c_n \pmod{m_n} \end{cases} \qquad \begin{cases} x \equiv d_1 \pmod{m_1} \\ \vdots \\ x \equiv d_n \pmod{m_n} \end{cases}$$

이 때, 두 연립일차합동식

$$\begin{cases} x \equiv c_1 + d_1 \pmod{m_1} \\ \vdots \\ x \equiv c_n + d_n \pmod{m_n} \end{cases} \qquad \begin{cases} x \equiv c_1 d_1 \pmod{m_1} \\ \vdots \\ x \equiv c_n d_n \pmod{m_n} \end{cases}$$

의 해는 각각 $x \equiv c + d \pmod{M}$, $x \equiv cd \pmod{M}$이다.

증 명 가정에 의하면, 각 정수에 대하여

$$c \equiv c_i \pmod{m_i}, \quad d \equiv d_i \pmod{m_i} \qquad (1 \leq i \leq n)$$

이므로

$$c + d \equiv c_i + d_i \pmod{m_i}, \quad cd \equiv c_i d_i \pmod{m_i} \qquad (1 \leq i \leq n)$$

이고 따라서 정리가 성립한다(정리 3.4.4).

전자계산기에서 2^{35} 보다 큰 정수를 다룰 때에는 쌍마다 서로 소인 양의 정수 $m_1, m_2, \cdots, m_n$을 적당히 택하여 정리 3.4.5를 이용한다. 특히, 양의 정수 $r_1, r_2, \cdots, r_n$이 쌍마다 서로 소이면, Mersenne 수

$$m_1 = 2^{r_1} - 1, \quad m_2 = 2^{r_2} - 1, \cdots, \quad m_n = 2^{r_n} - 1$$

는 상당히 큰 정수이고 이들 정수는 쌍마다 서로 소이다(따름정리 2.3.7).

예를 들어, 29, 31, 33, 34 는 쌍마다 서로 소이므로 네 정수

$$m_1 = 2^{29} - 1, \quad m_2 = 2^{31} - 1, \quad m_3 = 2^{33} - 1, \quad m_4 = 2^{34} - 1$$

는 쌍마다 서로 소이고 또 $m_1 m_2 m_3 m_4 \fallingdotseq 2^{29} \cdot 2^{31} \cdot 2^{33} \cdot 2^{34} = 2^{127}$ 이다.

연립일차합동식

$$\begin{cases} x \equiv r \pmod{m} \\ x \equiv s \pmod{n} \end{cases}$$

에서 $d = (m, n)$ 이라고 하면, 이 연립합동식은 $d \mid (r - s)$ 일 때 그리고 이때에만 해를 가진다(문제 7 참조).

보기 3.4.4 다음 연립일차합동식의 해를 구해 보자.

$$\begin{cases} x \equiv 2 \pmod{4} \\ x \equiv 4 \pmod{6} \end{cases}$$

첫째 합동식 $x \equiv 2 \pmod{4}$ 는

$$x = 4t + 2 \qquad (t \in \mathbb{Z})$$

임을 뜻하고, 이것을 둘째 합동식에 대입하면 다음이 성립한다.

$$4t + 2 \equiv 4 \pmod{6} \quad \text{즉} \quad 4t \equiv 2 \pmod{6}$$

그런데, $(4, 6) = 2$, $2 \mid 2$ 이므로 합동식 $4t \equiv 2 \pmod{6}$ 는 일차합동식 $2t \equiv 1 \pmod{3}$ 과 동치이고, 그 해는 $t \equiv 2 \pmod{3}$ 이다. 이것은

$$t = 3s + 2 \qquad (s \in \mathbb{Z})$$

임을 뜻하므로 주어진 연립합동식의 해는 다음과 같다.

$$x \equiv 4(3s + 2) + 2 \equiv 12s + 10 \equiv 10 \pmod{12}$$

정리 3.4.6 연립일차합동식

$$\begin{cases} ax + by \equiv r \pmod{m} \\ cx + dy \equiv s \pmod{m} \end{cases}$$

에서 $(ad - bc, m) = 1$ 이면, 이 연립합동식은 해를 가진다.

증 명 주어진 연립합동식은 다음과 같이 변형된다.

$$\begin{cases} adx+bdy \equiv dr \pmod{m} \\ bcx+bdy \equiv bs \pmod{m} \end{cases}$$

$$\begin{cases} acx+bcy \equiv cr \pmod{m} \\ acx+ady \equiv as \pmod{m} \end{cases}$$

따라서

$$(ad-bc)x \equiv dr-bs \pmod{m},$$

$$(ad-bc)y \equiv as-cr \pmod{m}$$

이고, 또 $(ad-bc, m)=1$ 일 때 정리 3.3.2 에 의하여

$$t(ad-bc) \equiv 1 \pmod{m}$$

인 정수 t 가 존재하므로 주어진 연립일차합동식의 해는 다음과 같다.

$$x \equiv t(dr-bs) \pmod{m} \quad 즉 \quad x \equiv t\begin{vmatrix} r & b \\ s & d \end{vmatrix} \pmod{m}$$

$$y \equiv t(as-cr) \pmod{m} \quad 즉 \quad y \equiv t\begin{vmatrix} a & r \\ c & s \end{vmatrix} \pmod{m}$$

보기 3.4.5 다음 연립일차합동식의 해를 구해 보자.

$$\begin{cases} 3x+4y \equiv 2 \pmod{8} \\ 2x+5y \equiv 1 \pmod{8} \end{cases}$$

위의 연립일차합동식에서

$$3\cdot 5-4\cdot 2 \equiv 7 \pmod{8}, \qquad (7, 8)=1$$

이고, 또 $7\cdot(-1) \equiv 1 \pmod{8}$ 이므로 구하는 해는 다음과 같다.

$$x \equiv -\begin{vmatrix} 2 & 4 \\ 1 & 5 \end{vmatrix} \equiv 2 \pmod{8}, \quad y \equiv -\begin{vmatrix} 3 & 2 \\ 2 & 1 \end{vmatrix} \equiv 1 \pmod{8}$$

연 습 문 제 (3.4)

1. 다음 연립합동식의 해를 구하여라.

(1) $\begin{cases} x \equiv 4 \pmod{13} \\ x \equiv 2 \pmod{17} \end{cases}$ (2) $\begin{cases} 3x \equiv 7 \pmod{11} \\ 5x \equiv 2 \pmod{17} \end{cases}$

2. 다음 각 연립합동식의 해를 구하여라.

(1) $\begin{cases} x \equiv 4 \pmod{7} \\ 2x \equiv 2 \pmod{9} \\ 4x \equiv 2 \pmod{10} \end{cases}$ (2) $\begin{cases} x \equiv 1 \pmod{2} \\ x \equiv 2 \pmod{3} \\ x \equiv 3 \pmod{5} \end{cases}$

3. 두 자연수 2, 5 로 나누었을 때의 나머지는 1 이지만 3 으로는 나누어 떨어지는 정수를 모두 구하여라.

4. 다음 연립합동식의 해를 구하여라.

(1) $\begin{cases} x \equiv 2 \pmod{9} \\ x \equiv 8 \pmod{15} \end{cases}$ (2) $\begin{cases} x \equiv 2 \pmod{9} \\ x \equiv 8 \pmod{15} \\ x \equiv 3 \pmod{25} \end{cases}$

5. 다음 연립합동식의 해를 구하여라.

(1) $\begin{cases} x + 2y \equiv 2 \pmod{7} \\ 2x + 3y \equiv 2 \pmod{7} \end{cases}$ (2) $\begin{cases} x + 2y \equiv 3 \pmod{6} \\ 2x + 3y \equiv 12 \pmod{6} \end{cases}$

6. 두 일차합동식 $x \equiv 1 \pmod{5}$, $x \equiv 2 \pmod{5}$ 를 동시에 만족시키는 정수 x 는 존재하지 않음을 밝혀라.

7. 연립일차합동식

$$\begin{cases} x \equiv r \pmod{m} \\ x \equiv s \pmod{n} \end{cases}$$

에서 $d = (m, n)$ 이라고 할 때, 이 연립일차합동식은이 해를 가지기 위한 필요충분조건은 $d \mid (r - s)$ 인 것임을 증명하여라.

§3.5 이차합동식

이 절에서는, 이차합동식에 대하여 논한다.

정리 3.5.1 양의 정수 m, n 과 정수 a, b 에 대하여 다음이 성립한다.

(1) $a \equiv b \pmod{m}$ 이면, $(a, m) = (b, m)$ 이다.

(2) $ab \equiv 1 \pmod{m}$ 이면, $(a, m) = (b, m) = 1$ 이다.

특히, $a^n \equiv 1 \pmod{m}$ 이면, $(a, m) = 1$ 이다.

(3) 양의 정수 n 의 표준분해가 $n = p_1^{e_1} \cdots p_r^{e_r}$ 일 때, $(a, n) = 1$ 이기 위한 필요충분조건은 $(a, p_1) = \cdots = (a, p_r) = 1$ 인 것이다.

증 명 (1) $a \equiv b \pmod{m}$ 이면, 적당한 정수 k 에 대하여 $a = km + b$ 이고 따라서 정리 1.5.4 에 의하여 $(a, m) = (b, m)$ 이다.

(2) $ab \equiv 1 \pmod{m}$ 이면, (1) 에 의하여 $(ab, m) = (1, m) = 1$ 이고 따라서 $(a, m) = (b, m) = 1$ 이다(정리 1.5.9).

(3) 정리 1.5.9 와 따름정리 1.5.10 에 의하여 (3) 이 성립한다.

정리 3.5.2 홀수인 素數 p 와 정수 a, b 에 대하여 다음이 성립한다.

(1) $ab \equiv 0 \pmod{p}$ 이면, $a \equiv 0 \pmod{p}$ 또는 $b \equiv 0 \pmod{p}$ 이다.

특히, $a^n \equiv 0 \pmod{p}$ 이면, $a \equiv 0 \pmod{p}$ 이다.

(2) $a^2 \equiv b^2 \pmod{p}$ 이면, $a \equiv \pm b \pmod{p}$ 이다.

특히, $a^2 \equiv 1 \pmod{p}$ 이면, $a \equiv \pm 1 \pmod{p}$ 이다.

증 명 (1) $ab \equiv 0 \pmod{p}$ 이면, $p \mid ab$ 이므로 정리 2.1.3 에 의하여 $p \mid a$ 또는 $p \mid b$ 이고 따라서 $a \equiv 0 \pmod{p}$ 또는 $b \equiv 0 \pmod{p}$ 이다.

(2) $a^2 \equiv b^2 \pmod{p}$ 이면, $(a - b)(a + b) \equiv a^2 - b^2 \equiv 0 \pmod{p}$ 이므로 위의 (1) 에 의하여 $a - b \equiv 0 \pmod{p}$ 또는 $a + b \equiv 0 \pmod{p}$ 이고 따라서 $a \equiv b \pmod{p}$ 또는 $a \equiv -b \pmod{p}$ 이다.

정리 3.5.3 홀수인 素數 p 에 대하여 이차합동식

$$x^2 \equiv a \pmod{p}, \qquad (a, p) = 1$$

의 해가 존재한다면, 이 합동식은 두 개의 해 $x \equiv \pm c \pmod{p}$ 를 가지며 이때 $(c, p) = 1$ 이다.

특히, 합동식 $x^2 \equiv 1 \pmod{p}$ 의 두 해는 $x \equiv \pm 1 \pmod{p}$ 이다.

증 명 이차합동식 $x^2 \equiv a \pmod{p}$ 의 해 $x \equiv c \pmod{p}$ 가 존재하면, $c^2 \equiv a \pmod{p}$ 이므로 이 이차합동식은 $x^2 \equiv c^2 \pmod{p}$ 와 동치이고 따라서 이 합동식은 두 해 $x \equiv \pm c \pmod{p}$ 를 가진다(정리 3.5.2). 그리고, $(c^2, p) = (a, p) = 1$ 이므로 $(c, p) = 1$ 이다(정리 3.5.1, 따름정리 1.5.10).

보기 3.5.1 법 7 에 관한 완전잉여계 $S = \{0, \pm 1, \pm 2, \pm 3\}$ 에 대하여

$$0^2 = 0, \quad (\pm 1)^2 \equiv 1, \quad (\pm 2)^2 \equiv 4, \quad (\pm 3)^2 \equiv 2 \pmod{7}$$

이므로, 이차합동식

$$x^2 \equiv 1 \pmod{7}, \quad x^2 \equiv 2 \pmod{7}, \quad x^2 \equiv 4 \pmod{7}$$

는 각각 다음과 같은 두 개의 해를 가진다.

$$x = \pm 1 \pmod{7}, \quad x \equiv \pm 3 \pmod{7}, \quad x \equiv \pm 2 \pmod{7}$$

그러나, 합동식 $x^2 \equiv 3 \pmod{7}$, $x^2 \equiv 5 \pmod{7}$, $x^2 \equiv 6 \pmod{7}$ 의 해는 존재하지 않는다.

보기 3.5.2 이차합동식 $x^2 \equiv 23 \pmod{77}$ 은 다음 연립합동식과 동치이다.

$$\begin{cases} x^2 \equiv 23 \pmod{7} \\ x^2 \equiv 23 \pmod{11} \end{cases} \quad \text{즉} \quad \begin{cases} x^2 \equiv 2 \pmod{7} \\ x^2 \equiv 1 \pmod{11} \end{cases}$$

그런데, 이차합동식 $x^2 \equiv 2 \pmod{7}$ 의 두 해는 $x \equiv \pm 3 \pmod{7}$ 이고, 이차합동식 $x^2 \equiv 1 \pmod{11}$ 의 두 해는 $x \equiv \pm 1 \pmod{11}$ 이다.

따라서 합동식 $x^2 \equiv 23 \pmod{77}$ 의 해는 다음 네 연립일차합동식의 해 전체와 일치하며 이들 연립일차합동식은 중국인의 나머지 정리(정리 3.4.3) 를 이용하여 그 해를 구할 수 있다.

① $\begin{cases} x \equiv 3 \pmod{7} \\ x \equiv 1 \pmod{11} \end{cases}$ ② $\begin{cases} x \equiv -3 \pmod{7} \\ x \equiv 1 \pmod{11} \end{cases}$

③ $\begin{cases} x \equiv -3 \pmod{7} \\ x \equiv -1 \pmod{11} \end{cases}$ ④ $\begin{cases} x \equiv 3 \pmod{7} \\ x \equiv -1 \pmod{11} \end{cases}$

그런데, $11 \cdot 2 + 7 \cdot (-3) = 1$ 이므로

$$x_1 = 11 \cdot 2 \cdot 3 + 7 \cdot (-3) \cdot 1 \equiv 45 \pmod{7 \cdot 11},$$

$$x_2 = 11 \cdot 2 \cdot (-3) + 7 \cdot (-3) \cdot 1 \equiv -87 \equiv 67 \pmod{7 \cdot 11}$$

이라고 놓으면, 이차합동식 $x^2 \equiv 23 \pmod{77}$ 의 네 해는 다음과 같다.

$$x \equiv x_1 \equiv 45 \pmod{77}, \qquad x \equiv x_2 \equiv 67 \pmod{77},$$

$$x \equiv -x_1 \equiv 32 \pmod{77}, \qquad x \equiv -x_2 \equiv 10 \pmod{77}$$

정리 3.5.4 홀수인 素數 p 와 양의 정수 k 에 대하여 이차합동식

$$x^2 \equiv a \pmod{p^k}, \qquad (a, p) = 1$$

는 이차합동식 $x^2 \equiv a \pmod{p}$ 가 해를 가질 때 그리고 이때에만 해를 가진다. 그리고, 해를 가지는 경우에 이 합동식은 두 개의 해를 가진다.

증 명 먼저 합동식 $x^2 \equiv a \pmod{p^k}$ 가 해 $x \equiv c \pmod{p^k}$ 를 가진다고 하자. 이 때, $c^2 \equiv a \pmod{p^k}$ 이므로 물론 $c^2 \equiv a \pmod{p}$ 이고 따라서 합동식 $x^2 \equiv a \pmod{p}$ 는 해 $x \equiv c \pmod{p}$ 를 가진다.

역으로, 합동식 $x^2 \equiv a \pmod{p}$ 의 해가 존재한다고 하자.

이제 $k = r \geq 2$ 일 때, 합동식 $x^2 \equiv a \pmod{p^r}$ 가 두 개의 해

$$x \equiv b_i \pmod{p^r} \qquad (b_2 = -b_1)$$

를 가지는 경우에 $x \equiv c \pmod{p^{r+1}}$ 가 이차합동식 $x^2 \equiv a \pmod{p^{r+1}}$ 의 해이기 위한 조건을 구해 보자.

먼저 ${b_i}^2 \equiv a \pmod{p^r}$ 이므로 ${b_i}^2 - a = s_i p^r$ 인 정수 s_i 가 존재하고 이때 $b_2 = -b_1$ 이므로 $s_1 = s_2$ 이다. 그리고, $c^2 \equiv a \pmod{p^{r+1}}$ 이므로

$c^2 \equiv a \pmod{p^r}$ 이고 따라서 $c \equiv b_i \pmod{p^r}$ 이므로 $c = b_i + t_i p^r$ 인 정수 t_i 가 존재하고 이때 다음이 성립한다.

$$(b_i + t_i p^r)^2 \equiv c^2 \equiv a \equiv b_i{}^2 - s_i p^r \pmod{p^{r+1}}$$
$$b_i{}^2 + 2\,b_i t_i p^r + t_i{}^2 p^{2r} \equiv b_i{}^2 - s_i p^r \pmod{p^{r+1}}$$
$$2\,b_i t_i p^r \equiv -s_i p^r \pmod{p^{r+1}}$$
$$2\,b_i t_i \equiv -s_i \pmod{p}$$

이고, $(2\,b_i,\, p) = 1$ 이므로 위의 합동식은 단 하나의 해 $t \equiv t_i \pmod{p}$ 를 가지며 이때 $t_2 = -t_1$ 이고 따라서 다음이 성립한다.

$$b_2 + t_2 p^r \equiv -b_1 + (-t_1) p^r \equiv -(b_1 + t_1 p^r) \pmod{p^{k+1}}$$

따라서 합동식 $x^2 \equiv a \pmod{p^{r+1}}$ 는 다음과 같은 두 개의 해를 가진다.

$$x \equiv \pm(b + t_1 p^r) \pmod{p^{r+1}}$$

그러므로, 수학적 귀납법에 의하여 정리가 성립한다.

보기 3.5.3 이차합동식 $x^2 \equiv 38 \pmod{11^2}$ 의 해를 구해 보자.

먼저 이차합동식 $x^2 \equiv 38 \equiv 16 \pmod{11}$ 은 두 해 $x \equiv \pm 4 \pmod{11}$ 를 가지며 이들 두 해는 $x = \pm 4 + 11\,t \quad (t \in \mathbb{Z})$ 로 고쳐 쓸 수 있고 또 $38 = 4^2 - (-2) \cdot 11$ 이다. 이제

$$x \equiv 4 + 11\,t \pmod{11^2} \qquad (t \in \mathbb{Z})$$

를 이차합동식 $x^2 \equiv 38 \pmod{11^2}$ 의 해이라고 하면, 다음이 성립한다.

$$(4 + 11\,t)^2 \equiv 38 \equiv 4^2 - (-2) \cdot 11 \pmod{11^2}$$
$$4^2 + 2 \cdot 4 \cdot 11\,t + 11^2 t^2 \equiv 4^2 - (-2) \cdot 11 \pmod{11^2}$$
$$8 \cdot 11\,t \equiv 2 \cdot 11 \pmod{11^2}$$

그러므로, $8\,t \equiv 2 \pmod{11}$ 이므로 $t \equiv 3 \pmod{11}$ 이다.

따라서 합동식 $x^2 \equiv 38 \pmod{11^2}$ 는 다음과 같은 두 개의 해를 가진다.

$$x \equiv \pm(4 + 3 \cdot 11) \equiv \pm 37 \pmod{11^2}$$

이제 이차합동식 $x^2 \equiv a \pmod{2^k}$, $(a, 2) = 1$ 에 대하여 생각해 보자.

보기 3.5.4 합동식 $x^2 \equiv 1 \pmod{2}$는 한 해 $x \equiv 1 \pmod{2}$를 가진다.

이차합동식

$$x^2 \equiv a \pmod{4}, \qquad (a, 2) = 1$$

의 해 $x \equiv c \pmod{4}$가 존재하면, $c^2 \equiv a \pmod{4}$이고 c는 홀수이므로 $c \equiv \pm 1 \pmod{4}$ 이며 따라서 $a \equiv c^2 \equiv (\pm 1)^2 \equiv 1 \pmod{4}$ 이다.

역으로, $a \equiv 1 \pmod{4}$ 이면, 이차합동식 $x^2 \equiv a \equiv 1 \pmod{4}$ 은 두 해 $x \equiv \pm 1 \pmod{4}$ 를 가진다.

보기 3.5.5 이차합동식

$$x^2 \equiv a \pmod{8}, \qquad (a, 2) = 1$$

의 해 $x \equiv c \pmod{8}$ 가 존재하면, $c^2 \equiv a \pmod{8}$ 이고 또 분명히 c는 홀수이므로 $c \equiv \pm 1 \pmod{8}$ 또는 $c \equiv \pm 3 \pmod{8}$ 이며

$$(\pm 1)^2 \equiv 1 \pmod{8}, \quad (\pm 3)^2 \equiv 9 \equiv 1 \pmod{8}$$

이므로 $a \equiv c^2 \equiv 1 \pmod{8}$ 이다.

역으로, $a \equiv 1 \pmod{8}$ 이면, 이차합동식 $x^2 \equiv a \equiv 1 \pmod{8}$ 은 네 개의 해 $x \equiv \pm 1 \pmod{8}$, $x \equiv \pm 3 \pmod{8}$ 을 가진다.

정리 3.5.5 정수 $k\ (\geq 3)$ 에 대하여 이차합동식

$$x^2 \equiv a \pmod{2^k}, \qquad (a, 2) = 1$$

는 $a \equiv 1 \pmod{8}$ 일 때 그리고 이때에만 해를 가진다. 또, 이 이차합동식이 해를 가지는 경우에 이 이차합동식은 4 개의 해를 가진다.

증 명 이차합동식 $x^2 \equiv a \pmod{2^k}$ 의 해 $x \equiv c \pmod{2^k}$ 가 존재하면, $c^2 \equiv a \pmod{2^k}$, $k \geq 3$ 이므로 $c^2 \equiv a \pmod{2^3}$ 이고 따라서 보기 3.5.5 에 의하여 $a \equiv 1 \pmod{8}$ 이다.

역으로, $a \equiv 1 \pmod 8$ 이라고 하자.

이 때, 보기 3.5.5에 의하여 이차합동식 $x^2 \equiv a \pmod{2^3}$ 는 4개의 해

$$x \equiv \pm 1 \pmod{2^3}, \quad x \equiv \pm 3 \pmod{2^3}$$

를 가지며 $m \geq 4$ 인 경우에 다음 보기에서와 마찬가지 방법으로 이차합동식 $x^2 \equiv a \pmod{2^m}$ 가 4개의 해를 가짐을 밝힐 수 있다(문제 8 참조).

보기 3.5.6 이차합동식 $x^2 \equiv 1 \pmod{2^4}$ 의 해를 구해보자.

모든 홀수는 법 2^4 에 관하여 ± 1, ± 3, ± 5, ± 7 중에서 하나와 합동이고

$$(\pm 1)^2 \equiv 1, \quad (\pm 3)^2 \equiv 9, \quad (\pm 5)^2 \equiv 9, \quad (\pm 7)^2 \equiv 1 \pmod{16}$$

이고 합동식 $x^2 \equiv 1 \pmod{2^4}$ 는 다음과 같은 네 개의 해를 가진다.

$$x \equiv \pm 1 \pmod{2^4}, \quad x \equiv \pm 7 \pmod{2^4}$$

다음에 이차합동식 $x^2 \equiv 1 \pmod{2^5}$ 의 해를 구해보자.

이차합동식 $x^2 \equiv 1 \pmod{2^4}$ 은 네 개의 해

$$x \equiv \pm b_i \pmod{2^4} \qquad (b_1 = 1,\ b_2 = 7)$$

를 가지며, 여기서 $b_i^2 = 1 + s_i 2^4$ 이라고 하면 $s_1 = 0$, $s_2 = 3$ 이다.

이제 $x \equiv c \pmod{2^5}$ 를 합동식 $x^2 \equiv 1 \pmod{2^5}$ 의 해라고 하자.

이 때, $c^2 \equiv 1 \pmod{2^5}$ 이므로 분명히 $c^2 \equiv 1 \pmod{2^4}$ 이고 따라서 $c \equiv \pm b_i \pmod{2^4}$ 이므로, 적당한 정수 t_i 에 대하여

$$c = \pm b_i + t_i 2^3 \qquad (i = 1, 2)$$

이고 이때 다음이 성립한다.

$$(\pm b_i + t_i 2^3)^2 \equiv 1 \equiv b_i^2 - s_i 2^4 \pmod{2^5}$$

$$b_i^2 \pm b_i t_i 2^4 \equiv b_i^2 - s_i 2^4 \pmod{2^5}$$

$$\pm b_i t_i 2^4 \equiv - s_i 2^4 \pmod{2^5}$$

따라서 $\pm b_i t_i \equiv - s_i \pmod 2$ 이고 b_i 는 홀수이므로 $t_i \equiv s_i \pmod 2$ 이다. 그러므로, $t_1 \equiv 0 \pmod 2$, $t_2 \equiv 1 \pmod 2$ 이다.

이제 $c_i = b_i + t_i 2^3$, $d_i = -b_i + t_i 2^3$ 이라고 하면, 다음이 성립한다.

$$c_1 \equiv 1 + (2r)2^3 \equiv 1 + r2^4 \pmod{2^5}$$
$$d_1 \equiv -1 + (2r)2^3 \equiv -1 + r2^4 \pmod{2^5}$$
$$c_2 \equiv 7 + (2r+1)2^3 \equiv 7 + 2^3 + r2^4 \equiv 15 + r2^4 \pmod{2^5}$$
$$d_2 \equiv -7 + (2r+1)2^3 \equiv -7 + 2^3 + r2^4 \equiv 1 + r2^4 \pmod{2^5}$$

따라서

$$c_1 \equiv 1 \text{ 또는 } c_1 \equiv 17, \quad d_1 \equiv -1 \text{ 또는 } d_1 \equiv 15 \pmod{2^5}$$
$$c_2 \equiv 15 \text{ 또는 } c_2 \equiv 31, \quad d_2 \equiv 1 \text{ 또는 } c_2 \equiv 17 \pmod{2^5}$$

이므로, 합동식 $x^2 \equiv 1 \pmod{2^5}$ 은 다음과 같은 4 개의 해를 가진다.

$$x \equiv \pm 1 \pmod{2^5}, \quad x \equiv \pm 15 \pmod{2^5}$$

정리 3.5.6 이차합동식

$$x^2 \equiv a \pmod{n}, \qquad (a, n) = 1$$

에서 n 의 표준분해가 다음과 같다고 하자.

$$n = 2^k p_1^{e_1} p_2^{e_2} \cdots p_r^{e_r} \qquad (k \geq 0,\ p_i \text{ 는 홀수인 素數},\ e_i \geq 1)$$

이 때, 각 홀수인 素數 p_i 에 대하여 이차합동식 $x \equiv a \pmod{p_i}$ 의 해가 존재하는 경우에 다음이 성립한다.

(1) $k = 0$ 또는 $k = 1$ 이면, 이 합동식은 2^r 개의 해를 가진다.

(2) $k = 2$, $a \equiv 1 \pmod 4$ 이면, 이 합동식은 2^{r+1} 개의 해를 가진다.

(3) $k \geq 3$, $a \equiv 1 \pmod 8$ 이면, 이 합동식은 2^{r+2} 개의 해를 가진다.

증 명 위의 합동식는 다음 연립합동식과 동치이다(정리 3.4.2).

$$\begin{cases} x^2 \equiv a \pmod{2^k}, & (a, 2) = 1 \\ x^2 \equiv a \pmod{p_1^{e_1}}, & (a, p_1) = 1 \\ \quad \vdots & \\ x^2 \equiv a \pmod{p_r^{e_r}}, & (a, p_r) = 1 \end{cases}$$

따라서 정리 3.5.4, 보기 3.5.4, 정리 3.5.5 에 의하여 정리가 성립한다.

연 습 문 제 (3.5)

1. 다음 이차합동식의 해를 구하여라.
   (1) $x^2 \equiv 5 \pmod{11}$ (2) $x^2 + 12x \equiv 2 \pmod{11}$
   (3) $x^2 \equiv 6 \pmod{19}$ (4) $x^2 \equiv 11 \pmod{2 \cdot 7}$

2. 보기 3.5.2 의 결과를 이용하여 다음 합동식의 해를 구하여라.
   (1) $x^2 + 3x \equiv 17 \pmod{77}$ (2) $x^2 + 9x \equiv 22 \pmod{77}$

3. 이차합동식 $x^2 \equiv 4 \pmod{15}$ 의 해를 구하여라.

4. 문제 3 의 결과를 이용하여 다음 이차합동식의 해를 구하여라.
   (1) $x^2 - 5x \equiv 9 \pmod{15}$ (2) $x^2 + 7x \equiv 3 \pmod{15}$

5. 보기 3.5.2 를 이용하여 이차합동식 $x^2 \equiv 38 \pmod{11^3}$ 의 해를 구하여라.

6. 다음 이차합동식의 해를 구하여라.
   (1) $x^2 \equiv 23 \pmod{7^2}$ (2) $x^2 \equiv 23 \pmod{7^3}$

7. 합동식 $x^2 \equiv 0 \pmod{8}$, $x^2 \equiv 4 \pmod{8}$ 는 각각 두 개의 해를 가지지만, 합동식 $x^2 \equiv 3 \pmod{8}$, $x^2 \equiv 5 \pmod{8}$ 의 해는 없음을 밝혀라.

8. 정리 3.5.5 의 증명을 완성하여라.

9. 보기 3.5.6 을 이용하여 다음 이차합동식의 해를 구하여라.
   (1) $x^2 \equiv 1 \pmod{2^6}$ (2) $x^2 \equiv 9 \pmod{2^4}$
   (3) $x^2 \equiv 25 \pmod{2^5}$ (4) $x^2 \equiv 41 \pmod{2^6}$

10. 다음 이차합동식의 해를 구하여라.
    (1) $x^2 \equiv x \pmod{4}$ (2) $x^2 \equiv x \pmod{6}$

11. 素數 p 와 양의 정수 k 에 대하여 이차합동식 $x^2 \equiv x \pmod{p^k}$ 의 해를 구하여라.

가우스

가우스(Karl Friedrich Gauss, 1777 ~ 1855)는 가난한 집안에서 태어났으나, 어려서부터 비범한 재능을 발휘하였고 지도교사의 도움을 받으면서 수학을 공부하였고 14세 때부터 다년간 Brunswick의 공작의 경제적 도움으로 수학 공부에 전념할 수 있었다.

그는 어릴 때부터 수학에 대한 여러 가지 새로운 이론을 계속적으로 발표하였다. 예를 들면, 유클리드 시대 이래로 문제시되었던 '정다각형의 작도 가능성'에 관한 문제에 대하여 19세이던 1796년에

'눈금 없는 자와 컴퍼스만을 사용하여 정 17각형은 작도할 수 없다.'

는 사실을 증명하였으며([1]의 § 5.6 참조), 또 1799년에 그의 학위 논문에서 대수학의 기본정리인

'복소수를 계수로 가지는 n차의 방정식은 중복을 허락하여 n개의 복소수 근을 가진다.'

에 대한 엄밀한 증명을 완성하였다.

가우스는 1801년에 24세 때 '정수론 연구(Disquisitiones Arithmeticae)'라는 책을 출간하였는데 이 책은 최초로 정수론을 체계적으로 다룬 책이라고 말할 수 있다. 이 책에서 합동에 대한 개념과 표기법(表記法), 이차잉여의 상호법칙을 다루고 있다. 그리고 그는 最小제곱법과 非 유클리드 기하학을 발견하였다. 불행히 연구 결과를 발표하기를 꺼려 사후에야 그의 업적이 알려졌다. 그가 1801년에 발표한 '정수론 연구'는 가우스를 일류 수학자의 선두 주자로 올려놓았다.

19세기 중엽까지 수학은 방대하고 다루기 힘든 구조를 가지면서 발전하였고 이에 따라 수학은 대단히 많은 분야로 세분되어 각 분야는 극히 제한된 전문 학자만이 이해할 수 있을 정도로 발전하였다. 가우스는 거의 모든 분야를 이해하고 연구할 수 있는 능력을 지닌 수학자이었다. 이러한 의미에서 그 당시에 가우스를 '수학자의 왕자'라 하였고 그를 아르키메데스(Arichimedes), 뉴턴(Issac Newton)에 필적할만한 학자라고 인정하였다.

가우스는 수학의 거의 모든 분야와 천문학, 물리학에 상당한 업적을 남겼지만,

'수학은 과학의 여왕이고, 정수론은 수학의 여왕이다.'

라고 주장할 정도로 정수론을 중요시하고 이에 많은 관심을 두고 연구하였다.

제 4 장

Fermat의 정리와 Euler의 정리

'고대 문명인들이 모든 것을 다 잘 알고 있었던 것만은 아니라는 사실을 밝힌 데 대하여 아마도 후세 사람들은 나에게 고맙다고 할 것이다.'

'And perhaps posterity will thank me for having shown it that the ancients did not know everything.'

——— *Pierre de Fermat*

이 장에서는, Fermat의 정리와 素數, Wilson의 정리, Euler의 φ 함수의 특성, 그리고 기약잉여계, Euler의 정리, 이항합동식, 암호체계에 대하여 논한다.

이항합동식에 대해서는 제 5 장에서 다시 논한다.

§4.1 Fermat 의 정리

이 절에서는, Fermat 의 정리와 그 응용에 대하여 논한다.

정리 4.1.1 (Fermat 의 정리) 정수 p 가 素數일 때, 다음이 성립한다.

(1) 임의의 두 정수 a, b 에 대하여 $(a+b)^p \equiv a^p + b^p \pmod{p}$ 이다.

(2) 모든 정수 a 에 대하여 $a^p \equiv a \pmod{p}$ 이다.

(3) $(a, p) = 1$ 인 정수 a 에 대하여 $a^{p-1} \equiv 1 \pmod{p}$ 이다.

증 명 (1) 임의의 두 정수 a, b 에 대하여 다음이 성립한다(정리 1.2.2).

$$(a+b)^p = a^p + \binom{p}{1} a^{p-1}b + \cdots + \binom{p}{r} a^{p-r}b^r + \cdots + b^p$$

여기서, $\binom{p}{r} = \dfrac{p!}{r!\,(p-r)!}$ 은 정수이고 $p! = \binom{p}{r} r!\,(p-r)!$ 이다.

그런데, $1 \leq r \leq p-1$ 일 때,

$$p \nmid 1 \cdot 2 \cdot \cdots \cdot r, \qquad p \nmid 1 \cdot 2 \cdot \cdots \cdot (p-r), \qquad p \mid p!$$

이므로 $p \left| \binom{p}{r} \right.$ 즉 $\binom{p}{r} \equiv 0 \pmod{p}$ 이다(따름정리 2.1.4).

따라서 $(a+b)^p \equiv a^p + b^p \pmod{p}$ 이다.

(2) 먼저 $0^p \equiv 0 \pmod{p}$ 이다.

그리고, $n = 1$ 일 때, $n \equiv 1^p \equiv 1 = n \pmod{p}$ 이다. 또, 양의 정수 k 에 대하여 $k^p \equiv k \pmod{p}$ 이라고 가정하면, (1) 에 의하여

$$(k+1)^p \equiv k^p + 1^p \equiv k+1 \pmod{p}$$

이므로, 모든 양의 정수 n 에 대하여 $n^p \equiv n \pmod{p}$ 이다. 따라서

$p = 2$ 일 때 $(-n)^p \equiv n^p \equiv n \equiv -n \pmod{p}$ 이고,

p 가 홀수일 때 $(-n)^p \equiv (-1)^p n^p \equiv -n^p = -n \pmod{p}$ 이다.

그러므로, 모든 정수 a 에 대하여 $a^p \equiv a \pmod{p}$ 이다.

특히, $(a, p) = 1$ 이면, 정리 3.3.1 에 의하여 $a^{p-1} \equiv 1 \pmod{p}$ 이다.

보기 4.1.1 정수 p가 素數일 때, 일차합동식

$$ax \equiv b \pmod{p}, \qquad (a, p) = 1$$

는 단 하나의 해 $x \equiv a^{p-2} b \pmod{p}$ 를 가진다.

실제로, Fermat의 정리에 의하여 $a(a^{p-2} b) \equiv a^{p-1} b \equiv b \pmod{p}$ 이다.

보기 4.1.2 Fermat의 정리에 의하여 $5^{10} \equiv 1 \pmod{11}$ 이므로

$$27^{32} \equiv 5^{32} \equiv 5^{30+2} \equiv (5^{10})^3 \cdot 5^2 \equiv 1^3 \cdot 5^2 \equiv 3 \pmod{11}$$

이고, 따라서 27^{32} 을 11로 나누었을 때의 나머지는 3이다.

정리 4.1.2 정수 p가 홀수인 素數일 때, $(a, p) = 1$ 인 정수 a에 대하여 다음 중에서 단 하나 만이 성립한다.

(i) $a^{\frac{p-1}{2}} \equiv 1 \pmod{p}$ (ii) $a^{\frac{p-1}{2}} \equiv -1 \pmod{p}$

증 명 Fermat의 정리에 의하여 $a^{p-1} \equiv 1 \pmod{p}$ 이므로

$$0 \equiv a^{p-1} - 1 \equiv (a^{\frac{p-1}{2}} - 1)(a^{\frac{p-1}{2}} + 1) \pmod{p}$$

이고 따라서 (i) 또는 (ii)가 성립한다(정리 3.5.2). 그런데, p는 홀수이므로 $1 \not\equiv -1 \pmod{p}$ 이고, 따라서 (i), (ii) 중에서 단 하나가 성립한다.

정리 4.1.3 정수 p가 홀수인 素數일 때, Mersenne 수 $M_p = 2^p - 1$의 소인수는 모두 다음과 같은 꼴의 素數이다.

$$q = 2pk + 1 \qquad (k \geq 1)$$

증 명 M_p는 홀수이므로 q를 M_p의 소인수라고 하면, q는 홀수이므로 $(2, q) = 1$ 이고 따라서 Fermat의 정리에 의하여 $2^{q-1} \equiv 1 \pmod{q}$ 즉 $q \mid (2^{q-1} - 1)$ 이고 또 $q \mid M_p$ 이므로 $q \mid (M_p, 2^{q-1} - 1)$ 이다.

한편, 따름정리 2.3.7에 의하여

$$(M_p, 2^{q-1} - 1) = (2^p - 1, 2^{q-1} - 1) = 2^{(p, q-1)} - 1$$

이므로, $(p,\ q-1) \neq 1$ 이고 따라서 $(p,\ q-1) = p$ 이므로 $p \mid (q-1)$ 이다.

그런데, p 는 홀수이고 $q-1$ 은 짝수이므로 적당한 양의 정수 k 에 대하여 $q-1 = 2kp$ 즉 $q = 2pk+1$ 이다.

보기 4.1.3 Mersenne 수 $M_{13} = 2^{13}-1 = 8191$ 은 素數이다.

실제로, M_{13} 이 합성수이면, M_{13} 의 소인수 중에는 $[\sqrt{M_{13}}] = 90$ 이하인 소인수가 존재한다(정리 2.1.7). 그리고, 정리 4.1.3 에 의하여 이러한 소인수는 $26k+1$ 의 꼴이므로 이와 같은 소인수는 53, 79 뿐이다(보기 2.1.4). 한편,

$$8191 = 53 \cdot 154 + 29, \quad 8191 = 79 \cdot 103 + 54$$

이므로 이들은 M_{13} 의 약수가 아니다. 따라서 M_{13} 은 素數이다.

보기 4.1.4 정리 4.1.3 을 이용하면, 素數가 무한히 많음을 밝힐 수 있다.

실제로, 素數가 유한 개만 존재한다고 가정하고 이들 중에서 가장 큰 素數를 p 라고 하자. 이 때, p 는 홀수이므로 정리 4.1.3 에 의하여 Mersenne 수 $M_p = 2^p-1$ 의 소인수는 모두 $2pk+1$ 의 꼴이고 따라서 M_p 의 소인수는 p 보다 크게 되어 모순이 생긴다. 그러므로, 素數는 무한히 많다.

보기 4.1.5 정수 117 이 素數이면 $2^{117} \equiv 2 \pmod{117}$ 이어야 한다. 한편,

$$2^7 \equiv 128 \equiv 11, \quad 11^2 \equiv 121 \equiv 4, \quad 11^3 \equiv 44 \pmod{117}$$

임을 이용하여 다음과 같이 계산하면, $2^{117} \not\equiv 2 \pmod{117}$ 이다.

$$\begin{aligned} 2^{117} &\equiv 2^{7\cdot 16+5} = (2^7)^{16} \cdot 2^5 \equiv 11^{16} \cdot 2^5 \equiv (11^2)^8 \cdot 2^5 \\ &\equiv 4^8 \cdot 2^5 \equiv 2^{21} \equiv (2^7)^3 \equiv 11^3 \equiv 44 \not\equiv 2 \pmod{117} \end{aligned}$$

따라서 117 은 素數가 아니다. 실제로, $117 = 13 \cdot 9$ 이다.

정리 4.1.4 서로 다른 두 素數 p, q 와 정수 a 에 대하여

$$a^q \equiv a \pmod{p}, \qquad a^p \equiv a \pmod{q}$$

이면 $a^{pq} \equiv a \pmod{pq}$ 이다.

증 명 Fermat의 정리와 가정에 의하여

$$a^{pq} \equiv (a^p)^q \equiv a^q \equiv a \pmod{p},$$
$$a^{pq} \equiv (a^q)^p \equiv a^p \equiv a \pmod{q}$$

이고 또 $(p, q) = 1$이므로 $a^{pq} \equiv a \pmod{pq}$이다(정리 3.4.1).

보기 4.1.6 정수 341은 홀수인 합성수이지만 $2^{341} \equiv 2 \pmod{341}$이다.

실제로, $341 = 11 \cdot 31$이므로 341은 홀수인 합성수이다. 그리고,

$$2^{10} \equiv 1024 \equiv 33 \cdot 31 + 1 \equiv 1 \pmod{31}$$

이므로

$$2^{11} \equiv 2 \cdot 2^{10} \equiv 2 \cdot 1 \equiv 2 \pmod{31},$$
$$2^{31} \equiv 2 \cdot (2^{10})^3 \equiv 2 \cdot 1^3 \equiv 2 \pmod{31}$$

이고 따라서 정리 4.1.4에 의하여 $2^{341} \equiv 2^{11 \cdot 31} \equiv 2 \pmod{341}$이다.

그리고, $(2, 341) = 1$이므로 $2^{340} \equiv 1 \pmod{341}$이다.

양의 합성수 m에 대하여 $2^m \equiv 2 \pmod{m}$일 때, m을 **유사素數**(類似素數, pseudoprime)라고 한다. 보기 4.1.6의 341은 홀수인 유사 素數이다.

유사 素數와 관련된 사항에 대해서는 [해설 4.1]에서 논한다.

연 습 문 제 (4.1)

1. Fermat의 정리를 이용하여 다음이 성립함을 확인하여라.
   (1) 999999는 7의 배수이다. (2) $2^{50} + 3^{50}$은 13의 배수이다.

2. 정수 3^{10000}을 35로 나누었을 때의 나머지를 구하여라.
   그리고, 정수 4^{600}을 77로 나누었을 때의 나머지를 구하여라.

3. 모든 정수 a에 대하여 $a^{21} \equiv a \pmod{15}$임을 밝혀라.
   또, $561 = 3 \cdot 11 \cdot 17$임을 이용하여 $2^{561-1} \equiv 1 \pmod{561}$임을 밝혀라.

4. 홀수인 素數 p 에 대하여 다음이 성립함을 밝혀라.

(1) $1^p + 2^p + \cdots + (p-1)^p \equiv 0 \pmod{p}$

(2) $1^{p-1} + 2^{p-1} + \cdots + (p-1)^{p-1} \equiv -1 \pmod{p}$

5. Fermat 의 정리를 이용하여 다음이 성립함을 증명하여라.

(1) 모든 정수 a 에 대하여 $a^7 \equiv a \pmod{42}$ 이다.

(2) $(a, 42) = 1$ 인 정수 a 에 대하여 $a^6 \equiv 1 \pmod{168}$ 이다.

6. Fermat 의 정리를 이용하여 다음이 성립함을 증명하여라.

(1) 모든 정수 a 에 대하여 $a^{13} \equiv a \pmod{3 \cdot 7 \cdot 13}$ 이다.

(2) 모든 정수 a 에 대하여 $a^{13} - a$ 은 273 의 배수이다.

7. Fermat 의 정리를 이용하여 다음이 성립함을 증명하여라.

(1) $(a, 6) = 1$ 인 정수 a 에 대하여 $a^2 \equiv 1 \pmod{24}$ 이다.

(2) $(a, 35) = 1$ 인 정수 a 에 대하여 $a^{12} \equiv 1 \pmod{35}$ 이다.

8. Mersenne 수 $M_{23} = 2^{23} - 1 = 8388607$ 은 素數가 아님을 밝혀라.

9. 양의 정수 a 에 대하여 $a^2 + 1$ 의 소인수 중에는 $4k+3$ 인 꼴의 소인수가 존재하지 않음을 밝혀라.

10. 素數 p 에 대하여 두 정수 a, b 가 p 와 서로 소일 때 다음을 증명하여라.

(1) $a^p \equiv b^p \pmod{p}$ 이면, $a \equiv b \pmod{p}$ 이다.

(2) $a^p \equiv b^p \pmod{p}$ 이면, $a^p \equiv b^p \pmod{p^2}$ 이다.

11. Fermat 수 $F_m = 2^{2^m} + 1$ 에 대하여 다음이 성립함을 확인하여라.

(1) $2^{2^m} \equiv -1 \pmod{F_m}$

(2) $2^{F_m} \equiv 2 \pmod{F_m}$

(3) F_m 이 합성수이면, F_m 은 유사 素數이다.

§4.2 Wilson 의 정리

먼저 다음 정리를 증명하기로 한다.

정리 4.2.1 (Wilson 의 정리) 정수 p 素數이면, 다음이 성립한다.

$$(p-1)! \equiv -1 \pmod{p}$$

증 명 먼저 $p=2$ 이면 $(p-1)! \equiv 1 \equiv -1 \pmod{p}$ 이고, $p=3$ 이면 $(p-1)! \equiv 2 \cdot 1 \equiv 2 \equiv -1 \pmod{p}$ 이다.

다음에 $p \geq 5$ 인 경우에 $T = \{1, 2, 3, \cdots, p-1\}$ 이라고 하자.

이 때, 각 원소 $r \in T$ 에 대하여 $(r, p) = 1$ 이므로 정리 3.3.2 에 의하여 일차합동식 $rx \equiv 1 \pmod{p}$ 는 단 한 개의 해

$$x \equiv r' \pmod{p}, \quad 1 \leq r' \leq p-1$$

를 가진다. 따라서

$$rr' \equiv 1 \pmod{p}, \quad r' \in T$$

이고 이러한 r' 은 단 하나뿐이며 다음이 성립한다(정리 3.5.2).

$$\begin{aligned} r = r' &\iff r^2 \equiv 1 \pmod{p} \\ &\iff r \equiv \pm 1 \pmod{p} \\ &\iff r = 1 \text{ 또는 } r = p-1 \end{aligned}$$

다음에 T 에서 $1, p-1$ 을 제외한 집합을 $S = \{2, \cdots, p-2\}$ 라고 하자.

이 때, 원소 $s \in S$ 에 대하여

$$ss' \equiv 1 \pmod{p}, \quad s' \in S$$

인 s' 이 단 하나 존재하고 $s \neq s'$ 이다. 이와 같이 S 에서 택한 두 원소 s 와 s' 을 짝지어 한 쌍씩 곱해 나아가면,

$$2 \cdot 3 \cdot \cdots \cdot (p-2) \equiv 1 \cdot \cdots \cdot 1 \equiv 1 \pmod{p}$$

이므로 다음 합동식이 성립한다.

$$(p-1)! \equiv 1 \cdot (p-1) \equiv -1 \pmod{p}$$

보기 4.2.1 법 11 에 관하여 다음이 성립한다.

$$2 \cdot 6 \equiv 1 \pmod{11}, \quad 3 \cdot 4 \equiv 1 \pmod{11}$$
$$5 \cdot 9 \equiv 1 \pmod{11}, \quad 7 \cdot 8 \equiv 1 \pmod{11}$$
$$10! \equiv 1(2 \cdot 6)(3 \cdot 4)(5 \cdot 9)(7 \cdot 8)(-1) \equiv -1 \pmod{11}$$

정리 4.2.2 홀수인 素數 p에 대하여 다음이 성립한다.

(1) $p \equiv 1 \pmod 4$ 이면, $\{(\frac{p-1}{2})!\}^2 \equiv -1 \pmod p$ 이다.

(2) $p \equiv 3 \pmod 4$ 이면, $\{(\frac{p-1}{2})!\}^2 \equiv 1 \pmod p$ 이다.

즉, $p \equiv 3 \pmod 4$ 이면, $(\frac{p-1}{2})! \equiv \pm 1 \pmod p$ 이다.

증 명 Wilson 의 정리에 의하여

$$(p-1)! \equiv -1 \pmod p$$

이고, 정수 k에 대하여 $p-k \equiv -k \pmod p$ 이므로 다음이 성립한다.

$$\begin{aligned} -1 &\equiv 1 \cdot 2 \cdot \cdots \cdot (p-2) \cdot (p-1) \\ &\equiv 1 \cdot 2 \cdot \cdots \cdot (\tfrac{p-1}{2})(\tfrac{p+1}{2}) \cdot \cdots \cdot (p-2) \cdot (p-1) \\ &\equiv 1 \cdot 2 \cdot \cdots \cdot (\tfrac{p-1}{2})(-\tfrac{p-1}{2}) \cdot \cdots \cdot (-2) \cdot (-1) \\ &\equiv (-1)^{\frac{p-1}{2}} \{1 \cdot 2 \cdot \cdots \cdot \tfrac{p-1}{2}\}^2 \\ &\equiv (-1)^{\frac{p-1}{2}} \{(\tfrac{p-1}{2})!\}^2 \pmod p \end{aligned}$$

(1) $p \equiv 1 \pmod 4$ 이면, 적당한 양의 정수 k 에 대하여 $p = 4k+1$ 이고 이때 $\frac{p-1}{2} = 2k$ 이므로 (1) 의 합동식이 성립한다.

(2) $p \equiv 3 \pmod 4$ 이면, 적당한 양의 정수 k에 대하여 $p = 4k+3$ 이고 이때 $\frac{p-1}{2} = 2k+1$ 이므로 (2) 의 합동식이 성립한다.

따라서 $(\frac{p-1}{2})! \equiv \pm 1 \pmod p$ 이다(정리 3.5.2).

정리 4.2.3 홀수인 素數 p에 대하여 $p \equiv 1 \pmod 4$일 때 그리고 이때에만 이차합동식 $x^2 \equiv -1 \pmod p$의 해가 존재한다.

증 명 먼저 $p \equiv 1 \pmod 4$이면, 이차합동식 $x^2 \equiv -1 \pmod p$은 해 $x \equiv (\frac{p-1}{2})! \pmod p$를 가진다(정리 4.2.2).

이차합동식 $x^2 \equiv -1 \pmod p$가 해 $x \equiv c \pmod p$를 가진다고 하자. 이 때, $c^2 \equiv -1 \pmod p$이므로 $(c^2, p) = (-1, p) = 1$이고(정리 3.5.1) 따라서 $(c, p) = 1$이다(따름정리 1.5.10). 그러므로, Fermat의 정리에 의하여

$$1 \equiv c^{p-1} \equiv (c^2)^{\frac{p-1}{2}} \equiv (-1)^{\frac{p-1}{2}} \pmod p$$

이므로 적당한 정수 k에 대하여 $\frac{p-1}{2} = 2k$ 즉 $p = 4k+1$이고 따라서 $p \equiv 1 \pmod 4$이다.

보기 4.2.2 분명히 $11 \equiv 3 \pmod 4$이고 다음이 성립한다.

$$(\pm 1)^2 \equiv 1, \quad (\pm 2)^2 \equiv 4, \quad (\pm 3)^2 \equiv 9 \pmod{11},$$
$$(\pm 4)^2 \equiv 5, \quad (\pm 5)^2 \equiv 3 \pmod{11}$$

따라서 이차합동식 $x^2 \equiv -1 \pmod{11}$은 해를 가지지 않는다.

그리고, 이차합동식 $x^2 \equiv 1 \pmod{11}$은 두 해 $x \equiv \pm 1 \pmod{11}$을 가지며, $(\frac{11-1}{2})! \equiv 1 \cdot 2 \cdot 3 \cdot 4 \cdot 5 \equiv -1 \pmod{11}$이다.

한편, $13 \equiv 1 \pmod 4$이고 다음이 성립한다.

$$(\pm 1)^2 \equiv 1, \quad (\pm 2)^2 \equiv 4, \quad (\pm 3)^2 \equiv 9 \pmod{13},$$
$$(\pm 4)^2 \equiv 3, \quad (\pm 5)^2 \equiv -1, \quad (\pm 6)^2 \equiv 10 \pmod{13}$$

따라서 이차합동식 $x^2 \equiv -1 \pmod{13}$은 두 해 $x \equiv \pm 5 \pmod{13}$를 가지며, $(\frac{13-1}{2})! \equiv 1 \cdot 2 \cdot 3 \cdot 4 \cdot 5 \cdot 6 \equiv 5 \pmod{13}$이다.

정리 4.2.4 정수 $p\ (\geq 2)$에 대하여 $(p-1)! \equiv -1 \pmod p$이면, p는 素數이다.

증 명 이제 $(p-1)! \equiv -1 \pmod{p}$ 일 때, d 를 $1 \leq d < p$ 인 p 의 약수라고 하면 $d \mid p$, $p \mid \{(p-1)!+1\}$ 이므로 $d \mid \{(p-1)!+1\}$ 이고 따라서 $d \mid (p-1)!$ 이므로 $d \mid 1$ 즉 $d=1$ 이다. 따라서 p 는 素數이다.

앞의 정리를 이용하여 주어진 정수가 素數인지를 판별하는 것은 바람직하지 못하다. 예를 들어, 13 이 素數임을 밝히려면 다음 계산을 해야 한다.

$$(13-1)!+1 = 12!+1 = 479001601 = 13 \cdot 36846277$$

연 습 문 제 (4.2)

1. 다음을 구하여라.
   (1) 정수 $15!$ 를 17 로 나누었을 때의 나머지
   (2) 정수 $2 \cdot 26!$ 을 29 로 나누었을 때의 나머지
   (3) $2 \cdot 14!$ 을 17 로 나누었을 때의 나머지

2. 정수 $p\ (\geq 2)$ 가 素數일 때 그리고 이때에만 $(p-2)! \equiv 1 \pmod{p}$ 임을 증명하여라.

3. 정수 $n\ (\geq 6)$ 이 합성수이면, $(n-1)! \equiv 0 \pmod{n}$ 임을 증명하여라.

4. 홀수인 素數 p 에 대하여 다음이 성립함을 증명하여라.

$$(p-r)!\,(r-1)! \equiv (-1)^r \pmod{p} \qquad (1 \leq r \leq p-1)$$

5. 홀수인 素數 p 에 대하여 다음이 성립함을 증명하여라.
   (1) $1^2 \cdot 3^2 \cdot \cdots \cdot (p-4)^2 (p-2)^2 \equiv (-1)^{\frac{p+1}{2}} \pmod{p}$
   (2) $1^2 \cdot 3^2 \cdot \cdots \cdot (p-4)^2 (p-2)^2 \equiv 2^2 \cdot 4^2 \cdot \cdots \cdot (p-3)^2 (p-1)^2 \pmod{p}$
   (3) p 가 $4k+3$ 의 꼴이면, $2 \cdot 4 \cdot \cdots \cdot (p-1) \equiv \pm 1 \pmod{p}$ 이다.

6. 素數 p 가 $4k+3$ 의 꼴일 때, 두 정수 a, b 에 대하여 $a^2+b^2 \equiv 0 \pmod{p}$ 이면 $a \equiv b = 0 \pmod{p}$ 임을 증명하여라.

§4.3 Euler의 φ 함수

이 절에서는, 특수한 정수론적 함수에 대하여 논한다.

정리 4.3.1 정수 $m\ (\geq 2)$ 에 대하여 $S = \{s_0, s_1, \cdots, s_{m-1}\}$ 가 법 m 에 관한 완전잉여계일 때, $(a, m) = 1$ 인 정수 a 와 임의의 정수 b 에 대하여

$$T = \{as_0 + b,\ as_1 + b,\ \cdots,\ as_{m-1} + b\}$$

는 법 m 에 관한 완전잉여계이다.

증 명 먼저 $(a, m) = 1$, $m \geq 2$ 이므로 $a \neq 0$ 이고, 따라서 T 의 원소는 모두 서로 다르므로 $|T| = |S| = m$ 이다.

또, $(a, m) = 1$ 이므로, T 의 원소에 대하여 다음이 성립한다(정리 3.3.1).

$$\begin{aligned} as_i + b \equiv as_j + b \pmod{m} &\Longleftrightarrow as_i \equiv as_j \pmod{m} \\ &\Longleftrightarrow s_i \equiv s_j \pmod{m} \\ &\Longleftrightarrow s_i = s_j \end{aligned}$$

따라서 T 의 원소는 법 m 에 관하여 어느 둘도 합동이 아니다.

그러므로, T 는 법 m 에 관한 완전잉여류이다(정리 3.1.7).

보기 4.3.1 양의 정수 m 에 대하여 $\mathbb{Z}_m = \{0, 1, \cdots, m-1\}$ 은 법 m 에 관한 완전잉여계이므로 $(n, m) = 1$ 인 정수 n 과 임의의 정수 r 에 대하여

$$S = \{r,\ n+r,\ 2n+r,\ \cdots,\ (m-1)n+r\}$$

는 법 m 에 관한 완전잉여계이다.

보기 4.3.2 정수 $m\ (\geq 2)$ 에 대하여 다음은 법 m 에 관한 완전잉여계이다.

(1) m 이 홀수인 경우 $S = \{-\frac{m-1}{2}, \cdots, -1, 0, 1, \cdots, \frac{m-1}{2}\}$

(2) m 이 짝수인 경우 $S = \{-\frac{m}{2}+1, -\frac{m}{2}+2, \cdots, -1, 0, 1, \cdots, \frac{m}{2}\}$

정의 4.3.2 양의 정수 m에 대하여 집합 $\mathbb{Z}_m = \{0, 1, \cdots, m-1\}$의 원소 중에서 m과 서로 소인 원소 전체로 이루어진 집합을 $\mathbb{Z}_m^*$로 나타내고 또 이와 같은 원소 전체의 개수를 $\varphi(m)$으로 나타낸다. 즉

$$\mathbb{Z}_m^* = \{ r \in \mathbb{Z}_m \mid (r, m) = 1\}, \qquad \varphi(m) = |\mathbb{Z}_m^*|$$

그리고, 함수 $\varphi : \mathrm{N} \longrightarrow \mathbb{R}$를 **Euler 의 $\boldsymbol{\varphi}$ 함수**라고 한다.

이 책의 부록의 표 5 에 특정한 정수에 대한 φ의 값이 실려 있다.

보기 4.3.3 $\mathbb{Z}_1^* = \{0\}, \quad \varphi(1) = 1, \quad \mathbb{Z}_2^* = \{1\}, \quad \varphi(2) = 1,$

$\mathbb{Z}_3^* = \{1, 2\}, \quad \varphi(3) = 2, \quad \mathbb{Z}_4^* = \{1, 3\}, \quad \varphi(4) = 2$

특히, $m \geq 3$ 이면, $(1, m) = (m-1, m) = 1$ 이므로 $\varphi(m) \geq 2$ 이다.

정리 4.3.3 素數 p와 양의 정수 k에 대하여 다음이 성립한다.

$$\mathbb{Z}_p^* = \{1, 2, \cdots, p-1\}, \qquad \varphi(p) = p-1$$

$$\varphi(p^k) = p^k - p^{k-1} = p^{k-1}(p-1), \qquad \varphi(2^k) = 2^{k-1}$$

증 명 정리 2.1.2 에 의하면, 정수 a에 대하여

$$(a, p^k) = 1 \Longleftrightarrow (a, p) = 1 \Leftrightarrow p \nmid a$$

이고 또 $\mathbb{Z}_{p^k} = \{0, 1, \cdots, p^k - 1\}$의 원소 중에서 p의 배수인 것은 p^{k-1}개의 정수 $0, p, 2p, \cdots, (p^{k-1}-1)p$ 뿐이다.

따라서 $\varphi(p^k) = p^k - p^{k-1}$ 이다.

집합 $S = \{s_0, s_1, \cdots, s_{m-1}\}$가 법 m에 관한 완전잉여계일 때, 각 원소 $s \in S$를 m으로 나누었을 때의 나머지를 r라고 하면 다음이 성립한다.

$$s \equiv r \pmod{m}, \qquad r \in \mathbb{Z}_m$$

$$(s, m) = 1 \Longleftrightarrow (r, m) = 1 \Longleftrightarrow r \in \mathbb{Z}_m^*$$

따라서 S의 원소 중에서 m과 서로 소인 원소 전체의 개수는 $\varphi(m)$ 이다.

정리 4.3.4 Euler의 φ 함수는 곱셈함수이다. 즉,

(1) $\varphi(1) = 1$

(2) 서로 소인 양의 정수 m, n에 대하여 $\varphi(mn) = \varphi(m)\varphi(n)$ 이다.

증 명 분명히 $\varphi(1) = 1$ 이다.

그리고, $m = 1$ 또는 $n = 1$ 이면, $\varphi(mn) = \varphi(m)\varphi(n)$ 이다.

다음에 $m \geq 2,\ n \geq 2,\ (m, n) = 1$ 인 경우에 $\mathbb{Z}_{mn}^*$ 를 생각해 보자.

집합 $\mathbb{Z}_{mn} = \{0, 1, \cdots, mn-1\}$ 의 원소 a 는 단 한 가지 방법으로

$$a = kn + r \qquad (k \in \mathbb{Z}_m,\ r \in \mathbb{Z}_n)$$

와 같은 꼴로 나타내어지므로, 각 $r \in \mathbb{Z}_n = \{0, 1, \cdots, n-1\}$ 에 대하여

$$S_r = \{r,\ n+r,\ 2n+r, \cdots, (m-1)n+r\}$$

이라고 하면

$$\mathbb{Z}_{mn} = S_0 \cup S_1 \cup \cdots \cup S_{n-1},\quad S_i \cap S_j \neq \emptyset \quad (0 \leq i \neq j \leq n-1)$$

이고 또 $(a, mn) = 1 \Longleftrightarrow (a, m) = (a, n) = 1$ 이다(정리 1.5.9).

$$\begin{array}{rccccc}
S_0: & 0 & n & 2n & \cdots & (m-1)n \\
S_1: & 1 & n+1 & 2n+1 & \cdots & (m-1)n+1 \\
 & \vdots & \vdots & \vdots & \vdots & \vdots \\
S_r: & r & n+r & 2n+r & \cdots & (m-1)n+r \\
 & \vdots & \vdots & \vdots & \vdots & \vdots \\
S_{n-1}: & n-1 & 2n-1 & 3n-1 & \cdots & mn-1
\end{array}$$

그런데, 각 $r \in \mathbb{Z}_n$에 대하여 $kn + r \equiv r \pmod{n}$ 이므로

$$(kn+r, n) = 1 \Longleftrightarrow (r, n) = 1$$

이고(정리 3.5.1) 따라서 $(r, n) = 1$ 일 때 그리고 이때에만 S_r 의 원소는 모두 n 과 서로 소이다. 또한, $\mathbb{Z}_n$ 의 원소 중에서 n 과 서로 소인 원소 전체의 개수는 $\varphi(n)$ 이므로 $S_0, S_1, \cdots, S_r, \cdots, S_{n-1}$ 중에서 $\varphi(n)$ 개의 S_r 에 속

하는 원소만이 n과 서로 소이다.

한편, $(m, n) = 1$이므로 $S_r = \{r, n+r, 2n+r, \cdots, (m-1)n+r\}$는 법 m에 관한 완전잉여계이고(보기 4.3.1) 따라서 S_r의 m개의 원소 중에서 m과 서로 소인 원소 전체의 개수는 $\varphi(m)$이다.

그러므로, $\mathbb{Z}_{mn}$의 mn개의 원소 중에서 mn과 서로 소인 원소 전체의 개수는 $\varphi(m)\varphi(n)$이고 따라서 $\varphi(mn) = |\mathbb{Z}_{mn}^*| = \varphi(m)\varphi(n)$이다.

$$42 = 7 \cdot 6,\ m = 7,\ n = 6$$

$$\varphi(42) = \varphi(7)\varphi(6) = 6 \cdot 2$$

0	6	12	18	24	30	36
(1)	7	(13)	(19)	(25)	(31)	(37)
2	8	14	20	26	32	38
3	9	15	21	27	33	39
4	10	16	22	28	34	40
(5)	(11)	(17)	(23)	(29)	35	(41)

$$\mathbb{Z}_{42}^* = \{1, 5, 11, 13, 17, 19, 23, 25, 29, 31, 37, 41\}$$

위의 정리에 대한 또 다른 증명은 [해설 4.3]을 참조하기 바란다.

정리 4.3.3과 정리 4.3.2에 의하여 다음 따름정리가 성립한다.

따름정리 4.3.5 양의 정수 m의 표준분해가 $m = p_1^{e_1} \cdots p_r^{e_r}$일 때, $\varphi(m)$은 다음과 같다.

$$\varphi(m) = \varphi(p_1^{e_1}) \cdots \varphi(p_r^{e_r}) = (p_1^{e_1} - p_1^{e_1 - 1}) \cdots (p_r^{e_r} - p_r^{e_r - 1}),$$

$$\varphi(m) = p_1^{e_1}(1 - \frac{1}{p_1}) \cdots p_r^{e_r}(1 - \frac{1}{p_r}) = m(1 - \frac{1}{p_1}) \cdots (1 - \frac{1}{p_r})$$

보기 4.3.4 정수 $432 = 2^4 \cdot 3^3$에 대하여 다음이 성립한다.

$$\varphi(432) = \varphi(2^4)\varphi(3^3) = 2^3 \cdot (3^3 - 3^2) = 144$$

보기 4.3.5 서로 다른 두 素數 p, q에 대하여 $m = pq$일 때,

$$\begin{aligned}\varphi(m) &= \varphi(p)\,\varphi(q) = (p-1)(q-1) \\ &= pq - (p+q) + 1\end{aligned}$$

이므로 $p+q = m - \varphi(m) + 1$ 이고 따라서 p, q는 이차방정식

$$x^2 - (m - \varphi(m) + 1)x + m = 0$$

의 두 근이다(근과 계수와의 관계).

정리 4.3.6 정수 $m\ (\geq 3)$ 에 대하여 $\varphi(m)$ 은 짝수이다.

증 명 먼저 m의 홀수인 소인수가 없다면, m은 $m = 2^k\ (k \geq 2)$ 와 같은 꼴이고 이때 $\varphi(m) = 2^{k-1} \geq 2$ 이므로 $\varphi(m)$ 은 짝수이다.

다음에 m의 홀수인 소인수 p가 존재한다면, m은

$$m = p^e n \qquad (e \geq 1,\ (n, p) = 1)$$

의 꼴이며 이때

$$\varphi(m) = \varphi(p^e)\,\varphi(n) = p^{e-1}(p-1)\,\varphi(n)$$

이고 $p-1$은 짝수이므로 $\varphi(m)$ 은 짝수이다.

보기 4.3.6 정수 $m\ (\geq 3)$ 에 대하여 $\mathbb{Z}_m^* = \{r_1, r_2, \cdots, r_{\varphi(m)}\}$ 이라고 할 때, $R = \{m-r_1, m-r_2, \cdots, m-r_{\varphi(m)}\}$ 이라고 하면

$$\begin{aligned}&0 < m - r_i < m, \\ &(m-r_i, m) = (r_i, m) = 1 \qquad (1 \leq i \leq \varphi(m))\end{aligned}$$

이므로 $\mathbb{Z}_m^* = R$ 이다. 따라서

$$\begin{aligned}&(m-r_1) + (m-r_2) + \cdots + (m-r_{\varphi(m)}) \\ &= r_1 + r_2 + \cdots + r_{\varphi(m)}\end{aligned}$$

이고 또 $\varphi(m)$ 은 짝수이므로 다음 등식이 성립한다.

$$r_1 + r_2 + \cdots + r_{\varphi(m)} = \frac{\varphi(m)}{2}\,m$$

정리 4.3.7 양의 정수 m에 대하여 다음 등식이 성립한다.

$$\sum_{d|m} \varphi(d) = \sum_{d|m} \varphi\left(\frac{m}{d}\right) = m$$

여기서, $\sum_{d|m}$은 m의 양의 약수 d 전체에 대한 합을 나타낸다.

증 명 먼저 $m = 1$일 때, $\sum_{d|m} \varphi(m) = \varphi(1) = 1$이다.

다음에 $m \geq 2$일 때, $S = \{1, 2, \cdots, m\}$이라 하고 $d_1, d_2, \cdots, d_{\tau(m)}$를 m의 양의 약수 전체라고 하자. 이 때, $\frac{m}{d_1}, \frac{m}{d_2}, \cdots, \frac{m}{d_{\tau(m)}}$도 m의 양의 약수 전체이므로 $\sum_{d|m} \varphi(d) = \sum_{d|m} \varphi\left(\frac{m}{d}\right)$이다.

각 약수 d_i에 대하여 S의 원소 중에서 m과의 최대공약수가 d_i인 정수 전체의 집합을 S_i라고 하자. 즉, $S_i = \{n \in S \mid (n, m) = d_i\}$이라고 하면,

$$(n, m) = d_i \iff \left(\frac{n}{d_i}, \frac{m}{d_i}\right) = 1$$

이므로 $|S_d| = \varphi\left(\frac{m}{d}\right)$이다. 그리고, S의 원소는 $S_1, S_2, \cdots, S_{\tau(m)}$ 중의 단 하나에 속하므로 정리의 등식이 성립한다.

보기 4.3.7 정수 10에 대하여 오른쪽 표의 결과로부터 다음 결과를 얻는다.

$$\sum_{d|12} \varphi(d) = \varphi(1) + \varphi(2) + \varphi(5) + \varphi(10)$$
$$= 1 + 1 + 4 + 4 = 10$$

d_i	S_i
1	{1, 3, 7, 9}
2	{2, 4, 6, 8}
5	{5}
10	{10}

연 습 문 제 (4.3)

1. 집합 $\mathbb{Z}_7^*$, $\mathbb{Z}_{12}^*$, $\mathbb{Z}_{15}^*$를 원소나열법으로 나타내어라.

2. 다음 양의 정수 m에 대하여 $\varphi(m)$의 값을 구하여라.
   (1) $m = 7^3 \cdot 11^4$ (2) $m = 2^4 \cdot 3^2 \cdot 5 \cdot 7^3$

3. 양의 정수 m 에 대하여 $\varphi(m) = 1$ 이면, m 은 1 또는 2 임을 밝혀라.

4. 정의에 따라 양의 정수 m 에 대하여 다음이 성립함을 증명하여라.
   (1) $m \geq 2$ 이면, $\varphi(m) \leq m-1$ 이다.
   또, $m = 1$ 일 때 그리고 이때에만 $\varphi(m) = m$ 이다.
   (2) m 이 素數일 때 그리고 이때에만 $\varphi(m) = m-1$ 이다.
   그리고, m 이 합성수일 때 이때에만 $2 \leq \varphi(m) \leq m-2$ 이다.

5. 양의 정수 m 과 k 에 대하여 다음이 성립함을 밝혀라.
   (1) m 이 홀수이면, $\varphi(2m) = \varphi(m)$ 이다.
   (2) m 이 짝수이면, $\varphi(2m) = 2\varphi(m)$ 이다.
   (3) $\varphi(m^k) = m^{k-1}\varphi(m)$

6. 양의 정수 m 에 대하여 다음이 성립함을 증명하여라.
   (1) m 이 짝수이면, $2\varphi(m) \leq m$ 이다.
   (2) $m = 2^e \ (e \geq 1)$ 일 때 그리고 이때에만 $2\varphi(m) = m$ 이다.
   (3) $m \geq 3$ 이면, $2\varphi(\varphi(m)) \leq \varphi(m)$ 이다.
   특히, m 이 홀수인 素數이면, $2\varphi(m-1) \leq m-1$ 이다.

7. 홀수인 素數 p 가 Fermat 素數일 때 그리고 이때에만 $2\varphi(p-1) = p-1$ 임을 증명하여라.

8. 정수 $m \ (\geq 3)$ 의 서로 다른 홀수인 소인수가 r 개 존재할 때, 2^r 은 $\varphi(m)$ 의 약수임을 밝혀라.

9. 양의 정수 m 에 대하여 d 가 m 의 양의 약수이면, $\varphi(dm) = d\varphi(m)$ 이고 또 $\varphi(d) \mid \varphi(m)$ 임을 증명하여라.

10. 素數 p 와 정수 $k \ (\geq 2)$ 에 대하여 다음이 성립함을 증명하여라.
   (1) $\varphi(p) + \sigma(p) = 2p$　　(2) $\varphi(p^k) + \sigma(p^k) > 2p^k$

11. 양의 정수 m 에 대하여 $\varphi(m) = 2^4$ 일 때, m 의 값을 모두 구하여라.

§4.4 Euler의 정리

집합 $S = \{s_0, s_1, \cdots, s_{m-1}\}$가 법 m에 관한 완전잉여계일 때, S의 원소 중에서 m과 서로 소인 원소 전체의 개수는 $\varphi(m)$이다(정리 4.3.3 아래).

정의 4.4.1 법 m에 관한 완전잉여계

$$S = \{s_0, s_1, \cdots, s_{m-1}\}$$

의 원소 중에서 m과 서로 소인 $\varphi(m)$개의 원소를 택하여 만든 집합

$$R = \{r_1, r_2, \cdots, r_{\varphi(m)}\}$$

을 법 m에 관한 **기약잉여계**(旣約剩餘系, reduced residue system)라고 한다. 특히, $\mathbb{Z}_m^* = \{r \in \mathbb{Z}_m \mid (r, m) = 1\}$는 법 m에 관한 기약잉여계이다.

보기 4.4.1 다음 세 집합은 법 4에 관한 완전잉여계이다.

$$\mathbb{Z}_4 = \{0, 1, 2, 3\}, \quad S_1 = \{2, 3, 4, 5\}, \quad S_2 = \{-1, 0, 1, 2\}$$

그리고, 다음 세 집합은 법 4에 관한 기약잉여계이다.

$$\mathbb{Z}_4^* = \{1, 3\}, \quad R_1 = \{3, 5\}, \quad R_2 = \{-1, 1\}$$

앞의 정의를 이용하여 다음 정리를 증명할 수 있다(정리 3.1.7 참조).

정리 4.4.2 양의 정수 m에 대하여 정수로 이루어진 집합

$$R = \{r_1, r_2, \cdots, r_{\varphi(m)}\}$$

가 다음 두 조건을 만족시킬 때 그리고 이때에만 R는 법 m에 관한 기약잉여계이다.

(i) $|R| = \varphi(m)$

(ii) 법 m에 관하여 $r_1, r_2, \cdots, r_{\varphi(m)}$은 어느 둘도 합동이 아니다.

(iii) $(r_i, m) = 1 \qquad (1 \le i \le \varphi(m))$

보기 4.4.2 정수 p가 홀수인 素數일 때, 다음 집합은 각각 법 p에 관한 완전잉여계, 기약잉여계이다(보기 4.3.2 참조).

$$S = \{-\frac{p-1}{2}, \cdots, -1, 0, 1, \cdots, \frac{p-1}{2}\},$$

$$R = \{-\frac{p-1}{2}, \cdots, -1, 1, \cdots, \frac{p-1}{2}\}$$

정리 4.4.3 정수 $m\ (\geq 2)$ 에 대하여 $R = \{r_1, r_2, \cdots, r_{\varphi(m)}\}$ 가 법 m 에 관한 기약잉여계일 때, $(a, m) = 1$ 인 정수 a 에 대하여

$$T = \{a r_1, a r_2, \cdots, a r_{\varphi(m)}\}$$

는 법 m 에 관한 기약잉여계이다.

증 명 먼저 $m \geq 2$, $(a, m) = 1$ 이므로 $a \neq 0$ 이고, 따라서 T 의 원소는 서로 다르므로 $|T| = |R| = \varphi(m)$ 이다.

또, $(a, m) = 1$ 이므로 T 의 원소에 대하여 다음이 성립한다(정리 3.3.1).

$$a r_i \equiv a r_j \pmod{m} \Leftrightarrow r_i \equiv r_j \pmod{m}$$
$$\Leftrightarrow r_i = r_j$$

그리고, 각 원소 $r_i \in R$ 에 대하여 $(r_i, m) = 1$ 이고 $(a, m) = 1$ 이므로 $(a r_i, m) = 1$ 이다(정리 1.5.9).

따라서 T 는 법 m 에 관한 기약잉여계이다.

다음 정리는 Fermat 의 정리(정리 4.1.1)를 확장한 정리이다.

정리 4.4.4 (Euler 의 정리) 양의 정수 $m\ (\geq 2)$ 과 정수 a 에 대하여 $(a, m) = 1$ 이면 $a^{\varphi(m)} \equiv 1 \pmod{m}$ 이다.

증 명 집합 $R = \{r_1, r_2, \cdots, r_{\varphi(m)}\}$ 를 법 m 에 관한 기약잉여계라 하면, $T = \{ar_1, ar_2, \cdots, ar_{\varphi(m)}\}$ 는 법 m 에 관한 기약잉여계이고(정리 4.4.3) 따라서 T 의 각 원소는 법 m 에 관하여 R 의 한 원소와 합동이므로 다음이

성립한다.

$$a r_1 \cdot a r_2 \cdot \cdots \cdot a r_{\varphi(m)} \equiv r_1 r_2 \cdots r_{\varphi(m)} \pmod{m}$$

즉, $$a^{\varphi(m)} r_1 r_2 \cdots r_{\varphi(m)} \equiv r_1 r_2 \cdots r_{\varphi(m)} \pmod{m}$$

그런데, 각 원소 $r_i \in R$ 에 대하여 $(r_i, m) = 1$ 이므로 정리 3.3.1 에 의하여 위의 합동식으로부터 $a^{\varphi(m)} \equiv 1 \pmod{m}$ 을 얻는다.

보기 4.4.3 먼저 $(3, 35) = 1$, $\varphi(35) = \varphi(5)\varphi(7) = 4 \cdot 6 = 24$ 이므로 다음이 성립한다.

$$3^{24} \equiv 3^{\varphi(35)} \equiv 1 \pmod{35},$$
$$3^{100} \equiv (3^{24})^4 3^4 \equiv 1^4 \cdot 3^4 \equiv 81 \equiv 11 \pmod{35}$$

보기 4.4.4 정수 $m\ (\geq 2)$ 와 정수 a 에 대하여 $(a, m) = 1$ 일 때, Euler 의 정리에 의하여 $a^{\varphi(m)} \equiv 1 \pmod{m}$ 이므로 다음이 성립한다.

(1) $ab \equiv 1 \pmod{m}$ 이면, $b \equiv a^{\varphi(m)-1} \pmod{m}$ 이다.

(2) 일차합동식 $ax \equiv b \pmod{m}$ 의 해는 $x \equiv a^{\varphi(m)-1} b \pmod{m}$ 이다.

실제로, $a(a^{\varphi(m)-1} b) \equiv a^{\varphi(m)} b \equiv b \pmod{m}$ 이다.

예를 들면, 합동식 $5x \equiv 2 \pmod{11}$ 에서

$$5^{\varphi(11)-1} \equiv 5^9 \equiv (5^3)^3 \equiv (3 \cdot 5)^3 \equiv 4^3 \equiv 9 \pmod{11}$$

이므로 이 합동식의 해는 $x \equiv 5^{\varphi(11)-1} \cdot 2 \equiv 18 \equiv 7 \pmod{11}$ 이다.

정리 4.4.5 정수 $m\ (\geq 2)$ 에 대하여 $(a, m) = 1$ 일 때, 양의 정수 i, j $(i \geq j)$ 에 대하여 $i \equiv j \pmod{\varphi(m)}$ 이면 $a^i \equiv a^j \pmod{m}$ 이다.

증 명 이제 $i \equiv j \pmod{\varphi(m)}$ 이라고 하면, $i - j = \varphi(m) k$ 인 정수 k 가 존재하고 이때 Euler 의 정리에 의하여

$$a^{i-j} \equiv (a^{\varphi(m)})^k \equiv 1^k \equiv 1 \pmod{m}$$

이고, 따라서 $a^{i-j} a^j \equiv a^j \pmod{m}$ 즉 $a^i \equiv a^j \pmod{m}$ 이다.

보기 4.4.5 분명히 $\varphi(9) = 3^2 - 3 = 6$ 이므로 Euler 의 정리에 의하여

$$5^{\varphi(9)} \equiv 5^6 \equiv 1 \pmod{9}$$

이며, $10006 \equiv 4 \pmod{6}$ 이므로

$$5^{10006} \equiv 5^4 \equiv (-2)^2 \equiv 4 \pmod{9}$$

이고 따라서 5^{10006} 을 9 로 나누었을 때의 나머지는 4 이다.

끝으로, 중국인의 나머지 정리(정리 3.4.4) 의 증명을 다시 생각해 보자.

중국인의 나머지 정리 양의 정수 $m_1, m_2, \cdots, m_n$ $(n \geq 2)$ 이 쌍마다 서로 소일 때, $M = m_1 m_2 \cdots m_n$ 이라고 하면 연립일차합동식

$$\begin{cases} x \equiv b_1 \pmod{m_1} \\ x \equiv b_2 \pmod{m_2} \\ \quad \vdots \\ x \equiv b_n \pmod{m_n} \end{cases}$$

은 법 M 에 관하여 단 한 개의 해 $x \equiv c \pmod{M}$ 를 가진다.

이제 $M_i = \dfrac{M}{m_i} = m_1 \cdots m_{i-1} m_{i+1} \cdots m_n$ $(1 \leq i \leq n)$ 이라 하고

$$c = b_1 M_1^{\varphi(m_1)} + b_2 M_2^{\varphi(m_2)} + \cdots + b_n M_n^{\varphi(m_n)}$$

이라고 하면, 각 i $(1 \leq i \leq n)$ 에 대하여 $(M_i, m_i) = 1$ 이므로 Euler 의 정리에 의하여 $M_i^{\varphi(m_i)} \equiv 1 \pmod{m_i}$ 이고, 또한

$$M_i \mid M_j \quad \text{즉} \quad M_j \equiv 0 \pmod{m_i} \qquad (1 \leq i \neq j \leq n)$$

이고 따라서

$$c \equiv b_i M_i^{\varphi(m_i)} \equiv b_i \pmod{m_i} \qquad (1 \leq i \leq n)$$

이므로 주어진 연립합동식의 각 합동식은 각각

$$x \equiv c \pmod{m_1}, \ x \equiv c \pmod{m_2}, \ \cdots, \ x \equiv c \pmod{m_n}$$

으로 고쳐 쓸 수 있으며 이는 $x \equiv c \pmod{M}$ 임을 뜻한다(정리 3.4.2).

따라서 주어진 연립일차합동식의 해는 $x \equiv c \pmod{M}$ 이다.

연 습 문 제 (4.4)

1. 다음 집합 중에서 법 5 에 관한 기약잉여계인 것을 찾아라.

 (1) $\{1, 2, 3, 4\}$ (2) $\{-1, -2, 1, 2\}$ (3) $\{3, 3^2, 3^3, 3^4\}$

2. Euler 의 정리를 이용하여 다음을 구하여라.

 (1) 7^{1001} 의 끝자리의 수

 (2) 3^{100} 을 계산했을 때의 끝자리의 수

 (3) 10^{73} 을 51 로 나누었을 때의 나머지

 (4) 3^{100000} 을 35 로 나누었을 때의 나머지

3. 素數 p 와 서로 소인 정수 a 에 대하여 $a^{\varphi(p)} \equiv 1 \pmod{p}$ 이다.
 이 사실과 수학적 귀납법을 써서 다음이 성립함을 증명하여라.

$$a^{\varphi(p^n)} \equiv 1 \pmod{p^n} \qquad (n \geq 1)$$

4. 정수 $m\ (\geq 3)$ 에 대하여 $R = \{r_1, r_2, \cdots, r_{\varphi(m)}\}$ 를 법 m 에 관한 기약잉여계라고 할 때, 다음이 성립함을 밝혀라(보기 4.3.4 참조).

 (1) $r_1 + r_2 + \cdots + r_{\varphi(m)} \equiv 0 \pmod{m}$

 (2) $(k, \varphi(m)) = 1$ 인 양의 정수 k 에 대하여 $T = \{{r_1}^k, {r_2}^k, \cdots, {r_{\varphi(m)}}^k\}$ 는 법 m 에 관한 기약잉여계이고 또 다음이 성립한다.

$${r_1}^k + {r_2}^k + \cdots + {r_{\varphi(m)}}^k \equiv 0 \pmod{m}$$

5. 양의 정수 $m\ (\geq 2)$ 과 $(a, m) = (a-1, m) = 1$ 인 모든 정수 a 에 대하여 다음이 성립함을 증명하여라.

$$1 + a + a^2 + \cdots + a^{\varphi(m)-1} \equiv 0 \pmod{m}$$

6. 두 양의 정수 m, n 이 서로 소일 때, 다음이 성립함을 증명하여라.

$$m^{\varphi(n)} + n^{\varphi(m)} = 1 \pmod{mn}$$

§4.5 이항합동식

먼저 다음 정리를 증명하기로 한다([해설 4.5] 참조).

정리 4.5.1 (Lagrange) 정수 p가 素數일 때, n차의 합동식

$$a_nx^n + \cdots + a_1x + a_0 \equiv 0 \pmod{p}, \quad a_n \not\equiv 0 \pmod{p}$$

에 대하여 다음이 성립한다.

(1) 위의 합동식이 해를 가진다면, 이 합동식은 n개 이하의 해를 가진다.

(2) 위의 합동식이 n개의 해

$$x \equiv c_1 \pmod{p},\ x \equiv c_2 \pmod{p},\ \cdots,\ x \equiv c_n \pmod{p}$$

를 가진다면, 모든 정수 x에 대하여 다음 합동식이 성립한다.

$$a_nx^n + \cdots + a_1x + a_0 \equiv a_n(x-c_1)(x-c_2)\cdots(x-c_n) \pmod{p}$$

증 명 먼저 $n=1$일 때, 일차합동식

$$a_1x + a_0 \equiv 0 \pmod{p}, \quad a_1 \not\equiv 0 \pmod{p}$$

은 단 하나의 해를 가지며(정리 3.3.2), 그 해를 $x \equiv c_1 \pmod{p}$이라고 하면

$$a_1c_1 + a_0 \equiv 0 \pmod{p} \quad 즉 \quad a_0 \equiv -a_1c_1 \pmod{p}$$

이므로 모든 정수 x에 대하여 다음 합동식이 성립한다.

$$a_1x + a_0 \equiv a_1x - a_1c \equiv a_1(x-c_1) \pmod{p}$$

다음에 $n \geq 2$일 때, 모든 $n-1$차의 합동식이 $n-1$개 이하의 해를 가진다고 가정하자. 그리고, n차의 합동식

$$a_nx^n + \cdots + a_1x + a_0 \equiv 0 \pmod{p}, \quad a_n \not\equiv 0 \pmod{p}$$

가 해 $x \equiv c_1 \pmod{p}$를 가진다고 하자. 이 때,

$$f(x) = a_nx^n + \cdots + a_1x + a_0$$

이라 하고 다항식 $f(x)$를 $x-c_1$으로 나누었을 때의 몫과 나머지를 각각

$$g(x) = a_n x^{n-1} + \cdots + b_1 x + b_0, \qquad r$$

라고 하면,

$$f(x) = g(x)(x - c_1) + r$$

이므로 $0 \equiv f(c_1) \equiv g(c_1)(c_1 - c_1) + r \equiv r \pmod{p}$ 이고 따라서 모든 정수 x 에 대하여 다음 합동식이 성립한다.

$$f(x) \equiv g(x)(x - c_1) \pmod{p}$$

이제 $x \equiv c_2 \pmod{p}$ 가 합동식 $f(x) \equiv 0 \pmod{p}$ 의 또 다른 해이면,

$$0 \equiv f(c_2) \equiv g(c_2)(c_2 - c_1) \pmod{p}, \quad c_2 - c_1 \not\equiv 0 \pmod{p}$$

이므로 $g(c_2) \equiv 0 \pmod{p}$ 이고(정리 3.5.2) 따라서 $x \equiv c_2 \pmod{p}$ 는 합동식 $g(x) \equiv 0 \pmod{p}$ 의 해이다.

그러므로, 합동식 $f(x) \equiv 0 \pmod{p}$ 의 해 중에서 $x \equiv c_1 \pmod{p}$ 을 제외한 해는 모두 $n-1$ 차의 합동식 $g(x) \equiv 0 \pmod{p}$ 의 해이다. 따라서 귀납법 가정에 의하여 n 차의 합동식 $f(x) \equiv 0 \pmod{p}$ 은 n 개 이하의 해를 가진다.

그러므로, (1) 이 성립하고 위의 증명에 의하여 (2) 가 성립함을 알 수 있다.

보기 4.5.1 Fermat 의 정리(정리 4.1.1) 에 의하면, p 가 素數일 때 모든 정수 a 에 대하여 $a^p - a \equiv 0 \pmod{p}$ 이고 또 $a \not\equiv 0 \pmod{p}$ 인 정수 a 에 대하여 $a^{p-1} - 1 \equiv 0 \pmod{p}$ 이다.

따라서 합동식 $x^p - x \equiv 0 \pmod{p}$ 은 p 개의 해

$$x \equiv 0, \quad x \equiv 1, \quad x \equiv 2 \ \cdots, \ x \equiv p-1 \pmod{p}$$

를 가지며 합동식 $x^{p-1} - 1 \equiv 0 \pmod{p}$ 는 $p-1$ 개의 해

$$x \equiv 1, \quad x \equiv 2 \ \cdots, \ x \equiv p-1 \pmod{p}$$

를 가지고, 또 모든 정수 x 에 대하여 다음 두 합동식이 성립한다.

$$x^p - x \equiv x(x-1)(x-2)\cdots(x-(p-1)) \pmod{p},$$
$$x^{p-1} - 1 \equiv (x-1)(x-2)\cdots(x-(p-1)) \pmod{p}$$

보기 4.5.2 정수 p가 素數일 때, 임의의 정수 a에 대하여 p차의 합동식 $x^p \equiv a \pmod{p}$는 단 한 개의 해 $x \equiv a \pmod{p}$를 가진다. 실제로, $a^p \equiv a \pmod{p}$이므로 $x \equiv a \pmod{p}$는 합동식 $x^p \equiv a \pmod{p}$의 해이고, $x \equiv c \pmod{p}$가 이 합동식의 해이면 $c \equiv c^p \equiv a \pmod{p}$이다.

정리 4.5.2 정수 p가 홀수인 素數이고 또 정수를 계수로 가지는 두 다항식 $g(x)$, $h(x)$에 대하여 등식

$$x^{p-1} - 1 = g(x)\,h(x)$$

가 성립할 때, 두 다항식 $g(x)$, $h(x)$의 차수가 각각 d, e이면 두 합동식 $g(x) \equiv 0 \pmod{p}$, $h(x) \equiv 0 \pmod{p}$는 각각 d개, e개의 해를 가진다.

증 명 두 합동식 $g(x) \equiv 0 \pmod{p}$, $h(x) \equiv 0 \pmod{p}$이 각각 r개, s개의 해를 가진다고 하면 정리 4.5.1에 의하여 $0 \le r \le d$, $0 \le s \le e$이다. 그리고, 정리 3.5.2에 의하여

$$\begin{aligned} & g(x)\,h(x) \equiv 0 \pmod{p} \\ \Longleftrightarrow\ & g(x) \equiv 0 \pmod{p} \ \text{또는}\ h(x) \equiv 0 \pmod{p} \end{aligned}$$

이므로 합동식 $g(x)h(x) \equiv 0 \pmod{p}$ 즉 $x^{p-1} - 1 \equiv 0 \pmod{p}$은 $r + s$개 이하의 해를 가지는 동시에 $p-1$개의 해를 가진다(보기 4.5.1).

따라서 $p-1 \le r+s \le d+e = p-1$이므로 $r = d$, $s = e$이다.

합동식 $ax^n \equiv b \pmod{m}$과 같이, 두 개의 항으로 이루어진 합동식을 **이항합동식**(二項合同式, binomial congruence)이라고 한다.

정리 4.5.3 정수 p가 홀수인 素數일 때, d가 $p-1$의 양의 약수이면 이항합동식 $x^d \equiv 1 \pmod{p}$은 d개의 해를 가진다.

증 명 이제 $p-1 = de$이라고 하면,

$$x^{p-1} - 1 = (x^d)^e - 1 = (x^d - 1)(x^{d(e-1)} + \cdots + x^d + 1)$$

이므로 정리 4.5.2에 의하여 $x^d \equiv 1 \pmod{p}$은 d개의 해를 가진다.

정리 4.5.4 정수 p가 홀수인 素數일 때, $(b, p) = 1$ 인 정수 b에 대하여 이항합동식 $x^{\frac{p-1}{2}} \equiv b \pmod{p}$ 의 해가 존재하면, $b \equiv \pm 1 \pmod{p}$ 이다.

증 명 합동식 $x^{\frac{p-1}{2}} \equiv b \pmod{p}$ 의 해 $x \equiv c \pmod{p}$ 가 존재하면, $c^{\frac{p-1}{2}} \equiv b \pmod{p}$ 이므로 Fermat 의 정리에 의하여

$$b^2 \equiv (c^{\frac{p-1}{2}})^2 \equiv c^{p-1} \equiv 1 \pmod{p}$$

이고 따라서 $b \equiv \pm 1 \pmod{p}$ 이다(정리 3.5.2).

정리 4.5.5 홀수인 素數 p에 대하여 다음이 성립한다.

(1) $(a, p) = 1$ 인 정수 a에 대하여 다음 중에서 단 하나가 성립한다.

(i) $a^{\frac{p-1}{2}} \equiv 1 \pmod{p}$ (ii) $a^{\frac{p-1}{2}} \equiv -1 \pmod{p}$

(2) 두 합동식

$$x^{\frac{p-1}{2}} \equiv 1 \pmod{p}, \quad x^{\frac{p-1}{2}} \equiv -1 \pmod{p}$$

은 각각 $\frac{p-1}{2}$ 개의 해를 가진다.

(3) 합동식 $x^{\frac{p-1}{2}} \equiv 1 \pmod{p}$ 의 $\frac{p-1}{2}$ 개의 해 전체는 다음과 같다.

$$x \equiv 1^2, \ x \equiv 2^2, \ x \equiv 3^2, \ \cdots, \ x \equiv (\frac{p-1}{2})^2 \pmod{p}$$

증 명 (1), (2) 정리 4.1.2 에 의하여 (1) 이 성립한다. 그리고,

$$x^{p-1} - 1 = (x^{\frac{p-1}{2}} - 1)(x^{\frac{p-1}{2}} + 1)$$

이므로 정리 4.5.2 에 의하여 (2) 의 두 합동식은 $\frac{p-1}{2}$ 개의 해를 가진다.

(3) 각 원소 $r \in \mathbb{Z}_p^* = \{1, 2, \cdots, p-1\}$ 에 대하여

$$(r^2)^{\frac{p-1}{2}} \equiv r^{p-1} \equiv 1 \pmod{p}$$

이므로 $x \equiv r^2 \pmod{p}$ 은 합동식 $x^{\frac{p-1}{2}} \equiv 1 \pmod{p}$ 의 해이다.

그런데, 정리 3.5.2에 의하면, $r, s \in \mathbb{Z}_p^*$ 에 대하여

$$r^2 \equiv s^2 \pmod{p} \Longleftrightarrow s \equiv \pm r \pmod{p}$$

이므로 $1^2, 2^2, \cdots, (\frac{p-1}{2})^2$ 은 어느 둘도 법 p에 관하여 합동이 아니다.

정리 4.5.6 (Euler의 규준(規準, criterion)) 홀수인 素數 p와 $(a, p) = 1$인 정수 a에 대하여 다음이 성립한다.

(1) $a^{\frac{p-1}{2}} \equiv 1 \pmod{p}$일 때 그리고 이때에만 합동식 $x^2 \equiv a \pmod{p}$는 두 해를 가진다.

실제로, $a^{\frac{p-1}{2}} \equiv 1 \pmod{p}$이면,

$$a \equiv r^2 \pmod{p}, \qquad 1 \leq r \leq \frac{p-1}{2}$$

인 정수 r가 단 하나 존재하고 이때 이차합동식 $x^2 \equiv a \pmod{p}$는 두 해 $x \equiv \pm r \pmod{p}$를 가진다.

(2) $a^{\frac{p-1}{2}} \equiv -1 \pmod{p}$일 때 그리고 이때에만 합동식 $x^2 \equiv a \pmod{p}$는 해를 가지지 않는다.

증 명 (1) 먼저 합동식 $x^2 \equiv a \pmod{p}$의 해 $x \equiv c \pmod{p}$가 존재하면, $c^2 \equiv a \pmod{p}$이므로 Fermat의 정리에 의하여 다음이 성립한다.

$$a^{\frac{p-1}{2}} \equiv (c^2)^{\frac{p-1}{2}} \equiv c^{p-1} \equiv 1 \pmod{p}$$

역으로, $a^{\frac{p-1}{2}} \equiv 1 \pmod{p}$이라고 하자.
이 경우에, 정리 4.5.5에 의하여

$$a \equiv r^2 \pmod{p}, \qquad 1 \leq r \leq \frac{p-1}{2}$$

인 정수 r가 단 하나 존재하고 이때 합동식 $x^2 \equiv a \pmod{p}$는 합동식 $x^2 \equiv r^2 \pmod{p}$과 동치이고 따라서 정리 3.5.3에 의하여 이 합동식은 두 해 $x \equiv \pm r \pmod{p}$를 가진다.

(2) 위의 (1)과 정리 4.5.5의 (1)에 의하여 (2)가 성립한다.

따름정리 4.5.7 素數 p가 $4k+1$의 꼴이면, 이차합동식 $x^2 \equiv -1 \pmod{p}$은 해를 가진다.

증 명 이제 $p = 4k+1$이라고 하면,

$$(-1)^{\frac{p-1}{2}} \equiv (-1)^{2k} \equiv 1 \pmod{p}$$

이므로 정리 4.5.6에 의하여 합동식 $x^2 \equiv -1 \pmod{p}$은 해를 가진다.

이 따름정리는 이미 정리 4.2.3에서 증명한 바 있다.

보기 4.5.3 법 7에 관하여 다음이 성립한다.

$$1^2 \equiv 1 \pmod{7},\ 2^2 \equiv 4 \pmod{7},\ 3^2 \equiv 9 \equiv 2 \pmod{7}$$

(1) 합동식 $x^{\frac{7-1}{2}} \equiv 1 \pmod{7}$의 해는 다음과 같다.

$$x \equiv 1 \pmod{7}, \quad x \equiv 2 \pmod{7}, \quad x \equiv 4 \pmod{7}$$

(2) 합동식 $x^{\frac{7-1}{2}} \equiv -1 \pmod{7}$의 해는 다음과 같다.

$$x \equiv 3 \pmod{7},\ x \equiv 5 \pmod{7},\ x \equiv 6 \equiv -1 \pmod{7}$$

(3) 이차합동식

$$x^2 \equiv 1 \pmod{7},\ x^2 \equiv 2 \pmod{7},\ x^2 \equiv 4 \pmod{7}$$

는 모두 두 해를 가지지만, 이차합동식

$$x^2 \equiv 3 \pmod{7},\ x^2 \equiv 5 \pmod{7},\ x^2 \equiv -1 \pmod{7}$$

는 모두 해를 가지지 않는다.

보기 4.5.4 홀수인 素數 19에 대하여

$$1^2 \equiv 1,\ 2^2 \equiv 4,\ 32 \equiv 9,\ 42 \equiv 16,\ 4^2 \equiv 6 \pmod{19},$$

$$6^2 \equiv 17,\ 7^2 \equiv 13,\ 8^2 \equiv 7,\ 9^2 \equiv 5 \pmod{19}$$

이므로 합동식 $x^{\frac{19-1}{2}} \equiv 1 \pmod{19}$의 해는 다음과 같다.

$$x \equiv 1,\ x \equiv 4,\ x \equiv 5,\ x \equiv 6,\ x \equiv 7 \pmod{19},$$

$$x \equiv 9,\ x \equiv 13,\ x \equiv 16,\ x \equiv 17 \pmod{19}$$

그리고, a 가 법 19 에 관하여

$$1, 4, 5, 6, 7, 9, 13, 16, 17$$

과 합동일 때 그리고 이때에만 합동식 $x^2 \equiv a \pmod{19}$ 는 해를 가진다.

한편, 두 합동식 $x^2 \equiv 2 \pmod{19}$, $x^2 \equiv 3 \pmod{19}$ 의 해는 없다.

연 습 문 제 (4.5)

1. 素數 p 가 13 인 경우와 17 인 경우에 다음 물음에 답하여라.

   (1) 합동식 $x^{\frac{p-1}{2}} \equiv 1 \pmod{p}$ 의 해를 구하여라.

   (2) 합동식 $x^{\frac{p-1}{2}} \equiv -1 \pmod{p}$ 의 해를 구하여라.

2. 다음 합동식의 해를 구하여라.

   (1) $x^5 \equiv 1 \pmod{11}$ (2) $x^5 \equiv -1 \pmod{11}$

   (2) $x^2 \equiv 5 \pmod{11}$ (4) $x^2 \equiv -2 \pmod{11}$

3. 다음 합동식이 해를 가지는지를 판정하여라.

   (1) $x^6 \equiv 2 \pmod{13}$ (2) $x^6 \equiv 12 \pmod{13}$

   (3) $x^8 \equiv 1 \pmod{17}$ (4) $x^8 \equiv 2 \pmod{17}$

   (5) $x^8 \equiv 5 \pmod{17}$ (6) $x^8 \equiv 16 \pmod{17}$

   (7) $x^2 \equiv 2 \pmod{17}$ (8) $x^2 \equiv -1 \pmod{17}$

4. 다음 합동식의 해의 개수를 말하여라.

   (1) $x^{30} \equiv 1 \pmod{31}$ (2) $x^{15} \equiv 1 \pmod{31}$

   (3) $x^9 = 2 \pmod{19}$ (4) $x^9 \equiv -1 \pmod{19}$

5. 보기 4.5.1 을 이용하여 p 가 홀수인 素數일 때, $(p-1)! \equiv -1 \pmod{p}$ 임을 밝혀라.

§4.6 암호체계

전자계산기를 이용한 통신에 대한 요구와 수요가 확대됨에 따라 군사 및 외교 분야에서만 사용되어 왔던 **암호**(暗號, cipher)를 이용한 통신은 오늘날에 와서는 통신망을 통한 정보의 전송(傳送, transmission)과 정보의 수록에 이용될 뿐만 아니라 제삼자에 의한 도청 또는 노출을 방지하기 위하여 상업용 통신이나 개인 사이의 통신 또는 전자계산기 보안(保安, security) 분야에 이르기까지 널리 이용되고 있는 추세이다.

전자계산기의 보급과 통신망을 통한 수많은 전자계산기와 단말기 사이의 연결로 종합적인 정보체계 구축이 실현되었고, 또 전자계산기의 데이터 은행(data base)에 저장된 정보를 분산 처리함으로써 보다 효율적인 데이터 이용이 실용화되었으며 이에 따른 전자계산기 사이의 원활한 정보 교환을 달성하기 위한 요구가 급격히 확산되고 있다. 이러한 전자계산기를 이용한 통신 환경은 인가 받지 않은 공격자가 통신 중인 정보를 도청하여 데이터를 변조(變造, modification)하거나 삽입, 첨가, 삭제하여 악용하는 새로운 문제점을 야기시키고 있다. 이러한 문제점을 해결하는 안전 보호책의 유일한 방법은 정보를 **암호화**(暗號化, encryption)하는 방법에 의존하는 수밖에 없다.

비밀 유지를 요하는 통신문을 **평문**(平文, plaintext)이라 하고, 이 평문을 일정한 기호나 수로 고쳐 놓은 것을 **암호문**(暗號文, ciphertext)이라고 한다. 송신자는 여러 개의 **열쇠**(key) 중에서 적당한 열쇠를 택하여 평문을 암호문으로 전환시켜 전송하고, 합법적인 수신자는 이 열쇠 또는 다른 열쇠를 이용하여 수신된 암호문을 본래의 평문으로 **복호**(復號, decryption)한다.

암호문의 비밀 유지에 유의하여 공격자가 암호문을 평문으로 복원하는 일이 대단히 어렵거나 거의 불가능하도록 평문을 암호화하는 방법을 **암호기법**(暗號技法, cryptography)이라고 한다. 그리고, 열쇠에 대한 지식 없이 평문이나 열쇠를 알아내거나 한정된 자료만을 이용하여 암호문으로부터 평문과 열쇠를 모두 탐지해내는 것을 **암호해독**(暗號解讀, cryptanalysis)이라고 한다. 암호기법과 암호해독 모두를 연구하는 학문을 **암호학**(暗號學, cryptology)이라고 한다. 암호는 외교, 군사, 행정에서 기밀을 요하는 문서 또는 자료를 통신망을 통하여 송신하는 문제뿐만 아니라 여러 가지 업무에 이용된다.

아래 그림은 평문을 암호화하여 암호문으로 송신하고 또 수신된 암호문을 다시 평문으로 복호하는 방식을 나타낸다.

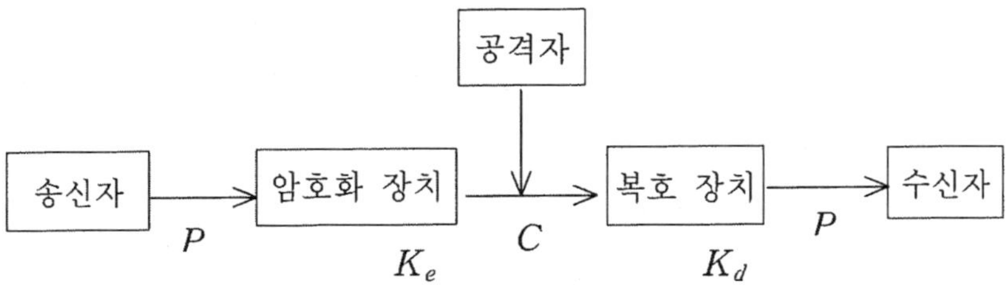

위의 그림에서 P, C는 각각 평문과 암호문을 뜻하고 또 K_e, K_d는 각각 암호화 열쇠, 복호 열쇠를 뜻한다.

송신자는 전송하려는 평문을 적당한 유한집합 A의 원소로 이루어진 유한수열 $a_1 a_2 \cdots a_k$로 나타내고, 평문을 암호문으로 전환시키는 암호화 알고리즘으로서 열쇠 K_e에 따라 결정되는 암호화 함수 $E_{K_e} : A \longrightarrow A$를 사용한다. 또한, 암호문을 받은 수신자는 암호문을 평문으로 복원하기 위한 복호 알고리즘으로서 열쇠 K_d에 따라 결정되는 복호 함수 $D_{K_d} : A \longrightarrow A$를 사용하여 암호문을 본래의 평문으로 복원한다. 여기서 유한집합 A로는 여러 가지 대수적 체계를 가진 집합을 택한다. 그리고, 함수 E_{K_e}는 A에서 A로의 일대일 대응이고 D_{K_d}는 E_{K_e}의 역함수이다.

암호체계는 평문을 암호화하는 방법에 따라 다음 두 가지로 나눈다.

비밀 열쇠 암호체계(secret-key cipher system),

공개 열쇠 암호체계(public-key cipher system)

비밀 열쇠 암호체계에서는 암호화하는 열쇠 K_e와 복호하는 열쇠 K_d가 동일하고 이 두 열쇠는 송신자와 수신자만이 공유하는 비밀 열쇠이다. 이러한 의미에서 비밀 열쇠 암호체계를 **대칭 암호체계**(對稱 暗號體系, symmetric cipher system) 라고 한다.

공개 열쇠 암호체계에서 암호화 열쇠 K_e와 복호 열쇠 K_d는 서로 다르고 암호화 열쇠는 공개하지만 복호 열쇠는 비밀로 보관한다.

암호는 평문을 암호화하는 방법에 따라 암호를 다음 두 가지로 분류된다.

블록 암호(block cipher), **스트림 암호**(stream cipher)

블록 암호는 평문을 일정한 길이의 블록으로

$$a = \underbrace{\bigcirc\cdots\bigcirc}_{a_1}\ \underbrace{\bigcirc\cdots\bigcirc}_{a_2}\cdots\cdots\underbrace{\bigcirc\cdots\bigcirc}_{a_k}$$

와 같이 분할하고 각 블록마다 동일한 열쇠를 이용한 암호화 알고리즘 E_K를 써서 암호화하여

$$b = \underbrace{\bigcirc\cdots\bigcirc}_{b_1}\ \underbrace{\bigcirc\cdots\bigcirc}_{b_2}\cdots\cdots\underbrace{\bigcirc\cdots\bigcirc}_{b_k}$$

와 같이 한 데 묶어 암호문으로 전환시키고, 이와 같은 암호문의 각 블록마다 동일한 열쇠를 써서 복호하여 본래의 평문을 얻는다.

스트림 암호체계에서는 열쇠에 따라 결정되는 알고리즘을 써서 무한수열

$$\{s_t\} \quad : \quad s_0,\ s_1,\ s_2,\ \cdots,\ s_t,\ \cdots$$

를 생성해내고 평문을 유한수열 $a_0,\ a_1,\ \cdots,\ a_k$로 나타내어

$$b_0 = a_0 + s_0,\ b_1 = a_1 + s_1,\ \cdots,\ b_k = a_k + s_k$$

로 결정되는 $b_0,\ b_1,\ \cdots,\ b_k$를 암호문으로 전송하고 이 암호문은

$$a_0 = b_0 - s_0,\ a_1 = b_1 - s_1,\ \cdots,\ a_k = b_k - s_k$$

으로 결정되는 평문 $a_0,\ a_1,\ \cdots,\ a_k$로 복호된다.

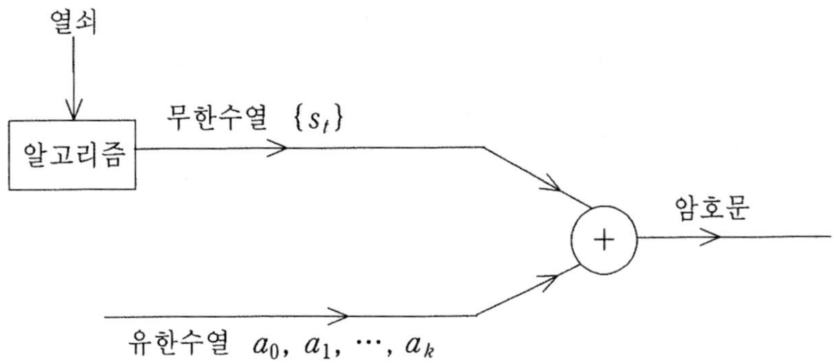

여기서는 간단한 암호체계를 소개하고 §5.3, §5.5, §6.4에서는 정수론과 관련된 암호학을 간단히 소개한다.

암호학에 대해서는 [3]을 참조하기 바란다.

[1] 아핀 암호체계

영문자를 사용하여 작성된 평문을 암호문으로 변환시킬 때에는 평문에 들어있는 대문자는 소문자로 고치고 구두점이나 문자와 문자 사이의 간격을 없앤 다음에 아래와 같이 각 영문자에 0 부터 25 까지의 정수를 대응시키면, 영문 알파벳 전체의 집합은 $\mathbb{Z}_{26} = \{0, 1, 2, \cdots, 25\}$ 과 일대일로 대응한다.

문자	a	b	c	d	e	f	g	h	i	j	k	l	m
숫자	0	1	2	3	4	5	6	7	8	9	10	11	12
문자	n	o	p	q	r	s	t	u	v	w	x	y	z
숫자	13	14	15	16	17	18	19	20	21	22	23	24	25

그리스 시대 시저(Julius Caesar)는 평문에 있는 문자

a, b, c, d, e, f, g, h, i, j, k, l, m, n,
o, p, q, k, r, s, t, u, v, w, x, y, z

를 그 순서를 유지한 채 각각 3 단계씩 옮겨(shift) 각각

d, e, f, g, h, i, j, k, l, m, n, o, p, q,
k, r, s, t, u, v, w, x, y, z, a, b, c

로 바꾸어 놓는 방법으로 평문을 암호문으로 변환시켰다. 예를 들어, 평문

'Send me a document.'

는 암호문

'vhqgphdgrfxphqw'

로 변환된다. 여기서 위의 표에 따라 각 영문자를 $\mathbb{Z}_{26}$ 의 원소로 나타내면, 평문과 암호문은 각각 다음과 같은 유한수열로 나타내어진다.

18 4 13 3 12 4 0 3 14 2 20 12 4 13 19

21 7 16 6 15 7 3 6 17 5 23 15 7 16 22

이와 같이 평문과 암호문을 각각 $\mathbb{Z}_{26}$ 의 원소로 이루어진 유한수열

$$x_1 x_2 \cdots x_n, \qquad y_1 y_2 \cdots y_n$$

로 나타내면, 각 i $(1 \le i \le n)$ 에 대하여 다음이 성립한다.

$$y_i \equiv x_i + 3 \pmod{26}, \qquad 0 \le x_i \le 25,\ \ 0 \le y_i \le 25$$

이와 같이 작성된 암호문을 **시저 암호문**(Caesar cipher) 이라고 한다.

일반적으로, 평문에 사용된 문자의 종류에 따라 문자 전체의 집합은 적당한 양의 정수 m 에 대한 $\mathbb{Z}_m = \{0, 1, 2, \cdots, m-1\}$ 과 일대일로 대응한다.

집합 $\mathbb{Z}_m = \{0, 1, 2, \cdots, m-1\}$ 에서 각 원소 $k \in \mathbb{Z}_m$에 대하여

$$E_K : \mathbb{Z}_m \longrightarrow \mathbb{Z}_m,\ \ E_K(x) \equiv x + k \pmod{m}$$

$$D_K : \mathbb{Z}_m \longrightarrow \mathbb{Z}_m,\ \ D_K(x) \equiv x - k \pmod{m}$$

$$(0 \le E_K(x) \le m-1,\ \ 0 \le D_K(x) \le m-1)$$

이라고 하면, 임의의 $x \in \mathbb{Z}_m$에 대하여

$$D_K(E_K(x)) \equiv D_K(x+k) \equiv (x+k) - k \equiv x \pmod{m}$$

이므로 E_K 와 D_K 는 일대일 대응이고 $E_K^{-1} = D_K$ 이다(정리 1.1.8).

이와 같이 정의된 함수를 이용하여 암호문을 작성하는 암호체계를 **평행이동 암호체계** (平行移動 暗號體系, shift cipher system) 라 하고 또 이와 같이 작성된 암호문을 **평행이동 암호문**(shift cipher)이라고 한다.

이 암호체계에서 $K = \{k\}$ 는 열쇠이므로 열쇠 전체의 개수는 m 이고, E_K 와 D_K 는 각각 암호화 함수, 복호 함수이다.

양의 정수 $m\ (\ge 2)$ 에 대하여

$$\mathbb{Z}_m^* = \{a \mid 1 \le a \le m-1,\ (a, m) = 1\}$$

이라고 할 때, 각 $a \in \mathbb{Z}_m^*$ 에 대하여 $ac \equiv 1 \pmod{m}$ 인 원소 $c \in \mathbb{Z}_m^*$ 가 단 하나 존재한다(정리 3.3.2). 이와 같은 원소 c 를 a^{-1} 로 나타내자.

이제 두 원소 $a \in \mathbb{Z}_m^*$, $b \in \mathbb{Z}_m$ 로 이루어진 열쇠 $K = \{a, b\}$ 에 대하여 두 함수 E_K, D_K 를 다음과 같이 정의하자.

$$E_K : \mathbb{Z}_m \longrightarrow \mathbb{Z}_m,\ \ E_K(x) \equiv ax + b \pmod{m}$$

$$D_K : \mathbb{Z}_m \longrightarrow \mathbb{Z}_m,\ \ D_K(x) \equiv a^{-1}(x - b) \pmod{m}$$

$$(0 \le E_K(x) \le m-1,\ \ 0 \le D_K(x) \le m-1)$$

이 때, 임의의 원소 $x \in \mathbb{Z}_m$에 대하여

$$D_K(E_K(x)) \equiv D_K(ax+b) \equiv a^{-1}(ax+b-b)$$
$$\equiv a^{-1}ax \equiv x \pmod{m}$$

이므로 E_K와 D_K는 일대일 대응이고 $E_K{}^{-1} = D_K$ 이다(정리 1.1.8).

앞에서 정의한 함수 $E_K : \mathbb{Z}_m \longrightarrow \mathbb{Z}_m$를 집합 $\mathbb{Z}_m$ 위의 **아핀변환**(affine transformation)이라고 한다. 그리고, 이러한 함수를 이용하여 암호문을 작성하는 암호체계를 **아핀 암호체계**(affine cipher system)라 하고 또 이와 같이 작성된 암호문을 **아핀 암호문**(affine cipher)이라고 한다.

보기 4.6.1 집합 $\mathbb{Z}_{26} = \{0, 1, 2, 3, \cdots, 24, 25\}$ 에서

$$\mathbb{Z}_{26}{}^{*} = \{1, 3, 5, 7, 9, 11, 15, 17, 19, 21, 23, 25\}$$

이며, $K = \{7, 10\}$ 일 때 $\mathbb{Z}_{26}$ 위의 다음과 같이 아핀변환을 생각해 보자.

$$E_K : \mathbb{Z}_{26} \longrightarrow \mathbb{Z}_{26}, \ E_K(x) \equiv 7x + 10 \pmod{26}$$

$$D_K : \mathbb{Z}_{26} \longrightarrow \mathbb{Z}_{26}, \ D_K(x) \equiv 7^{-1}(x - 10) \pmod{26}$$

유클리드 알고리즘(정리 1.5.5) 에 의하여

$(26, 7) = 1, \quad 26 \cdot 3 + 7 \cdot (-11) = 1$

이므로 다음이 성립한다.

$7 \cdot (-11) \equiv 1 \pmod{26},$

$7 \cdot 15 \equiv 1 \pmod{26}$

따라서 $7^{-1} = 15$ 이고 복호 함수 D_K는 다음과 같이 정의된 함수이다.

3	26	7	1
	21	5	
2	5	2	2
	4	2	
	1	0	

3	1	2		
1	0	1	-1	3
0	1	-3	4	-11

$$D_K(x) \equiv 15(x - 10) \equiv 15x - 150 \equiv 15x + 6 \pmod{26}$$

예를 들면, 다음이 성립한다.

$$E_K(15) \equiv 7 \cdot 15 + 10 \equiv 1 + 10 \equiv 11 \pmod{26},$$
$$D_K(11) \equiv 15 \cdot 11 + 6 \equiv 9 + 6 \equiv 15 \pmod{26}$$

그리고, 평문

'Please send money.'

를 $\mathbb{Z}_{26}$의 원소로 이루어진 수열로 나타내면

15 11 4 0 18 4 18 4 13 3 12 14 13 4 24

이고 이 유한수열은 E_K에 의하여 다음과 같은 암호문으로 변환된다.

11 9 12 10 6 12 6 12 23 5 16 4 23 12 22

따라서 평문에 대응하는 암호문은 ljmkgmgmfqexmw 이다.

아핀 암호체계의 암호화 함수 $E_K : \mathbb{Z}_m \longrightarrow \mathbb{Z}_m$에서 서로 다른 두 원소 $u, v \in \mathbb{Z}_m$에 대한 함수값 $E_K(u)$, $E_K(v)$를 알면 E_K를 알 수 있다.

보기 4.6.2 집합 $\mathbb{Z}_{26}$ 위의 아핀변환

$$E_K : \mathbb{Z}_{26} \longrightarrow \mathbb{Z}_{26}, \quad E_K(x) \equiv ax + b \pmod{26}$$

에 대하여 $E_K(4) = 11$, $E_K(19) = 20$이라고 하자. 이 때,

$$4a + b \equiv 11 \pmod{26},$$
$$19a + b \equiv 20 \pmod{26}$$

이고, 둘째 합동식에서 첫째 합동식을 빼면,

$$15a \equiv 9 \pmod{26}$$

이므로 이로부터 a를 구할 수 있다. 실제로,

$$26 \cdot (-4) + 15 \cdot 7 = 1,$$
$$15 \cdot 7 \equiv 1 \pmod{26}$$
$$15 \cdot 63 \equiv 9 \pmod{26}$$

따라서 $a \equiv 63 \equiv 11 \pmod{26}$이고,

$$4 \cdot 11 + b \equiv 11 \pmod{26}$$

이므로 $b \equiv -33 \equiv 19 \pmod{26}$이다.

그러므로, $a = 11$, $b = 19$이다.

1	26	15	1
	15	11	
2	11	4	1
	8	3	
3	3	1	
	3		
	0		

1	1	2	1		
1	0	1	-1	3	-4
0	1	-1	2	-5	7

[2] 공개 열쇠 암호체계

공개 열쇠 암호체계 중에서 가장 널리 사용되는 암호체계 중의 하나는 RSA 암호체계와 ElGamal 암호체계이다.

여기서는 RSA 암호체계를 간단히 소개하기로 한다. RSA 암호체계는 R.L. River, A. Shamir 와 L.M. Adleman 이 1978 년에 고안한 것이다.

RSA 암호체계는 다음 정리에 그 근거를 두고 있다.

정리 4.6.1 서로 다른 두 홀수인 素數 p, q 에 대하여 $m = pq$ 라 하고

$$(e, \varphi(m)) = 1, \quad 1 \le e < \varphi(m)$$

인 정수 e 에 대하여 d 를

$$ed \equiv 1 \pmod{\varphi(m)}, \ 1 \le d < \varphi(m)$$

인 정수라고 할 때, 임의의 정수 a 에 대하여 $b \equiv a^e \pmod{m}$ 이라고 하면 $a \equiv b^d \pmod{m}$ 이다.

증 명 정리 3.3.2 에 의하여 조건을 만족시키는 정수 d 가 존재하고, 이때

$$(*) \qquad ed - 1 > 0, \quad \varphi(m) \mid (ed-1)$$

$$m = pq, \quad \varphi(m) = \varphi(p)\varphi(q) = (p-1)(q-1)$$

이므로 다음이 성립한다.

$$(**) \qquad (p-1) \mid (ed-1), \quad (q-1) \mid (ed-1)$$

이제 임의의 정수 a 에 대하여 $b \equiv a^e \pmod{m}$ 이라고 하자.

이 때, $m = pq$ 이므로 최대공약수 (a, m) 은 $1, p, q, m$ 중의 어느 하나와 같고 따라서 다음과 같은 네 가지 경우를 생각한다.

(1) $(a, m) = 1$ 인 경우

이 경우에 Euler 의 정리에 의하여 $a^{\varphi(m)} \equiv 1 \pmod{m}$ 이고 또 (*) 에 의하여 $ed = \varphi(m)k + 1$ 인 양의 정수 k 가 존재하므로 다음이 성립한다.

$$b^d \equiv a^{ed} \equiv a^{\varphi(m)k+1} \equiv (a^{\varphi(m)})^k a \equiv 1^k a \equiv a \pmod{m}$$

(2) $(a, m) = p$ 인 경우

이 경우에 $p \mid a$ 즉 $a \equiv 0 \pmod{p}$ 이므로 다음이 성립한다.

$$b^d \equiv a^{ed} \equiv 0^{ed} \equiv 0 \equiv a \pmod{p}$$

그리고, $(a, q) = 1$ 이므로 Fermat 의 정리에 의하여 $a^{q-1} \equiv 1 \pmod{q}$ 이고 (**) 에 의하여

$$ed = (q-1)s + 1$$

인 양의 정수 s가 존재한다. 이 때,

$$b^d \equiv a^{ed} \equiv a^{(q-1)s+1} \equiv (a^{q-1})^s a \equiv 1a \equiv a \pmod{q}$$

이므로 $b^d \equiv a^{ed} \equiv a \pmod{m}$ 이다.

(3) $(a, m) = q$ 인 경우

위의 (2) 의 경우와 마찬가지로 $b^d \equiv a^{ed} \equiv a \pmod{m}$ 이다.

(4) $(a, m) = m$ 인 경우에는 $a \equiv 0 \pmod{m}$ 이므로 다음이 성립한다.

$$b^d \equiv a^{ed} \equiv 0^{ed} \equiv 0 \equiv a \pmod{m}$$

위의 결과에 의하여 정리가 성립한다.

보기 4.6.3 서로 다른 두 素數 $p = 11$, $q = 17$ 에 대하여 $m = pq = 187$ 이라고 하면, $\varphi(m) = (p-1)(q-1) = 10 \cdot 16 = 160$ 이다.

이제 $e = 7$ 이라고 놓으면 $(e, \varphi(m)) = 1$ 이므로

$$ed \equiv 1 \pmod{\varphi(m)}, \quad 1 < d < \varphi(m)$$

인 정수 d는 존재한다. 실제로, $160 \cdot (-1) + 7 \cdot 23 = 1$ 이므로

$$7 \cdot 23 \equiv 1 \pmod{160}$$

이므로 $d = 23$ 이다. 이제

$$a = 3, \quad b \equiv a^e \pmod{187}$$

이라고 하면 다음이 성립한다.

$$b \equiv 3^7 \equiv 130 \pmod{187},$$

$$b^d \equiv 130^{23} \equiv 3 \equiv a \pmod{187}$$

22	160	7	1
	154	6	
6	6	1	
	6		
	0		

22	1		
1	0	1	-1
0	1	-22	23

[RSA 암호체계]

(1) 수신자 A 는 상당히 큰 서로 다른 두 素數 p_A, q_A 를 적당히 택하여 $m_A = p_A q_A$ 를 계산하고 m_A 는 공개하지만 p_A, q_A 는 공개하지 않는다.

(2) A 는 $\varphi(m_A)$ 의 값을 구하고

$$(e_A, \varphi(m_A)) = 1, \qquad 1 < e_A < \varphi(m_A)$$

인 정수 e_A 를 택하고

$$e_A d_A \equiv 1 \pmod{\varphi(m)}, \quad 1 < d_A < \varphi(m)$$

인 정수 d_A 를 구하여 e_A 의 값은 공개하고 d_A 의 값은 공개하지 않는다.

결국 A 의 공개 열쇠는 (m_A, e_A) 이고 비밀 열쇠는 (p_A, q_A, d_A) 이다.

(3) 송신자 U 는 송신하려는 평문을 다음 표에 따라 $0 \le a < m_A$ 인 정수 a 로 나타낸다(앞 부분에 0 이 들어 있는 것을 허용하여).

문자	A	B	C	D	E	F	G	H	I	J	K	L	M
숫자	00	01	02	03	04	05	06	07	08	09	10	11	12
문자	N	O	P	Q	R	S	T	U	V	W	X	Y	Z
숫자	13	14	15	16	17	18	19	20	21	22	23	24	25

여기서 공개된 m 이 n 자리의 수인 경우에 정수 a 를 $a_1 a_2 \cdots a_k$ 와 같이 처음부터 차례로 길이가 $n-1$ 인 블럭으로 나누고, 또 필요하다면 평문에 적당한 문자를 첨가한다.

(4) 사용자 S 는 공개된 e 를 이용하여 각 a_i 에 대하여

$$b_i \equiv a_i^{\,e} \pmod{m}, \qquad 0 \le b_i < m$$

인 b_i 를 구한 다음에 $b_1, b_2, \cdots, b_k$ 를 차례대로 연이어 늘어놓아 만든 정수 b 를 U 에게 송신한다.

(5) 사용자 U 는 본인만이 알고 있는 d 를 이용하여 각 b_i 에 대하여

$$b_i^{\,d} \equiv a_i \pmod{m}, \qquad 0 \le a_i < m$$

를 구한 다음에 $a_1, a_2, \cdots, a_k$ 를 차례대로 연이어 늘어 놓아 만든 정수 a 를 구한다. 이제 위의 표를 이용하여 정수 a 에 대응하는 평문을 얻는다.

RSA 암호체계의 안전성은 정수의 인수분해 문제가 어렵다는 사실에 근거를 두고 있다. 서로 다른 두 홀수인 素數 p, q 에 대하여 $m = pq$ 일 때, m 을 소인수분해하여 p, q 를 알아내는 일은 그리 쉽지 않다. 한편, p 와 q 는 다음 이차방정식의 두 근이다(보기 4.3.5).

$$x^2 - (m - \varphi(m) + 1)x + m = 0$$

따라서 m 과 $\varphi(m)$ 의 값을 알면, 위의 이차방정식의 두 근 p, q 를 구할 수 있다. 이와 같이 추가적인 정보 $\varphi(m)$ 의 값을 이용하여 m 의 두 소인수 p, q 의 값을 결정할 수 있으므로 $\varphi(m)$ 의 값이 바로 덫문(trap door)이다.

보기 4.6.4 서로 다른 두 홀수인 素數 $p = 1733,\ q = 2347$ 에 대하여

$$m = pq = 4067351, \quad \varphi(m) = (p-1)(q-1) = 1732 \cdot 2346$$

이고, 또 $e = 31$ 일 때 $(e, \varphi(m)) = 1$ 이므로

$$ed \equiv 1 \pmod{\varphi(m)}, \qquad 1 \le d < \varphi(m)$$

인 d 를 구하면 $d = 3145759$ 이다(정리 3.3.2 참조).

이제 평문이 'public key cryptography.' 일 때, 이 평문을 앞의 표에 따라 정수 a 로 나타내고 a 를 길이가 6 인 블록으로 나누면 다음과 같이 된다.

$$a = \underbrace{152001}_{a_1} : \underbrace{110802}_{a_2} : \underbrace{100424}_{a_3} : \underbrace{021724}_{a_4} : \underbrace{151914}_{a_5} : \underbrace{061700}_{a_6} : \underbrace{150724}_{a_7}$$

그리고, 각 $i\ (1 \le i \le 7)$ 에 대하여

$$b_i \equiv a_i^{31} \pmod{m}, \qquad 1 \le b_i < m$$

인 정수 b_i 를 차례로 늘어놓아 만든 정수를 b 라고 하면 다음 결과를 얻는다.

$$b = \underbrace{2721372}_{b_1} : \underbrace{3969831}_{b_2} : \underbrace{2416419}_{b_3} : \underbrace{1795753}_{b_4} : \underbrace{2110079}_{b_5} : \underbrace{0242624}_{b_6} : \underbrace{0889174}_{b_7}$$

한편, 수신한 암호문 $b = b_1 b_2 \cdots b_7$ 과 d 를 이용하여 각 b_i 에 대하여

$$a_i \equiv b_i^{3145759} \pmod{m}, \qquad 1 \le a_i < m$$

인 정수 a_i 를 구하여 이들을 차례로 늘어놓으면 a 를 얻고 이로부터 평문을 얻게 된다.

연 습 문 제 (4.6)

1. 평문 'Send me a document.'를 $\mathbb{Z}_{26}$의 원소로 이루어진 유한수열로 나타내어라. 그리고, 암호화 함수

$$E_K : \mathbb{Z}_{26} \longrightarrow \mathbb{Z}_{26}, \quad E_K(x) \equiv x + 10 \pmod{26}$$

를 이용하여 이 평문을 암호문으로 바꾸어라.

2. 암호화 함수 $E_K(x) \equiv 7x + 10 \pmod{26}$을 이용하여 평문 'cryptology'를 암호문으로 바꾸어라.

3. 집합 $\mathbb{Z}_{26}$ 위의 아핀변환

$$T_{a,b} : \mathbb{Z}_{26} \longrightarrow \mathbb{Z}_{26}, \quad T_{a,b}(x) \equiv ax + b \pmod{26}$$

에 대하여 $T_{a,b}(4) = 5$, $T_{a,b}(3) = 6$일 때 a와 b를 구하여라.

4. 두 미지수 x, y사이에 관계식 $y \equiv 23x + 10 \pmod{26}$이 성립할 때,

$$x \equiv cy + d \pmod{26}, \quad 0 \le c \le 25, \quad 0 \le d \le 25$$

인 정수 c, d를 구하여라.

5. 두 素數 11, 17에 대하여 $m = 11 \cdot 17 = 187$일 때, $e = 7$에 대하여

$$ed \equiv 1 \pmod{\varphi(m)}, \quad 1 \le d < \varphi(m)$$

인 정수 d를 구하여라.

6. 두 素數 17, 19에 대하여 $m = 17 \cdot 19 = 323$일 때, $e = 55$에 대하여

$$ed \equiv 1 \pmod{\varphi(m)}, \quad 1 \le d < \varphi(m)$$

인 정수 d를 구하여라.

페 르 마

페르마(Pierre de Fermat, 1601 ~ 1665) 는 프랑스의 보몽 드로마뉴(Beaumont Dromagne, 툴루즈 부근)에서 태어나, 툴루즈(Toulouse) 의 지방의회에서 법률가와 행정관으로 근무하였다. 그는 수학에 대한 특별한 훈련을 받지 않았으나 한가한 시간을 보내기 위하여 수학을 취미로 연구한 것으로 보인다. 즉, 그는 과학과 수학에 관한한 아마추어에 지나지 않았으나, 그의 수학에 대한 업적은 대단하여 후에 그를 '아마추어의 왕자' 라고 부르게 되었다.

페르마의 수학에 대한 관심은 정수론에 있었던 같다. 실제로, 페르마는 프랑스 수학자 바쉐(Claude Bachet) 가 주석과 함께 번역한 책인 디오판투스(Diophantus) 의 '정수론(Arithmatica)' 에 흥미를 가지게 되어 수학을 연구하게 되었다.

페르마는 연구 결과를 공표하는 대신에 서신을 통하여 동료들과 접촉하였다. 그가 죽은 지 5 년 후에 그의 아들 사무엘(Samuel)은 페르마가 읽던 책의 여백에 써 있던 정리를 포함시켜 새로 '정수론(Arithmetica)' 을 발간하여 그의 업적을 세상에 알렸다.

페르마는

'素數 p 에 대하여 $(a, p) = 1$ 이면 $a^{p-1} \equiv 1 \pmod{p}$ 이다.'

라는 정리를 서술하면서 '증명이 너무 길지 않았다면 증명도 함께 썼을 것이다' 라는 단서를 붙여 1640 년에 친구에게 서신으로 보냈다고 한다. 이 정리에 대한 증명은 Euler 가 1736 년에 처음으로 발표하였다. 그리고 그는 1637 년에 자기가 읽던 책의 여백에 아래의 정리를 써 놓았다고 하는데, 이를 'Fermat 의 마지막 정리' 또는 'Fermat 의 대정리' 또는 'Fermat 의 예측' 이라고 불러 왔다.

'$n \geq 3$ 인 정수 n 에 대하여, 부정방정식

$$x^n + y^n = z^n$$

의 양의 정수해는 없다.'

이 정리는 1993 년 6 월에 미국의 프린스턴 대학교(Princeton University) 수학 교수인 앤드류 와일즈(Andrew Wiles) 가 영국의 케임브리지 대학교에서 이에 대한 증명을 발표할 때까지 356 년 동안이나 미해결 문제로 남아 있었다.

페르마는 해석기하학의 창시자 중의 한 사람이고, 또 미적분학의 기초를 확립한 사람 중의 한 사람이기도 하다.

제 5 장

원 시 근

'수학적 증명은 금강석과도 같이 명료할 뿐만 아니라 견고하고 또 수학적 증명은 오직 엄밀한 추론(推論)만으로 얻게 된다.'

'…… … mathematical proofs, like diamonds, are hard as well as clear, and will be touched with nothing but strict reasoning.'

——— *Pierre de Fermat*

이 장에서는, 법 m 에 관한 정수의 位數에 대한 성질과 원시근, 이산로그의 특성과 그 활용에 대하여 논하고, 실수를 b 진법으로 나타내는 방법과 활용에 대하여 논한다.

또, 원시근과 素數에 관한 사항에 대해서는 제 9 장에서 논한다.

§5.1 위 수

Euler 의 정리(정리 4.4.4) 에 의하면, 정수 $m\ (\geq 2)$ 에 대하여 정수 a 가 $(a,\ m) = 1$ 일 때 $a^{\varphi(m)} \equiv 1 \pmod{m}$ 이다.

정의 5.1.1 정수 $m\ (\geq 2)$ 에 대하여 a 가 $(a,\ m) = 1$ 인 정수일 때,

$$a^r \equiv 1 \pmod{m}, \qquad 1 \leq r \leq \varphi(m)$$

인 가장 작은 양의 정수 r 가 존재한다. 이러한 양의 정수 r 를 법 m 에 관한 a 의 **위수**(位數, order)라 하고 r 를 $\mathrm{ord}_m a$ 로 나타낸다.

앞으로, 위수 $\mathrm{ord}_m a$ 를 논할 때에는 $(a,\ m) = 1$ 임을 전제로 한다.

보기 5.1.1 법 7 에 관하여 다음이 성립한다.

$$2^1 \equiv 2 \pmod{7},\ \ 2^2 \equiv 4 \pmod{7},\ \ 2^3 \equiv 1 \pmod{7}$$

$$\mathrm{ord}_7 2 = 3, \quad \varphi(7) = 6, \quad 3 \mid \varphi(7)$$

정리 5.1.2 정수 $m\ (\geq 3)$ 과 $(a,\ m) = 1$ 인 정수 a 에 대하여

$$\mathrm{ord}_m a = r$$

일 때, 양의 정수 i, j 에 대하여 다음이 성립한다.

(1) $a \equiv b \pmod{m}$ 이면, $\mathrm{ord}_m a = \mathrm{ord}_m b$ 이다.

(2) $a^i \equiv 1 \pmod{m} \Longleftrightarrow r \mid i$

(3) $r \mid \varphi(m)$

(4) $a^i \equiv a^j \pmod{m}$

$\Longleftrightarrow i \equiv j \pmod{r}$

(5) 정수 $a^0,\ a^1,\ \cdots,\ a^{r-1}$ 은 법 m 에 관하여 어느 둘도 합동이 아니다.

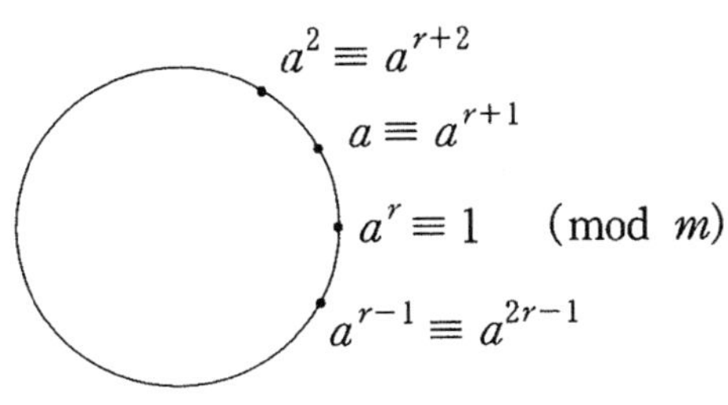

증 명 (1) $a \equiv b \pmod{m}$ 이면, 정리 3.1.3 에 의하여 모든 양의 정수 k에 대하여 $a^k \equiv b^k \pmod{m}$ 이므로

$$a^k \equiv 1 \pmod{m} \Leftrightarrow b^k \equiv 1 \pmod{m}$$

이고 따라서 $\mathrm{ord}_m a = \mathrm{ord}_m b$ 이다.

(2) $a^i \equiv 1 \pmod{m}$ 일 때, $i = rs + t,\ 0 \le t < r$ 라고 하면,

$$1 \equiv a^i \equiv a^{rs}a^t \equiv (a^r)^s a^t \equiv a^t \pmod{m}$$

이므로 r 의 最小性에 의하여 $t = 0$ 이고 따라서 $r \mid i$ 이다.

역으로, $r \mid i$ 일 때, $i = rk$ 이라고 하면 다음이 성립한다.

$$a^i \equiv a^{rk} \equiv (a^r)^k \equiv 1^k \equiv 1 \pmod{m}$$

(3) Euler 의 정리에 의하여 $a^{\varphi(m)} \equiv 1 \pmod{m}$ 이므로, (1) 에 의하여 $r \mid \varphi(m)$ 이다.

(4) 일반성을 잃지 않고 $i \ge j$ 이라고 가정하여도 좋다.

이 때, $(a, m) = 1$ 이므로 정리 3.3.1 과 (2) 에 의하여 다음이 성립한다.

$$\begin{aligned} a^i \equiv a^j \pmod{m} &\Leftrightarrow a^{i-j} \equiv 1 \pmod{m} \\ &\Leftrightarrow a^{i-j} \equiv 1 \pmod{m} \\ &\Leftrightarrow r \mid (i-j) \text{ 즉 } i \equiv j \pmod{r} \end{aligned}$$

(5) 위의 (4) 에 의하여 (5) 가 성립한다.

보기 5.1.2 법 9 에 관하여 다음이 성립한다.

$$4^1 \equiv 4 \pmod{9},\quad 4^2 \equiv 7 \pmod{9},\quad 4^3 \equiv 1 \pmod{9}$$

$$\mathrm{ord}_9 4 = 3,\qquad \varphi(3^2) = 6,\qquad 3 \mid \varphi(9)$$

$$4^5 \equiv 4^2 \equiv 7 \pmod{9},\quad 4^{15} \equiv (4^3)^5 \equiv 1^5 \equiv 1 \pmod{9}$$

보기 5.1.3 정수 $m\ (\ge 3)$ 에 대하여

$$m-1 \equiv -1 \not\equiv 1 \pmod{m},\qquad (-1)^2 \equiv 1 \pmod{m}$$

이므로 $\mathrm{ord}_m(m-1) = \mathrm{ord}_m(-1) = 2$ 이다.

그리고, $a \equiv 1 \pmod{m}$ 일 때 그리고 이때에만 $\mathrm{ord}_m a = 1$ 이다.

정리 5.1.3 정수 $m\ (\geq 3)$ 과 $(a,\ m) = 1$ 인 정수 a 에 대하여

$$\mathrm{ord}_m\, a = r$$

일 때, 양의 정수 i 에 대하여 다음이 성립한다.

(1) $\mathrm{ord}_m\, a^i = \dfrac{r}{(i,\ r)}$

(2) $(i,\ r) = 1 \Leftrightarrow \mathrm{ord}_m\, a^i = r$

(3) 정수 $a^0,\ a,\ a^2,\ \cdots,\ a^{r-1}$ 중에서 법 m 에 관하여 위수가 r 인 정수는 $\varphi(r)$ 개 존재한다.

증 명 (1) 먼저 $d = (i,\ r)$ 이라 하고 또 $i = dj,\ r = ds$ 이라고 하면, $(j,\ s) = 1$ 이고(따름정리 1.5.8) $is = djs = rj$ 이므로 다음이 성립한다.

$$(a^i)^s \equiv (a^r)^j \equiv 1^j \equiv 1 \pmod{m}$$

또, 양의 정수 t 에 대하여 $(a^i)^t \equiv 1 \pmod{m}$ 즉 $a^{it} \equiv 1 \pmod{m}$ 이라고 하면, 정리 5.1.2 에 의하여 $r \mid it$ 즉 $ds \mid djt$ 이므로 $s \mid jt$ 이고 또 $(j,\ s) = 1$ 이므로 $s \mid t$ 이다(정리 1.5.11).

그러므로, 위의 두 결과에 의하여 $\mathrm{ord}_m\, a^i = s = \dfrac{r}{d} = \dfrac{r}{(i,\ r)}$ 이다.

(2), (3) 위의 (1) 에 의하여 (2), (3) 이 성립한다.

보기 5.1.4 법 7 에 관하여 다음이 성립한다.

$$3^1 \equiv 3 \pmod{7},\quad 3^2 \equiv 2 \pmod{7},\quad 3^3 \equiv 6 \pmod{7},$$
$$3^4 \equiv 4 \pmod{7},\quad 3^5 \equiv 5 \pmod{7},\quad 3^6 \equiv 1 \pmod{7}$$

따라서 $\mathrm{ord}_7\, 3 = 6 = \varphi(7)$ 이다.

정리 5.1.3 을 이용하여 $\mathbb{Z}_7{}^*$ 의 각 원소의 법 7 에 관한 위수를 구하면 오른쪽 표와 같다.

a	1	2	3	4	5	6
$\mathrm{ord}_7\, a$	1	3	6	3	6	2

그리고, 다음이 성립한다.

$$3^4 \equiv 4 \pmod{7},\ \mathrm{ord}_7\, 4 = 3,\quad \mathrm{ord}_7\, 3^4 = \frac{6}{(4,\ 6)} = 3$$

보기 5.1.5 법 15 에 관한 기약잉여계 $\mathbb{Z}_{15}^* = \{1, 2, 4, 7, 8, 11, 13, 14\}$ 를 생각해 보자. 먼저

$$2^1 \equiv 2, \quad 2^2 \equiv 4, \quad 2^3 \equiv 8, \quad 2^4 \equiv 1 \pmod{15}$$
$$\text{ord}_{15}\, 2 = 4, \quad 4 \mid \varphi(15), \quad \varphi(15) = 8$$

이므로 2, 2^2, 2^3 의 법 15 에 관한 위수는 각각 4, 2, 4 이다.

그리고, $11 \equiv -4$, $13 \equiv -2$, $14 \equiv -1 \pmod{15}$ 이고, 또

$$7^4 \equiv (7^2)^2 \equiv 4^2 \equiv 1 \pmod{15}$$

이므로 7, 11, 13, 14 의 법 15 에 관한 위수는 각각 4, 2, 4, 2 이다.

a	1	2	4	7	8	11	13	14
$\text{ord}_{15}\, a$	1	4	2	4	4	2	4	2

보기 5.1.6 정수 a 에 대하여 a^2+1 의 홀수인 소인수 p 가 존재한다면, $a^2 \equiv -1 \pmod{p}$ 이므로 $p \equiv 1 \pmod{4}$ 이다.

실제로, $a^2 \equiv -1 \pmod{p}$, $a^4 \equiv 1 \pmod{p}$ 이므로 $\text{ord}_p\, a \mid 4$ 이고 또 $\text{ord}_p\, a \neq 1$, $\text{ord}_p\, a \neq 2$ 이므로 $\text{ord}_p\, a = 4$ 이다. 따라서 정리 5.1.2 에 의하여 $4 \mid (p-1)$ 즉 $p \equiv 1 \pmod{4}$ 이다(정리 4.2.3, 따름정리 4.5.7 참조).

정리 5.1.4 양의 정수 중에서 $4k+1$ 의 꼴인 素數는 무한히 많다.

증 명 이제 $4k+1$ 의 꼴인 素數가 유한 개만이 존재한다고 가정하고 이러한 素數 전체를 $p_1, p_2, \cdots, p_n$ 이라고 하자. 이 때, 정수

$$N = (2p_1p_2\cdots p_n)^2 + 1, \quad N \geq 3$$

을 생각하면, N 은 홀수이므로 N 의 홀수인 소인수 p 가 존재한다. 그런데, 보기 5.1.6 에 의하여 $p \equiv 1 \pmod{4}$ 이므로 p 는 $p_1, p_2, \cdots, p_n$ 중의 어느 하나와 일치하고 따라서

$$p \mid (2p_1p_2\cdots p_n)^2, \quad p \mid N$$

이므로 $p \mid 1$ 로 되어 모순이 생긴다. 그러므로, $4k+1$ 의 꼴인 素數는 무한히 많다. 정리 2.2.4 에 의하면, $4k+3$ 의 꼴인 素數도 무한히 많다.

정리 5.1.5 정수 $m\ (\geq 3)$ 과 $(a, m) = (b, m) = 1$ 인 두 정수 a, b 에 대하여 $\text{ord}_m a = r$, $\text{ord}_m b = s$ 일 때 다음이 성립한다.

(1) $(r, s) = 1$ 이면, $\text{ord}_m ab = rs$ 이다.

(2) $ab \equiv 1 \pmod{m}$ 이면, $r = s$ 이다.

증 명 (1) 이제 $\text{ord}_m ab = t$ 이라고 하자. 이 때,

$$(ab)^{rs} \equiv a^{rs} b^{rs} \equiv (a^r)^s (b^s)^r \equiv 1 \cdot 1 \equiv 1 \pmod{m}$$

이므로 $t \mid rs$ 이다(정리 5.1.2).

한편, $(ab)^t \equiv 1 \pmod{m}$ 이므로

$$1 \equiv ((ab)^t)^s \equiv (ab)^{ts} \equiv a^{st} b^{st} \equiv a^{st} \cdot 1 \equiv a^{st} \pmod{m},$$

$$1 \equiv ((ab)^t)^r \equiv (ab)^{tr} \equiv a^{rt} b^{rt} \equiv 1 \cdot b^{rt} \equiv b^{rt} \pmod{m}$$

이고, 따라서 $r \mid st$, $s \mid rt$ 이다(정리 5.1.2).

그런데, $(r, s) = 1$ 이므로 이 결과는 각각 $r \mid t$, $s \mid t$ 임을 뜻하고 따라서 $rs \mid t$ 이다(정리 1.5.11). 따라서 $t = rs$ 이다.

(2) $ab \equiv 1 \pmod{m}$ 일 때,

$$1 \equiv 1^s \equiv (ab)^s \equiv a^s b^s \equiv a^s \pmod{m},$$

$$1 \equiv 1^r \equiv (ab)^r \equiv a^r b^r \equiv b^r \pmod{m}$$

이므로 정리 5.1.2 에 의하여 $r \mid s$, $s \mid r$ 이고 따라서 $r = s$ 이다.

보기 5.1.7 법 9 에 관하여 다음이 성립한다(보기 5.1.2 참조).

$$\text{ord}_9 4 = 3, \quad \text{ord}_9 8 = \text{ord}_9(-1) = 2, \quad (3, 2) = 1$$

따라서 $\text{ord}_9(4 \cdot 8) = 2 \cdot 3 = 6$ 즉 $\text{ord}_9 5 = 6$ 이다.

정리 5.1.6 두 정수 $m, n\ (\geq 3)$ 이 서로 소일 때, $(a, m) = (a, n) = 1$ 인 정수 a 에 대하여 $\text{ord}_m a = r$, $\text{ord}_n a = s$ 이면 다음이 성립한다.

$$\text{ord}_{mn} a = [r, s], \quad \text{ord}_{mn} a \leq [\varphi(m), \varphi(n)]$$

증 명 먼저 가정에 의하여 $a^r \equiv 1 \pmod{m}$, $a^s \equiv 1 \pmod{n}$ 이다.

그런데, $r \mid [r, s]$, $s \mid [r, s]$ 이므로 정리 5.1.2 에 의하여

$$a^{[r, s]} \equiv 1 \pmod{m}, \quad a^{[r, s]} \equiv 1 \pmod{n}$$

이고, 또 $(m, n) = 1$ 이므로 $a^{[r, s]} \equiv 1 \pmod{mn}$ 이다(정리 3.4.1).

역으로, 양의 정수 k 에 대하여 $a^k \equiv 1 \pmod{mn}$ 이면, $(m, n) = 1$ 이므로 $a^k \equiv 1 \pmod{m}$, $a^k \equiv 1 \pmod{n}$ 이고 따라서 $r \mid k$, $s \mid k$ 이므로 $[r, s] \mid k$ 이다(정리 3.4.1, 정의 1.5.2).

그러므로, $\text{ord}_{mn}\, a = [r, s]$ 이다.

또, 정리 5.1.2 에 의하여 $r \mid \varphi(m)$, $s \mid \varphi(n)$ 이므로 $[r, s] \mid [\varphi(m), \varphi(n)]$ 이고 따라서 $\text{ord}_{mn}\, a = [r, s] \leq [\varphi(m), \varphi(n)]$ 이다(문제 1.5.9 참조).

보기 5.1.8 서로 다른 세 素數 3, 5, 7 에 대하여

$$2^2 \equiv 1 \pmod{3}, \quad 2^2 \equiv 4 \pmod{5}, \quad 2^3 \equiv 3 \pmod{5},$$
$$2^4 \equiv 1 \pmod{5}, \quad 2^2 \equiv 4 \pmod{7}, \quad 2^3 \equiv 1 \pmod{7}$$

이므로 $\text{ord}_3 2 = 2$, $\text{ord}_5 2 = 4$, $\text{ord}_7 2 = 3$ 이다.

따라서 다음 결과를 얻는다.

$$\text{ord}_{15} 2 = [2, 4] = 4, \quad \text{ord}_{21} 2 = [2, 3] = 6, \quad \text{ord}_{35} 2 = [4, 3] = 12$$

보기 5.1.9 정수 p 가 홀수인 素數일 때, $(a, p) = 1$ 인 정수 a 에 대하여 $\text{ord}_p\, a = r$ 라고 하자. 이 때, $r \mid (p-1)$ 이므로 합동식 $x^r \equiv 1 \pmod{p}$ 는 r 개의 해를 가진다(정리 4.5.3).

한편, 정리 5.1.2 에 의하여 $a^0, a^1, \cdots, a^{r-1}$ 은 법 p 에 관하여 어느 둘도 합동이 아니고, 또 $a^r \equiv 1 \pmod{p}$ 이므로 다음이 성립한다.

$$(a^i)^r \equiv (a^r)^i \equiv 1^i \equiv 1 \pmod{p} \qquad (0 \leq i \leq r-1)$$

따라서 합동식 $x^r \equiv 1 \pmod{p}$ 의 r 개의 해는 다음과 같다.

$$x \equiv a^0 \pmod{p}, \quad x \equiv a \pmod{p}, \quad \cdots, \quad x \equiv a^{r-1} \pmod{p}$$

연 습 문 제 (5.1)

1. 법 31 에 관한 2 의 위수를 구하고, 또 $2^{32} \equiv b \pmod{31}$, $0 \le b < 31$ 인 정수 b를 구하여라. 그리고, $\mathrm{ord}_{31} 2^{31}$ 과 $\mathrm{ord}_{31} 2^{35}$ 을 구하여라.

2. 법 17 에 관한 3 의 위수를 구하고, 이 결과를 이용하여 다음을 구하여라.
   (1) $\mathrm{ord}_{17} 3^4$　　(2) $\mathrm{ord}_{17} 10$　　(3) $\mathrm{ord}_{17} 15$

3. 법 25 에 관한 2 의 위수가 20 임을 이용하여 다음을 구하여라.
   (1) $\mathrm{ord}_{25} 2^5$　　(2) $\mathrm{ord}_{25} 2^7$　　(3) $\mathrm{ord}_{25} 2^{30}$

4. 법 12 에 관한 기약잉여계 $\mathbb{Z}_{12}{}^* = \{1, 5, 7, 11\}$ 의 원소의 법 12 에 관한 위수를 구하고, 또 위수가 $\varphi(12)$ 인 원소는 존재하지 않음을 밝혀라.

5. 정수 $m\ (\ge 2)$ 에 대하여 다음이 성립함을 증명하여라.
   (1) $\mathrm{ord}_m a = m-1$ 인 정수 a 가 존재하면, m 은 素數이다.
   (2) Mersenne 수 $M_m = 2^m - 1$ 에 대하여 $\mathrm{ord}_{M_m} 2 = m$, $m \mid \varphi(M_m)$ 이다.

6. 홀수인 素數 p 에 대하여 $\mathrm{ord}_p a = 3$ 인 정수 a 가 존재한다고 하자.
   이 때, $p \equiv 1 \pmod 3$ 이고 또 $\mathrm{ord}_p (a+1) = 6$ 임을 증명하여라.

7. 홀수인 素數 p에 대하여 $\mathrm{ord}_p a = 4$ 인 정수 a가 존재하면, p는 $4k+1$ 의 꼴이고 또 합동식 $x^4 \equiv 1 \pmod p$ 은 네 개의 해를 가짐을 밝혀라.

8. 한 정수 a에 대하여 a^4+1 의 홀수인 소인수 p가 존재하면, $\mathrm{ord}_p a = 8$ 이고 $p \equiv 1 \pmod 8$ 임을 증명하여라. 그리고, 이 사실을 이용하여 $8k+1$ 의 꼴인 素數는 무한히 많이 존재함을 증명하여라.

9. 방정식 $3^x = 2^y - 1$ 의 양의 정수해는 $x = 1$, $y = 2$ 뿐임을 증명하여라.
   또, 방정식 $2^x = 3^y - 1$ 의 양의 정수해는 $x=1, y=1$ 과 $x = 3, y = 2$ 뿐임을 증명하여라.

§5.2 원 시 근

이 절에서는, 법 m에 관한 특수한 정수를 생각하기로 한다.

정의 5.2.1 정수 m (≥ 2)에 대하여 다음 두 조건을 만족시키는 정수 g가 존재할 때, g를 m의 **원시근**(原始根, primitive root)이라고 한다.

(i) $(g, m) = 1$

(ii) $\text{ord}_m g = \varphi(m)$

위의 정의에서 m의 원시근 g가 존재하면,

$$g^i \not\equiv 1 \pmod{m} \quad (1 \leq i < \varphi(m)), \qquad g^{\varphi(m)} \equiv 1 \pmod{m}$$

이고 $h \equiv g \pmod{m}$인 정수 h도 또한 m의 원시근이다(정리 5.1.2).

그러므로, 법 m에 관한 기약잉여계 $\mathbb{Z}_m^*$에 속해 있는 원시근의 개수를 m의 원시근의 개수라고 생각한다.

부록의 표 6에는 1000 이하의 素數와 이에 대한 원시근이 실려 있다.

보기 5.2.1 정수 1은 2의 원시근이고, 2는 3의 원시근이다.

그리고, 3은 4의 원시근이고, 2는 5의 원시근이다.

또, 법 7에 관한 기약잉여계 $\mathbb{Z}_7^* = \{1, 2, 3, 4, 5, 6\}$에 속하는 정수의 법 7에 관한 위수는 오른쪽 표와 같고 $\varphi(7) = 6$이다(보기 5.1.4).

따라서 7의 원시근은 3과 5뿐이다.

a	1	2	3	4	5	6
$\text{ord}_7 a$	1	3	6	3	6	2

보기 5.2.2 법 15에 관한 기약잉여계 $\mathbb{Z}_{15}^* = \{1, 2, 4, 7, 8, 11, 13, 14\}$에 속하는 정수의 법 15에 관한 위수는 오른쪽 표와 같고 $\varphi(15) = 8$이므로 15의 원시근은 없다(보기 5.1.5).

a	1	2	4	7	8	11	13	14
$\text{ord}_{15} a$	1	4	2	4	4	2	4	2

정리 5.2.2 정수 $m\ (\geq 3)$ 에 대하여 m 의 원시근 g 가 존재하는 경우에 양의 정수 i, j 에 대하여 다음이 성립한다.

(1) $g \equiv h \pmod{m}$ 이면, h 는 m 의 원시근이다.

(2) $g \not\equiv 1 \pmod{m}$, $g^i \equiv 1 \pmod{m} \Leftrightarrow \varphi(m) \mid i$

(3) $g^i \equiv g^j \pmod{m} \Leftrightarrow i \equiv j \pmod{\varphi(m)}$

(4) 두 집합 $\{g^0, g^1, \cdots, g^{\varphi(m)-1}\}$, $\{g^1, g^2, \cdots, g^{\varphi(m)}\}$ 는 모두 법 m 에 관한 기약잉여계이다.

(5) $\operatorname{ord}_m g^i = \dfrac{\varphi(m)}{(i,\ \varphi(m))}$

(6) $(i, \varphi(m)) = 1$ 일 때 그리고 이때에만 g^i 은 m 의 원시근이다. 따라서 m 의 원시근은 $\varphi(\varphi(m))$ 개 존재한다.

증 명 (1) 정리 5.1.2 에 의하여 (1) 이 성립한다.

(2), (3) 먼저 $m \geq 3$ 이므로 $\varphi(m) \geq 2$ 이고 따라서 $g \not\equiv 1 \pmod{m}$ 이다. 그리고, 정리 5.1.2 에 의하여 (2), (3) 이 성립한다.

(4) 위의 (3) 에 의하여 $R = \{g^0, g^1, \cdots, g^{\varphi(m)-1}\}$ 의 원소는 법 m 에 관하여 어느 둘도 합동이 아니고 또 $(g^i, m) = 1$ 이므로 R 는 법 m 에 관한 기약잉여계이다. 그리고, $g^{\varphi(m)} \equiv 1 \pmod{m}$ 이므로 $\{g^1, g^2, \cdots, g^{\varphi(m)}\}$ 도 또한 법 m 에 관한 기약잉여계이다.

(5), (6) 정리 5.1.3 에 의하여 (5), (6) 이 성립한다.

보기 5.2.3 素數 7 의 원시근은 3 과 5 뿐이다(보기 2.2.2). 따라서

$$\{3^0, 3^1, 3^2, 3^3, 3^4, 3^5\}, \quad \{5^0, 5^1, 5^2, 5^3, 5^4, 5^5\}$$

은 모두 법 7 에 관한 기약잉여계이다.

정리 5.2.3 정수 p 가 홀수인 素數일 때, 다음이 성립한다.

(1) 정수 d 가 $\varphi(p) = p-1$ 의 양의 약수이면, $\mathbb{Z}_p{}^* = \{1, 2, \cdots, p-1\}$ 안에 법 p 에 관한 위수가 d 인 원소가 $\varphi(d)$ 개 존재한다.

(2) p 의 원시근은 $\varphi(p-1)$ 개 존재한다.

증 명 이제 $p-1$ 의 각 양의 약수 d 에 대하여

$$X_d = \{ a \in \mathbb{Z}_p^* \mid \operatorname{ord}_p a = d \}, \quad \psi(d) = |X_d|$$

이라고 하자. 이 때, 각 $a \in \mathbb{Z}_p^*$ 에 대하여 $\operatorname{ord}_g a \,|\, (p-1)$ 이므로,

$$\psi(d) \geq 0, \qquad \sum_{d|(p-1)} \psi(d) = p-1$$

이고 정리 4.3.6 에 의하여 $\sum_{d|(p-1)} \varphi(d) = p-1$ 이므로 다음이 성립한다.

$$(*) \qquad \sum_{d|(p-1)} \psi(d) = p-1 = \sum_{d|(p-1)} \varphi(d)$$

그런데, $p-1$ 의 모든 양의 약수 d 에 대하여 $\varphi(d) \geq 1$ 이고, 또 $p-1$ 의 양의 약수 d 중에는 $\psi(d) \geq 1$ 인 양의 약수 d 가 존재한다.

한편, $p-1$ 의 임의의 양의 약수 d 에 대하여 $\psi(d) \geq 1$ 일 때, $a \in X_d$ 이라고 하면, $\operatorname{ord}_p a = d$ 이므로 합동식 $x^d \equiv 1 \pmod p$ 는 d 개의 해

$$x \equiv a^0 \pmod p, \; x \equiv a^1 \pmod p, \; \cdots, \; x \equiv a^{d-1} \pmod p$$

를 가진다(보기 5.1.9). 한편, 임의의 $c \in X_d$ 에 대하여 $\operatorname{ord}_p c = d$ 이므로 $c^d \equiv 1 \pmod p$ 이고 따라서 $x \equiv c \pmod p$ 는 합동식 $x^d \equiv 1 \pmod p$ 의 해이므로 위의 결과에 의하여 c 는 법 p 에 관하여 $a^0, a^1, \cdots, a^{d-1}$ 중의 어느 하나와 합동이고 또 정리 5.1.3 에 의하여 이들 중에서 법 p 에 관한 위수가 d 인 것은 $\varphi(d)$ 개 존재하므로 $\psi(d) = \varphi(d)$ 이다.

이 결과와 등식 (*) 에 의하여 $\psi(d) = \varphi(d)$ 이다.

특히, $\psi(p-1) = \varphi(p-1)$ 이므로 p 의 원시근은 $\varphi(p-1)$ 개 존재한다.

보기 5.2.4 정수 $1, 2, \cdots, 10$ 의 법 11 에 관한 위수는 아래 표와 같다.

$2^1 \equiv 2, \; 2^2 \equiv 4, \; 2^3 \equiv 8, \; 2^4 \equiv 5,$
$2^5 \equiv 10, \; 2^6 \equiv 9, \; 2^7 \equiv 7, \; 2^8 \equiv 3,$
$2^9 \equiv 6, \; 2^{10} \equiv 1 \equiv 2^0 \pmod{11}$

위의 계산에 의하여 11 의 원시근은 2, 6, 7, 8 뿐이다.

위수 d	원 소	$\varphi(d)$
1	1	1
2	10	1
5	3, 4, 5, 9	4
10	2, 6, 7, 8	4

정리 5.2.4 정수 g가 홀수인 素數 p의 원시근이면 $g^{\frac{p-1}{2}} \equiv -1 \pmod p$ 이다.

증 명 Fermat의 정리에 의하여 $(g^{\frac{p-1}{2}})^2 \equiv a^{p-1} \equiv 1 \pmod p$ 이므로 $g^{\frac{p-1}{2}} \equiv 1 \pmod p$ 또는 $g^{\frac{p-1}{2}} \equiv -1 \pmod p$ 이다(정리 3.5.2 참조).
그런데, g는 p의 원시근이므로 $g^{\frac{p-1}{2}} \equiv -1 \pmod p$ 이다.

보기 5.2.5 홀수인 素數 $p = 7$에 대하여

$$6^{\frac{p-1}{2}} \equiv 6^3 \equiv (-1)^3 \equiv -1 \pmod p$$

이지만 $\text{ord}_p 6 = 2$ 이므로 6은 p의 원시근이 아니다.

정리 5.2.5 홀수인 素數 p에 대하여 g를 p의 원시근이라고 하자.

(1) d가 $p-1$의 양의 약수일 때, 합동식 $x^d \equiv 1 \pmod m$은 d개의 해를 가지며 그 해 전체는 다음과 같다.

$$x \equiv g^{\frac{p-1}{d}i} \pmod p \qquad (1 \le i \le d)$$

(2) 합동식 $x^{\frac{p-1}{2}} \equiv 1 \pmod p$의 $\frac{p-1}{2}$ 개의 해 전체는

$$x \equiv g^2,\ x \equiv g^4,\ x \equiv g^6,\ \cdots,\ x \equiv g^{p-1} \pmod p$$

이고, 합동식 $x^{\frac{p-1}{2}} \equiv -1 \pmod p$의 $\frac{p-1}{2}$ 개의 해 전체는 다음과 같다.

$$x \equiv g,\ x \equiv g^3,\ x \equiv g^5,\ \cdots,\ x \equiv g^{p-2} \pmod p$$

증 명 정리 5.2.2에 의하여 $R = \{g^1, g^2, \cdots, g^{p-1}\}$는 법 p에 관한 기약잉여계이고 또 원소 $g^k \in R$에 대하여

$$(g^k)^d \equiv 1 \pmod p \iff kd \equiv 0 \pmod{p-1}$$
$$\iff k \equiv 0 \pmod{\frac{p-1}{d}}$$

이고 또 양의 정수 i, j에 대하여 다음이 성립한다(정리 5.2.2. 정리 3.3.3).

$$g^{\frac{p-1}{d}i} \equiv g^{\frac{p-1}{d}j} \pmod{p}$$

$$\Longleftrightarrow \frac{\varphi(p)}{d} i \equiv \frac{p-1}{d} j \pmod{p-1}$$

$$\Longleftrightarrow i \equiv j \pmod{d}$$

따라서 (1) 이 성립하고 또 정리 4.5.5 에 의하여 (2) 가 성립한다.

보기 5.2.6 정리 5.2.5 와 정리 4.5.5 를 종합하면 다음 결과를 얻는다.

홀수인 素數 p 에 대하여 g 가 p 의 원시근이면, 두 집합

$$A = \{g^2,\ g^4,\ g^6,\ \cdots,\ g^{p-1}\},\quad B = \{1^2,\ 2^2,\ 3^2,\ \cdots,\ (\frac{p-1}{2})^2\}$$

의 원소는 적당한 순서로 법 p 에 관하여 합동이다.

그러므로, 정수 a 가 법 p 에 관하여 A 또는 B 의 원소 중의 어느 하나와 합동일 때 그리고 이때에만 $a^{\frac{p-1}{2}} \equiv 1 \pmod{p}$ 이다. 또한, 이러한 경우에 이차합동식 $x^2 \equiv a \pmod{p}$ 는 두 해를 가진다.

양의 정수 m 이 다음과 같은 꼴일 때 한하여 m 의 원시근이 존재한다.

$$2,\ 4,\ p^k,\ 2p^k \qquad (p \text{ 는 홀수인 素數, } k \geq 1)$$

이에 대한 증명은 §9.1 에서 논한다. 그리고, 이 절에서 논한 정리는 §9.2 에서 원시근을 가진 양의 정수에 대한 정리로 확장한다.

연 습 문 제 (5.2)

1. 보기 5.2.1 을 이용하여 다음과 같은 $a, b, c \in \mathbb{Z}_7{}^*$ 를 구하여라.

   $3 \cdot a \equiv 1 \pmod{7}$, $3^2 \cdot b \equiv 1 \pmod{7}$, $3^3 \cdot c \equiv 1 \pmod{7}$

2. 정수 9 의 원시근은 2, 5 뿐임을 확인하여라.

3. 법 17 에 관하여 3 이 원시근임을 확인하여라. 그리고, 1, 2, 3, 4, ⋯, 16 의 법 17 에 관한 위수를 구하고 이 중에서 17 의 원시근을 구하여라.

4. Fermat 素數 $F_m = 2^{2^m}+1$ $(m \geq 2)$ 에 대하여 2 는 F_m 의 원시근이 아님을 밝혀라.

5. 素數 101 의 원시근의 개수와 素數 107 의 원시근의 개수를 구하여라.

6. 정수 3 이 홀수인 素數 31 의 원시근임을 이용하여 다음 물음에 답하여라.
   (1) $3^{17} \equiv 22 \pmod{31}$, $3^{18} \equiv 4 \pmod{31}$ 임을 확인하여라.
   (2) $\mathrm{ord}_{31}\, a = 6$, $1 \leq a \leq 30$ 일 때, a 를 구하여라.

7. 素數 p 에 대하여 $p \equiv 1 \pmod 4$ 일 때, 법 p 에 관한 위수가 4 인 정수가 존재함을 밝히고 또 합동식 $x^2 \equiv -1 \pmod p$ 의 해가 존재함을 밝혀라.

8. 素數 p 에 대하여 $p \equiv 1 \pmod 8$ 일 때, 법 p 에 관한 위수가 8 인 정수가 존재함을 밝히고 또 합동식 $x^4 \equiv -1 \pmod p$ 의 해가 존재함을 밝혀라.

9. 홀수인 素數 p 에 대하여 g 가 p 의 원시근일 때, $-g$ 가 p 의 원시근이기 위한 필요충분조건은 $p \equiv 1 \pmod 4$ 인 것임을 밝혀라.

10. 정수 m (≥ 3) 의 원시근 g 가 존재할 때, 다음이 성립함을 밝혀라.
   (1) $(a, m) = 1$ 일 때, a^2 은 m 의 원시근이 아니다.
   (2) h 가 m 의 원시근일 때, gh 는 m 의 원시근이 아니다.
   (3) k 가 $gk \equiv 1 \pmod m$ 인 정수이면, k 는 m 의 원시근이다.
   (4) h 가 m 의 원시근일 때, 양의 정수 i, j 에 대하여 $g^i \equiv h^j \pmod m$ 이면 $(i, \varphi(m)) = (j, \varphi(m))$ 이다.

11. 정수 m (≥ 3) 에 대하여 m 의 원시근 g 가 존재하는 경우에 다음이 성립함을 밝혀라.
   (1) $g g^2 \cdots g^{\varphi(m)} \equiv -1 \pmod m$
   (2) 집합 $R = \{r_1, r_2, \cdots, r_{\varphi(m)}\}$ 가 법 m 에 관한 임의의 기약잉여계이면, $r_1 r_2 \cdots r_{\varphi(m)} \equiv -1 \pmod m$ 이다.

   그리고, $m = 8$, $m = 15$ 인 경우에 $R = \{r_1, r_2, \cdots, r_{\varphi(m)}\}$ 가 법 m 에 관한 기약잉여계이면, $r_1 r_2 \cdots r_{\varphi(m)} \equiv 1 \pmod m$ 이다.

§5.3 이산로그

이 절에서는, 원시근이 존재하는 경우에 대하여 논한다.

정의 5.3.1 정수 m의 원시근 g가 존재할 때, $\{g^0, g^1, \cdots, g^{\varphi(m)-1}\}$은 법 m에 관한 기약잉여계이므로 $(a, m) = 1$인 정수 a에 대하여

$$a \equiv g^i \pmod{m}, \quad 0 \le i < \varphi(m)$$

인 정수 i가 단 하나 존재한다(정리 5.2.2 참조).

이러한 정수 i를 (g를 밑수로 가지는) 법 m에 관한 a의 **이산**(離散)**로그** (discrete logarithm) 또는 **지수**(指數, index)라 하고 $\mathrm{ind}_g\, a$로 나타낸다. 즉,

$$\mathrm{ind}_g\, a = i \Leftrightarrow a \equiv g^i \pmod{m}, \quad 0 \le i < \varphi(m)$$

부록의 표 7은 $3 \le p^k < 50$ (p는 素數)인 경우에 p^k의 이산로그표이다. 이산로그표에서 $\mathrm{ind}_g a = 1$일 때, $a = g$이다.

보기 5.3.1 정수 3은 7의 원시근이다. 실제로, $\varphi(7) = 6$이고

$$3^1 \equiv 3 \pmod{7}, \ 3^2 \equiv 2 \pmod{7}, \ 3^3 \equiv 6 \pmod{7},$$
$$3^4 \equiv 4 \pmod{7}, \ 3^5 \equiv 5 \pmod{7}, \ 3^6 \equiv 1 \equiv 3^0 \pmod{7}$$

이므로 3은 7의 원시근이고, 다음이 성립한다.

$$3^1 \equiv 3 \pmod{7} \Leftrightarrow \mathrm{ind}_3\, 3 = 1,$$
$$3^3 \equiv 6 \pmod{7} \Leftrightarrow \mathrm{ind}_3\, 6 = 3$$

a	1	2	3	4	5	6
$\mathrm{ind}_3\, a$	0	2	1	4	5	3

마찬가지로, 2는 3^2의 원시근이다.

실제로, $\varphi(3^2) = 6$이고

$$2^1 \equiv 2, \ 2^2 \equiv 4, \ 2^3 \equiv 8 \pmod{9}$$
$$2^4 \equiv 7, \ 2^5 \equiv 5, \ 2^6 \equiv 1 \pmod{9}$$

a	1	2	4	5	7	8
$\mathrm{ind}_2\, a$	0	1	2	5	4	3

이므로 2는 9의 원시근이고 또 $2^4 \equiv 7 \pmod{9} \Leftrightarrow \mathrm{ind}_2\, 7 = 4$이다.

정리 5.3.2 정수 $m\ (\geq 3)$ 의 원시근 g가 존재하는 경우에 $(a, m) = 1$, $(b, m) = 1$ 인 정수 a, b 와 양의 정수 n 에 대하여 다음이 성립한다.

(1) $\text{ind}_g 1 = 0, \quad \text{ind}_g g = 1$

(2) $a \equiv b \pmod{m} \Leftrightarrow \text{ind}_g a = \text{ind}_g b$

(3) $\text{ind}_g ab \equiv \text{ind}_g a + \text{ind}_g b \pmod{\varphi(m)}$

(4) $\text{ind}_g a^n \equiv n\, \text{ind}_g a \pmod{\varphi(m)}$

(5) $a \not\equiv 1 \pmod{m}$ 일 때,

$$ab \equiv 1 \pmod{m} \Leftrightarrow \text{ind}_g a + \text{ind}_g b = \varphi(m)$$

증 명 (1) $g^0 \equiv 1 \pmod{m}$, $g^1 \equiv g \pmod{m}$ 이므로 (1) 이 성립한다.

(2) 이제 $i = \text{ind}_g a$, $j = \text{ind}_g b$ 이라고 하면,

$$a \equiv g^i \pmod{m}, \quad b \equiv g^j \pmod{m}, \quad 0 \leq i, j < \varphi(m)$$

이므로 다음이 성립한다(정리 5.2.2 참조).

$$a \equiv b \pmod{m} \Leftrightarrow i \equiv j \pmod{\varphi(m)} \Leftrightarrow i = j$$

(3), (4) 이제 $i = \text{ind}_g a$, $j = \text{ind}_g b$ 이라고 하자.

이 때, $a \equiv g^i \pmod{m}$, $b \equiv g^j \pmod{m}$ 이고, 또 r, s 를

$$i + j \equiv r \pmod{\varphi(m)}, \quad 0 \leq r < \varphi(m),$$
$$in \equiv s \pmod{\varphi(m)}, \quad 0 \leq s < \varphi(m)$$

인 정수라고 하면, 다음 결과를 얻는다(정의 5.3.1).

$$ab \equiv g^i g^j \equiv g^{i+j} \equiv g^r \pmod{m}, \quad a^n \equiv g^{in} \equiv g^s \pmod{m}$$
$$\text{ind}_g ab \equiv r \equiv i + j \equiv \text{ind}_g a + \text{ind}_g b \pmod{\varphi(m)},$$
$$\text{ind}_g a^n \equiv s \equiv ni \equiv n\, \text{ind}_g a \pmod{\varphi(m)}$$

(5) $a \not\equiv 1 \pmod{m}$ 일 때, $1 \leq \text{ind}_g a < \varphi(m)$, $0 \leq \text{ind}_g b < \varphi(m)$ 이므로 $1 \leq \text{ind}_g a + \text{ind}_g b < 2\varphi(m)$ 이고 따라서 다음이 성립한다.

$$ab \equiv 1 \pmod{m} \Leftrightarrow \text{ind}_g a + \text{ind}_g b \equiv 0 \pmod{\varphi(m)}$$
$$\Leftrightarrow \text{ind}_g a + \text{ind}_g b = \varphi(m)$$

보기 5.3.3 다음 표는 법 17 에 관한 3 을 밑으로 가지는 이산로그표이다.

a	1	2	3	4	5	6	7	8	9	10	11	12	13	14	15	16
$\text{ind}_3\, a$	0	14	1	12	5	15	11	10	2	3	7	13	4	9	6	8

위의 이산로그표를 이용하여 다음 결과를 얻는다.

$\text{ind}_3\, 6^{20} \equiv 20\ \text{ind}_3\, 6 \equiv 20 \cdot 15 \equiv 12 \pmod{16}$, $\quad 6^{20} \equiv 4 \pmod{17}$

$\text{ind}_3\, 54 \equiv \text{ind}_3 9 + \text{ind}_3 6 \equiv 2 + 15 \equiv 17 \equiv 1 \pmod{16}$

정리 5.3.3 정수 $m\ (\geq 3)$ 의 원시근 g 가 존재하는 경우에 $(a, m) = 1$ 인 정수 a 에 대하여 다음이 성립한다.

(1) $(\text{ind}_g\, a,\ \varphi(m)) = 1$ 일 때 그리고 이때에만 a 는 m 의 원시근이다.

(2) h 가 m 의 원시근이면, 다음이 성립한다.

$$\text{ind}_h\, a \equiv (\text{ind}_h\, g)(\text{ind}_g\, a) \pmod{\varphi(m)}$$

특히, $(\text{ind}_h\, g)(\text{ind}_g\, h) \equiv 1 \pmod{\varphi(m)}$ 이다.

(3) $gh \equiv 1 \pmod{m} \Leftrightarrow \text{ind}_g h = \varphi(m) - 1$

(4) $gh \equiv 1 \pmod{m}$ 일 때, h 는 m 의 원시근이고 $a \not\equiv 1 \pmod{m}$ 이면 $\text{ind}_g a + \text{ind}_h\, a = \varphi(m)$ 이다.

증 명 (1) $\text{ind}_g\, a = i$ 이라고 하면, $a \equiv g^i \pmod{m}$ 이고 정리 5.2.2 에 의하여 $(i,\ \varphi(m)) = 1$ 일 때 그리고 이때에만 a 는 m 의 원시근이므로 (1) 이 성립한다.

(2) 이제 $i = \text{ind}_h\, a,\ j = \text{ind}_h\, g,\ k = \text{ind}_g\, a$ 이라고 하면,

$$a \equiv h^i \pmod{m}, \quad g \equiv h^j \pmod{m}, \quad a \equiv g^k \pmod{m},$$

$$h^i \equiv a \equiv g^k \equiv (h^j)^k \equiv h^{jk} \pmod{m}$$

이고 따라서 $i \equiv jk \pmod{\varphi(m)}$ 이므로 다음이 성립한다(정리 5.2.2).

$$\text{ind}_h\, a \equiv i \equiv jk \equiv (\text{ind}_h\, g)(\text{ind}_g\, a) \pmod{\varphi(m)}$$

(3) $gh \equiv 1 \pmod{m}$ 이면, 정리 5.3.2 에 의하여

$$\text{ind}_g g + \text{ind}_g h \equiv 0 \pmod{\varphi(m)}, \quad 0 \leq \text{ind}_g h < \varphi(m)$$

이므로 $\operatorname{ind}_g h \equiv -1 \pmod{\varphi(m)}$ 이고 따라서 $\operatorname{ind}_g h = \varphi(m)-1$ 이다.

역으로, $\operatorname{ind}_g h = \varphi(m)-1$ 이면,

$$\operatorname{ind}_g gh = \operatorname{ind}_g g + \operatorname{ind}_g h \equiv \varphi(m) \equiv 0 \pmod{\varphi(m)}$$

이므로 $gh \equiv 1 \pmod{m}$ 이다.

(4) $gh \equiv 1 \pmod{m}$ 일 때, 정리 5.1.5 에 의하여

$$\operatorname{ord}_m h = \operatorname{ord}_m g = \varphi(m)$$

이므로 h 는 m 의 원시근이고 또 (2), (3) 에 의하여 다음이 성립한다.

$$\operatorname{ind}_g a \equiv (\operatorname{ind}_g h)(\operatorname{ind}_h a) \equiv -\operatorname{ind}_h a \pmod{\varphi(m)}$$

즉,
$$\operatorname{ind}_g a + \operatorname{ind}_h a \equiv 0 \pmod{\varphi(m)}$$

특히, $a \not\equiv 1 \pmod{m}$ 이면, $1 \le \operatorname{ind}_g a < \varphi(m)$, $1 \le \operatorname{ind}_h a < \varphi(m)$ 이므로 $2 \le \operatorname{ind}_g a + \operatorname{ind}_h a < 2\varphi(m)$ 이고 따라서 위의 결과에 의하여 $\operatorname{ind}_g a + \operatorname{ind}_h a = \varphi(m)$ 이다.

보기 5.3.4 다음 표는 법 13 에 관한 이산로그표이다(표 7 참조).

a	1	2	3	4	5	6	7	8	9	10	11	12	(mod 13)
$\operatorname{ind}_2 a$	0	1	4	2	9	5	11	3	8	10	7	6	(mod 12)

위의 표에서, $(\operatorname{ind}_2 a, 12) = 1$ 인 $\operatorname{ind}_2 a$ 는 1, 5, 7, 11 뿐이고 따라서 13 의 원시근은 2, 6, 11, 7 뿐이다. 그리고,

$$\operatorname{ind}_2 7 = 11 = 12-1 \quad 즉 \quad 2 \cdot 7 \equiv 1 \pmod{13}$$

이므로, $a \not\equiv 1 \pmod{13}$ 일 때 $\operatorname{ind}_7 a + \operatorname{ind}_2 a = 12$ 이다. 또,

$$(\operatorname{ind}_2 6)(\operatorname{ind}_6 2) \equiv 1 \pmod{12} \quad 즉 \quad 5(\operatorname{ind}_6 2) \equiv 1 \pmod{12}$$

이므로 $\operatorname{ind}_6 2 = 5$ 이고 다음 등식이 성립한다.

$$\operatorname{ind}_6 a \equiv (\operatorname{ind}_6 2)(\operatorname{ind}_2 a) \equiv 5 \operatorname{ind}_g a \pmod{12}$$

마찬가지로, $\operatorname{ind}_6 11 = 11 = 12-1$ 이므로 $6 \cdot 11 \equiv 1 \pmod{13}$ 이고, 또 $a \not\equiv 1 \pmod{13}$ 일 때 $\operatorname{ind}_{11} a + \operatorname{ind}_6 a = 12$ 이다.

이 결과로부터 다음 이산로그표를 얻는다.

a	1	2	3	4	5	6	7	8	9	10	11	12
$\text{ind}_2\, a$	0	1	4	2	9	5	11	3	8	10	7	6
$\text{ind}_7\, a$	0	11	8	10	3	7	1	9	4	2	5	6
$\text{ind}_6\, a$	0	5	8	10	9	1	7	3	4	2	11	6
$\text{ind}_{11}\, a$	0	7	4	2	3	11	5	9	8	10	1	6

아래의 두 보기에서 $\text{ind}_g\, a$ 를 간단히 $\text{ind}\, a$ 로 나타내기로 한다.

보기 5.3.5 합동식 $13x^{18} \equiv 3 \pmod{25}$ 의 해를 구해 보자(표 7 참조).
먼저 $\varphi(25) = 20$, $(13, 25) = 1$ 이므로, 이 합동식은 다음과 동치이다.

$$\text{ind}\, 13 + 18\, \text{ind}\, x \equiv \text{ind}\, 3 \pmod{20}$$
$$19 + 18\, \text{ind}\, x \equiv 7 \pmod{20}$$
$$18\, \text{ind}\, x \equiv -12 \equiv 8 \pmod{20}$$

한편, $(18, 20) = 2$, $2 \mid 8$ 이므로 이 합동식은

$$9\, \text{ind}\, x \equiv 4 \pmod{10}$$

으로 고쳐 쓸 수 있고 또한 $9 \cdot 6 \equiv 4 \pmod{10}$ 이므로 이 합동식의 해는

$$\text{ind}\, x \equiv 6 \pmod{10}$$

이고 이를 법 20 에 관한 두 합동식

$$\text{ind}\, x \equiv 6 \pmod{20},$$
$$\text{ind}\, x \equiv 6 + 10 \equiv 16 \pmod{20}$$

으로 고쳐 쓸 수 있다(정리 3.3.3). 따라서 구하는 해는 다음과 같다.

$$x \equiv 14 \pmod{25}, \qquad x \equiv 11 \pmod{25}$$

보기 5.3.6 합동식 $6^x \equiv 7 \pmod{13}$ 의 해를 구해 보자.
먼저 $\varphi(13) = 12$, $(6, 13) = 1$ 이고 위의 합동식은 합동식

$$x\, \text{ind}\, 6 \equiv \text{ind}\, 7 \pmod{12} \quad \text{즉} \quad 5x \equiv 11 \equiv -1 \pmod{12}$$

과 동치이므로, 구하는 해는 $x \equiv 7 \pmod{12}$ 이다(보기 5.3.4 참조).

다음에 논할 프로토콜(protocol, 약정서)은 여러 사용자가 동일한 비밀열쇠를 서로 교환하는 데 이용되며 Diffie, Hellman 이 고안한 것이다(§4.6 참조).

[열쇠의 교환]

두 사용자 A, B 는 서로 상의하여 상당히 큰 홀수인 素數 p 와 그리고 p 의 원시근 g 를 택하고 p 와 g 를 공개한다.

(1) 사용자 A 는 $1 \le r \le p-1$ 인 정수 r 를 임의로 택하여

$$u_1 \equiv g^r \pmod{p}, \qquad 1 \le u_1 \le p-1$$

인 정수 u_1 을 구하고 이 값을 B 에게 보낸다.

(2) 사용자 B 는 $1 \le s \le p-1$ 인 정수 s 를 임의로 택하여

$$u_2 \equiv g^s \pmod{p}, \qquad 1 \le u_2 \le p-1$$

인 정수 u_2 를 구하고 이 값을 A 에게 보낸다.

(3) 사용자 A 는

$$v \equiv {u_2}^r \pmod{p}, \qquad 1 \le v \le p-1$$

인 정수 v 를 구하여 v 를 열쇠로 사용한다.

(4) 사용자 B 는

$$v \equiv {u_1}^s \pmod{p}, \qquad 1 \le v \le p-1$$

인 정수 v 를 구하여 v 를 열쇠로 사용한다.

위의 단계 (3), (4) 에서 다음이 성립한다.

$${u_2}^r \equiv (g^s)^r \equiv g^{sr} \equiv (g^r)^s \equiv {u_1}^s \pmod{p}$$

위의 프로토콜에서 p 와 g 를 적절히 택하면, 공격자가 u_1, u_2 의 값을 알더라도 열쇠 v 의 값을 알아낼 수 없다. 실제로, v 를 구하려면

$$r = \operatorname{ind}_g u_1 \quad \text{또는} \quad s = \operatorname{ind}_g u_2$$

의 값을 알아내야 하는데, 일반적으로 합당한 시간 안에 이 값을 구하기는 그리 쉽지 않다.

보기 5.3.6 홀수인 素數 $p=37$에 대하여 $\varphi(p)=36$이고, $g=2$는 p의 원시근이다. 이제

$$(r, p)=(s, p)=1, \qquad 1 \leq r \neq s \leq p-1$$

인 두 양의 정수 r, s에 대하여 정수 u_1, u_2, v를 다음과 같이 정하자.

$$u_1 \equiv g^r \pmod{37}, \quad u_2 \equiv g^s \pmod{37}, \quad 1 \leq u_1, u_2 \leq 36$$

$$v \equiv {u_2}^r \pmod{37}, \quad 1 \leq v \leq 36$$

이 때, $\mathrm{ind}_g u_1 = r$, $\mathrm{ind}_g u_2 = s$ 이고 또

$$v \equiv {u_2}^r \equiv (g^s)^r \equiv g^{rs} \equiv (g^r)^s \equiv {u_1}^s \pmod{37}$$

이므로 다음이 성립한다(정리 5.3.2).

$$\mathrm{ind}_g v \equiv \mathrm{ind}_g {u_2}^r \equiv r\,\mathrm{ind}_g u_2 \equiv rs \pmod{36},$$
$$\mathrm{ind}_g v \equiv \mathrm{ind}_g {u_1}^s \equiv s\,\mathrm{ind}_g u_1 \equiv rs \pmod{36},$$
$$\mathrm{ind}_g v \equiv rs \pmod{36}$$

예를 들어 $r=19$, $s=11$인 경우에 위의 계산을 생각해 보자.

표 7에 의하여 $\mathrm{ind}_g 35 = 19 = r$, $\mathrm{ind}_g 13 = 11 = s$이므로

$$u_1 \equiv g^r \equiv 35 \pmod{37}, \qquad u_2 \equiv g^s \equiv 13 \pmod{37}$$

이므로 $u_1 = 35$, $u_2 = 13$이다. 그리고,

$$\mathrm{ind}_g v \equiv rs \equiv 19 \cdot 11 \equiv 209 \equiv 29 \pmod{36}, \quad \mathrm{ind}_9 24 = 29$$

이므로 $v \equiv 24 \pmod{37}$이고 따라서 $v = 24$이다.

이산로그의 활용 문제에 대해서는 [해설 5.3]에서 논한다.

연 습 문 제 (5.3)

1. 보기 5.3.4 의 이산로그표를 이용하여 다음과 같은 정수 a를 구하여라.

(1) $a \equiv (g^{10})^3 \pmod{13}, \quad 1 \leq a \leq 12$

(2) $a \equiv (g^5)^{20} \pmod{13}, \quad 1 \leq a \leq 12$

2. 보기 5.3.6 에서 이산로그표를 이용하여 다음과 같은 정수 a 를 구하여라.

   (1) $a \equiv g^{11} \pmod{37}$, $1 \le a \le 36$

   (2) $a \equiv g^{20} g^{23} \pmod{37}$, $1 \le a \le 36$

3. 정수 6 이 素數 11 의 원시근임을 밝혀라. 그리고, $g = 6$ 을 밑으로 가지는 법 11 에 관한 이산로그표를 만들고, 다음 물음에 답하여라.

   (1) $6^e \equiv 8 \pmod{11}$, $1 \le e \le 10$ 인 정수 e 를 구하여라.

   (2) $a \equiv 3^7 \pmod{11}$, $1 \le a \le 10$ 인 정수 a 를 구하여라.

4. 정수 2 가 5^2 의 원시근임을 밝히고 5^2 의 원시근을 모두 구하여라.
   그리고, 2 를 밑으로 가지는 법 5^2 에 관한 이산로그표를 구하여라.

5. 이산로그표를 이용하여 37 의 원시근을 모두 구하여라.
   그리고, $2 \cdot b \equiv 1 \pmod{37}$, $2 \le b \le 36$ 인 정수 b 를 구하여 법 37 에 관한 b 를 밑수로 가지는 이산로그표를 구하여라.

6. 이산로그표를 이용하여 다음 합동식의 해를 구하여라.

   (1) $27x^{22} \equiv 3 \pmod{11}$ (2) $10^{x^2} + 12 \equiv 0 \pmod{23}$

7. 이산로그표를 이용하여 다음 합동식의 해를 구하여라.

   (1) $13x^2 + 8 \equiv 0 \pmod{25}$ (2) $3x^{23} - 26 \equiv 0 \pmod{19}$

   (3) $17^x \equiv 31 \pmod{19}$ (4) $2^x - x \equiv 0 \pmod{13}$

8. 이산로그표를 이용하여 다음 합동식의 해를 구하여라.

   (1) $(x+10)^{20} \equiv 6 \pmod{43}$ (2) $13x^{18} \equiv 3 \pmod{25 \cdot 23}$

9. 양의 정수 n 에 대하여 $2^n + 3^n$ 이 17 의 배수일 때, 이산로그표를 이용하여 $n \equiv 8 \pmod{16}$ 임을 증명하여라.

10. 정수 $m\ (\ge 3)$ 에 대하여 법 m 에 관한 원시근 g 가 존재할 때, 합동식

$$a^x \equiv b \pmod{m}, \qquad (a, m) = 1$$

는 $(\mathrm{ind}_g\, a, \varphi(m)) \mid \mathrm{ind}_g\, b$ 일 때 그리고 이때에만 해를 가짐을 증명하여라.

§5.4 실수의 소수 표현

양의 실수 x는

$$x = [x] + \{\{x\}\} \qquad ([x]\text{는 정수, } 0 \le \{\{x\}\} < 1)$$

으로 나타내어지고, 정수 $b\ (\ge 2)$에 대하여 $b^m \le [x] < b^{m+1}$일 때 정수 $[x]$는 다음과 같이 b진법으로 나타내어진다(정의 1.4.5, 정리 2.5.1).

$$[x] = r_m r_{m-1} \cdots r_1 r_{0\,(b)} = r_m b^m + r_{m-1} b^{m-1} + \cdots r_1 b + r_0$$

$$1 \le r_m < b, \qquad 0 \le r_i < b \quad (0 \le i \le m-1)$$

이 절에서는, 양의 실수를 b진법으로 나타내는 방법에 대하여 논한다.

정리 5.4.1 양의 실수 x와 정수 $b\ (\ge 2)$에 대하여

$$\begin{aligned} x &= [x] + \{\{x\}\}, & [x] &= r_m \cdots r_1 r_{0\,(b)}, \\ \xi_1 &= \{\{x\}\}, & s_1 &= [b\xi_1], \\ \xi_2 &= b\xi_1 - s_1, & s_2 &= [b\xi_2], \\ &\vdots & &\vdots \\ \xi_{i+1} &= b\xi_i - s_i, & s_{i+1} &= [b\xi_{i+1}] \qquad (i \ge 1) \end{aligned}$$

이라고 하면 다음이 성립한다.

$$\{\{x\}\} = \sum_{i=1}^{\infty} \frac{s_i}{b^i} = \frac{s_1}{b} + \frac{s_2}{b^2} + \cdots + \frac{s_n}{b^n} + \cdots \qquad (0 \le s_i < b)$$

$$x = r_m b^m + \cdots + r_1 b + r_0 + \frac{s_1}{b} + \frac{s_2}{b^2} + + \cdots + \frac{s_n}{b^n} + \cdots$$

증 명 먼저 $0 < \xi_1 < 1$이므로 $0 < b\xi_1 < b$, $0 \le s_1 = [b\xi_1] < b$이다. 그리고, $i \ge 1$일 때,

$$\xi_{i+1} = b\xi_i - s_i, \qquad s_i = [b\,\xi_i]$$

이므로 $0 \le \xi_{i+1} < 1$, $0 \le b\xi_{i+1} < b$, $0 \le s_{i+1} < b$이고 따라서

$$\xi_i = \frac{s_i}{b} + \frac{\xi_{i+1}}{b}, \qquad 0 \le s_i < b,\ 0 \le \xi_{i+1} < 1$$

이므로 양의 정수 n에 대하여 다음이 성립한다.

$$\xi_1 = \frac{s_1}{b} + \frac{\xi_2}{b}, \quad \xi_2 = \frac{s_2}{b} + \frac{\xi_3}{b}, \quad \cdots, \quad \xi_n = \frac{s_n}{b} + \frac{\xi_{n+1}}{b},$$

$$\xi_1 = \frac{s_1}{b} + \frac{s_2}{b^2} + \cdots + \frac{s_n}{b^n} + \frac{\xi_{n+1}}{b^n}$$

그런데,

$$\frac{s_1}{b} + \frac{s_2}{b^2} + \cdots + \frac{s_n}{b^n} < 1 + \frac{1}{b} + \frac{1}{b^2} + \cdots + \frac{1}{b^{n-1}},$$

$$1 + \frac{1}{b} + \frac{1}{b^2} + \cdots + \frac{1}{b^{n-1}} + \cdots = \frac{1}{1 - \frac{1}{b}} = \frac{b}{b-1}$$

이므로, 비교판정법에 의하면 $\sum_{i=1}^{\infty} \frac{s_i}{b^i}$ 는 수렴하고 따라서 다음이 성립한다.

$$\{\{x\}\} = \xi_1 = \sum_{i=1}^{\infty} \frac{s_i}{b^i} = \frac{s_1}{b} + \frac{s_2}{b^2} + \cdots + \frac{s_n}{b^n} + \cdots,$$

$$x = r_m b^m + \cdots + r_1 b + r_0 + \frac{s_1}{b} + \frac{s_2}{b^2} + \cdots + \frac{s_n}{b^n} + \cdots$$

위의 두 등식을 각각 $\{\{x\}\}$, x의 b진법에 관한 **전개식**이라고 하며,

$$\{\{x\}\} = 0.s_1 s_2 \cdots s_n \cdots_{(b)},$$

$$x = r_m \cdots r_1 r_0\,_{(b)} + 0.s_1 s_2 \cdots s_n \cdots_{(b)}$$

$$= r_m \cdots r_1 r_0 . s_1 s_2 \cdots s_n \cdots_{(b)}$$

로 나타내고 b를 **밑수**(base)라고 한다. 여기서, 적당한 양의 정수 n에 대하여 $s_{n+1} = s_{n+2} = s_{n+3} = \cdots = 0$인 경우에 실수 $\{\{x\}\}$, x를 각각

$$\{\{x\}\} = 0.s_1 s_2 \cdots s_n\,_{(b)}, \quad x = r_m \cdots r_1 r_0 . s_1 s_2 \cdots s_n\,_{(b)}$$

로 나타낸다. 즉,

$$0.s_1 s_2 \cdots s_n\,_{(b)} = \frac{s_1}{b} + \frac{s_2}{b^2} + \cdots + \frac{s_n}{b^n},$$

$$r_m \cdots r_1 r_0 . s_1 \cdots s_n\,_{(b)} = r_m \cdots r_1 r_0\,_{(b)} + 0.s_1 \cdots s_n\,_{(b)}$$

$$= r_m b^m + \cdots + r_1 b + r_0 + \frac{s_1}{b} + \cdots + \frac{s_n}{b^n}$$

밑수가 10 인 경우에는 흔히 이 밑수를 생략한다.

보기 5.4.1 유리수 $\frac{1}{8}$ 에 대하여 다음이 성립한다.

$$\xi_1 = \frac{1}{8}, \qquad s_1 = \left[10 \cdot \frac{1}{8}\right] = 1,$$
$$\xi_2 = 10 \cdot \frac{1}{8} - 1 = \frac{2}{8}, \quad s_2 = \left[10 \cdot \frac{2}{8}\right] = 2,$$
$$\xi_3 = 10 \cdot \frac{2}{8} - 2 = \frac{4}{8}, \quad s_3 = \left[10 \cdot \frac{4}{8}\right] = 5,$$
$$\xi_4 = 10 \cdot \frac{4}{8} - 5 = 0, \quad s_4 = [10 \cdot 0] = 0$$

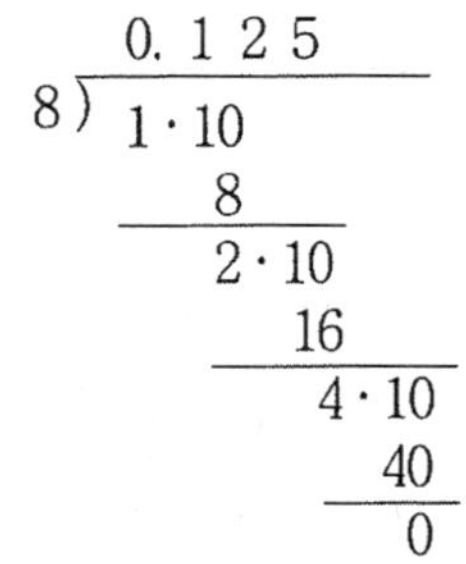

따라서 $\frac{1}{8} = 0.1250000\cdots = 0.125$ 이다.

보기 5.4.2 유리수 $\frac{1}{6}$ 에 대하여 다음이 성립한다.

$$\xi_1 = \frac{1}{6}, \qquad s_1 = \left[8 \cdot \frac{1}{6}\right] = 1,$$
$$\xi_2 = 8 \cdot \frac{1}{6} - 1 = \frac{2}{6}, \quad s_2 = \left[8 \cdot \frac{2}{6}\right] = 2,$$
$$\xi_3 = 8 \cdot \frac{2}{6} - 2 = \frac{4}{6}, \quad s_3 = \left[8 \cdot \frac{4}{6}\right] = 5,$$
$$\xi_4 = 8 \cdot \frac{4}{6} - 5 = \frac{2}{6} = \xi_2, \quad s_4 = s_2 = 2,$$
$$\xi_5 = \xi_4 - s_4 = \xi_2 - s_2 = \xi_3, \quad s_5 = s_3 = 5$$

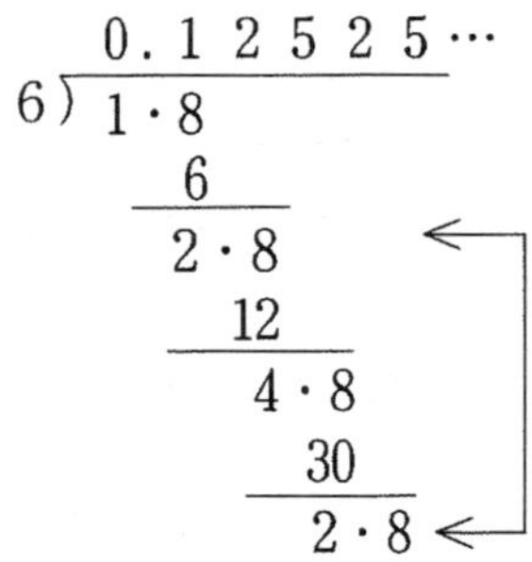

따라서 $\frac{1}{6} = 0.1252525\cdots_{(8)}$ 이다.

양의 실수 x 를 $x = r_m \cdots r_1 r_0 . s_1 s_2 \cdots s_n \cdots_{(b)}$ 와 같은 꼴로 나타내는 것을 b 진법에 관하여 **소수**(小數, decimal fraction)의 꼴로 나타낸다고 하자. 본래 소수는 10 진법에 대한 용어이지만, 이 용어를 이와 같이 넓은 의미로 사용하기로 한다. 특히, x 가 $x = r_m \cdots r_1 r_0 . s_1 s_2 \cdots s_{n\,(b)}$ 와 같은 꼴로 나타내어질 때 x 는 b 진법에 관하여 **유한소수**(terminating decimal fraction)의 꼴로 나타내어진다고 하고, 그렇지 않을 때 x 는 b 진법에 관하여 **무한소수**

의 꼴로 나타내어진다고 하자.

그리고, $x = r_m \cdots r_1 r_0 . s_1 s_2 \cdots s_n \cdots {}_{(b)}$ 에서 적당한 정수 d (≥ 0) 와 양의 정수 r 에 대하여 소수점 아래 $d+1$ 번째 항 s_{d+1} 부터 차례로 r 개의 항 $s_{d+1}, \cdots, s_{d+r}$ 가 이 순서대로 무한히 되풀이되는 경우에 x 를

$$x = r_m \cdots r_1 r_0 . s_1 s_2 \cdots s_d \overline{s_{d+1} \cdots s_{d+r}}\ {}_{(b)}$$

로 나타내고 b 진법에 관하여 **순환소수**(循環小數, periodic decimal fraction) 의 꼴로 나타내어진다고 하자. 여기서, r 가 이와 같은 양의 정수 중에서 가장 작은 양의 정수일 때, r 를 **주기**(週期, period)라 하고 또 $s_{d+1}, \cdots, s_{d+r}$ 를 **순환마디**라고 한다. 특히, 다음이 성립한다.

$$r_m \cdots r_1 r_0 . \overline{s_1 s_2 \cdots s_r}\ {}_{(b)} = r_m \cdots r_1 r_0 . s_1 \cdots s_r s_1 \cdots s_r \cdots {}_{(b)}$$

$$\frac{1}{3} = 0.3333 \cdots = 0.\overline{3}, \quad \frac{1}{6} = 0.1252525 \cdots {}_{(8)} = 0.1\overline{25}\ {}_{(8)}$$

정리 5.4.2 양의 실수 x 가 b 진법에 관하여 유한소수 또는 순환소수의 꼴로 나타내어지면, x 는 유리수이다.

증 명 먼저 $x = r_m \cdots r_1 r_0 . s_1 s_2 \cdots s_n {}_{(b)}$ 이면,

$$x = r_m b^m + \cdots + r_1 b + r_0 + \frac{s_1}{b} + \frac{s_2}{b^2} + \cdots + \frac{s_n}{b^n}$$

이므로 x 는 분명히 유리수이다.

한편, $x = r_m \cdots r_1 r_0 . s_1 \cdots s_d \overline{s_{d+1} s_{d+2} \cdots s_{d+r}}\ {}_{(b)}$ 일 때,

$$\begin{aligned}
&0 . s_1 \cdots s_d \overline{s_{d+1} s_{d+2} \cdots s_{d+r}}\ {}_{(b)}, \\
&= \frac{s_1}{b} + \cdots + \frac{s_d}{b^d} + \left(\frac{s_{d+1}}{b^{d+1}} + \cdots + \frac{s_{d+r}}{b^{d+r}}\right)\left(1 + \frac{1}{b^r} + \frac{1}{b^{2r}} + \cdots\right) \\
&= \frac{s_1}{b} + \cdots + \frac{s_d}{b^d} + \left(\frac{s_{d+1}}{b} + \frac{s_{d+2}}{b^2} + \cdots + \frac{s_{d+r}}{b^r}\right) \cdot \frac{b^r}{b^r - 1} \\
&= \frac{s_1 b^{d-1} + \cdots + s_d}{b^d} + \frac{s_{d+1} b^{r-1} + + \cdots + s_{d+r}}{b^d (b^r - 1)}
\end{aligned}$$

이므로 x 는 유리수이다.

보기 5.4.3 정리 5.4.2의 증명에 의하여 다음 결과를 얻는다.

(1) $$0.\overline{123} = \frac{1\cdot 10^2+2\cdot 10+3}{10^3-1} = \frac{123}{999}$$

(2) $$2.45\overline{123} = 2+\frac{4\cdot 10+5}{10^2}+\frac{1\cdot 10^2+2\cdot 10+3}{10^2(10^3-1)}$$
$$= \frac{245}{100}+\frac{123}{99900} = \frac{245\cdot 999+123}{99900}$$

(3) $$0.234\overline{23}_{(5)} = \frac{2\cdot 5^2+3\cdot 5+4}{5^3}+\frac{2\cdot 5+3}{5^3\cdot(5^2-1)}$$
$$= \frac{69\cdot 24+13}{125\cdot 24} = \frac{1669}{3000}$$

정리 5.4.3 정수 $b\ (\geq 2)$의 표준분해가 $b = p_1^{e_1}p_2^{e_2}\cdots p^{e_k}$인 경우에, 양의 유리수 u가

$$(*)\qquad u = \frac{a}{p_1^{t_1}p_2^{t_2}\cdots p_k^{t_k}} \qquad (a \text{ 는 양의 정수, } t_i \geq 0)$$

와 같은 꼴로 나타내어질 때 그리고 이때에만 u는 b진법에 관하여

$$u = r_m\cdots r_1 r_0 . s_1 s_2 \cdots s_{n\,(b)} \qquad (m \geq 0,\ n \geq 1)$$

와 같은 유한소수의 꼴로 나타내어진다.

증 명 유리수 u가 $(*)$와 같은 꼴일 때, $n = \max\{t_1, t_2, \cdots, t_k\}$이라고 하면 $b^n = p_1^{ne_1}p_2^{ne_2}\cdots p_k^{ne_k}$은 $p_1^{t_1}p_2^{t_2}\cdots p_k^{t_k}$의 배수이므로 적당한 양의 정수 e에 대하여

$$b^n = p_1^{t_1}p_2^{t_2}\cdots p_k^{t_k}e, \quad u = \frac{ae}{b^n}$$

이고 이때 ae는

$$ae = r_m\cdots r_1 r_0 s_1 s_2 \cdots s_{n-1}s_{n\,(b)} \qquad (m \geq 0,\ n \geq 1)$$

과 같은 꼴로 나타내어지므로 다음이 성립한다.

$$u = \frac{ae}{b^n} = r_m b^m + \cdots + r_1 b + r_0 + \frac{s_1}{b} + \frac{s_2}{b^2} + \cdots + \frac{s_n}{b^n}$$
$$= r_m\cdots r_1 r_0 . s_1 s_2 \cdots s_{n\,(b)}$$

역으로, 양의 유리수 u가 b진법에 관하여

$$u = r_m \cdots r_1 r_0 . s_1 s_2 \cdots s_{n\,(b)} \qquad (m \geq 0,\ n \geq 1)$$

와 같은 유한소수의 꼴로 나타내어질 때,

$$u = r_m b^m + \cdots + r_1 b + r_0 + \frac{s_1}{b} + \frac{s_2}{b^2} + \cdots + \frac{s_n}{b^n}$$

$$= \frac{r_m b^{m+n} + \cdots + r_1 b^{n+1} + r_0 b^n + s_1 b^{n-1} + s_2 b^{n-2} + \cdots + s_n}{b^n}$$

이므로 u는 $u = \dfrac{a}{p_1^{ne_1} p_2^{ne_2} \cdots p_k^{ne_k}}$ 와 같은 꼴로 나타내어진다.

보기 5.4.4 다음이 성립한다.

(1) $\dfrac{11}{2^3} = \dfrac{11 \cdot 5^3}{2^3 \cdot 5^3} = \dfrac{1375}{1000} = 1.375, \quad \dfrac{11}{2^2 \cdot 5} = \dfrac{55}{10^2} = 0.55$

(2) $\dfrac{13}{8} = \dfrac{2^3 + 2^2 + 1}{2^3} = 1 + \dfrac{1}{2} + \dfrac{1}{2^3} = 1.101_{(2)}$

(3) $\dfrac{4}{9} = \dfrac{4}{3^2} = \dfrac{4 \cdot 2^2}{3^2 \cdot 2^2} = \dfrac{2 \cdot 6 + 4}{6^2} = \dfrac{2}{6} + \dfrac{4}{6^2} = 0.24_{(6)}$

보기 5.4.5 오른쪽 계산 과정에서 마지막에 1로 되돌아오는 것은 6회 계산한 후이고 또 다음이 성립한다.

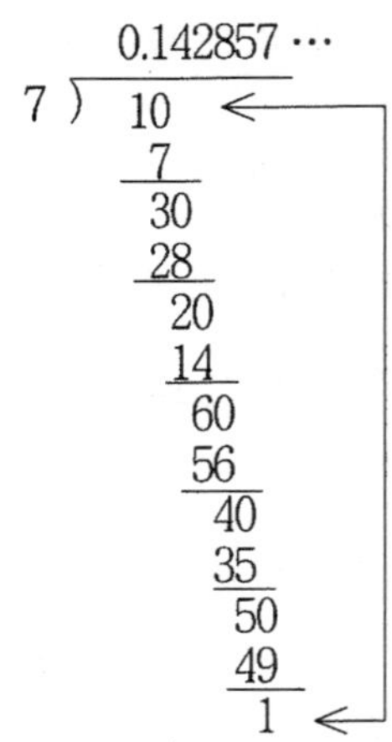

$10 \equiv 3 \pmod 7, \quad 10^2 \equiv 2 \pmod 7,$

$10^3 \equiv 6 \pmod 7, \quad 10^4 \equiv 4 \pmod 7,$

$10^5 \equiv 5 \pmod 7, \quad 10^6 \equiv 1 \pmod 7,$

$\mathrm{ord}_7\, 10 = 6, \qquad \dfrac{10^6 - 1}{7} = 142857$

이 계산으로부터 다음 결과를 얻는다.

$\dfrac{1}{7} = 0.\overline{142857}, \quad \dfrac{3}{7} = 0.\overline{428571}, \quad \dfrac{2}{7} = 0.\overline{285714},$

$\dfrac{6}{7} = 0.\overline{857142}, \quad \dfrac{4}{7} = 0.\overline{571428}, \quad \dfrac{5}{7} = 0.\overline{714285}$

정리 5.4.4 정수 $q\ (\geq 2)$ 와 $(b, q) = 1$, $b \geq 2$ 인 정수 b 에 대하여 $r = \text{ord}_q b$ 이라고 할 때, $(c, q) = 1$, $1 \leq c \leq q-1$ 인 정수 c 에 대하여 정수 $\dfrac{c(b^r-1)}{q}$ 는

$$(*) \qquad \frac{c(b^r-1)}{q} = s_1 b^{r-1} + s_2 b^{r-2} + \cdots + s_{r-1} b + s_r$$

$$0 \leq s_i < b \qquad (1 \leq i \leq r)$$

과 같은 꼴로 같은 꼴로 나타내어지고, 이 경우에 다음이 성립한다.

(1) $\dfrac{c}{q} = 0.\overline{s_1 s_2 \cdots s_{r-1} s_r}_{\,(b)}$ 이고 또 그 주기는 r 이다.

(2) 각 $i\ (0 \leq i < r)$ 에 대하여 $c_i \equiv c\,b^i \pmod{q}$, $1 \leq c_i \leq q-1$ 이라고 하면, $\dfrac{c_i}{q} = 0.\overline{s_{i+1} \cdots s_r s_1 \cdots s_i}_{\,(b)}$ 이다.

증 명 가정에 의하여 $\text{ord}_q b = r$ 이므로 $b^r \equiv 1 \pmod{q}$ 이고 따라서 $q \mid (b^r-1)$ 이므로 $\dfrac{b^r-1}{q}$ 와 $\dfrac{c(b^r-1)}{q}$ 는 양의 정수이며 $1 \leq c \leq q-1$ 이므로 $1 \leq \dfrac{c(b^r-1)}{q} < b^r - 1 < b^r$ 이고 따라서 $\dfrac{c(b^r-1)}{q}$ 은 (*)와 같이 나타내어진다(정리 2.5.1). 그리고, 다음이 성립한다(정리 5.4.2 의 증명).

$$\begin{aligned}\frac{c}{q} &= \frac{c(b^r-1)}{q} \cdot \frac{1}{b^r} \cdot \frac{b^r}{b^r-1} \\ &= \left(\frac{s_1}{b} + \frac{s_2}{b^2} + \cdots + \frac{s_{r-1}}{b^{r-1}} + \frac{s_r}{b^r}\right)\left(1 + \frac{1}{b^r} + \frac{1}{b^{2r}} + \cdots\right) \\ &= 0.\overline{s_1 s_2 \cdots s_{r-1} s_r}_{\,(b)}\end{aligned}$$

이제 양의 정수 k 에 대하여 $\dfrac{c}{q} = 0.\overline{s_1 s_2 \cdots s_k}_{\,(b)}$ 이라고 하자. 이 때,

$$\begin{aligned}\frac{c}{q} &= \left(\frac{s_1}{b} + \frac{s_2}{b^2} + \cdots + \frac{s_k}{b^k} r\right)\left(1 + \frac{1}{b^k} + \frac{1}{b^{2k}} + \cdots\right) \\ &= \left(\frac{s_1}{b} + \frac{s_2}{b^2} + \cdots + \frac{s_k}{b^k}\right)\frac{b^k}{b^k-1} = \frac{s_1 b^{k-1} + s_2 b^{k-2} + \cdots + s_k}{b^k-1}\end{aligned}$$

즉, $$q(s_1 b^{k-1} + s_2 b^{k-2} + \cdots + s_k) = c(b^k - 1)$$

이므로 $q \mid c(b^k - 1)$ 이고 $(c, q) = 1$ 이므로 $q \mid (b^k - 1)$ 이다(정리 1.5.11). 따라서 $b^k \equiv 1 \pmod{q}$ 이고 또 $\operatorname{ord}_q b = r$ 이므로 $r \mid k$ 이다(정리 5.1.3). 그러므로, $0.\overline{s_1 s_2 \cdots s_{r-1} s_r}_{(b)}$ 의 주기는 r 이다.

그리고, 각 정수 i $(0 \le i < r)$ 에 대하여

$$c_i \equiv c b^i \pmod{q}, \qquad 1 \le c_i \le q-1$$

이라고 하면, $c b^i = q k_i + c_i$ 인 정수 k_i 가 존재하고 이때 다음이 성립한다.

$$\begin{aligned}
k_i + \frac{c_i}{q} &= \frac{c b^i}{q} \\
&= b^i \left(\frac{s_1}{b} + \frac{s_2}{b^2} + \cdots + \frac{s_r}{b^r} + \frac{s_1}{b^{r+1}} + \frac{s_2}{b^{r+2}} + \cdots + \frac{s_r}{b^{2r}} + \cdots \right) \\
&= s_1 b^{i-1} + s_2 b^{i-2} + \cdots + s_{i-1} b + s_i \\
&\quad + \frac{s_{i+1}}{b} + \cdots + \frac{s_r}{b^{r-i}} + \frac{s_1}{b^{r-i+1}} + \cdots + \frac{s_i}{b^r} \\
&\quad + \frac{s_{i+1}}{b^{r+1}} + \cdots + \frac{s_r}{b^{2r-i}} + \frac{s_1}{b^{2r-i+1}} + \cdots + \frac{s_i}{b^{2r}} + \cdots
\end{aligned}$$

따라서 $\dfrac{c_i}{q} = 0.\overline{s_{i+1} \cdots s_{r-1} s_r s_1 \cdots s_i}_{(b)}$ 이다.

보기 5.4.6 정수 2 는 7 의 원시근이 아니다. 실제로, 다음이 성립한다.

$$2 \equiv 2 \pmod{7}, \quad 2^2 \equiv 4 \pmod{7}, \quad 2^3 \equiv 1 \pmod{7}$$

$$\operatorname{ord}_7 2 = 3 < 6 = \varphi(7), \quad \frac{2^3 - 1}{7} = 1 = 1_{(2)},$$

$$\frac{1}{7} = 0.\overline{001}_{(2)}, \quad \frac{2}{7} = 0.\overline{010}_{(2)}, \quad \frac{4}{7} = 0.\overline{100}_{(2)}$$

다음에 3 을 택하면, 다음 결과를 얻는다.

i	0	1	2
2^i	1	2	4
$2^i \cdot 3$	3	6	5

$$2^0 \cdot 3 \equiv 3 \pmod{7}, \quad 2 \cdot 3 \equiv 6 \pmod{7},$$

$$2^2 \cdot 3 \equiv 5 \pmod{7}, \quad \frac{3(2^3 - 1)}{7} = 3 = 11_{(2)}$$

$$\frac{3}{7} = 0.\overline{011}_{(2)}, \quad \frac{6}{7} = 0.\overline{110}_{(2)}, \quad \frac{5}{7} = 0.\overline{101}_{(2)}$$

정리 5.4.4 에서 $\text{ord}_q b = r$ 일 때 $r \mid \varphi(q)$ 이다(정리 5.1.2), 특히, b 가 q 의 원시근이면, $\text{ord}_q b = \varphi(q)$ 이므로 $\frac{1}{q}$ 은 주기 $\varphi(q)$ 인 순환소수의 꼴로 나타내어진다. 다음 정리는 정리 5.4.2 의 역이다.

정리 5.4.5 정수 $b\ (\geq 2)$ 에 대하여 양의 유리수 u 는 b 진법에 관하여 유한소수 또는 순환소수의 꼴로 나타내어진다.

특히, $0 < u < 1$ 일 때, $b = p_1^{e_1} p_2^{e_2} \cdots p_k^{e_k}$ 을 b 의 표준분해라 하고

$$u = \frac{c}{q} \qquad (1 \leq c < q,\ (c, q) = 1)$$

이라고 하면 다음 세 가지 중에서 하나가 성립한다.

(1) $q = p_1^{t_1} p_2^{t_2} \cdots p_k^{t_k}\ (t_i \geq 0)$ 인 경우

이 경우에 $n = \max\{t_1, t_2, \cdots, t_k\}$ 라고 하면, u 는 $u = 0.s_1 s_2 \cdots s_{n\,(b)}$ 와 같이 유한소수의 꼴로 나타내어진다.

(2) $(q, b) = 1$ 인 경우

이 경우에 $r = \text{ord}_q b$ 라고 하면, u 는 $u = 0.\overline{s_1 s_2 \cdots s_r}_{(b)}$ 와 같이 주기 r 인 순환소수의 꼴로 나타내어진다.

(3) q 가 다음과 같은 꼴로 인수분해되는 경우

$$q = p_1^{t_1} p_2^{t_2} \cdots p_k^{t_k} q' \quad (q' \geq 2,\ (q', b) = 1,\ t_i \geq 0)$$

이 경우에 $n = \max\{t_1, t_2, \cdots, t_k\}$, $r = \text{ord}_{q'} b$ 이라고 하면, u 는

$$u = 0.a_1 a_2 \cdots a_n \overline{s_1 s_2 \cdots s_r}_{(b)} \qquad (n \geq 0)$$

와 같이 주기 r 인 순환소수의 꼴로 나타내어진다.

증 명 먼저 $0 < u < 1$ 일 때, q 는 위의 (1), (2), (3) 과 같은 세 경우로 분류된다. 그리고, (1), (2) 의 경우에 정리 5.5.2 과 정리 5.5.3 에 의하여 위와 같은 결과를 얻는다.

이제 (3) 의 경우에 $n = \max\{t_1, t_2, \cdots, t_k\}$ 이라고 하자. 이 때,

$$p_1^{t_1} p_2^{t_2} \cdots p_k^{t_k} \mid p_1^{ne_1} p_2^{ne_2} \cdots p_k^{ne_k} \quad 즉 \quad p_1^{t_1} p_2^{t_2} \cdots p_k^{t_k} \mid b^n$$

이므로 적당한 양의 정수 e 에 대하여 $b^n = p_1^{t_1} p_2^{t_2} \cdots p_k^{t_k} e$ 이고 또 이때

$$qe = p_1^{t_1} p_2^{t_2} \cdots p_k t_k q' e = b^n q'$$

이므로 다음이 성립한다.

$$u = \frac{c}{q} = \frac{ce}{b^n q'} = \frac{1}{b^n} \cdot \frac{ce}{q'}$$

그리고,

$$ce = a'q' + c', \quad 0 \le c' \le q' - 1$$

이라고 하면, $(b, q') = 1$ 이므로 $(b^n, q') = 1$ 이고 따라서 $(e, q') = 1$ 이고, 또 $(c, q) = 1$ 이므로 $(c, q') = 1$ 이고, 따라서 $(ce, q') = 1$ 이다 (따름정리 1.5.10). 그리고, $(c', q') = (ce, q') = 1$ 이다(정리 1.5.4).

그런데, $q' \ge 2$ 이므로 $c' \ne 0$ 이고, 따라서 다음이 성립한다.

$$u = \frac{1}{b^n}\left(a' + \frac{c'}{q'}\right), \quad 1 \le c' \le q' - 1, \quad (c', q') = 1$$

한편, a' 은

$$a' = a_1 b^{n-1} + \cdots + a_{n-1} b + a_n = a_1 \cdots a_{n\,(b)} \quad (0 \le a_i < b)$$

와 같은 꼴로 나타내어진다. 또한, $r = \mathrm{ord}_{q'}\, b$ 일 때 정리 5.4.4 에 의하여 $\frac{c'}{q'}$ 은 $\frac{c'}{q'} = 0.\overline{s_1 s_2 \cdots s_r}_{(b)}$ 의 꼴로 나타내어지고 이때 u 는

$$u = 0.a_1 \cdots a_n \overline{s_1 s_2 \cdots s_r}_{(b)}$$

와 같이 주기 r 인 순환소수의 꼴로 나타내어지므로 (3) 의 결과를 얻는다.

다음에 u 를 임의의 양의 유리수 라고 하면,

$$u = [u] + \{\{u\}\}, \quad 0 \le \{\{u\}\} < 1$$

이므로 위의 결과에 의하여 u 는 b 진법에 관하여 유한소수 또는 순환소수로 나타내어진다.

그러므로, 정리가 성립한다.

보기 5.4.7 두 素數 7, 11 에 대하여 $\mathrm{ord}_7 10 = 6$, $\mathrm{ord}_{11} 10 = 2$ 이므로 $\mathrm{ord}_{77} 10 = [6, 2] = 6$ 이다(정리 5.1.8).

따라서 $\dfrac{1}{77}$ 은 10 진법에 관하여 주기 6 인 순환소수의 꼴로 나타내어진다. 실제로, 다음이 성립한다.

$$\frac{10^6 - 1}{77} = 12987, \quad 10^1 < 77 < 10^2, \quad \frac{1}{77} = 0.\overline{012987}$$

보기 5.4.8 다음이 성립한다(보기 5.4.5 참조).

$$\begin{aligned}\frac{17}{2^2 \cdot 5 \cdot 7} &= \frac{17 \cdot 5}{10^2 \cdot 7} = \frac{85}{10^2 \cdot 7} = \frac{12 \cdot 7 + 1}{10^2 \cdot 7} \\ &= \frac{12}{10^2} + \frac{1}{10^2 \cdot 7} = 0.12 + \frac{1}{10^2} \cdot 0.\overline{142857} \\ &= 0.12 + 0.00142857142857 \cdots = 0.12\overline{142857}\end{aligned}$$

보기 5.4.9 양의 실수 ξ가 10 진법에 관하여 다음과 같이 순환하지 않는 무한소수의 꼴로 나타내어진다면 ξ 는 무리수이다.

$$\xi = 1.101001000100001000000 \cdots \quad (0 \text{ 의 개수는 차례로 } 1, 2, 3, \cdots)$$

이제까지 얻은 결과에 의하면, 유한소수의 꼴로 나타내어지는 유리수는 순환소수의 꼴로도 나타낼 수 있으며, 양의 실수는 다음과 같이 분류된다.

양의 유리수 : b 진법에 관하여 유한소수 또는 순환소수의 꼴로 나타내어지는 수

양의 무리수 : b 진법에 관하여 순환하지 않는 무한소수의 꼴로 나타내어지는 수

양의 정수 a 는 b 진법에 관하여 $a = r_m \cdots r_1 r_{0\,(b)}$ 와 같은 꼴로 나타내어진다. 그런데, $a = (a-1) + 1$ 이고 또 $a-1$ 은 b 진법에 관하여

$$a - 1 = k_d \cdots k_1 k_{0\,(b)}$$

와 같은 꼴로 나타내어지고 또

$$1 = \frac{b-1}{b-1} = (b-1)\left(\frac{1}{b}+\frac{1}{b^2}+\frac{1}{b^3}+\cdots\right)$$

$$= 0.ccc\cdots_{(b)} = 0.\overline{c}_{(b)}, \qquad (c = b-1)$$

이므로 양의 정수 a는 다음과 같이 순환소수의 꼴로도 나타내어진다.

$$a = k_d\cdots k_1k_0.ccc\cdots_{(b)} = k_d\cdots k_1k_0.\overline{c}_{(b)} \qquad (c = b-1)$$

마찬가지로,

$$\frac{1}{b^n} = \frac{b-1}{b^n}\left(\frac{1}{b}+\frac{1}{b^2}+\frac{1}{b^3}+\cdots\right)$$

$$= 0.0\cdots0ccc\cdots_{(b)} = 0.0\cdots0\overline{c}_{(b)} \qquad (c = b-1)$$

이므로 양의 유리수 u가 b진법에 관하여

$$u = r_m\cdots r_1r_0.s_1s_2\cdots s_{n\,(b)}$$

의 꼴로 나타내어지는 경우에 u는

$$u = k_d\cdots k_1k_0.t_1t_2\cdots t_e\overline{c}_{(b)} \qquad (c = b-1)$$

과 같이 순환소수의 꼴로도 나타내어진다.

위의 결과와 정리 5.4.5에 의하여 다음 정리가 성립한다.

정리 5.4.6 양의 유리수는 모두 b진법에 관하여 순환소수의 꼴로 나타내어진다.

보기 5.4.10 다음이 성립한다.

(1) $1 = 0.\overline{9}, \quad 5 = 4.\overline{9}, \quad 30 = 29.\overline{9}$

(2) $8 = 2^3 = 1000_{(2)}, \quad 8 = (2^2+2+1)+1 = 111.\overline{1}_{(2)}$

$$\frac{1}{8} = 0.125 = 0.124999\cdots = 0.124\overline{9}$$

(3) $\dfrac{11}{36} = \dfrac{1}{6}+\dfrac{5}{6^2} = 0.15_{(6)} = 0.14555\cdots_{(6)} = 0.14\overline{5}_{(6)}$

연 습 문 제 (5.4)

1. 다음 유리수를 10 진법과 2 진법으로 나타내어라.

(1) $\frac{3}{11}$ (2) $\frac{1}{32}$ (3) $\frac{8}{25}$

2. 다음과 같은 소수로 나타내어진 유리수를 분수의 꼴로 나타내어라.

(1) $0.\overline{12}_{(10)}$ (2) $0.\overline{123}_{(7)}$ (3) $0.1\overline{3}_{(6)}$

3. 유리수 $\frac{1}{13}, \frac{2}{13}, \frac{3}{13}, \cdots, \frac{12}{13}$ 를 10 진법으로 나타내어라.

4. 유리수 $\frac{1}{5}, \frac{2}{5}, \frac{3}{5}, \frac{4}{5}$ 를 3 진법과 6 진법으로 나타내어라.

5. 서로 다른 두 素數 5, 7 에 대하여 $\mathrm{ord}_5 2 = 4$, $\mathrm{ord}_7 2 = 3$ 이다.
이 사실을 이용하여 $\frac{1}{35}$ 을 2 진법으로 나타내어라.

6. 정수 10 은 素數 7 의 원시근이다. 이 사실을 이용하여 보기 5.4.5 의 결과를 보기 5.4.6 과 같은 방법으로 유도하여라.

7. 두 素數 9851, 9949 에 대하여 2 는 9851 의 원시근인 동시에 9949 의 원시근이다. 이 사실을 이용하여

$$\frac{1}{9851}, \quad \frac{1}{9949}, \quad \frac{1}{9851 \cdot 9949}$$

을 2 진법에 관한 순환소수의 꼴로 나타낼 때의 주기를 구하여라.

8. 다음 유리수를 10 진법과 2 진법으로 나타내어라.

(1) $\frac{125}{2^2 \cdot 3^3}$ (2) $\frac{129}{2^2 \cdot 3^3}$ (3) $\frac{9}{2 \cdot 5^2 \cdot 7}$

§5.5 $\frac{1}{p}$의 표현과 그 활용

정수 p가 홀수인 素數일 때, p의 원시근이 존재한다(정리 5.2.3).

정리 5.5.1 홀수인 素數 p에 대하여 양의 정수 b가 p의 원시근인 경우에 정수 $\frac{b^{p-1}-1}{p}$ 은

$$\frac{b^{p-1}-1}{p} = s_1 b^{p-2} + s_2 b^{p-3} + \cdots + + s_{p-2} b + s_{p-1}$$
$$0 \le s_i < b \qquad (1 \le i \le p-1)$$

과 같은 꼴로 나타내어지고, 이 경우에 다음이 성립한다.

(1) $\frac{1}{p} = 0.\overline{s_1 s_2 \cdots s_{p-2} s_{p-1}}_{\,(b)}$ 이고 그 주기는 $p-1$ 이다.

(2) $c_i \equiv b^i \pmod{p}$, $1 \le c_i \le p-1$ $(0 \le i < p-1)$ 이라고 하면,

$$\frac{c_i}{p} = 0.\overline{s_{i+1} \cdots s_{p-1}\, s_1 \cdots s_i}_{\,(b)}$$

(3) 정수 $t\ (\ge 0)$ 에 대하여 $b^t < p < b^{t+1}$ 이면, 다음이 성립한다.

$$0 \le t < p-1, \quad s_1 = \cdots = s_t = 0, \quad s_{t+1} \ne 0$$

(4) $s_i + s_{\frac{p-1}{2}+i} = b-1 \qquad (1 \le i \le \frac{p-1}{2})$

증 명 정리 5.4.4에 의하여 (1), (2)가 성립한다.

(3) 정수 $t\ (\ge 0)$ 에 대하여 $b^t < p < b^{t+1}$ 이라고 하자.

먼저 $b^{p-1} \equiv 1 \pmod{p}$ 이므로

$$p \mid (b^{p-1} - 1), \qquad p \le b^{p-1} - 1 < b^{p-1}$$

이고 따라서 $b^t < p < b^{p-1}$ 이므로 $0 \le t < p-1$ 이다. 그런데,

$$p\, b^{p-2-t} < b^{t+1} b^{p-2-t} = b^{p-1}$$

이므로, $p\, b^{p-2-t} \le b^{p-1} - 1$ 이고 따라서 다음이 성립한다.

$$b^{p-2-t} \leq \frac{b^{p-1}-1}{p} < \frac{b^{p-1}}{p} < \frac{b^{p-1}}{b^t} = b^{p-1-t}$$

한편,

$$\frac{b^{p-1}-1}{p} = s_1 b^{p-2} + \cdots + s_t b^{p-1-t} + s_{t+1} b^{p-2-t} + \cdots + s_{p-1}$$

이므로 $s_1 = \cdots = s_t = 0$, $s_{t+1} \neq 0$ 이다.

(4) $r = \frac{p-1}{2}$ 이라고 하자.

이 때, b 는 p 의 원시근이므로 정리 5.2.4 에 의하여

$$c_r \equiv b^r \equiv b^{\frac{p-1}{2}} \equiv -1 \equiv p-1 \pmod{p}, \quad 1 \leq c_r \leq p-1$$

이고 따라서 $c_r = p-1$ 이다. 그러므로 (2) 에 의하여 다음이 성립한다.

$$\begin{aligned}
1 &= \frac{1}{p} + \frac{p-1}{p} \\
&= 0.\overline{s_1 s_2 \cdots s_r s_{r+1} s_{r+2} \cdots s_{2r}}_{(b)} + 0.\overline{s_{r+1} s_{r+2} \cdots s_{2r} s_1 s_2 \cdots s_r}_{(b)} \\
&= \Big(\frac{s_1 + s_{r+1}}{b} + \frac{s_2 + s_{r+2}}{b^2} + \cdots + \frac{s_r + s_{2r}}{b^r} \\
&\quad + \frac{s_{r+1} + s_1}{b^{r+1}} + \frac{s_{r+2} + s_2}{b^{r+2}} + \cdots + \frac{s_{2r} + s_r}{b^{2r}} \Big) \Big(1 + \frac{1}{b^{2r}} + \frac{1}{b^{4r}} + \cdots \Big) \\
&= \Big(\frac{s_1 + s_{r+1}}{b} + \frac{s_2 + s_{r+2}}{b^2} + \cdots + \frac{s_r + s_{2r}}{b^r} \Big) \\
&\quad \times \Big(1 + \frac{1}{b^r}\Big) \Big(1 + \frac{1}{b^{2r}} + \frac{1}{b^{4r}} + \cdots \Big) \\
&= \Big(\frac{s_1 + s_{r+1}}{b} + \frac{s_2 + s_{r+2}}{b^2} + \cdots + \frac{s_r + s_{2r}}{b^r} \Big) \Big(1 + \frac{1}{b^r} + \frac{1}{b^{2r}} + \frac{1}{b^{3r}} + \cdots \Big) \\
&= \Big(\frac{s_1 + s_{r+1}}{b} + \frac{s_2 + s_{r+2}}{b^2} + \cdots + \frac{s_r + s_{2r}}{b^r} \Big) \frac{b^r}{b^r - 1}
\end{aligned}$$

따라서

$$\begin{aligned}
&(s_1 + s_{r+1}) b^{r-1} + (s_2 + s_{r+2}) b^{r-2} + \cdots + (s_r + s_{2r}) \\
&= b^r - 1 = (b-1)\{b^{r-1} + b^{r-2} + \cdots + b + 1\} \\
&= (b-1) b^{r-1} + (b-1) b^{r-2} + \cdots + (b-1) b + (b-1)
\end{aligned}$$

이므로 $s_1 + s_{r+1} = s_2 + s_{r+2} = \cdots = s_r + s_{2r} = b-1$ 이다(정리 2.5.1).

정리 5.5.1 에서 $\{c_0, c_1, \cdots, c_{p-2}\} = \{1, 2, \cdots, p-1\}$ 이다(정리 5.2.2).

그리고, $\dfrac{1}{p}$ 은 b 진법에 관하여 주기 $p-1$ 인 순환소수의 꼴로 나타내어지고, 이로부터 다음과 같이 $0, 1, \cdots, b-1$ 로 이루어진 $p-1$ 개의 주기 $p-1$ 인 순환수열을 얻는다.

$$s_1,\ s_2,\ s_3,\ \cdots,\ s_{p-1},\ s_1,\ s_2,\ s_3,\ \cdots,\ s_{p-1},\ \cdots$$

$$s_2,\ s_3,\ \cdots,\ s_{p-1},\ s_1,\ s_2,\ s_3,\ \cdots,\ s_{p-1},\ s_1,\ \cdots$$

$$\vdots$$

$$s_{p-1},\ s_1,\ s_2,\ s_3,\ \cdots,\ s_{p-1},\ s_p,\ s_1,\ s_2,\ \cdots,\ s_{p-2},\ \cdots$$

보기 5.5.1 정수 2 는 13 의 원시근이고 다음이 성립한다.

$$\frac{2^{12}-1}{13} = 315 = 100111011_{(2)}, \quad 2^3 < 13 < 2^4,$$

$$\frac{1}{13} = 0.\overline{000100111011}_{(2)}$$

i	0	1	2	3	4	5	6	7	8	9	10	11
2^i	1	2	4	8	3	6	12	11	9	5	10	7

따라서 $\dfrac{1}{13}, \dfrac{2}{13}, \cdots, \dfrac{12}{13}$ 은 각각 다음과 같이 나타내어진다.

$$0.\overline{000100111011}_{(2)}, \quad 0.\overline{001001110110}_{(2)}, \quad 0.\overline{010011101100}_{(2)},$$

$$0.\overline{100111011000}_{(2)}, \quad 0.\overline{001110110001}_{(2)}, \quad 0.\overline{011101100010}_{(2)},$$

$$0.\overline{111011000100}_{(2)}, \quad 0.\overline{110110001001}_{(2)}, \quad 0.\overline{101100010011}_{(2)},$$

$$0.\overline{011000100111}_{(2)}, \quad 0.\overline{110001001110}_{(2)}, \quad 0.\overline{100010011101}_{(2)}$$

이로부터 다음과 같은 12 개의 주기 12 인 순환수열을 얻는다.

$$0\,0\,0\,1\,0\,0\,1\,1\,1\,0\,1\,1\,0\,0\,0\,1\,0\,0\,1\,1\,1\,0\,1\,1\cdots$$

$$0\,0\,1\,0\,0\,1\,1\,1\,0\,1\,1\,0\,0\,0\,1\,0\,0\,1\,1\,1\,0\,1\,1\,0\cdots$$

$$\vdots$$

$$1\,0\,0\,0\,1\,0\,0\,1\,1\,1\,0\,1\,1\,0\,0\,0\,1\,0\,0\,1\,1\,1\,0\,1\,1\cdots$$

보기 5.5.2 素數 37 에 대하여 2 는 37 의 원시근이다.

그리고, $2^5 < 37 < 2^6$ 이고 다음이 성립한다.

$$\frac{2^{36}-1}{37} = 1857283155$$

$$= 1101110101100111110010001010011_{(2)}$$

$$\frac{1}{37} = 0.\overline{000001101110101100111110010001010011}_{(2)}$$

이로부터 다음과 같은 주기 36 인 순환수열을 얻는다.

000001101110101100111110010001010011 00000 ⋯

000011011101011001111100100010100110 000001 ⋯

⋮

100000110111010110011111001000101001 10000 ⋯

素數 p 가

7, 17, 19, 23, 29, 47, 59, 61, 97, ⋯, 503, ⋯

일 때, 10 은 素數 p 의 원시근이다. 한편, 素數 p 가

3, 5, 11, 13, 19, 29, 37, ⋯, 9851, 9949, ⋯

일 때, 2 는 素數 p 의 원시근이고 이 경우에 0, 1 로 이루어진 $p-1$ 개의 주기 $p-1$ 인 순환수열을 얻는다.

스트림 암호체계는 외교용 또는 군사용으로 널리 사용되고 상업용으로도 사용되고 있다(§4.6 참조). 그리고, 이동통신 환경에서 구현하기가 쉽고 그 안전성을 수학적으로 엄밀하게 분석할 수 있다는 장점이 있어 이동통신과 같은 무선 데이터를 보호하는 데에도 적합하다.

스트림 암호체계에서는 열쇠에 따라 결정되는 알고리즘을 써서 무한수열을 생성하게 되는데, 상당히 큰 素數 p 에 대하여 2 가 p 의 원시근인 경우에 $\frac{1}{p}$ 을 2 진법으로 전개했을 때 얻게 되는 0, 1 로 이루어진 주기가 $p-1$ 인 순환수열이 이용된다.

오 일 러

오일러(Leonhard Euler, 1707 ~ 1783)는 스위스의 바젤(Basel) 근교에서 태어나 신학을 공부하기 위하여 바젤 대학에 입학하였으나 수학 연구에 전념하기로 결심하였다. 그는 1723 년에 석사학위를 받았으며, 또 1727 년에 19 세의 나이로 파리 과학학사원으로부터 '배의 돛대의 가장 효과적인 배치' 라는 논문으로 상을 받았다.

오일러는 1727 년부터 1741 년까지 그리고 1766 년부터 1783 년까지 두 차례에 걸쳐 러시아 페테르브르크에 있는 황제 학사원에 참여하였고, 1741 년부터 1766 년까지 독일 베를린의 왕립 학사원에 종사하였다.

오일러는 페르마의 업적을 깊이 이해하고 높이 평가하여 페르마가 증명없이 발표한 여러 정리를 증명하였고 Fermat 의 정리를 일반화하였으며 Euler φ 함수를 도입하였고 이차잉여의 상호 법칙을 발견하였다. 그리고, 그는 정수론에 여러 가지 유형의 무한급수를 도입하여

$$a + b\sqrt{-3} \qquad (a,\ b \text{는 정수})$$

와 같은 꼴의 무리수를 연구하여 부정방정식

$$x^3 + y^3 = x^3$$

의 양의 정수해가 존재하지 않음을 증명하였다.

오일러는 대수학, 해석학, 기하학, 복소함수론, 천문학, 변분학(變分學)에 많은 업적을 남겼고 많은 교과서를 저술하면서 수학 기호의 표준화에도 힘썼다. 예를 들어, 자연로그의 밑수를 e로 나타내었고 $\sqrt{-1}$을 i로 나타내었다. 그리고, 그는 함수를 f로 나타내었으며 또 삼각함수의 현대적 기호와 총합기호 $\sum$도 사용하였다.

오일러는 평생 동안 700 권의 저서와 논문을 손수 쓰거나 또는 받아쓰게 하였는데, 이 밖에도 오일러가 죽은 후 47 년간 그의 원고를 인쇄하는 일을 끝내지 못하였을 정도로 미발표 업적물이 많았다고 한다. 그의 업적물의 발간 사업은 1911 년 스위스 자연과학협회에 의하여 시작되었으며 이 全集은 70 권이 넘는다.

오일러의 논문이 질적인 면에서 대단한 가치를 지녔다는 사실은 당시 열망의 대상이었던 프랑스 학사원이 2 년마다 한 번씩 수여하는 상을 12 번이나 탔다는 사실로도 증명된다. 페르마가 비밀주의를 고수하면서 연구하였던 태도와는 대조적으로 오일러의 연구 태도는 지극히 공개적이었다.

제 6 장

이 차 잉 여

'큰 자연수를 연구할 때에는, 몇 개의 이차 잉여를 결정하는 일로부터 시작하여야 한다.'

'Quand on a étudier un grand nombre, il faut comencer par en déterminer quelques résidus quadratiques.'

——— *M. Kraitchnik*

이 장에서는, 이차잉여, Legendre 기호의 성질, 이차잉여와 素數, 특수한 이차합동식과 그 활용, 영지식 증명과 전자동전 던지기에 대하여 논하고, 이차잉여의 상호 법칙의 증명과 Jacobi 기호의 특성에 대하여 논한다.

§6.1 이차잉여와 Legendre 기호

이 절에서, p는 홀수인 素數를 나타낸다.

정의 6.1.1 홀수인 素數 p에 대하여 법 p에 관한 이차합동식

$$x^2 \equiv a \pmod{p}, \qquad (a, p) = 1$$

의 해가 존재할 때 a를 p의 **이차잉여**(二次剩餘, quadratic residue)라 하고, 합동식 $x^2 \equiv a \pmod{p}$의 해가 존재하지 않을 때 a를 p의 **이차비잉여**(二次非剩餘, quadratic nonresidue)라고 한다.

그리고, 홀수인 素數 p에 대하여 **르장드르 기호**(Legendre symbol) $\left(\frac{a}{p}\right)$를 다음과 같이 정한다.

$$\left(\frac{a}{p}\right) = \begin{cases} 1, & (a\text{가 } p\text{의 이차잉여일 때}) \\ -1, & (a\text{가 } p\text{의 이차비잉여일 때}) \end{cases}$$

다음 정리는 정리 4.5.6을 고쳐 쓴 것이다.

정리 6.1.2 (Euler의 규준) 홀수인 素數 p와 $(a, p) = 1$인 정수 a에 대하여 다음이 성립한다.

(1) $a^{\frac{p-1}{2}} \equiv 1 \pmod{p}$일 때 그리고 이때에만 a는 p의 이차잉여이다.

(2) $a^{\frac{p-1}{2}} \equiv -1 \pmod{p}$일 때 그리고 이때에만 a는 p의 이차비잉여이다.

홀수인 素數 p에 대하여 정수 a가 p의 이차잉여인지 아닌지를 논할 때에는 $(a, p) = 1$임을 전제로 하므로 p의 이차잉여는 법 p에 관한 기약잉여계, 예를 들어 $\mathbb{Z}_p^* = \{1, 2, \cdots, p-1\}$ 안에서 생각하고 기약잉여계의 원소 중에서 이차잉여인 것의 개수를 p의 이차잉여의 개수라고 생각한다.

보기 6.1.1 법 7에 관한 기약잉여계 $R = \{\pm 1, \pm 2, \pm 3\}$ 에 대하여

$$(\pm 1)^2 \equiv 1, \quad (\pm 2)^2 \equiv 4, \quad (\pm 3)^2 \equiv 2 \pmod 7$$

이므로 $\mathbb{Z}_7^* = \{1, 2, 3, 4, 5, 6\}$ 안에서 7의 이차잉여는 1, 2, 4이고 또 이차비잉여는 3, 5, 6이고, 따라서 다음 결과를 얻는다.

$$\left(\frac{1}{7}\right) = \left(\frac{2}{7}\right) = \left(\frac{4}{7}\right) = 1, \quad \left(\frac{3}{7}\right) = \left(\frac{5}{7}\right) = \left(\frac{6}{7}\right) = -1$$

정리 6.1.3 홀수인 素數 p와 $(a, p) = (b, p) = 1$인 정수 a, b에 대하여 다음이 성립한다.

(1) $a \equiv b \pmod p$이면, $\left(\frac{a}{p}\right) = \left(\frac{b}{p}\right)$이다.

(2) $\left(\frac{a^2}{p}\right) = 1, \qquad \left(\frac{1}{p}\right) = 1$

(3) $\left(\frac{a}{p}\right) \equiv a^{\frac{p-1}{2}} \pmod p, \qquad \left(\frac{-1}{p}\right) = (-1)^{\frac{p-1}{2}}$

(4) $\left(\frac{ab}{p}\right) = \left(\frac{a}{p}\right)\left(\frac{b}{p}\right), \qquad \left(\frac{-a}{p}\right) = \left(\frac{-1}{p}\right)\left(\frac{a}{p}\right)$

증 명 (1) $a \equiv b \pmod p$이면, 이차합동식 $x^2 \equiv a \pmod p$와 합동식 $x^2 \equiv b \pmod p$는 동치이므로 a가 p의 이차잉여일 때 그리고 이때에만 b는 p의 이차잉여이다. 따라서 (1)이 성립한다.

(2) 이차합동식 $x^2 \equiv a^2 \pmod p$은 두 해 $x \equiv \pm a \pmod p$를 가지므로 $\left(\frac{a^2}{p}\right) = 1$이고, 특히 $\left(\frac{1}{p}\right) = 1$이다.

(3), (4) 정의 6.1.1과 정리 6.1.2에 의하여

$$\left(\frac{a}{p}\right) = 1 \iff a^{\frac{p-1}{2}} \equiv 1 \pmod p,$$

$$\left(\frac{a}{p}\right) = -1 \iff a^{\frac{p-1}{2}} \equiv -1 \pmod p$$

이므로 $\left(\frac{a}{p}\right) \equiv a^{\frac{p-1}{2}} \pmod p$이다. 특히, $\left(\frac{-1}{p}\right) \equiv (-1)^{\frac{p-1}{2}} \pmod p$

이고 양변의 값은 1 또는 -1 이므로 $\left(\frac{-1}{p}\right)=(-1)^{\frac{p-1}{2}}$ 이다.

(4) 위의 (3)에 의하여

$$\left(\frac{ab}{p}\right)\equiv(ab)^{\frac{p-1}{2}}\equiv a^{\frac{p-1}{2}}b^{\frac{p-1}{2}}\equiv\left(\frac{a}{p}\right)\left(\frac{b}{p}\right)\pmod{p}$$

이고 양변의 값은 1 또는 -1 이므로 (4)가 성립한다.

따름정리 6.1.4 홀수인 素數 p와 $(a, p)=(b, p)=1$인 정수 a, b에 대하여 다음이 성립한다.

(1) $$\left(\frac{-1}{p}\right)=\begin{cases}1 & (p\equiv 1 \pmod{4}\text{일 때})\\ -1 & (p\equiv 3 \pmod{4}\text{일 때})\end{cases}$$

(2) $ab\equiv 1 \pmod{p}$ 이면, $\left(\frac{a}{p}\right)=\left(\frac{b}{p}\right)$ 이다.

증 명 (1) 홀수인 素數 p는 $4k+1$ 또는 $4k+3$의 꼴이다. 그런데,

$$p=4k+1 \text{ 이면 } \left(\frac{-1}{p}\right)=(-1)^{\frac{p-1}{2}}=(-1)^{2k}=1 \text{ 이고,}$$

$$p=4k+3 \text{ 이면 } \left(\frac{-1}{p}\right)=(-1)^{\frac{p-1}{2}}=(-1)^{2k+1}=-1 \text{ 이다.}$$

(2) $ab\equiv 1 \pmod{p}$ 이면, $\left(\frac{a}{p}\right)\left(\frac{b}{p}\right)=\left(\frac{ab}{p}\right)=\left(\frac{1}{p}\right)=1$ 이고 따라서 $\left(\frac{a}{p}\right)=\left(\frac{b}{p}\right)=1$ 또는 $\left(\frac{a}{p}\right)=\left(\frac{b}{p}\right)=-1$ 이다.

보기 6.1.2 홀수인 素數 p에 대하여 g가 p의 원시근일 때, 두 집합

$$\{g^2, g^4, g^6, \cdots, g^{p-1}\}, \quad \{1^2, 2^2, 3^2, \cdots, (\frac{p-1}{2})^2\}$$

의 원소는 법 p에 관하여 적당한 순서로 합동이고 p의 이차잉여는 법 p에 관하여 이들 두 집합의 어느 한 원소와 합동이다(보기 5.2.6).

한편, p의 이차비잉여는 법 p에 관하여 $g, g^3, \cdots, g^{p-2}$ 중의 어느 하나와 합동이다.

앞의 보기 6.1.2 에 의하여 다음 정리가 성립한다.

정리 6.1.5 홀수인 素數 p에 대하여 p의 이차잉여와 이차비잉여는 각각 $\frac{p-1}{2}$ 개씩 존재하고 따라서 $\left(\frac{1}{p}\right)+\cdots+\left(\frac{p-1}{p}\right)=0$ 이다.

보기 6.1.3 홀수인 素數 5 에 대하여 다음이 성립한다.

$$\left(\frac{1}{5}\right)=1, \quad \left(\frac{4}{5}\right)=\left(\frac{2}{5}\right)^2=1, \quad \left(\frac{-1}{5}\right)=\left(\frac{4}{5}\right)=1$$

$$\left(\frac{2}{5}\right)\equiv 2^{\frac{5-1}{2}}\equiv 4\equiv -1 \pmod 5, \qquad \left(\frac{2}{5}\right)=-1$$

$$\left(\frac{3}{5}\right)\equiv 3^{\frac{5-1}{2}}\equiv 3^2\equiv -1 \pmod 5, \qquad \left(\frac{3}{5}\right)=-1$$

$$\left(\frac{1}{5}\right)+\left(\frac{2}{5}\right)+\left(\frac{3}{5}\right)+\left(\frac{4}{5}\right)=1+(-1)+(-1)+1=0$$

다음 두 정리의 증명은 §6.5 에서 논하기로 한다.

정리 6.1.6 홀수인 素數 p에 대하여 다음이 성립한다.

$$\left(\frac{2}{p}\right)=(-1)^{\frac{p^2-1}{8}}$$

정리 6.1.7 (이차잉여의 상호법칙) 서로 다른 두 홀수인 素數 p, q에 대하여 다음이 성립한다.

$$\left(\frac{q}{p}\right)\left(\frac{p}{q}\right)=(-1)^{\frac{p-1}{2}\frac{q-1}{2}}, \qquad \left(\frac{q}{p}\right)=(-1)^{\frac{p-1}{2}\frac{q-1}{2}}\left(\frac{p}{q}\right)$$

보기 6.1.4 이차합동식 $x^2\equiv 17 \pmod{19}$ 은 두 해를 가진다.
실제로, 다음이 성립한다.

$$\left(\frac{17}{19}\right)=(-1)^{\frac{17-1}{2}\frac{19-1}{2}}\left(\frac{19}{17}\right)=\left(\frac{2}{17}\right)=(-1)^{\frac{288}{8}}=1$$

따름정리 6.1.8 서로 다른 홀수인 素數 p, q에 대하여 다음이 성립한다.

(1) $$\left(\frac{2}{p}\right) = \begin{cases} 1 & (p \equiv \pm 1 \pmod 8 \text{ 일때}) \\ -1 & (p \equiv \pm 3 \pmod 8 \text{ 일때}) \end{cases}$$

(2) $$\left(\frac{q}{p}\right) = \begin{cases} \left(\frac{p}{q}\right) & (p \equiv 1 \text{ 또는 } q \equiv 1 \pmod 4 \text{ 일 때}) \\ -\left(\frac{p}{q}\right) & (p \equiv q \equiv 3 \pmod 4 \text{ 일 때}) \end{cases}$$

증 명 (1) p는 홀수이므로 $p \equiv \pm 1 \pmod 8$ 또는 $p \equiv \pm 3 \pmod 8$이고, 정리 6.1.6에 의하여 다음 등식이 성립한다.

$p = 8k \pm 1$ 이면

$$\left(\frac{2}{p}\right) = (-1)^{\frac{p^2-1}{8}} = (-1)^{2(4k^2 \pm k)} = 1$$

$p = 8k \pm 3$ 이면

$$\left(\frac{2}{p}\right) = (-1)^{\frac{p^2-1}{8}} = (-1)^{2(4k^2 \pm 3k)+1} = -1$$

(2) 素數 p, q는 홀수이므로 $p \equiv \pm 1 \pmod 4$, $q \equiv \pm 1 \pmod 4$이다. 그런데, $p \equiv 1 \pmod 4$ 또는 $q \equiv 1 \pmod 4$이면 $\frac{p-1}{2}\frac{q-1}{2}$은 짝수이고, 또 $p \equiv q \equiv -1 \equiv 3 \pmod 4$이면 $\frac{p-1}{2}\frac{q-1}{2}$은 홀수이다.
따라서 정리 6.1.7에 의하여 (2)가 성립한다.

보기 6.1.5 홀수인 素數 $p\ (\neq 5)$에 대하여

$$\left(\frac{5}{p}\right) = (-1)^{\frac{5-1}{2}\frac{p-1}{2}}\left(\frac{p}{5}\right) = \left(\frac{p}{5}\right)$$

$$\left(\frac{1}{5}\right) = \left(\frac{4}{5}\right) = 1, \qquad \left(\frac{2}{5}\right) = \left(\frac{3}{5}\right) = -1$$

이므로 다음이 성립한다.

$$\left(\frac{5}{p}\right) = \begin{cases} 1 & (p \equiv \pm 1 \pmod 5 \text{ 일 때}) \\ -1 & (p \equiv \pm 2 \pmod 5 \text{ 일 때}) \end{cases}$$

정리 6.1.9 홀수인 素數 $p\ (\geq 5)$에 대하여 다음이 성립한다.

$$\left(\frac{3}{p}\right) = \begin{cases} 1 & (p \equiv \pm 1 \pmod{12} \text{ 일 때}) \\ -1 & (p \equiv \pm 5 \pmod{12} \text{ 일때}) \end{cases}$$

증 명 정리 6.1.7에 의하여

$$\left(\frac{3}{p}\right) = (-1)^{\frac{p-1}{2}} \left(\frac{p}{3}\right)$$

이고 다음이 성립한다.

(1) $p \equiv 1 \pmod{12}$ 이면, $(-1)^{\frac{p-1}{2}} = 1$, $\left(\frac{p}{3}\right) = \left(\frac{1}{3}\right) = 1$ 이다.

(2) $p \equiv 5 \pmod{12}$ 이면, $(-1)^{\frac{p-1}{2}} = 1$, $\left(\frac{p}{3}\right) = \left(\frac{-1}{3}\right) = -1$ 이다.

(3) $p \equiv 7 \pmod{12}$ 이면, $(-1)^{\frac{p-1}{2}} = -1$, $\left(\frac{p}{3}\right) = \left(\frac{1}{3}\right) = 1$ 이다.

(4) $p \equiv 11 \pmod{12}$ 이면, $(-1)^{\frac{p-1}{2}} = -1$, $\left(\frac{p}{3}\right) = \left(\frac{-1}{3}\right) = -1$ 이다.

그러므로, 위의 결과에 의하여 정리가 성립한다.

Legendre 기호의 값을 계산 과정을 쉽게 하기 위하여 도입된 Jacobi 기호에 에 대해서는 §6.6 에서 논한다.

연 습 문 제 (6.1)

1. 素數 11 의 이차잉여와 이차비잉여를 모두 구하여라.

2. 다음 Legendre 기호의 값을 구하여라.

(1) $\left(\frac{-20}{31}\right)$ (2) $\left(\frac{2}{31}\right)$ (3) $\left(\frac{860}{103}\right)$ (4) $\left(\frac{168}{313}\right)$

3. 다음 이차합동식의 해가 존재하는지를 판정하여라.

(1) $x^2 \equiv 196 \pmod{23}$ (2) $x^2 \equiv 12 \pmod{19}$

4. 다음 이차합동식의 해가 존재하는지를 판정하여라.

(1) $x^2 \equiv 31 \pmod{31}$ (2) $x^2 \equiv 34 \pmod{31}$

(3) $x^2 + 4x \equiv 2 \pmod{11}$ (4) $x^2 \equiv 31 \pmod{3 \cdot 11}$

5. 홀수인 素數 p에 대하여 $(a, p) = (b, p) = 1$일 때, a, b, ab 중에서 두 정수가 p의 이차잉여이면 나머지 한 정수도 이차잉여임을 밝혀라.

6. 홀수인 素數 p에 대하여 g가 p의 원시근일 때, p의 이차잉여 전체의 곱은 법 p에 관하여 $g^{\frac{p^2-1}{4}}$과 합동임을 밝혀라.

7. 홀수인 素數 p에 대하여 $p \equiv 1 \pmod{4}$일 때, -4와 $\frac{p-1}{4}$은 p의 이차잉여임을 밝혀라.

8. 素數 $p\ (\geq 7)$에 대하여 다음이 성립함을 밝혀라.

(1) 세 정수 $1, 4, 9$는 모두 p의 이차잉여이다.

(2) 세 정수 $2, 5, 10$ 중에서 적어도 하나는 p의 이차잉여이다.

(3) 세 정수 $2, 3, 6$ 중에서 적어도 하나는 p의 이차잉여이다.

(4) 두 정수 $a, a+1$가 모두 p의 이차잉여인 a가 존재한다.

(5) 두 정수 $a, a+2$가 모두 p의 이차잉여인 a가 존재한다.

9. 정수 $a\ (\geq 3)$에 대하여 양의 정수 a^2-5의 홀수인 소인수 p가 존재하면, $p \equiv \pm 1 \pmod{5}$임을 증명하여라.

10. Mersenne 素數 $M_p = 2^p - 1\ (p \geq 3)$에 대하여 3은 M_p의 이차비잉여임을 증명하여라.

11. Fermat 素數 F_m의 이차비잉여는 모두 F_m의 원시근임을 증명하여라.

12. 모든 양의 정수 n에 대하여 $4^n \equiv 4 \pmod{12}$임을 밝혀라.

그리고, 素數 p가 4^k+1의 꼴이면, 3은 p의 이차비잉여임을 증명하여라.

§6.2 이차잉여와 素數

이 절에서는, 이차잉여를 이용한 素數 판정에 대하여 논한다.

다음 정리는 정리 5.1.4의 증명과 다른 방법으로 증명하기로 한다.

정리 6.2.1 양의 정수 중에서 $4k+1$의 꼴인 素數는 무한히 많다.

증 명 이제 $4k+1$의 꼴인 素數가 유한 개만이 존재한다고 가정하고 이러한 素數 전체를 $p_1, p_2, \cdots, p_n$이라고 하자. 이 때,

$$N = (2p_1 p_2 \cdots p_n)^2 + 1$$

이라고 하면, N의 홀수인 소인수 p가 존재한다. 이 때,

$$N \equiv 0 \pmod{p} \quad 즉 \quad (2p_1 p_2 \cdots p_n)^2 \equiv -1 \pmod{p}$$

이므로 합동식 $x^2 \equiv -1 \pmod{p}$의 해가 존재하고 따라서 $\left(\frac{-1}{p}\right) = 1$ 이므로 p는 $4k+1$의 꼴이다(따름정리 6.1.4). 따라서 p는 $p_1, p_2, \cdots, p_n$ 중의 어느 하나와 일치하므로 $p \mid (2p_1 p_2 \cdots p_n)^2$이고 또 $p \mid N$이므로 $p \mid 1$로 되어 모순이 생긴다. 그러므로, $4k+1$의 꼴인 素數는 무한히 많다.

정리 6.2.2 양의 정수 중에서 $8k-1$의 꼴인 素數는 무한히 많다.

증 명 이제 $8k-1$의 꼴인 素數가 유한 개 존재한다고 가정하고 이러한 素數를 $p_1, p_2, \cdots, p_n$이라고 하자. 이 때,

$$N = (4p_1 p_2 \cdots p_n)^2 - 2 \quad 즉 \quad \frac{N}{2} = 8(p_1 p_2 \cdots p_n)^2 - 1$$

이라고 하면, $\frac{N}{2}$는 홀수이고 또 N의 홀수인 소인수 전체와 $\frac{N}{2}$의 소인수 전체는 일치한다. 그리고, p를 N의 임의의 홀수인 소인수라고 하면,

$$N \equiv 0 \pmod{p} \quad 즉 \quad (4p_1 p_2 \cdots p_n)^2 \equiv 2 \pmod{p}$$

이므로 합동식 $x^2 \equiv 2 \pmod{p}$의 해가 존재하고 따라서 $\left(\frac{2}{p}\right) = 1$ 이므로

$p \equiv \pm 1 \pmod 8$ 이다(따름정리 6.1.8).

그런데, N의 홀수인 소인수가 모두 $8k+1$의 꼴이라고 가정하면, $\frac{N}{2}$의 소인수는 모두 $8k+1$의 꼴이므로 $\frac{N}{2} \equiv 1 \pmod 8$ 이지만

$$\frac{N}{2} \equiv 8\,(p_1 p_2 \cdots p_n)^2 - 1 \equiv -1 \pmod 8$$

이라는 사실에 모순된다.

따라서 N의 홀수인 소인수 중에 $8k-1$ 꼴인 소인수가 적어도 하나 존재하며 이러한 소인수를 q이라고 하면, q는 $p_1, p_2, \cdots, p_n$ 중의 어느 하나와 일치하므로 $q \mid (4\,p_1 p_2 \cdots p_n)^2$, $q \mid N$ 이고 따라서 $q \mid 2$로 되어 모순이 생긴다. 그러므로, $8k-1$의 꼴인 素數는 무한히 많다.

앞의 두 정리와 마찬가지로 $6k+1$의 꼴인 素數와 $8k+3$의 꼴인 素數가 무한히 많음을 증명할 수 있다(문제 4, 문제 5 참조).

정리 6.2.3 Fermat 수 $F_m = 2^{2^m} + 1 \quad (m \geq 2)$의 소인수는 모두

$$2^{m+2}k + 1 \qquad\qquad (k \geq 1)$$

와 같은 꼴이다.

증 명 이제 p를 F_m의 소인수라고 하자. 이 때, p는 홀수인 素數이고

$$2^{2^m} + 1 \equiv 0 \pmod p \quad \text{즉} \quad 2^{2^m} \equiv -1 \pmod p$$

이므로 $2^{2^{m+1}} \equiv 1 \pmod p$ 이고, 따라서 $\mathrm{ord}_p 2 = 2^{m+1}$ 이므로 정리 5.1.3에 의하여 $2^{m+1} \mid (p-1)$ 이다. 그런데, $m \geq 2$ 이므로 $8 \mid 2^{m+1}$ 이고 따라서 $8 \mid (p-1)$ 즉 $p \equiv 1 \pmod 8$ 이므로 $\left(\frac{2}{p}\right) = 1$ 이다(따름정리 6.1.8). 그러므로, $2^{\frac{p-1}{2}} \equiv \left(\frac{2}{p}\right) \equiv 1 \pmod p$ 이다(정리 6.1.3).

따라서 정리 5.1.2에 의하여 $2^{m+1} \,\Big|\, \frac{p-1}{2}$ 이므로 적당한 양의 정수 k에 대하여 $\frac{p-1}{2} = 2^{m+1}k$ 이고 따라서 $p = 2^{m+2}k + 1$ 이다.

보기 6.2.1 Fermat 수 $F_3 = 2^{2^3} + 1 = 257$ 은 素數이다.

실제로, Fermat 수 F_3 가 합성수이라고 가정하면, $p \le [\sqrt{257}] = 16$ 인 소인수 p 가 존재한다(정리 2.1.7). 한편, 정리 6.2.3 에 의하여 F_3 의 소인수는 모두 $2^5 k + 1$ 의 꼴이므로 이러한 소인수는 존재하지 않는다. 따라서 F_3 는 素數이다. 그러나, Fermat 수 $F_6 = 2^{2^6} + 1$ 은 素數가 아니다(p. 59 참조).

정리 6.2.4 정수 q 가 홀수인 素數이고 $p = 2q + 1$ 도 홀수인 素數일 때, Mersenne 수 $M_q = 2^q - 1$ 에 대하여 다음 중에서 하나가 성립한다.

(i) $p \mid M_q$ (ii) $p \mid (M_q + 2)$

그리고, 다음이 성립한다.

(1) $p \mid M_q \iff p \equiv \pm 1 \pmod 8$

(2) $p \mid (M_q + 2) \iff p \equiv \pm 3 \pmod 8$

증 명 Fermat 의 정리에 의하여 $2^{p-1} \equiv 1 \pmod p$ 이므로

$$\begin{aligned} M_q(M_q + 2) &\equiv (2^q - 1)(2^q + 1) \\ &\equiv 2^{2q} - 1 \equiv 2^{p-1} - 1 \equiv 0 \pmod p \end{aligned}$$

이고 따라서 $p \mid M_q$ 또는 $p \mid (M_q + 2)$ 이다(정리 2.1.3). 그런데,

$$M_q = 2^q - 1 = 2^{\frac{p-1}{2}} - 1, \quad M_q + 2 = 2^{\frac{p-1}{2}} + 1$$

이므로 정리 6.1.3 과 따름정리 6.1.8 에 의하여 다음이 성립한다.

$$\begin{aligned} p \mid M_q &\iff M_q \equiv 0 \pmod p \iff 2^{\frac{p-1}{2}} \equiv 1 \pmod p \\ &\iff \left(\frac{2}{p}\right) = 1 \iff p \equiv \pm 1 \pmod 8 \end{aligned}$$

$$\begin{aligned} p \mid (M_q + 2) &\iff M_q + 2 \equiv 0 \pmod p \iff 2^{\frac{p-1}{2}} \equiv -1 \pmod p \\ &\iff \left(\frac{2}{p}\right) = -1 \iff p \equiv \pm 3 \pmod 8 \end{aligned}$$

보기 6.2.2 홀수인 素數 $q = 11$ 에 대하여 $p = 2q+1 = 23$ 은 素數이고 또 $p \equiv -1 \pmod 8$, $23 \mid M_{11}$ 이므로, $M_{11} = 2^{11} - 1$ 은 素數가 아니다.

그리고, 홀수인 素數 $q = 23$ 에 대하여 $p = 2q + 1 = 47$ 은 素數이고 또 $p \equiv -1 \pmod 8$, $47 \mid M_{23}$ 이므로 $M_{23} = 2^{23} - 1$ 은 素數가 아니다.

정리 6.2.5 (Pepin 판정법) Fermat 수 $F_m = 2^{2^m}+1$ $(m \geq 1)$ 에 대하여

$$3^{\frac{F_m - 1}{2}} \equiv -1 \pmod{F_m}$$

일 때 그리고 이때에만 F_m 은 素數이다.

증 명 먼저 $3^{\frac{F_m - 1}{2}} \equiv -1 \pmod{F_m}$ 일 때, p 를 F_m 의 소인수라고 하자. 이 때, $p \mid F_m$ 이므로

$$3^{\frac{F_m - 1}{2}} \equiv -1 \pmod p \quad 즉 \quad 3^{F_m - 1} \equiv 1 \pmod p$$

이고 따라서 $\mathrm{ord}_p 3 \leq F_m - 1 = 2^{2^m}$ 이다. 한편, $\dfrac{F_m - 1}{2} = 2^{2^m - 1}$ 이므로 $\mathrm{ord}_p 3 = F_m - 1$ 이고. 따라서 정리 5.1.2 에 의하여

$$F_m - 1 = \mathrm{ord}_p 3 \leq \varphi(p) = p - 1 \leq F_m - 1$$

이므로 $p = F_m$ 이다. 그러므로, F_m 은 素數이다.

역으로, $F_m = 2^{2^m}+1$ $(m \geq 1)$ 이 素數라고 하자.

이 때, $F_m \equiv 2^{2^m} + 1 \equiv (-1)^{2^m} + 1 \equiv 2 \pmod 3$ 이므로 정리 6.1.7 에 의하여

$$\left(\frac{3}{F_m}\right) = (-1)^{\frac{3-1}{2}\frac{F_m-1}{2}} \left(\frac{F_m}{3}\right) = \left(\frac{F_m}{3}\right) = \left(\frac{2}{3}\right) = -1$$

이고 또 $\left(\dfrac{3}{F_m}\right) \equiv 3^{\frac{F_m - 1}{2}} \pmod{F_m}$ 이므로 다음이 성립한다.

$$3^{\frac{F_m - 1}{2}} \equiv -1 \pmod{F_m}$$

보기 6.2.3 Fermat 수 $F_2 = 2^{2^2} + 1 = 17$ 에 대하여

$$3^{\frac{F_2-1}{2}} \equiv 3^8 \equiv 81^2 \equiv (-4)^2 \equiv -1 \pmod{17}$$

이므로 F_2 는 素數이다.

연 습 문 제 (6.2)

1. 정리 6.2.4 를 이용하여 503 은 M_{251} 의 약수임을 밝혀라.

2. Pepin 의 판정법을 이용하여 다음 Fermat 수가 素數인지를 판정하여라.

   (1) $F_1 = 2^{2^1} + 1$ (2) $F_3 = 2^{2^3} + 1 = 257$ (3) $F_5 = 2^{2^5} + 1$

3. 素數 $p\ (\geq 5)$ 에 대하여 다음이 성립함을 증명하여라(정리 6.1.9 참조).

$$\left(\frac{-3}{p}\right) = \begin{cases} 1 & (p \equiv 1 \pmod{6} \text{ 일 때}) \\ -1 & (p \equiv 5 \pmod{6} \text{ 일 때}) \end{cases}$$

4. 문제 3 을 이용하여 $6k+1$ 의 꼴인 素數는 무한히 많음을 증명하여라.

   [힌트 : 이제 $6k+1$ 의 꼴인 素數가 유한 개 $p_1, p_2, \cdots, p_n$ 만이 존재한다고 가정하고 $N = (2p_1p_2 \cdots p_n)^2 + 3$ 을 생각한다.]

5. 홀수인 素數 p 에 대하여 다음이 성립함을 증명하여라.

$$\left(\frac{-2}{p}\right) = 1 \iff p \equiv 1 \pmod{8} \text{ 또는 } p \equiv 3 \pmod{8}$$

$$\left(\frac{-2}{p}\right) = -1 \iff p \equiv 5 \pmod{8} \text{ 또는 } p \equiv 7 \pmod{8}$$

6. 문제 5 를 이용하여 $8k+3$ 의 꼴인 素數는 무한히 많음을 증명하여라.

   [힌트 : 이제 $8k+3$ 의 꼴인 素數가 유한 개 $p_1, p_2, \cdots, p_n$ 만이 존재한다고 가정하고 $N = (p_1p_2 \cdots p_n)^2 + 2$ 를 생각한다.]

§6.3 특수한 이차합동식

이 절에서는, 특수한 이차합동식에 대하여 논한다(§3.5 참조).

정리 6.3.1 홀수인 素數 p에 대하여 $p \equiv 3 \pmod 4$ 일 때, 이차합동식

$$x^2 \equiv a \pmod p, \qquad (a, p) = 1$$

의 해가 존재하면 그 두 해는 $x \equiv \pm a^{\frac{p+1}{4}} \pmod p$ 이다.

증 명 이차합동식 $x^2 \equiv a \pmod p$ 의 해가 존재하면, 정리 6.1.2 에 의하여 $a^{\frac{p-1}{2}} \equiv 1 \pmod p$ 이고, $p \equiv 3 \pmod 4$ 이므로 $\dfrac{p+1}{4}$ 은 정수이고

$$(\pm a^{\frac{p+1}{4}})^2 \equiv a^{\frac{p+1}{2}} \equiv a^{\frac{p-1}{2}} a \equiv 1 \cdot a \equiv a \pmod p$$

이므로 이차합동식 $x^2 \equiv a \pmod p$ 는 두 해 $x \equiv \pm a^{\frac{p+1}{4}} \pmod p$ 를 가진다(정리 3.5.3).

보기 6.3.1 이차합동식 $x^2 \equiv 7 \pmod{103}$ 을 생각해 보자.
먼저 $103 \equiv 3 \pmod 4$ 이고 또 다음이 성립한다(정리 6.1.7 참조).

$$\begin{aligned}\left(\frac{7}{103}\right) &= (-1)^{\frac{7-1}{2}\frac{103-1}{2}}\left(\frac{103}{7}\right) = -\left(\frac{5}{7}\right)\\ &= -(-1)^{\frac{5-1}{2}\frac{7-1}{2}}\left(\frac{7}{5}\right) = -\left(\frac{7}{5}\right)\\ &= -\left(\frac{2}{5}\right) = -(-1)^{\frac{25-1}{8}} = 1\end{aligned}$$

따라서 주어진 이차합동식의 해는 존재하고, 그 해는 다음과 같다.

$$\begin{aligned}x &\equiv \pm 7^{\frac{103+1}{4}} \equiv \pm 7^{26} \equiv \pm (7^6)^4 \cdot 7^2\\ &\equiv \pm 23^4 \cdot 7^2 \equiv \pm 25 \pmod{103}\end{aligned}$$

앞의 정리에서 $p \equiv 1 \pmod 4$ 인 경우는 간단하지 않다([해설 6.3] 참조).

정리 6.3.2 정수 p, q 가 서로 다른 홀수인 素數일 때, 이차합동식

$$x^2 \equiv a \pmod{pq}, \qquad (a, pq) = 1$$

에 대하여 다음이 성립한다.

(1) 두 합동식

$$x^2 \equiv a \pmod p, \qquad (a, p) = 1$$

$$x^2 \equiv a \pmod q, \qquad (a, q) = 1$$

의 해가 존재할 때 즉 $\left(\dfrac{a}{p}\right) = \left(\dfrac{a}{q}\right) = 1$ 일 때 그리고 이때에만 합동식 $x^2 \equiv a \pmod{pq}$ 의 해가 존재한다.

(2) 이차합동식 $x^2 \equiv a \pmod{pq}$ 의 해가 존재할 때, 이 이차합동식은

$$x \equiv x_1 \pmod{pq}, \qquad x \equiv x_2 \pmod{pq}$$

$$x \equiv -x_1 \pmod{pq}, \qquad x \equiv -x_2 \pmod{pq}$$

와 같은 꼴의 4 개의 해를 가지며 두 최대공약수

$$(x_1 - x_2, pq), \qquad (x_1 + x_2, pq)$$

중에서 하나는 p 이고 다른 하나는 q 이다.

(3) $p \equiv q \equiv 3 \pmod 4$ 일 때, 이차합동식 $x^2 \equiv a \pmod{pq}$ 의 해가 존재하는 경우에 이 이차합동식의 4 개의 해 중에서 $\left(\dfrac{x_0}{p}\right) = \left(\dfrac{x_0}{q}\right) = 1$ 인 해 $x \equiv x_0 \pmod{pq}$ 가 단 하나 존재한다.

증 명 (1) 이차합동식 $x^2 \equiv a \pmod{pq}$ 는 연립합동식

$$\begin{cases} x^2 \equiv a \pmod p \\ x^2 \equiv a \pmod q \end{cases}$$

와 동치이고, $(a, pq) = 1$ 이므로 $(a, p) = (a, q) = 1$ 이다(정리 3.4.1).

따라서 두 이차합동식 $x^2 \equiv a \pmod{p}$, $x^2 \equiv a \pmod{q}$의 해가 존재할 때 그리고 이때에만 이차합동식 $x^2 \equiv a \pmod{pq}$의 해가 존재한다.

(2) 두 이차합동식 $x^2 \equiv a \pmod{p}$, $x^2 \equiv a \pmod{q}$가 각각 두 해

$$x \equiv \pm b \pmod{p}, \quad x \equiv \pm c \pmod{q}$$

를 가진다고 하자.

정리 3.5.3에 의하여 $(b, p) = 1$, $(c, q) = 1$이고 중국인의 나머지 정리(정리 3.4.3)를 이용하여 다음 네 연립일차합동식의 해를 구할 수 있으며, 이들 네 해가 바로 이차방정식 $x^2 \equiv a \pmod{pq}$의 해이다.

$$① \begin{cases} x \equiv b \pmod{p} \\ x \equiv c \pmod{q} \end{cases} \qquad ② \begin{cases} x \equiv -b \pmod{p} \\ x \equiv c \pmod{q} \end{cases}$$

$$③ \begin{cases} x \equiv -b \pmod{p} \\ x \equiv -c \pmod{q} \end{cases} \qquad ④ \begin{cases} x \equiv b \pmod{p} \\ x \equiv -c \pmod{q} \end{cases}$$

실제로, $(p, q) = 1$이므로

$$qN_1 + pN_2 = 1$$

인 정수 N_1, N_2가 존재하고 이때 정리 3.4.3의 증명에 따라

$$(*) \qquad x_1 = qN_1 b + pN_2 c, \qquad x_2 = qN_1(-b) + pN_2 c$$

라고 놓으면, ①, ②, ③, ④의 해는 다음과 같다.

$$x \equiv x_1 \pmod{pq}, \qquad x \equiv x_2 \pmod{pq}$$
$$x \equiv -x_1 \pmod{pq}, \qquad x \equiv -x_2 \pmod{pq}$$

한편, $(*)$에 의하여

$$x_1 + x_2 = 2pN_2 c, \qquad x_1 - x_2 = 2qN_1 b$$

이고 $qN_1 + pN_2 = 1$이므로 $(N_2, q) = 1$, $(N_1, p) = 1$이다(정리 1.5.7). 그리고, $(b, p) = 1$, $(c, q) = 1$이므로 다음이 성립한다.

$$(x_1 + x_2, pq) = (2pN_2 c, pq) = p,$$
$$(x_1 - x_2, pq) = (2qN_1 b, pq) = q$$

(3) $p \equiv q \equiv 3 \pmod 4$ 이라고 하자. 이 때, 따름정리 6.1.4에 의하여

$$\left(\frac{-1}{p}\right) = \left(\frac{-1}{q}\right) = -1$$

이고, 또 $x \equiv x_1 \pmod{pq}$ 과 $x \equiv x_2 \pmod{pq}$ 는 각각 연립일차합동식 ①, ②의 해이므로 다음이 성립한다.

$$\begin{cases} x_1 \equiv b \pmod p \\ x_1 \equiv c \pmod q \end{cases} \qquad \begin{cases} x_2 \equiv -b \pmod p \\ x_2 \equiv c \pmod q \end{cases}$$

그러므로, 정리 6.1.3과 위의 결과에 의하여

$$\left(\frac{x_1}{p}\right) = \left(\frac{-x_2}{p}\right) = \left(\frac{b}{p}\right), \qquad \left(\frac{-x_1}{p}\right) = \left(\frac{x_2}{p}\right) = -\left(\frac{b}{p}\right),$$

$$\left(\frac{x_1}{q}\right) = \left(\frac{x_2}{q}\right) = \left(\frac{c}{q}\right), \qquad \left(\frac{-x_1}{q}\right) = \left(\frac{-x_2}{q}\right) = -\left(\frac{c}{q}\right)$$

이므로, 순서쌍

$$\left\langle \left(\frac{x_1}{p}\right), \left(\frac{x_1}{q}\right) \right\rangle, \qquad \left\langle \left(\frac{-x_1}{p}\right), \left(\frac{-x_1}{q}\right) \right\rangle,$$

$$\left\langle \left(\frac{x_2}{p}\right), \left(\frac{x_2}{q}\right) \right\rangle, \qquad \left\langle \left(\frac{-x_2}{p}\right), \left(\frac{-x_2}{q}\right) \right\rangle$$

은 각각 순서쌍

$$\left\langle \left(\frac{b}{p}\right), \left(\frac{c}{q}\right) \right\rangle, \qquad \left\langle -\left(\frac{b}{p}\right), -\left(\frac{c}{q}\right) \right\rangle,$$

$$\left\langle -\left(\frac{b}{p}\right), \left(\frac{c}{q}\right) \right\rangle, \qquad \left\langle \left(\frac{b}{p}\right), -\left(\frac{c}{q}\right) \right\rangle$$

와 같고 이들은 순서쌍

$$\langle 1,\ 1 \rangle,\ \langle 1, -1 \rangle,\ \langle -1, 1 \rangle,\ \langle -1,\ -1 \rangle$$

중에서 어느 하나와 같으므로 위의 순서쌍 중에서 순서쌍 $\langle 1,\ 1 \rangle$ 과 일치하는 것이 단 하나 존재한다.

따라서 이차합동식 $x^2 \equiv a \pmod{pq}$ 의 해 중에서 $\left(\frac{x_0}{p}\right) = \left(\frac{x_0}{q}\right) = 1$ 인 해 $x \equiv x_0 \pmod{pq}$ 가 단 하나 존재한다.

보기 6.3.2 이차합동식 $x^2 \equiv 58 \pmod{77}$ 을 생각해 보자.

이 이차합동식은 다음 연립합동식과 동치이다.

$$\begin{cases} x^2 \equiv 58 \pmod{7} \\ x^2 \equiv 58 \pmod{11} \end{cases} \quad 즉 \quad \begin{cases} x^2 \equiv 2 \pmod{7} \\ x^2 \equiv 3 \pmod{11} \end{cases}$$

한편, 두 素數 7, 11에 대하여 $7 \equiv 3 \pmod{4}$, $11 \equiv 3 \pmod{4}$ 이므로 정리 6.3.1 을 적용하여 이차합동식 $x^2 \equiv 2 \pmod{7}$ 의 해

$$x \equiv \pm 3 \pmod{7}$$

와 합동식 $x^2 \equiv 3 \pmod{11}$ 의 해

$$x \equiv \pm 5 \pmod{11}$$

를 얻는다. 따라서 이차합동식 $x^2 \equiv 58 \pmod{77}$ 의 해는 다음 네 연립일차합동식의 해 전체와 일치한다.

$$① \begin{cases} x \equiv 3 \pmod{7} \\ x \equiv 5 \pmod{11} \end{cases} \qquad ② \begin{cases} x \equiv -3 \pmod{7} \\ x \equiv 5 \pmod{11} \end{cases}$$

$$③ \begin{cases} x \equiv -3 \pmod{7} \\ x \equiv -5 \pmod{11} \end{cases} \qquad ④ \begin{cases} x \equiv 3 \pmod{7} \\ x \equiv -5 \pmod{11} \end{cases}$$

이들 네 연립일차합동식의 해는 중국인의 나머지 정리를 이용하여 구할 수있다(정리 3.4.3). 실제로,

$$11 \cdot 2 + 7 \cdot (-3) = 1$$

1	11	7	1
	7	1	
1	4	3	3
	3	3	
	1	0	

1	1	1		
1	0	1	-1	2
0	1	-1	2	-3

이므로

$$x_1 = 11 \cdot 2 \cdot 3 + 7 \cdot (-3) \cdot 5 \equiv 66 + 49 \equiv 38 \pmod{7 \cdot 11},$$

$$x_2 = 11 \cdot 2 \cdot (-3) + 7 \cdot (-3) \cdot 5 \equiv 11 + 49 \equiv 60 \pmod{7 \cdot 11}$$

이라고 놓으면, 이차합동식 $x^2 \equiv 58 \pmod{77}$ 의 네 해는

$$x \equiv x_1 \equiv 38 \pmod{77}, \qquad x \equiv x_2 \equiv 60 \pmod{77},$$

$$x \equiv -x_1 \equiv 39 \pmod{77}, \qquad x \equiv -x_2 \equiv 17 \pmod{77}$$

이고 또 다음이 성립한다.

$$(38+60, 77) = 7,$$
$$(38-60, 77) = (-22, 77) = 11$$

그리고, 정리 6.1.7, 따름정리 6.1.4를 이용하여 다음 결과를 얻는다.

$$\left(\frac{3}{7}\right) = (-1)^{\frac{3-1}{2}\frac{7-1}{2}}\left(\frac{7}{3}\right) = -\left(\frac{1}{3}\right) = -1,$$
$$\left(\frac{-3}{7}\right) = \left(\frac{-1}{7}\right)\left(\frac{3}{7}\right) = 1,$$
$$\left(\frac{5}{11}\right) = (-1)^{\frac{5-1}{2}\frac{11-1}{2}}\left(\frac{11}{5}\right) = \left(\frac{1}{5}\right) = 1,$$
$$\left(\frac{-5}{11}\right) = \left(\frac{-1}{11}\right)\left(\frac{5}{11}\right) = -1$$

그러므로, 이차합동식 $x^2 \equiv 58 \pmod{77}$의 해 중에서

$$\left(\frac{x_0}{7}\right) = \left(\frac{x_0}{11}\right) = 1$$

인 해 $x \equiv x_0 \pmod{77}$는 연립일차합동식

$$\begin{cases} x \equiv -3 \pmod{7} \\ x \equiv 5 \pmod{11} \end{cases}$$

의 해이고, 앞에서 얻은 결과에 의하여 그 해는 $x \equiv 60 \pmod{77}$이다.

보기 6.3.3 양의 정수 m이 서로 다른 두 홀수인 素數 p, q의 곱이라고 예측되는 경우에, 이차합동식 $x^2 \equiv 1 \pmod{m}$의 네 해

$$x \equiv \pm 1 \pmod{m}, \qquad x \equiv \pm c \pmod{m}$$

를 구하여 최대공약수 $(1+c, m)$, $(1-c, m)$를 계산하면 p, q의 값을 알 수 있게 되고 이로서 m을 소인수분해할 수 있다.

연 습 문 제 (6.3)

1. 다음 이차합동식의 해의 개수를 말하여라.

(1) $x^2 \equiv 1 \pmod{11}$　　(2) $x^2 \equiv 16 \pmod{17}$

(3) $x^2 \equiv 1 \pmod{3 \cdot 11}$　　(4) $x^2 \equiv 16 \pmod{5 \cdot 17}$

2. 다음 이차합동식의 해가 존재하는지를 판정하여라.

(1) $x^2 \equiv 31 \pmod{3 \cdot 11}$　　(2) $x^2 + 4x \equiv 8 \pmod{7 \cdot 13}$

3. 다음 이차합동식의 해를 구하여라.

(1) $x^2 \equiv 19 \pmod{15}$　　(2) $x^2 \equiv 11 \pmod{35}$

4. 보기 6.3.2 의 결과를 이용하여 이차합동식

$$x^2 + 3x + 25 \equiv 0 \pmod{77}$$

의 해를 구하여라.

5. 이차합동식 $x^2 \equiv 860 \pmod{103 \cdot 107}$ 의 해를 구하여라. 또, 이 해 중에서 $\left(\dfrac{x_0}{103}\right) = \left(\dfrac{x_0}{107}\right) = 1$ 인 해 $x \equiv x_0 \pmod{103 \cdot 107}$ 를 구하여라.

6. 서로 다른 두 홀수인 素數 p, q 에 대하여 $m = pq$ 이고 또 이차합동식

$$x^2 \equiv 1 \pmod{m}$$

의 네 해가

$$x \equiv \pm 1 \pmod{m}, \quad x \equiv \pm 103 \pmod{m}$$

일 때, p, q 와 m 의 값을 구하여라.

7. 이차합동식

$$x^2 \equiv a \pmod{35}, \qquad (a, 35) = 1$$

가 해를 가질 때, a 는 법 35 에 관하여 어떤 정수와 합동인지를 말하여라.

§6.4 영지식 증명과 신원확인

비밀 정보 자체는 알려 주지 않은 채 이러한 정보를 알고 있다는 사실을 다른 사람에게 확신시켜 주거나 또는 본인이 대단히 중요한 정리를 증명했다는 사실을 다른 사람에게 확신시키되 정리의 증명 자체는 밝히지 않는 경우가 있다. 이와 같이 비밀 정보 자체는 노출시키지 않은 채 비밀 정보를 가지고 있다는 사실을 상대방에게 확신시키는 증명 방법을 **영지식 증명**(零知識證明, zero-knowledge proof) 또는 **최소노출 증명**(最小露出 證明, minimum-disclosure proof)이라고 한다.

영지식 증명에서는 비밀 정보를 가지고 있음을 증명하는 사람(proofer) P 와 이 사실을 확인하는 사람(verifier) V 가 있게 마련이다. 이 때, 비밀 정보를 모르는 공격자가 증명하는 사람인 것처럼 행세하여 V 를 속일 확률은 대단히 작고, V 는 아주 작은 정보를 가지고 있으므로 공격자에게 자기가 이 비밀 정보를 알고 있는 것처럼 확신시켜 줄 수도 없다.

예를 들어, P 가 $p \equiv 3 \pmod 4$, $q \equiv 3 \pmod 4$ 인 서로 다른 두 素數 p, q 를 택하여 p, q 는 공개하지 않으면서 이들 두 素數를 알고 있다는 사실을 V 에게 확신시켜주고 싶을 때에는 다음 절차를 밟는다.

(1) P 는 V 에게 p, q 의 곱 $m = pq$ 의 값을 알려 준다.

(2) V 는 $(c, m) = 1$, $1 \le c < m$ 인 정수 c 를 임의로 택하여

$$a \equiv c^4 \pmod m, \qquad 1 \le a < m$$

인 정수 a 를 구한 다음에 이 값을 P 에게 보낸다.

(3) P 는 V 로부터 받은 a 의 값을 이용하여, 합동식 $x^2 \equiv a \pmod m$ 의 해 중에서 $\left(\frac{b}{p}\right) = \left(\frac{b}{q}\right) = 1$ 인 해

$$x \equiv b \pmod m, \qquad 1 \le b < m$$

를 구하여 b 를 V 에게 보낸다.

(4) V 는 $b \equiv c^2 \pmod m$ 인지를 확인한다.

앞의 단계 (3) 에서 V 는 m 의 두 소인수 p, q 의 값을 이용하여 이차합동식 $x^2 \equiv a \pmod{m}$ 의 해 $x \equiv b \pmod{m}$ 를 구하여

$$\left(\frac{b}{p}\right) = \left(\frac{b}{q}\right) = 1$$

인지를 판정한다(정리 6.3.2 참조). 그러나, p, q 의 값을 모르면 합당한 시간 안에 이러한 b 를 구할 수는 없다.

단계 (4) 에서 V 는 두 소인수 p, q 의 값을 알지 못하면서 자신이 이미 택한 c 의 값을 이용하여 b 의 값을 판정할 수 있다. 실제로, 단계 (2) 에서

$$a \equiv c^4 \equiv (c^2)^2 \pmod{m}$$

이므로, $x \equiv \pm c^2 \pmod{m}$ 은 이차합동식 $x^2 \equiv a \pmod{m}$ 의 해이다.

따라서 $b \equiv c^2 \pmod{m}$ 이라고 하면, $x \equiv b \pmod{m}$ 는 이차합동식 $x^2 \equiv a \pmod{m}$ 의 해이고 $\left(\frac{b}{p}\right) = \left(\frac{b}{q}\right) = 1$ 이다.

한편, p, q 가 $p \equiv 3 \pmod{4}$, $q \equiv 3 \pmod{4}$ 인 서로 다른 素數이면 $\left(\frac{q}{p}\right) = -\left(\frac{p}{q}\right)$ 이다(따름정리 6.1.8).

P		V
$p, q, \quad m = pq$	$\longrightarrow$	m
a	$\longleftarrow$	$(c, m) = 1,\ 1 \le c < m$ $a \equiv c^4 \pmod{m},\ 1 \le a < m$
합동식 $x^2 \equiv a \pmod{m}$ 의 해 중에서 법 p 와 법 q 에 관하여 이차잉여인 해 $x \equiv b \pmod{m}$, $1 \le b < m$ 를 구한다.	$\longrightarrow$	b 확인 : $b \equiv c^2 \pmod{m}$

보기 6.4.1 이제 P 가 홀수인 素數 $p = 103$, $q = 239$ 를 택하여 p, q 를 공개하지 않은 채 이 두 素數를 알고 있다는 사실을 V 에게 확신시켜 주는 경우를 생각해 보자.

먼저 P 는 $m = pq = 24617$ 을 V 에게 알려 준다.

단계 (2) 에서 V 가 $c = 9134$ 를 택하면

$$a \equiv c^4 \equiv (9134^2)^2 \equiv 2943^2 \equiv 20682 \pmod{24617}$$

이므로 V 는 P 에게 $a = 20682$ 를 보낸다.

그리고, 단계 (3) 에서 P 는 이차합동식

$$x^2 \equiv 20682 \pmod{24617}$$

의 해를 구하기 위하여 다음 연립합동식의 해를 구한다.

$$\begin{cases} x^2 \equiv 20682 \equiv 82 \pmod{103} \\ x^2 \equiv 20682 \equiv 67 \pmod{239} \end{cases}$$

한편,

$$p \equiv 103 \equiv 3 \pmod 4, \quad q \equiv 239 \equiv 3 \pmod 4$$

이므로 정리 6.3.1 에 의하여 이차합동식

$$x^2 \equiv 82 \pmod{103}, \qquad x^2 \equiv 67 \pmod{239}$$

의 해는 각각 다음과 같다.

$$x \equiv \pm 82^{\frac{103+1}{4}} \equiv \pm 82^{26} \equiv \pm 59 \pmod{103},$$

$$x \equiv \pm 67^{\frac{239+1}{4}} \equiv \pm 67^{60} \equiv \pm 75 \pmod{239}$$

그런데, 다음이 성립한다(따름정리 6.1.8, 정리 6.1.3 참조).

$$\left(\frac{59}{103}\right) = -\left(\frac{103}{59}\right) = -\left(\frac{44}{59}\right) = -\left(\frac{2^2 \cdot 11}{59}\right)$$

$$= -\left(\frac{11}{59}\right) = \left(\frac{59}{11}\right) = \left(\frac{4}{11}\right) = 1,$$

$$\left(\frac{75}{239}\right) = \left(\frac{5^2}{239}\right)\left(\frac{3}{239}\right) = \left(\frac{3}{239}\right) = \left(\frac{239}{3}\right) = -\left(\frac{2}{3}\right) = 1$$

따라서 이차합동식

$$x^2 \equiv 20682 \pmod{24617}$$

의 해 중에서 24617의 이차 잉여인 해는 다음 연립일차합동식의 해이다.

$$\begin{cases} x \equiv 59 \pmod{103} \\ x \equiv 75 \pmod{239} \end{cases}$$

그런데, 유클리드의 알고리즘에 의하여

$$239 \cdot 25 + 103 \cdot (-58) = 1$$

2	239	103	3
	206	99	
8	33	4	4
	32	4	
	1	0	

2	3	8		
1	0	1	-3	25
0	1	-2	7	-58

이므로 중국인의 나머지 정리에 의하여 위의 연립일차방정식의 해는

$$\begin{aligned} x &\equiv 239 \cdot 25 \cdot 59 + 103 \cdot (-58) \cdot 75 \\ &\equiv 2943 \pmod{24617} \end{aligned}$$

이므로 $b = 2943$ 이다.

그리고, 단계 (4) 에서 V 는

$$c^2 \equiv 9134^2 \equiv 2943 \equiv b \pmod{24617}$$

임을 밝혀 P 가 보낸 값이 맞다는 사실을 확인한다.

많은 경우에 통신문을 보내기 전에 송신자는 자기 자신의 신원을 증명해야 할 필요가 있다. 예를 들어, 전화 카드, 신용 카드 등과 같은 거래를 하는 데에는 개인 신원 확인번호가 이용되고 전산망을 통한 업무에 접속하기 위해서는 비밀번호가 필요하다.

그런데, 신원 확인(身元 確認)을 할 때에는 본인의 비밀 열쇠를 노출시키지 않으면서 본인이 비밀 열쇠를 알고 있음을 증명해야 한다. 신원 증명은 비밀 열쇠와 관련된 계산에 근거를 두되 신원 확인 절차를 밟을 때마다 결과가 다르게 나오도록 하여 공격자가 비밀 열쇠를 도용할 수 없도록 해야 한다.

서로 멀리 떨어져 있는 A, B 두 사람이 전화나 전자계산기를 이용하여 승패를 결정하는 경우를 생각해 보자.

예를 들어, B 가 전자 동전 던지기(electronically tossing)를 통하여 결정된 결과를 A 에게 통보한다면, B 가 속이거나 또는 일부러 자기 자신에게 불리한 결과를 A 에게 통보해줄 염려도 있고 또 통보 받은 결과를 A 가 믿지 않을 수도 있다.

다음은 이러한 난점을 해결하는 방법으로 Blum 이 고안해낸 것이다.

[전자 동전 던지기]

(1) A 는 상당히 큰 素數로서 $p \equiv q \equiv 3 \pmod 4$ 인 두 素數 p, q 를 택하여 $m = pq$ 의 값을 구하고 B 에게 m 의 값만을 알려 준다.

(2) B 는

$$(x_1, m) = 1, \qquad 1 \leq x_1 < m$$

인 정수 x_1 을 택하고 ${x_1}^2$ 을 m 으로 나누었을 때의 나머지 a 를 구하여 A 에게 a 의 값만을 알려 준다.

(3) A 는 이미 알고 있는 p, q 의 값과 B 로부터 통보 받은 a 의 값을 이용하여 이차합동식 $x^2 \equiv a \pmod m$ 의 4 개의 해

$$x \equiv x_1 \pmod m, \quad x \equiv -x_1 \equiv m - x_1 \pmod m,$$

$$x \equiv x_2 \pmod m, \quad x \equiv -x_2 \equiv m - x_2 \pmod m \qquad (1 \leq x_2 < m)$$

를 구하고 이 중에서 한 개만을 B 에게 알려 준다(정리 6.3.2 참조).

(4) B 가 A 로부터 통보 받은 값을 이용하여 p, q 의 값을 구하여 그 값을 A 에게 알려 줄 수 있으면 B 가 이기는 것으로 하고, 그렇지 못한 경우에는 A 가 이기는 것으로 한다.

여기서, B 는 A 로부터 받은 값의 제곱을 m 으로 나누었을 때의 나머지가 a 와 일치하는지를 확인함으로써, A 가 잘못 계산하였는지 또는 속였는지를 알 수 있다.

앞의 단계 (4) 에서 B 가 A 로부터 x_2 또는 $m-x_2$ 를 받는 경우에, B 는 이 값과 알고 있는 x_1 의 값을 이용하여 최대공약수

$$(x_1 + x_2, m) \quad \text{또는} \quad (x_1 - x_2, m)$$

를 구하여 p 또는 q 를 알 수 있다(정리 6.3.2 참조). 한편, B 가 A 로부터 x_1 또는 $m-x_1$ 을 받는 경우에는 B 는 이로부터 p, q 의 값을 구할 수 없다.

그런데, A 가 $x_1, m-x_1$ 을 택할 확률과 $x_2, m-x_2$ 를 택할 확률은 똑같으므로, 이와 같은 전자 동전 던지기는 공평하다.

§6.5 이차잉여의 상호법칙

이 책을 처음 읽을 때에는 이 절을 생략하여도 좋다.

정리 6.5.1 (Gauss 의 보조정리) 홀수인 素數 p와 $(a, p) = 1$인 정수 a에 대하여

$$T = \{a, 2a, \cdots, \frac{p-1}{2}a\}$$

이라 하고 $-1, -2, \cdots, -\frac{p-1}{2}$ 중에서 법 p에 관하여 T의 원소와 합동인 정수 전체의 개수를 n이라 하고 하면 $\left(\frac{a}{p}\right) = (-1)^n$ 이다.

증 명 집합

$$R = \{1, 2, \cdots, \frac{p-1}{2}, -1, -2, \cdots, -\frac{p-1}{2}\}$$

는 법 p에 관한 기약잉여계이므로 T의 각 원소는 R의 단 한 개의 원소와 법 p에 관하여 합동이다(보기 4.4.2).

이제 $\frac{p-1}{2}$ 개의 정수 $-1, -2, \cdots, -\frac{p-1}{2}$ 중에서 법 p에 관하여 T의 원소와 합동인 n개의 정수 전체의 집합을 $A = \{r_1, r_2, \cdots, r_n\}$ 하고 또 $\frac{p-1}{2}$ 개의 정수 $1, 2, \cdots, \frac{p-1}{2}$ 중에서 법 p에 관하여 T의 원소와 합동인 정수 전체의 집합을 $B = \{s_1, s_2, \cdots, s_m\}$ 이라고 하자.

이 때, $n + m = \frac{p-1}{2}$ 이고 다음 합동식이 성립한다.

$$a \cdot 2a \cdot \cdots \cdot \frac{p-1}{2}a \equiv r_1 r_2 \cdots r_n s_1 s_2 \cdots s_m \pmod{p}$$

즉 $$a^{\frac{p-1}{2}} \frac{p-1}{2}! \equiv r_1 r_2 \cdots r_n s_1 s_2 \cdots s_m \pmod{p} \qquad ①$$

한편, T의 두 원소의 합은 법 p에 관하여 0과 합동일 수 없으므로 임의의 $r_i \in A$, $s_j \in B$에 대하여 $-r_i \neq s_j$ 이고 따라서 다음이 성립한다.

$$\{-r_1, -r_2, \cdots, -r_n, s_1, s_2, \cdots, s_m\} = \{1, 2, \cdots, \frac{p-1}{2}\} \qquad ②$$

$$(-1)^n r_1 r_2 \cdots r_n s_1 s_2 \cdots s_m \equiv \frac{p-1}{2}! \pmod{p} \qquad ③$$

그런데, ① 과 ③ 에 의하여

$$a^{\frac{p-1}{2}} \frac{p-1}{2}! \equiv (-1)^n \frac{p-1}{2}! \pmod{p}$$

이고 $\frac{p-1}{2}!$ 은 p 와 서로 소이므로 $a^{\frac{p-1}{2}} \equiv (-1)^n \pmod{p}$ 이다.

따라서 $\left(\frac{a}{p}\right) \equiv a^{\frac{p-1}{2}} \equiv (-1)^n \pmod{p}$ 이다(정리 6.1.3 (3)).

정리 6.5.2 정수 p 가 홀수인 素數일 때, $(a, p) = 1$ 인 정수 a 에 대하여 $M = \sum_{i=1}^{\frac{p-1}{2}} \left[\frac{ia}{p}\right]$ 이라고 할 때, 다음이 성립한다.

(1) a 가 홀수이면, $\left(\frac{a}{p}\right) = (-1)^M$ 이다.

(2) $\left(\frac{2}{p}\right) = (-1)^{\frac{p^2-1}{8}}$

증 명 정리 6.5.1 의 결과와 기호를 그대로 사용하기로 한다.

이 때, $(a, p) = 1$ 이라고 하면, 각 i $(1 \leq i \leq \frac{p-1}{2})$ 에 대하여 ia 는

$$ia = \left[\frac{ia}{p}\right]p + t_i, \quad 0 \leq t_i < p \qquad ④$$

와 같은 꼴로 나타내어진다(정리 1.4.7).

그런데, 각 i $(1 \leq i \leq \frac{p-1}{2})$ 에 대하여 $p \nmid ia$ 이므로 $1 \leq t_i < p$ 이고 $ia \equiv t_i \pmod{p}$ 이다. 한편, ia 가 법 p 에 관하여 $r_i \in A$ 와 합동이면 $t_i = p + r_i$ 이고, 또한 $s_j \in B$ 와 합동이면 $t_i = s_j$ 이므로, ④ 에 의하여 다음 등식이 성립한다.

$$\sum_{i=1}^{\frac{p-1}{2}} ia = p\sum_{i=1}^{\frac{p-1}{2}}\left[\frac{ia}{p}\right] + \sum_{i=1}^{\frac{p-1}{2}} t_i$$
$$= p\sum_{i=1}^{\frac{p-1}{2}}\left[\frac{ia}{p}\right] + \sum_{i=1}^{n}(p+r_i) + \sum_{j=1}^{m} s_j$$

이고 정리 6.5.1 의 ②에 의하여 다음 등식이 성립한다.

$$-\sum_{i=1}^{n} r_i + \sum_{j=1}^{m} s_j = \sum_{i=1}^{\frac{p-1}{2}} i = \frac{p^2-1}{8}$$

따라서 $M = \sum_{i=1}^{\frac{p-1}{2}}\left[\frac{ia}{p}\right]$ 이라고 놓으면 다음 등식이 성립한다.

$$\frac{p^2-1}{8}a = \sum_{i=1}^{\frac{p-1}{2}} ia = pM + np + \sum_{i=1}^{n} r_i + \sum_{j=1}^{m} s_j$$
$$= (M+n)p + \frac{p^2-1}{8} + 2\sum_{i=1}^{n} r_i$$

즉 $$\frac{p^2-1}{8}(a-1) = (M+n)p + 2\sum_{i=1}^{n} r_i \qquad ⑤$$

먼저 a 가 홀수이면, 등식 ⑤에서 $a-1 \equiv 0 \pmod 2$, $p \equiv 1 \pmod 2$ 이므로 $M+n \equiv 0 \pmod 2$ 이고 따라서 $n \equiv -M \equiv M \pmod 2$ 이므로 $\left(\frac{a}{p}\right) = (-1)^n = (-1)^M$ 이다. 한편, $a = 2$ 이면, 등식 ⑤ 에서 분명히 $p \equiv 1 \pmod 2$, $M = 0$ 이므로 $\frac{p^2-1}{8} \equiv n \pmod 2$ 이고 정리 6.5.1 에 의하여 $\left(\frac{2}{p}\right) = (-1)^n = (-1)^{\frac{p^2-1}{8}}$ 이다.

정리 6.5.3 (이차잉여의 상호법칙) 서로 다른 두 홀수인 素數 p, q 에 대하여 다음이 성립한다.

$$\left(\frac{q}{p}\right)\left(\frac{p}{q}\right) = (-1)^{\frac{p-1}{2}\frac{q-1}{2}}, \quad \left(\frac{q}{p}\right) = (-1)^{\frac{p-1}{2}\frac{q-1}{2}}\left(\frac{p}{q}\right)$$

증 명 먼저 $M = \sum_{i=1}^{\frac{p-1}{2}}\left[\frac{iq}{p}\right]$, $N = \sum_{i=1}^{\frac{q-1}{2}}\left[\frac{ip}{q}\right]$ 이라고 하면, 정리 6.5.2 에

의하여 $\left(\frac{q}{p}\right)\left(\frac{p}{q}\right) = (-1)^M(-1)^N = (-1)^{M+N}$ 이다. 이제

$$M+N = \frac{p-1}{2}\frac{q-1}{2}$$

임을 증명하기 위하여. 좌표 평면 위에서 좌표가 모두 정수인 점을 격자점(lattice point)이라 하고,

$$\mathrm{O}(0,0), \quad \mathrm{A}(\frac{p}{2},0),$$

$$\mathrm{B}(\frac{p}{2},\frac{q}{2}), \quad \mathrm{C}(0,\frac{q}{2})$$

를 꼭지점으로 가지는 □OABC 의 내부에 있는 격자점의 개수를 두 가지 방법으로 계산한다.

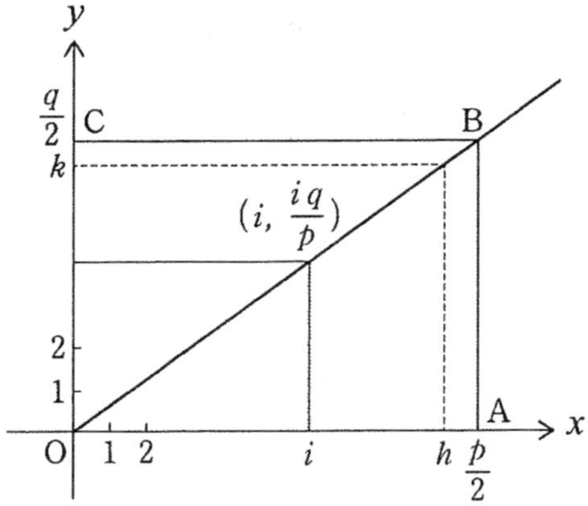

$(h = \frac{p-1}{2}, \quad k = \frac{q-1}{2})$

먼저 p, q 는 모두 홀수이므로 $\left[\frac{p}{2}\right] = \frac{p-1}{2}$, $\left[\frac{q}{2}\right] = \frac{q-1}{2}$ 이고, 또 □OABC 의 내부에 $\frac{p-1}{2}\frac{q-1}{2}$ 개의 격자점이 있다. 그런데, 직선 OB 의 방정식은 $y = \frac{q}{p}x$ 이므로, 정수 i $(1 \le i < \frac{p-1}{2})$ 에 대하여 직선 $x = i$ 와 직선 OB 와의 교점의 좌표는 $\mathrm{E}(i, \frac{iq}{p})$ 이다. 한편, $\frac{iq}{p}$ 는 정수가 아니므로 □ OABC 의 대각선 위에는 격자점이 하나도 없다.

따라서 □ OABC 의 내부의 격자점은 △OAB 의 내부 또는 △OBC 의 내부에 있다. 한편, △OAB 의 내부에 있는 격자점 중에서 직선 $x = i$ 위에 있는 격자점의 개수는 $\left[\frac{iq}{p}\right]$ 이므로, △OAB 의 내부에 있는 격자점의 개수는 $\sum_{i=1}^{\frac{p-1}{2}}\left[\frac{iq}{p}\right] = M$ 이다. 마찬가지로, △OBC 의 내부에 있는 격자점의 개수는 $\sum_{i=1}^{\frac{q-1}{2}}\left[\frac{ip}{q}\right] = N$ 이고, 따라서 □OABC 의 내부에 있는 격자점의 개수는 $M+N$ 이므로, $M+N = \frac{p-1}{2}\frac{q-1}{2}$ 이다.

§6.6 Jacobi 기호

이 책을 처음 읽을 때에는 이 절을 생략하여도 좋다.

정의 6.6.1 홀수 $P\ (\geq 3)$의 표준분해가 $P = p_1^{e_1} p_2^{e_2} \cdots p_r^{e_r}$이라고 할 때, $(a, P) = 1$인 정수 a에 대하여 $\left(\frac{a}{P}\right)$의 값을 다음과 같이 정의한다.

$$\left(\frac{a}{P}\right) = \left(\frac{a}{p_1}\right)^{e_1} \left(\frac{a}{p_2}\right)^{e_2} \cdots \left(\frac{a}{p_r}\right)^{e_r}$$

이와 같이 정의한 $\left(\frac{a}{P}\right)$를 **야코비 기호**(Jacobi symbol) 라고 한다.

특히, P가 홀수인 素數이면, Jacobi 기호는 Legendre 기호와 일치하므로 Jacobi 기호는 Legendre 기호를 확장한 것이다.

보기 6.6.1 정의에 의하여 다음이 성립한다(보기 6.1.3).

$$\left(\frac{7}{15}\right) = \left(\frac{7}{3}\right)\left(\frac{7}{5}\right) = \left(\frac{1}{3}\right)\left(\frac{2}{5}\right) = \left(\frac{2}{5}\right) = (-1)^{\frac{25-1}{8}} = -1$$

$$\left(\frac{2}{45}\right) = \left(\frac{2}{3^2 \cdot 5}\right) = \left(\frac{2}{3}\right)^2\left(\frac{2}{5}\right) = \left(\frac{2}{5}\right) = -1$$

위의 정의와 정리 6.1.3에 의하여 다음 정리가 성립함을 알 수 있다.

정리 6.6.2 홀수 $P\ (\geq 3)$와 $(a, P) = (b, P) = 1$인 정수 a, b에 대하여 다음이 성립한다.

(1) $a \equiv b \pmod{P}$이면, $\left(\frac{a}{P}\right) = \left(\frac{b}{P}\right)$이다.

(2) $\left(\frac{a^2}{P}\right) = 1, \quad \left(\frac{ab}{P}\right) = \left(\frac{a}{P}\right)\left(\frac{b}{P}\right)$

보조정리 6.6.3 양의 홀수 $r_1, r_2, \cdots, r_k$ 에 대하여 다음이 성립한다.

(1) $\dfrac{r_1 r_2 \cdots r_k - 1}{2} \equiv \dfrac{r_1 - 1}{2} + \dfrac{r_2 - 1}{2} + \cdots + \dfrac{r_k - 1}{2} \pmod{2}$

(2) $\dfrac{r_1^2 r_2^2 \cdots r_k^2 - 1}{8} \equiv \dfrac{r_1^2 - 1}{8} + \dfrac{r_2^2 - 1}{8} + \cdots + \dfrac{r_k^2 - 1}{8} \pmod{2}$

증 명 두 양의 홀수 r_1, r_2 에 대하여, $r_1 - 1$, $r_2 - 1$ 은 2 의 배수이고 또 $r_1^2 - 1$, $r_2^2 - 1$ 은 4 의 배수이므로

$$(r_1 - 1)(r_2 - 1) \equiv 0 \pmod{4}, \quad (r_1^2 - 1)(r_2^2 - 1) \equiv 0 \pmod{16}$$

이고, 따라서 이로부터 다음 합동식을 얻는다.

$$r_1 r_2 - 1 \equiv (r_1 - 1) + (r_2 - 1) \pmod{4},$$
$$r_1^2 r_2^2 - 1 \equiv (r_1^2 - 1) + (r_2^2 - 1) \pmod{16}$$

즉,
$$\frac{r_1 r_2 - 1}{2} \equiv \frac{r_1 - 1}{2} + \frac{r_2 - 1}{2} \pmod{2},$$
$$\frac{r_1^2 r_2^2 - 1}{8} \equiv \frac{r_1^2 - 1}{8} + \frac{r_2^2 - 1}{8} \pmod{2}$$

위의 두 사실과 수학적 귀납법에 의하여 (1), (2) 가 성립한다.

정리 6.6.4 홀수 P $(P \geq 3)$ 에 대하여 다음이 성립한다.

(1) $\left(\dfrac{-1}{P}\right) = (-1)^{\frac{P-1}{2}}, \qquad \left(\dfrac{2}{P}\right) = (-1)^{\frac{P^2-1}{8}}$

(2) $\left(\dfrac{-1}{P}\right) = 1 \iff P \equiv 1 \pmod{4}$

$\left(\dfrac{-1}{P}\right) = -1 \iff P \equiv -1 \pmod{4}$

(3) $\left(\dfrac{2}{P}\right) = 1 \iff P \equiv \pm 1 \pmod{8}$

$\left(\dfrac{2}{P}\right) = -1 \iff P \equiv \pm 3 \pmod{8}$

증 명 (1) 홀수 P 가 $P = p_1 p_2 \cdots p_k$ 로 소인수분해된다고 하자.

여기서 $p_1, p_2, \cdots, p_k$는 홀수인 素數이고 서로 같을 수도 있다.

이 때, §6.1에서 논한 정리와 보조정리 6.6.3에 의하여 다음이 성립한다.

$$\left(\frac{-1}{P}\right)=\left(\frac{-1}{p_1}\right)\left(\frac{-1}{p_2}\right)\cdots\left(\frac{-1}{p_k}\right)=(-1)^{\frac{p_1-1}{2}+\frac{p_2-1}{2}+\cdots+\frac{p_k-1}{2}}$$
$$=(-1)^{\frac{p_1p_2\cdots p_k-1}{2}}=(-1)^{\frac{P-1}{2}}$$

$$\left(\frac{2}{P}\right)=\left(\frac{2}{p_1}\right)\left(\frac{2}{p_2}\right)\cdots\left(\frac{2}{p_k}\right)=(-1)^{\frac{p_1^2-1}{8}+\frac{p_2^2-1}{8}+\cdots+\frac{p_k^2-1}{8}}$$
$$=(-1)^{\frac{p_1^2p_2^2\cdots p_k^2-1}{8}}=(-1)^{\frac{P^2-1}{8}}$$

(2), (3) 따름정리 6.1.4와 따름정리 6.1.8의 증명과 마찬가지로 방법으로, (1)을 이용하여 (2), (3)이 성립함을 증명할 수 있다.

정리 6.6.5 (상호법칙) 두 홀수 $P, Q\ (\geq 3)$에 대하여 $(P, Q)=1$일 때, 다음이 성립한다.

$$\left(\frac{Q}{P}\right)=(-1)^{\frac{P-1}{2}\frac{Q-1}{2}}\left(\frac{P}{Q}\right),\quad \left(\frac{Q}{P}\right)\left(\frac{P}{Q}\right)=(-1)^{\frac{P-1}{2}\frac{Q-1}{2}}$$

증 명 두 홀수 P, Q가 각각 $P=p_1p_2\cdots p_k$, $Q=q_1q_2\cdots q_t$와 같이 소인수분해된다고 하자. 여기서 $p_1, p_2, \cdots, p_k$는 홀수인 素數이고 서로 같을 수 있고, 또 $q_1, q_2, \cdots, q_t$는 홀수인 素數이고 서로 같을 수 있다.

가정에 의하여 $(P, Q)=1$이므로 $(p_i, q_j)=1\ \ (1\leq i\leq k,\ 1\leq j\leq t)$이고 따라서 정리 6.1.7과 보조정리 6.6.3에 의하여 다음이 성립한다.

$$\left(\frac{Q}{P}\right)=\left(\frac{Q}{p_1}\right)\left(\frac{Q}{p_2}\right)\cdots\left(\frac{Q}{p_k}\right)$$
$$=\left(\frac{q_1}{p_1}\right)\cdots\left(\frac{q_t}{p_1}\right)\left(\frac{q_1}{p_2}\right)\cdots\left(\frac{q_t}{p_2}\right)\cdots\left(\frac{q_1}{p_k}\right)\cdots\left(\frac{q_t}{p_k}\right)$$
$$=(-1)^{\sum_{i=1}^{k}\sum_{j=1}^{t}\frac{p_i-1}{2}\frac{q_j-1}{2}}\left(\frac{p_1}{q_1}\right)\cdots\left(\frac{p_1}{q_t}\right)\left(\frac{p_2}{q_1}\right)\cdots\left(\frac{p_2}{q_t}\right)\cdots\left(\frac{p_k}{q_1}\right)\cdots\left(\frac{p_k}{q_t}\right)$$
$$=(-1)^{\sum_{i=1}^{k}\frac{p_i-1}{2}\sum_{j=1}^{t}\frac{q_j-1}{2}}\left(\frac{p_1}{q_1}\right)\cdots\left(\frac{p_k}{q_1}\right)\left(\frac{p_1}{q_2}\right)\cdots\left(\frac{p_k}{q_2}\right)\cdots\left(\frac{p_1}{q_t}\right)\cdots\left(\frac{p_k}{q_t}\right)$$

$$= (-1)^{\frac{p_1 p_2 \cdots p_k - 1}{2} \frac{q_1 q_2 \cdots q_t - 1}{2}} \left(\frac{P}{q_1}\right)\left(\frac{P}{q_2}\right) \cdots \left(\frac{P}{q_t}\right)$$

$$= (-1)^{\frac{P-1}{2} \frac{Q-1}{2}} \left(\frac{P}{Q}\right)$$

Jacobi 기호는 Legendre 의 기호 $\left(\frac{a}{p}\right)$ 의 값을 구하는 과정에서 편리하게 이용되지만, Jacobi 기호 $\left(\frac{a}{P}\right)$ 의 값이 1 이더라도 합동식 $x^2 \equiv a \pmod{P}$ 의 해가 존재하지 않을 수도 있다.

보기 6.6.2 홀수인 素數 317 와 홀수 105 에 대하여

$$\left(\frac{105}{317}\right) = (-1)^{\frac{105-1}{2} \frac{317-1}{2}} \left(\frac{317}{105}\right)$$

$$= \left(\frac{317}{105}\right) = \left(\frac{2}{105}\right) = (-1)^{\frac{105^2-1}{8}} = 1$$

이므로, 이차합동식 $x^2 \equiv 105 \pmod{317}$ 는 두 해를 가진다. 한편,

$$\left(\frac{2}{3}\right) = -1, \quad \left(\frac{2}{5}\right) = -1, \quad \left(\frac{2}{15}\right) = \left(\frac{2}{3}\right)\left(\frac{2}{5}\right) = 1$$

이지만 이차합동식 $x^2 \equiv 2 \pmod{3}$, $x^2 \equiv 2 \pmod{5}$ 의 해는 존재하지 않으므로, 이차합동식 $x^2 \equiv 2 \pmod{15}$ 의 해도 존재하지 않는다.

연 습 문 제 (6.6)

1. 다음 Jacobi 기호의 값을 구하여라.

(1) $\left(\frac{5}{21}\right)$ (2) $\left(\frac{23}{99}\right)$ (3) $\left(\frac{22}{111}\right)$ (4) $\left(\frac{109}{237}\right)$

2. 이차합동식 $x^2 \equiv 27 \pmod{317}$ 의 해가 존재하는지 말하여라.

3. 이차합동식 $x^2 \equiv 31 \pmod{103}$ 의 해가 존재하는지 말하여라.

르장드르와 야코비

르장드르(Adrien-Marie Legendre, 1752 ~ 1833)는 파리의 부유한 가정에서 태어나 어려서부터 철저한 교육을 받았으며 특히 수학에 대한 교육을 받았다. 그는 1770년에 18세의 나이로 수학과 물리학으로 박사 학위를 받았으며, 1775년에서 1780년까지 파리에 있는 사관학교의 교수직을 맡았으며 1795년에 사범학교 교수직을 맡았다.

그는 천문학과 측지학(測地學), 정수론, 타원함수에 관한 연구에 몰두하였다. 1785년에 발간된 그의 회고록 'Recherches d'Analyse Indétermineé'에서 Legendre 기호의 상호법칙과 그 응용에 관한 기사와 자연수를 세 개의 제곱수의 합으로 표현하는 방법에 관한 이론, 그리고 서로 소인 두 정수 a, b에 대하여 $an+b$의 꼴로 표현되는 정수 중에는 무한히 많은 素數가 존재한다는 정리에 대하여 논하였다. 그의 회고록에 기록되어 있는 내용은 1798 년에 발간된 저서 'Essai sur la Théorie des Nombers'에 더욱 폭 넓고 체계적으로 다루어져 있다. 후에 이 책을 '정수론(Théorie des Nombers)'으로 확대하였고 1830년에 두 권으로 구성된 제 3 판을 출간하였는데 이 책은 가우스의 '정수론'과 함께 정수론에 관한 대표적인 저작물로 남게 되었다.

르장드르는 최소제곱법을 개발하였고(독립적으로 가우스도 개발함), 變分學에 대해서도 연구하였다. 그는 'Eléments de Géométrie'라는 기하학 교과서를 저술하여, 유클리드의 '기하학 원론'에서 다룬 내용의 순서를 재배열하고 지나치게 엄밀한 증명을 단순화함으로써 수학 교육 발전에 기여하였다. 그 후 1824년에 이 교과서는 영어로 번역되어 미국에서 33 판까지 출간되었으며 1885년까지 예일대학교에서 이 책의 개정판이 교재로 사용되었다. 그는 75세에 Dirichlet와 함께 $x^5+y^5=z^5$의 양의 정수해가 없음을 증명하였다.

야코비(Carl C.J. Jacobi, 1804 ~ 1851)는 독일의 부유한 은행가의 아들로 태어나 훌륭한 가정 교육을 받았으며 베를린 대학교에서 공부하여 Euler가 저술한 책으로 수학을 공부하고 1825년에 박사학위를 받았다. 그는 1826년에 쾨니히스베르그(Königsberg)에서 강사로 강의를 맡았고 1831년에 교수 발령을 받았다. 그는 정수론에 많은 업적을 남겼을 뿐만 아니라 해석학, 기하학, 역학에 흥미를 가졌으며 Euler의 논문을 출판하는 데 종사하기도 하였다.

야코비는 Legendre의 기호를 일반화한 Jacobi 기호를 도입하였다.

제 7 장

부정방정식

'페르마의 증명의 원칙은 수론 전 분야에서
가장 창조력이 풍부하며, 정수에 관한 이론에서
더욱 더 그러하다.'

'Le principe de la démonstration de
Fermat est un des plus féconds dans
toute Théorie des Nombres, et surtout
dans celle des nombre entiers.'

——— *J. L. Lagrange*

이 장에서는, 피타고라스의 세 수와 부정방정식

$$x^4 + y^4 = z^2, \qquad x^4 + y^4 = z^4$$

$$x^n + y^n = z^n \quad (n \geq 3)$$

의 정수해와 제곱수의 합에 대하여 논하고, 두 제곱수의 합과 여러 제곱수의 합으로 표현되는 정수에 대하여 논한다.

§7.1 피타고라스의 세 수

이 절에서는 부정방정식 $x^2+y^2=z^2$의 양의 정수해에 대하여 논한다.

정의 7.1.1 양의 세 정수 a, b, c에 대하여 등식 $a^2+b^2=c^2$이 성립할 때, 즉 $x=a, y=b, z=c$가 방정식 $x^2+y^2=z^2$의 양의 정수해일 때, a, b, c를 **피타고라스의 세 수**(Pythagorean triple)라고 한다.

특히, 피타고라스의 세 수 a, b, c에서 $(a, b, c)=1$일 때 a, b, c를 **원시적**(原始的, primitive) 피타고라스의 세 수라고 한다.

다음은 모두 원시적 피타고라스의 세 수이다.

(1) 3, 4, 5 (2) 5, 12, 13 (3) 15, 8, 17

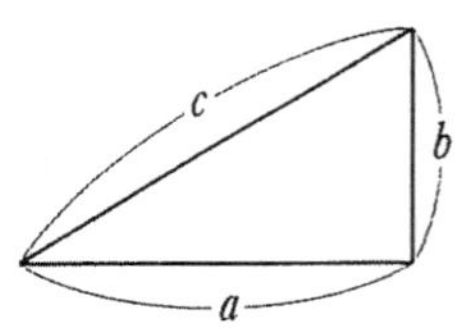

직삼각형의 세 변의 길이가 모두 양의 정수일 때, 이 직삼각형을 **피타고라스의 삼각형**(Pythagorean triangle)이라고 한다.

정리 7.1.2 양의 정수 a, b, c가 피타고라스의 세 수이면 다음이 성립한다.

(1) 세 정수 b, a, c는 피타고라스의 세 수이다.

(2) 모든 양의 정수 k에 대하여 ak, bk, ck는 피타고라스의 세 수이다.

(3) $d=(a, b, c)$일 때, $\frac{a}{d}, \frac{b}{d}, \frac{c}{d}$는 원시적 피타고라스의 세 수이다.

증 명 먼저 $a^2+b^2=c^2$일 때, $b^2+a^2=c^2$이고 또 모든 양의 정수 k에 대하여 $(ak)^2+(bk)^2=(ck)^2$이다. 그리고, $d=(a, b, c)$이라고 할 때, $\frac{a}{d}, \frac{b}{d}, \frac{c}{d}$는 모두 양의 정수이고

$$\left(\frac{a}{d}\right)^2+\left(\frac{b}{d}\right)^2=\left(\frac{c}{d}\right)^2, \qquad \left(\frac{a}{d}, \frac{b}{d}, \frac{c}{d}\right)=1$$

이므로 정리가 성립한다(문제 1.5.14 참조).

정리 7.1.3 양의 정수 a, b, c 가 원시적 피타고라스의 세 수이면 다음이 성립한다.

(1) $(a, b) = (a, c) = (b, c) = 1$

(2) a, b 중에서 하나는 짝수이고 다른 하나는 홀수이며 c 는 홀수이다.

증 명 (1) 문제 2.1.6 에 의하여 (1) 이 성립한다.

(2) 먼저 $(a, b) = 1$ 이므로 a, b 가 모두 짝수일 수는 없다. 한편, 합동식

$$c \equiv 0 \pmod 4, \quad c \equiv \pm 1 \pmod 4, \quad c \equiv \pm 2 \pmod 4$$

중의 어느 하나가 성립하므로 $c^2 \equiv 0 \pmod 4$ 또는 $c^2 \equiv 1 \pmod 4$ 이다. 그런데, a, b 가 모두 홀수이면, $a^2 \equiv 1 \pmod 4$, $b^2 \equiv 1 \pmod 4$ 이므로

$$c^2 \equiv a^2 + b^2 \equiv 2 \pmod 4$$

으로 되어 모순이 생긴다.

따라서 a, b 중에서 하나는 짝수이고 다른 하나는 홀수이다.

그리고, (1) 에 의하여 $(a, c) = (b, c) = 1$ 이므로 c 는 홀수이다.

정리 7.1.4 양의 정수 u, v, w 에 대하여 $uv = w^2$, $(u, v) = 1$ 이면, 적당한 양의 정수 u_1, v_1 에 대하여 다음이 성립한다.

$$u = {u_1}^2, \qquad v = {v_1}^2$$

증 명 먼저 $u = 1$ 또는 $v = 1$ 이면, 이 정리는 분명히 성립한다.

다음에 $u > 1$, $v > 1$ 일 때, 두 정수 u, v 의 표준분해를

$$u = p_1^{e_1} \cdots p_s^{e_s}, \qquad v = q_1^{f_1} \cdots q_t^{f_t}$$

이라고 하면, $(u, v) = 1$ 이므로 $p_1, \cdots, p_s, q_1, \cdots, q_t$ 는 서로 다른 素數이고 $uv = p_1^{e_1} \cdots p_s^{e_s} q_1^{f_1} \cdots q_t^{f_t} = w^2$ 은 완전제곱수이므로 $e_1, \cdots, e_s$ 와 $f_1, \cdots, f_t$ 는 모두 짝수이다(정리 2.2.6). 따라서

$$u_1 = p_1^{\frac{e_1}{2}} \cdots p_s^{\frac{e_s}{2}}, \qquad v_1 = q_1^{\frac{f_1}{2}} \cdots q_t^{\frac{f_t}{2}}$$

이라고 놓으면, u_1, v_1 은 양의 정수이고 $u = u_1^2$, $v = v_1^2$ 이다.

정리 7.1.5 양의 정수 a, b, c 에서 b가 짝수인 경우에 이들 세 정수가 원시적 피타고라스의 세 수이기 위한 필요충분조건은 다음과 같은 양의 정수 m, n 이 존재하는 것이다.

$$a = m^2 - n^2, \quad b = 2mn, \quad c = m^2 + n^2$$

$$(m, n) = 1, \quad m > n \geq 1, \quad m \not\equiv n \pmod{2}$$

증 명 먼저 a, b, c가 정리의 조건을 만족시킨다고 하자.

이 때, b는 짝수이고

$$\begin{aligned} a^2 + b^2 &= (m^2 - n^2)^2 + (2mn)^2 \\ &= m^4 + 2m^2n^2 + n^4 = (m^2 + n^2)^2 = c^2 \end{aligned}$$

이므로 a, b, c는 피타고라스의 세 수이다. 그리고, $m \not\equiv n \pmod{2}$ 이므로 $m^2 \not\equiv n^2 \pmod{2}$ 이고, 따라서 m^2, n^2 중에서 하나는 짝수이고 다른 하나는 홀수이므로 $a = m^2 - n^2$ 은 홀수이다.

이제 적당한 素數 p에 대하여 $p \mid a$, $p \mid b$, $p \mid c$ 이라고 가정하자.

이 때, $p \mid a$ 이므로 p 는 홀수인 素數이고 또 $p \mid b$ 이므로 $p \mid mn$ 이다. 따라서 $p \mid m$ 또는 $p \mid n$ 이다(정리 2.1.3). 한편, $p \mid m$ 이라고 하면, $p \mid a$ 즉 $p \mid (m^2 - n^2)$ 이므로 $p \mid n^2$ 이고 따라서 $p \mid n$ 으로 되어 $(m, n) = 1$ 이라는 사실에 모순된다. 마찬가지로, $p \mid n$ 이라고 하면, $(m, n) = 1$ 이라는 사실에 모순된다.

따라서 $(a, b, c) = 1$ 이므로 a, b, c는 원시적 피타고라스의 세 수이다.

역으로, 정수 a, b, c 가 원시적 피타고라스의 세 수인 동시에 b가 짝수라고 하자. 이 때, $a^2 + b^2 = c^2$, $c > a$ 이고, 또 정리 7.1.3 에 의하여 다음이 성립한다.

$$(a, b) = (a, c) = (b, c) = 1, \quad a \not\equiv b \pmod{2}$$

한편, b는 짝수이므로 a, c는 홀수이고, 따라서 $c + a$ 와 $c - a$는 모두 짝수이다. 그러므로,

$$u = \frac{c + a}{2}, \quad v = \frac{c - a}{2}$$

이라고 하면, u 와 v 는 모두 양의 정수이고 다음 등식이 성립한다.

$$(\frac{b}{2})^2 = \frac{c^2-a^2}{4} = (\frac{c+a}{2})(\frac{c-a}{2}) = uv$$

그리고, $d = (u, v)$ 이라고 하면, $a = u-v$, $c = u+v$ 이므로 $d \mid a$, $d \mid c$ 이고 또 $(a, c) = 1$ 이므로 $d \mid 1$ 이다. 따라서 $(u, v) = d = 1$ 이므로 정리 7.1.4 에 의하여

$$u = m^2, \qquad v = n^2$$

인 양의 정수 m, n 이 존재하고, 이때 $u > v$ 이므로 $m > n \geq 1$ 이고 다음이 성립한다.

$$\begin{aligned} a &= u-v = m^2 - n^2, \\ c &= u+v = m^2 + n^2, \\ b^2 &= c^2 - a^2 = 4uv = 4m^2n^2, \quad b = 2mn \end{aligned}$$

또한, $e = (m, n)$ 이라고 하면, $e \mid m$, $e \mid n$ 이므로 위의 등식에 의하여 $e \mid a$, $e \mid c$ 이고 $(a, c) = 1$ 이므로 $e = 1$ 이다. 따라서 m, n 이 모두 짝수일 수는 없고, 또 m, n 이 모두 홀수이면 a 가 짝수로 되어 모순이 생긴다.

그러므로, 양의 정수 m, n 중에서 하나는 짝수이고 다른 하나는 홀수이다.

보기 7.1.1 다음 표에서 a, b, c 는 원시적 피타고라스의 세 수이다.

m	n	$a = m^2 - n^2$	$b = 2mn$	$c = m^2 + n^2$
2	1	3	4	5
3	2	5	12	13
4	1	15	8	17
4	3	7	24	25
5	2	21	20	29
5	4	9	40	41
6	1	35	12	37
6	5	11	60	61
7	2	45	28	53
7	4	33	56	65
7	6	13	84	85

앞의 정리 7.1.5 와 정리 7.1.2 에 의하여 다음 정리가 성립한다.

정리 7.1.6 양의 정수 a, b, c 가 피타고라스의 세 수이면서 b 가 짝수이기 위한 필요충분조건은 다음과 같은 양의 정수 m, n, k 가 존재하는 것이다.

$$a = k(m^2 - n^2), \quad b = 2kmn, \quad c = k(m^2 + n^2)$$

$$(m, n) = 1, \quad m > n \geq 1, \quad m \not\equiv n \pmod 2$$

정리 7.1.7 양의 정수 a, b, c 가 원시적 피타고라스의 세 수일 때, 이들 정수 중에서 단 하나만이 5 의 배수이다.

증 명 먼저 $a^2 + b^2 = c^2$ 이고, 정리 7.1.3 에 의하여

$$(a, b) = (a, c) = (b, c) = 1$$

이므로 a, b, c 중에서 5 의 배수인 것은 많아야 한 개뿐이다.

이제 a, b 가 모두 5 의 배수가 아니라고 하자.

이 때, $a^2 \equiv b^2 \equiv \pm 1 \pmod 5$ 이므로 다음이 성립한다.

$$c^2 \equiv a^2 + b^2 \equiv 0, \pm 2 \pmod 5$$

그런데, 보기 6.1.3 에 의하여

$$\left(\frac{2}{5}\right) = -1, \quad \left(\frac{-2}{5}\right) = \left(\frac{-1}{5}\right)\left(\frac{2}{5}\right) = 1 \cdot (-1) = -1$$

이므로 2 와 -2 는 5 의 이차비잉여이고 따라서 $c^2 \equiv 2 \pmod 5$ 인 c 는 존재하지 않고 $c^2 \equiv -2 \pmod 5$ 인 c 도 존재하지 않는다(정의 6.1.1). 따라서 $c^2 \equiv 0 \pmod 5$ 이므로 $c \equiv 0 \pmod 5$ 즉 $5 \mid c$ 이다.

마찬가지로, a, c 가 모두 5 의 배수가 아니면 $5 \mid b$ 이고 또 b, c 가 모두 5 의 배수가 아니면 $5 \mid a$ 이다.

그러므로, a, b, c 중에서 단 하나만이 5 의 배수이다.

정리 7.1.5 에 대한 다른 증명 방법과 방정식

$$x^2 + py^2 = z^2 \qquad (p\text{는 素數})$$

에 대해서는 [해설 7.1] 을 참조하기 바란다.

연 습 문 제 (7.1)

1. 정리 7.1.5에서 m, n의 값이 다음과 같을 때 a, b, c의 값을 구하여라.

(1) $m = 8,\ n = 1$　　(2) $m = 8,\ n = 3$

(3) $m = 8,\ n = 5$　　(4) $m = 8,\ n = 7$

2. 원시적 피타고라스의 세 수 a, b, c 중에서 다음과 같은 세 수를 모두 구하여라.

(1) $a = 12$ 또는 $b = 12$　　(2) $1 \leq a \leq 30$　　(3) $1 \leq c \leq 25$

4. 방정식 $x^2 + y^2 = z^2$의 양의 정수해 중에서 $z = y + 2$인 정수해는

$$x = 2m,\ \ y = m^2 - 1,\ \ z = m^2 + 1 \qquad (m \geq 1)$$

임을 증명하여라.

5. 연이은 세 양의 정수가 피타고라스의 세 수인 것은 $3, 4, 5$뿐임을 밝혀라.

6. 다음 물음에 답하여라.

(1) 피타고라스의 삼각형에서 둘레의 길이와 그 넓이가 같을 때, 이 삼각형의 세 변의 길이를 구하여라.

(2) 피타고라스의 삼각형의 세 변의 길이가 정리 7.1.6에서의 a, b, c의 값과 같을 때, 이 삼각형의 내접원의 반지름의 길이를 r라고 하면

$$r = kn(m-n)$$

이고 따라서 r는 정수임을 밝혀라.

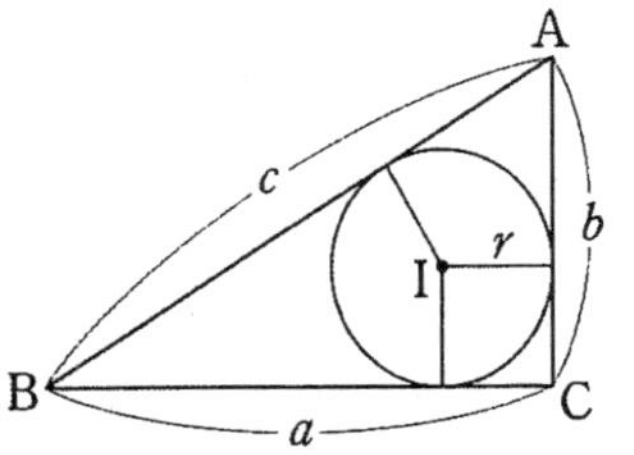

7. 양의 정수 a, b, c가 원시적 피타고라스의 세 수일 때 다음을 증명하여라.

(1) a, b 중에서 꼭 하나는 3의 배수이다.

(2) a, b 중에서 꼭 하나만이 4의 배수이다.

(3) ab는 12의 배수이고 abc는 60의 배수이다.

(4) $a + b \equiv \pm 1 \pmod 8$,　$a - b \equiv \pm 1 \pmod 8$

8. 양의 정수 n 에 대하여 a_n, b_n, c_n 을 다음과 같이 정의된 정수라고 할 때, 모든 양의 정수 n 에 대하여 a_n, b_n, c_n 은 피타고라스의 세 수임을 밝혀라.

$$a_1 = 3, \quad b_1 = 4, \quad c_1 = 5$$
$$a_{n+1} = 3a_n + 2c_n + 1,$$
$$b_{n+1} = 3a_n + 2c_n + 2,$$
$$c_{n+1} = 4a_n + 3c_n + 2$$

9. 방정식 $x^2 + y^2 = z^4$ 의 양의 정수해 중에서 $(a, b, c) = 1$ 인 양의 정수해 $x = a$, $y = b$, $z = c$ 가 무한히 많이 존재함을 밝혀라.

10. 방정식 $x^2 + y^2 = 4z^2$ 의 양의 정수해 중에서 $(a, b, c) = 1$ 인 양의 정수해 $x = a$, $y = b$, $z = c$ 를 모두 구하여라.

11. 방정식 $x^2 + 4y^2 = z^2$ 의 양의 정수해 중에서 $(a, b, c) = 1$ 인 양의 정수해 $x = a$, $y = b$, $z = c$ 를 모두 구하여라.

12. 정수 p 가 홀수인 素數일 때, 다음과 같이 정의된 양의 정수 a, b, c 에 대하여 $x = a$, $y = b$, $z = c$ 는 방정식 $x^2 + py^2 = z^2$ 의 양의 정수해임을 증명하여라.

(1) $a = \dfrac{m^2 - pn^2}{2}, \quad b = mn, \quad c = \dfrac{m^2 + pn^2}{2}$

여기서, 정수 m, n 은 $m^2 > pn^2$ 인 양의 홀수이다.

(2) $a = m^2 - pn^2, \quad b = 2mn, \quad c = m^2 + pn^2$

여기서, 정수 m, n 은 $m^2 > pn^2$ 인 양의 정수이다.

13. 임의의 양의 정수 m, n 에 대하여

$$a = m^2 + 2n^2, \quad b = 2mn, \quad c = m^2 - 2n^2$$

이라고 할 때, $x = a$, $y = b$, $z = c$ 는 부정방정식 $x^2 - 2y^2 = z^2$ 의 양의 정수해임을 밝혀라.

§7.2 Fermat의 마지막 정리

부정방정식에 관한 정리 중에서 가장 유명한 것은 다음 정리이다.

정리 7.2.1 (Fermat의 마지막 정리, Last theorem) 방정식

$$x^n + y^n = z^n \qquad (n \geq 3)$$

의 양의 정수해는 존재하지 않는다.

이 정리를 Fermat의 대정리(大定理)라고도 하는데, 이 정리는 프랑스의 수학자 Fermat가 1637 년경에 증명 없이 발표하였다(p. 162 참조).

지난 350여년 동안 Kummer, Frey, Serre, Ribet, Talor, Wiles 등 수많은 수학자의 노력 끝에 1994년에 이르러서야 Princeton 대학교에 재직 중이던 영국의 수학자 와일즈(Andrew Wiles)에 의하여 증명되었다.

정리 7.2.2 다음 두 부정방정식의 양의 정수해는 존재하지 않는다.

$$x^4 + y^4 = z^2, \qquad x^4 + y^4 = z^4$$

증 명 방정식 $x^4 + y^4 = z^2$의 양의 정수해가 존재한다고 가정하고, 이러한 양의 정수해 중에서 z의 값이 가장 작은 해를 $x = a,\ y = b,\ z = c$라고 하자. 이 때, 적당한 素數 p에 대하여 $p|a,\ p|b$이라고 가정하면,

$$p^4\left(\frac{a}{p}\right)^4 + p^4\left(\frac{b}{p}\right)^4 = a^4 + b^4 = c^2$$

이므로 $p^4 \mid c^2$이고 따라서 $p^2 \mid c$이므로

$$\left(\frac{a}{p}\right)^4 + \left(\frac{b}{p}\right)^4 = \left(\frac{c}{p^2}\right)^2, \qquad 0 < \frac{c}{p^2} < c$$

으로 되어 c가 가장 작은 정수라는 사실에 모순된다. 그러므로, $(a, b) = 1$이므로 $(a^2, b^2) = 1$이고(따름정리 1.5.10) 따라서 $(a^2, b^2, c) = 1$이다. 또 $(a^2)^2 + (b^2)^2 = c^2$이므로 $a^2,\ b^2,\ c$는 원시적 피타고라스의 세 수이고

a^2, b^2 중에서 하나는 짝수이고 다른 하나는 홀수이다(정리 7.1.3).

그러므로, a^2가 홀수이고 b^2가 짝수인 경우만을 생각해도 좋다.

이와 같은 경우에, b도 짝수이고 정리 7.1.5 에 의하여 다음과 같은 양의 정수 m, n이 존재한다.

$$a^2 = m^2 - n^2, \quad b^2 = 2mn, \quad c = m^2 + n^2$$

$$(m, n) = 1, \ m > n \geq 1, \ m \not\equiv n \pmod 2$$

여기서,

$$a^2 + n^2 = m^2, \qquad (m, n) = 1$$

이므로 $(a, n) = 1$ 이다. 따라서 $(a, n, m) = 1$ 이므로 a, n, m 은 원시적 피타고라스의 세 수이다. 한편, a^2 은 홀수이므로 a도 홀수이고, 정리 7.1.5 에 의하여 다음과 같은 두 양의 정수 r, s가 존재한다

$$a = r^2 - s^2, \quad n = 2rs, \quad m = r^2 + s^2$$

$$(r, s) = 1, \quad r > s \geq 1, \quad r \not\equiv s \pmod 2$$

이 때, n은 짝수이므로 m은 홀수이고 따라서 $(m, 2n) = 1$ 이고 또 $m(2n) = b^2$ 이므로 정리 7.1.4 에 의하여

$$m = {c_1}^2, \qquad 2n = v^2, \qquad c_1 > 1, \ v > 1$$

인 양의 정수 c_1, v가 존재한다.

한편, v는 짝수이므로 적당한 양의 정수 u에 대하여 $v = 2u$이고 이때 $n = 2u^2$이므로 $rs = \dfrac{n}{2} = u^2$이고 또 $(r, s) = 1$ 이므로 정리 7.1.4 에 의하여 $r = a_1^2$, $s = b_1^2$ 인 두 양의 정수 a_1, b_1 이 존재한다. 이 때,

$$a_1^4 + b_1^4 = r^2 + s^2 = m = c_1^2$$

이므로 $x = a_1$, $y = b_1$, $z = c_1$ 은 $x^4 + y^4 = z^2$ 의 양의 정수해이고 또

$$1 < c_1 < c_1^4 = m^2 < m^2 + n^2 = c$$

이므로 c의 最小性에 모순이 생긴다.

그러므로, 방정식 $x^4 + y^4 = z^2$ 의 양의 정수해가 존재하지 않는다.

다음에 부정방정식 $x^4 + y^4 = z^4$ 의 양의 정수해 $x = a,\ y = b,\ z = c$ 가 존재한다면,

$$a^4 + b^4 = c^4 = (c^2)^2$$

이므로 $x = a,\ y = b,\ z = c^2$ 은 방정식 $x^4 + y^4 = z^2$ 의 양의 정수해로 되어 앞의 결과에 모순된다.

그러므로, 방정식 $x^4 + y^4 = z^4$ 의 양의 정수해는 존재하지 않는다.

앞의 정리 7.2.2 에 의하여 방정식 $x^4 + y^4 = z^2$ 의 정수해 전체는

$$\begin{matrix} x = 0, & y = t, & z = \pm t^2 \\ x = t, & y = 0, & z = \pm t^2 \end{matrix} \qquad (t \in \mathbb{Z})$$

이고, 또 방정식 $x^4 + y^4 = z^4$ 의 정수해 전체는 다음과 같다.

$$\begin{matrix} x = 0, & y = t, & z = \pm t \\ x = t, & y = 0, & z = \pm t \end{matrix} \qquad (t \in \mathbb{Z})$$

그리고, 정리 7.2.2 에 의하여

$$(a^2)^2 + (b^2)^2 = (c^2)^2$$

인 양의 정수 a, b, c 는 존재하지 않으므로 세 변의 길이가 모두 제곱수인 피타고라스의 삼각형은 존재하지 않는다.

그러나, $13^2 - 1,\ 10^2 - 1,\ 14^2 - 1$ 과 같이 제곱수보다 1 작은 세 수들이 피타고라스의 세 수일 수 있다.

정리 7.2.3 부정방정식 $x^4 - y^4 = z^2$ 의 양의 정수해는 존재하지 않는다.

증 명 부정방정식 $x^4 - y^4 = z^2$ 의 양의 정수해가 존재한다고 가정하고, 양의 정수해 중에서 x 의 값이 가장 작은 정수해를 $x = a,\ y = b,\ z = c$ 라고 하자. 이 때, 적당한 素數 p 에 대하여 $p \mid a,\ p \mid b$ 이라고 가정하면,

$$p^4 \left(\frac{a}{p}\right)^4 - p^4 \left(\frac{b}{p}\right)^4 = a^4 - b^4 = c^2$$

이므로 $p^4 \mid c^2$ 이고 따라서 $p^2 \mid c$ 이므로

$$(\frac{a}{p})^4 - (\frac{b}{p})^4 = (\frac{c}{p^2})^2, \quad 0 < \frac{a}{p} < a$$

으로 되어 a의 최소性에 모순된다. 따라서 $(a, b) = 1$이므로 $(a^2, b^2) = 1$이다(따름정리 1.5.10). 그러므로, $(a^2, b^2, c) = 1$이고 또

$$(a^2)^2 - (b^2)^2 = c^2 \quad 즉 \quad c^2 + (b^2)^2 = (a^2)^2$$

이므로 c, b^2, a^2은 원시적 피타고라스의 세 수이다.

먼저 c가 짝수라고 가정하자.

이 경우에 정리 7.1.5에 의하여 다음과 같은 양의 정수 m, n이 존재한다.

$$b^2 = m^2 - n^2, \quad c = 2mn, \quad a^2 = m^2 + n^2$$

$$(m, n) = 1, \quad m > n \geq 1, \quad m \not\equiv n \pmod 2$$

이 때,

$$m^4 - n^4 = (m^2 + n^2)(m^2 - n^2) = a^2 b^2 = (ab)^2$$

이므로 $x = m,\ y = n,\ z = ab$는 방정식 $x^4 - y^4 = z^2$의 양의 정수해이고

$$m^2 < m^2 + n^2 = a^2 \quad 즉 \quad 0 < m < a$$

이므로 a의 최소성에 모순된다. 그러므로, c는 홀수이고 b는 짝수이다.

따라서 정리 7.1.5에 의하여 다음과 같은 양의 정수 m, n이 존재한다.

$$c = m^2 - n^2, \quad b^2 = 2mn, \quad a^2 = m^2 + n^2$$

$$(m, n) = 1, \quad m > n \geq 1, \quad m \not\equiv n \pmod 2$$

여기서, m과 n 중에 하나는 짝수이고 다른 하나는 홀수이다.

따라서 m은 짝수이고 n은 홀수인 경우만 생각하여도 좋다.

이 때, $(2, n) = 1$, $(m, n) = 1$이므로 $(2m, n) = 1$이고(정리 1.5.9) 또 $2mn = b^2$이므로 정리 7.1.4에 의하여

$$2m = s^2, \quad n = t^2$$

인 양의 정수 s, t가 존재한다. 그런데,

$$m^2 + n^2 = a^2, \quad (m, n, a) = 1$$

이므로 m, n, a는 원시적 피타고라스의 세 수이다.

따라서 정리 7.1.5에 의하여 다음과 같은 양의 정수 c, d가 존재한다.

$$n = c^2 - d^2, \qquad m = 2cd, \qquad a = c^2 + d^2$$

$$(c, d) = 1, \quad c > d \geq 1, \quad c \not\equiv d \pmod 2$$

한편, $2m = s^2$, $n = t^2$ 이므로 s는 짝수이다. 이제 $s = 2k$ 라고 하면,

$$m = 2k^2, \qquad n = t^2$$

이고 앞의 결과로부터 다음을 얻는다.

$$t^2 = c^2 - d^2, \quad k^2 = cd, \quad a = c^2 + d^2$$

그리고, $cd = k^2$, $(c, d) = 1$ 이므로 정리 7.1.4에 의하여

$$c = r^2, \qquad d = s^2$$

인 양의 정수 r, s가 존재하고 이로서 다음 등식을 얻는다.

$$t^2 = n = c^2 - d^2 = r^4 - s^4$$

그런데. $0 < r = \sqrt{c} < c^2 + d^2 = a$ 이고 이것은 a의 最小性에 모순된다.

그러므로 방정식 $x^4 - y^4 = z^2$의 양의 정수해가 존재하지 않는다.

Fermat 의 마지막 정리

$$x^n + y^n = z^n \qquad (n \geq 3)$$

를 증명하려면, 임의의 홀수인 素數 p에 대하여 방정식

$$x^p + y^p = z^p$$

의 양의 정수해가 존재하지 않음을 증명하기만 하면 된다(문제 3 참조).

Euler는 방정식 $x^3 + y^3 = z^3$의 양의 정수해가 존재하지 않음을 증명하였다.

연 습 문 제 (7.2)

1. 양의 정수 a, b, c 에 대하여

$$a^2 + b^2 = c^2, \quad a < b$$

일 때, $n \geq 3$ 인 모든 정수 n 에 대하여 $a^n + b^n \neq c^n$ 임을 증명하여라.

2. 임의의 정수 t 에 대하여

$$x = 3t^2 - 1, \quad y = t(t^2 - 3), \quad z = t^2 + 1$$

는 방정식 $x^2 + y^2 = z^3$ 의 정수해임을 확인하여라.

3. 모든 홀수인 素數 p 에 대하여 방정식 $x^p + x^p = z^p$ 의 양의 정수해가 존재하지 않음이 증명되었다고 가정하자.

이 사실과 정리 7.2.2 를 이용하여 Fermat 의 마지막 정리를 증명하여라.

4. 정리 7.2.2 의 증명과 마찬가지 방법으로, 두 부정방정식

$$x^4 - y^4 = z^2, \qquad x^4 - y^4 = z^4$$

의 양의 정수해가 존재하지 않음을 증명하여라.

5. 정리 7.2.2 의 증명과 마찬가지 방법으로, 두 부정방정식

$$x^4 + 4y^4 = z^2, \qquad x^4 - 4y^4 = z^2$$

의 양의 정수해가 존재하지 않음을 밝힐 수 있다.

이 사실을 이용하여 세 변의 길이가 양의 정수인 직삼각형의 넓이는 완전제곱수가 아님을 밝혀라.

6. Fermat 의 정리(정리 4.1.1) 를 이용하여 p 가 素數일 때, 세 정수 a, b, c 에 대하여 다음이 성립함을 증명하여라.

(1) $a^{p-1} + b^{p-1} = c^{p-1}$ 이면, $abc \equiv 0 \pmod{p}$ 이다.

(2) $a^p + b^p = c^p$ 이면, $a + b \equiv c \pmod{p}$ 이다.

§7.3 두 제곱수의 합

이 절에는, 두 제곱수의 합으로 나타내어지는 정수에 대하여 논한다.

보조정리 7.3.1 양의 정수 n이 $4k+3$의 꼴이면, n은 두 제곱수의 합으로 나타낼 수 없다.

증 명 정수 a에 대하여

$a \equiv 0 \pmod 4$ 또는 $a \equiv 2 \pmod 4$ 이면, $a^2 \equiv 0 \pmod 4$ 이고,

$a \equiv 1 \pmod 4$ 또는 $a \equiv 3 \pmod 4$ 이면, $a^2 \equiv 0 \pmod 1$ 이다.

그러므로, 두 정수 a, b에 대하여 $n = a^2 + b^2$ 이면, n은 법 4에 관하여 $0, 1$ 또는 2와 합동이다.

따라서 $4k+3$의 꼴인 정수는 두 제곱수의 합으로 나타낼 수 없다.

보기 7.3.1 정수 $1, 2, 3, \cdots, 36$ 중에서 두 제곱수의 합으로 나타낼 수 있는 것은 다음의 16개뿐이다.

$$1 = 0^2 + 1^2,\quad 2 = 1^2 + 1^2,\quad 4 = 0^2 + 2^2,\quad 5 = 1^2 + 2^2,$$
$$8 = 2^2 + 2^2,\quad 9 = 0^2 + 3^2,\quad 10 = 1^2 + 3^2,\quad 13 = 2^2 + 3^2$$
$$16 = 0 + 4^2,\quad 17 = 1^2 + 4^2,\quad 20 = 2^2 + 4^2,\quad 25 = 0^2 + 5^2$$
$$26 = 1 + 5^2,\quad 29 = 2^2 + 5^2,\quad 34 = 3^2 + 5^2,\quad 36 = 0^2 + 6^2$$

두 복소수 $\alpha = a + ib$, $\beta = c + id$에 대하여 α, β의 노름은

$$N(\alpha) = \alpha\overline{\alpha} = a^2 + b^2,\quad N(\beta) = \beta\overline{\beta} = c^2 + d^2$$

이고 $N(\alpha)N(\beta) = N(\alpha\beta)$ 이므로 다음이 성립한다(p. 9 참조).

$$(a^2 + b^2)(c^2 + d^2) = (ac - bd)^2 + (ad + bc)^2$$

이로부터 다음 보조정리를 얻는다.

보조정리 7.3.2 양의 정수 m, n이 각각 두 제곱수의 합으로 나타내어지면, 곱 mn도 두 제곱수의 합으로 나타내어진다.

$$(a^2+b^2)(c^2+d^2) = (ac-bd)^2+(ad+bc)^2,$$
$$(a^2+b^2)(c^2+d^2) = (ac+bd)^2+(ad-bc)^2$$

정리 7.3.3 (Fermat, Euler) 홀수인 素數 p는 $p \equiv 1 \pmod 4$일 때 그리고 이때에만 두 제곱수의 합으로 나타내어진다.

증 명 素數 p는 홀수이므로 $p \not\equiv 0 \pmod 4$, $p \not\equiv 2 \pmod 4$이고, 또 홀수인 素數 p가 두 제곱수의 합으로 나타내어지면 보조정리 7.3.1에 의하여 $p \not\equiv 3 \pmod 4$이므로 $p \equiv 1 \pmod 4$이다.

역으로, $p \equiv 1 \pmod 4$이라고 가정하자. 이 때, 정리 4.2.3에 의하여

$$a^2 \equiv -1 \pmod p, \qquad 1 \le a \le p-1$$

인 정수 a가 존재하고 따라서 $a^2+1 = kp$인 정수 k가 존재한다. 그런데,

$$1 \le kp = a^2+1 \le (p-1)^2+1 < p^2$$

이므로 $1 \le k \le p-1$이고, 이 정수 k에 대하여 $x = a$, $y = 1$은 방정식 $x^2+y^2 = kp$의 정수해이다. 이제 정수해를 가지는 방정식

$$x^2+y^2 = kp, \qquad 1 \le k \le p-1$$

중에서 k의 값이 가장 작은 것을 m이라 하고 $m = 1$임을 증명한다.

이와는 반대로, $1 < m \le p-1$이라고 가정하고 $x = a$, $y = b$를 방정식 $x^2+y^2 = mp$의 정수해라고 하자. 이 때, $a^2+b^2 = mp$이므로

$$a_1 \equiv a \pmod m, \quad -\frac{m}{2} < a_1 \le \frac{m}{2}$$
$$b_1 \equiv b \pmod m, \quad -\frac{m}{2} < b_1 \le \frac{m}{2}$$

인 두 정수 a_1, b_1을 택하면, ${a_1}^2+{b_1}^2 \equiv a^2+b^2 \equiv mp \equiv 0 \pmod m$이므로 ${a_1}^2+{b_1}^2 = k_1 m$인 정수 k_1이 존재하고 이때 다음이 성립한다.

$$k_1 m = {a_1}^2+{b_1}^2 \le \frac{m^2}{4}+\frac{m^2}{4} = \frac{m}{2}\,m, \qquad 0 \le k_1 < m$$

한편, $k_1 = 0$ 이면, $a_1 = b_1 = 0$ 이므로 $a \equiv b \equiv 0 \pmod{m}$ 이고 따라서 $a^2 \equiv b^2 \equiv 0 \pmod{m}$, $a^2 + b^2 = mp$ 이므로 $m^2 \mid mp$ 즉 $m \mid p$ 로 되어 $1 < m \leq p-1$ 이라는 사실에 모순된다.

그러므로, $k_1 \neq 0$ 이고 따라서 $1 \leq k_1 < m$ 이다. 그런데,

$$k_1 m^2 p = (a_1^2 + b_1^2)(a^2 + b^2) = (a_1 a + b_1 b)^2 + (a_1 b - b_1 a)^2$$

이고, 여기서

$$a_1 a + b_1 b \equiv a^2 + b^2 \equiv 0 \pmod{m},$$
$$a_1 b - b_1 a \equiv ab - ba \equiv 0 \pmod{m}$$

이므로 $\dfrac{a_1 a + b_1 b}{m}$, $\dfrac{a_1 b - b_1 a}{m}$ 는 정수이고 따라서 다음이 성립한다.

$$\left(\frac{a_1 a + b_1 b}{m}\right)^2 + \left(\frac{a_1 b - b_1 a}{m}\right)^2 = k_1 p$$

이는 $1 \leq k_1 < m$ 인 정수 k_1 에 대하여 방정식 $x^2 + y^2 = k_1 p$ 의 정수해가 존재함을 뜻하게 되어 m 의 最小性에 모순된다. 그러므로, $m = 1$ 이고 따라서 방정식 $x^2 + y^2 = p$ 는 정수해 $x = a$, $y = b$ 를 가진다.

그러므로, $p \equiv 1 \pmod{4}$ 일 때, p 는 두 제곱수의 합으로 나타내어진다.

보기 7.3.2 다음이 성립한다(보조정리 7.3.2 참조).

$$5 = 1^2 + 2^2 = 2^2 + 1^2, \qquad 13 = 2^2 + 3^2 = 3^2 + 2^2$$
$$65 = 5 \cdot 13 = (1 \cdot 2 - 2 \cdot 3)^2 + (1 \cdot 3 + 2 \cdot 2)^2 = 4^2 + 7^2,$$
$$65 = 5 \cdot 13 = (1 \cdot 2 + 2 \cdot 3)^2 + (1 \cdot 3 - 2 \cdot 2)^2 = 1^2 + 8^2$$

정리 7.3.4 홀수인 素數 p 에 대하여 $p \equiv 1 \pmod{4}$ 일 때, p 는 단 한 가지 방법으로 두 제곱수의 합으로 나타내어진다(항의 순서를 무시하면).

증 명 양의 정수 a, b, c, d 에 대하여 다음이 성립한다고 하자.

$$p = a^2 + b^2, \qquad p = c^2 + d^2$$

이 때, 분명히 $(a, b) = 1$, $(c, d) = 1$ 이고, 또

$$\begin{aligned}(ad-bc)(ad+bc) &\equiv a^2d^2-b^2c^2\\ &\equiv (p-b^2)d^2-b^2(p-d^2)\\ &\equiv p(d^2-b^2)\equiv 0 \pmod{p}\end{aligned}$$

이므로 정리 3.5.2 에 의하여

$$ad-bc\equiv 0 \pmod{p} \text{ 또는 } ad+bc\equiv 0 \pmod{p}$$

이고 a^2, b^2, c^2, d^2 은 모두 p 보다 작으므로 $ad<p$, $bc<p$ 이다. 따라서

$$-p<ad-bc<p, \quad 0<ad+bc<2p$$

이므로 $ad-bc=0$ 또는 $ad+bc=p$ 이다.

그런데, $ad-bc=0$ 이면, $ad=bc$ 이다. 한편, $ad+bc=p$ 이면,

$$\begin{aligned}p^2 &= (a^2+b^2)(c^2+d^2)\\ &= (ad+bc)^2+(ac-bd)^2\\ &= p^2+(ac-bd)^2\end{aligned}$$

이므로 $ac=bd$ 이다. 따라서 다음 중 하나가 성립한다.

(i) $ad=bc$ (ii) $ac=bd$

먼저 (i) 가 성립한다고 하자.

이 때, $a\mid bc$ 이고 또 $(a, b)=1$ 이므로 $a\mid c$ 이다(정리 1.5.11). 그리고, $c=ak$ 이라고 하면, $ad=bc=bak$ 이므로 $d=bk$ 이고

$$p=c^2+d^2=k^2(a^2+b^2)=pk^2$$

이므로 $k=1$ 이고 따라서 $a=c$, $b=d$ 이다.

한편, (ii) 는 (i) 에서 c 와 d 를 바꾸어 놓은 것이므로, (ii) 가 성립하면, $a=d$, $b=c$ 이다.

정리 7.3.5 양의 정수 n 이 두 제곱수의 합으로 나타내어지기 위한 필요충분조건은 다음 두 조건 (i), (ii) 중에서 하나가 성립하는 것이다.

(i) $n=t^2 \quad (t\geq 1)$

(ii) $n=p_1^{e_1}\cdots p_r^{e_r}t^2 \qquad (r\geq 1,\ e_i\geq 1,\ t\geq 1)$

여기서, 각 p_i 는 $p_i=2$ 또는 $p_i\equiv 1 \pmod{4}$ 인 素數이다.

증 명 먼저 (i) 의 경우에 $n = t^2 = 0^2 + t^2$ 이다.

그리고, (ii) 의 경우에 $p_i = 2$ 이면 $p_i = 1^2 + 1^2$ 이고, $p_i \equiv 1 \pmod{4}$ 이면 정리 7.3.2 에 의하여 p_i 는 두 제곱수의 합으로 나타내어진다. 또, t^2 은 $t^2 = 0^2 + t^2$ 과 두 제곱수의 합으로 나타내어지므로 보조정리 7.3.2 에 의하여 n 도 두 제곱수의 합으로 나타내어진다.

한편, 양의 정수 n 에 대하여 (i), (ii) 가 성립하지 않는 경우는 n 이 다음과 같이 소인수분해되는 경우뿐이다.

$$n = 2^e {p_1}^{e_1} \cdots {p_r}^{e_r} {q_1}^{2f_1+1} \cdots {q_s}^{2f_s+1}$$

여기서, $p_i \equiv 1 \pmod{4}$, $q_j \equiv 3 \pmod{4}$ 이고 $r \geq 0,\ s \geq 1,\ e \geq 0,$ $e_i \geq 0,\ f_j \geq 0$ 이다.

이와 같은 경우에 ${q_1}^{2f_1+1}, \cdots, {q_s}^{2f_s+1}$ 중에서 하나를 q^{2f+1} 라 하고 또 $n = a^2 + b^2$ 인 정수 a, b 가 존재한다고 가정하자.

이 때, $d = (a, b)$ 이라고 하면, $d \mid a$, $d \mid b$ 이므로 $d^2 \mid n$ 이고 따라서

$$a_1 = \frac{a}{d}, \quad b_1 = \frac{b}{d}, \quad m = \frac{n}{d^2}$$

이라고 놓으면 $a_1^2 + b_1^2 = m$ 이고 $(a_1, b_1) = 1$ 이다(따름정리 1.5.8).

다음에 $q^k \mid d$ 이라고 하자.

이 때, $q^{2k} \mid d^2$, $d^2 \mid n$ 이므로 $q^{2k} \mid n$ 이고 따라서 $2k \leq 2f+1$ 이다. 또, $n = d^2 m$ 이므로 ${q_j}^{2f+1-2k} \mid m$ 이고, $2f+1-2k \geq 1$ 이므로 $q_j \mid m$ 이다. 한편, $q \mid a_1$ 이라고가정하면, $b_1^2 = m - a_1^2$ 이므로 $q \mid b_1^2$ 이고 따라서 $q \mid b_1$ 으로 되어 $(a_1, b_1) = 1$ 이라는 사실에 모순된다.

그러므로, $(a_1, q) = 1$ 이고 따라서 일차합동식 $a_1 x \equiv b_1 \pmod{q}$ 의 해가 단 하나 존재한다(정리 3.3.2). 이 해를 $x \equiv c \pmod{q}$ 이라고 하면,

$$a_1^2 + b_1^2 \equiv a_1^2 + (a_1 c)^2 \equiv a_1^2 (1 + c^2) \pmod{q}$$

이고 $a_1^2 + b_1^2 = m$, $q \mid m$ 이므로 $a_1^2 + b_1^2 \equiv 0 \pmod{q}$ 이다. 그러므로,

$$a_1^{\,2}(1+c^2)\equiv 0 \pmod{q}, \qquad (a_1^{\,2},\, q)=1$$

이므로 $1+c^2\equiv 0 \pmod{q}$ 즉 $c^2\equiv -1 \pmod{q}$ 이고, 따라서 합동식 $x^2\equiv -1 \pmod{q}$ 의 해가 존재한다. 그런데, $q\equiv 3 \pmod{4}$ 이므로, 이 사실은 정리 4.2.3 에 모순된다.

그러므로, 이 경우에 n 은 두 제곱수의 합으로 나타낼 수 없다.

이제까지 얻은 결과에 의하여 정리가 성립한다.

정리 7.3.5 로부터 다음 따름정리를 얻는다.

따름정리 7.3.6 양의 정수 n 이 다음과 같은 꼴로 인수분해될 때 그리고 이때에만 n 은 두 제곱수의 합으로 나타내어진다.

$$n=2^e p_1^{\,e_1}\cdots p_r^{\,e_r}\, q_1^{\,2f_1}\cdots q_s^{\,2f_s}$$

여기서 $p_i\equiv 1 \pmod{4}$, $q_j\equiv 3 \pmod{4}$, $e\ge 0$, $e_i\ge 0$, $f_j\ge 0$

$(1\le i\le r,\ 1\le j\le s)$

보기 7.3.3 보조정리 7.3.2 에서 논한 두 등식

$$(a^2+b^2)(c^2+d^2)=(ac-bd)^2+(ad+bc)^2$$

$$(a^2+b^2)(c^2+d^2)=(ac+bd)^2+(ad-bc)^2$$

을 이용하면 다음 결과를 얻는다.

$$10=2\cdot 5=(1^2+1^2)(1^2+2^2)$$
$$=(1-2)^2+(2+1)^2=1^2+3^2$$
$$20=2^2\cdot 5=2^2(1^2+2^2)=2^2+4^2$$
$$153=3^2\cdot 17=3^2(1^2+4^2)=3^2+12^2$$
$$65=5\cdot 13=4^2+7^2=1^2+8^2 \qquad \text{(보기 7.3.2)}$$
$$7^2\cdot 5\cdot 13\cdot 17=161^2+168^2=84^2+217^2$$

정수 11 과 $3^7\cdot 5$ 는 모두 두 제곱수의 합으로 나타내어지지 않는다.

연 습 문 제 (7.3)

1. 다음 정수는 두 제곱수의 합으로 나타낼 수 있는지를 판정하여라.

(1) 282　　(2) $2^3 \cdot 5 \cdot 13^2 \cdot 17^3 \cdot 7^4 \cdot 11^6$

(3) 7663　　(4) $2^3 \cdot 5^4 \cdot 13^2 \cdot 7^3 \cdot 11^5$

2. 다음 결과를 이용하여 377, 650 을 두 제곱수의 합으로 나타내어라.

$$13 = 2^2 + 3^2, \quad 29 = 2^2 + 5^2, \quad 50 = 1^2 + 7^2$$

그리고, 25 를 두 가지 방법으로 두 제곱수의 합으로 나타내어라.

3. 다음이 성립함을 증명하여라.

(1) Fermat 수 $F_m = 2^{2^m} + 1$ $(m \geq 1)$ 은 두 제곱수의 합으로 나타낼 수 있다.

(2) 素數 p가 두 素數 p_1, p_2 의 제곱의 합이면, p_1, p_2 중의 하나는 2 이다.

(3) 양의 정수 n 이 두 제곱수의 합으로 나타내어지면, $2n$ 도 두 제곱수의 합으로 나타내어진다.

4. 홀수인 素數 p 와 두 양의 정수 a, b 에 대하여 $(a, b) = 1$, $p \mid (a^2 + b^2)$ 이면. $p \equiv 1 \pmod 4$ 임을 증명하여라.

5. 두 양의 정수 a, b 에 대하여 $a \equiv b \pmod 2$ 이면, ab 는 두 제곱수의 차로 나타낼 수 있음을 밝혀라.

그리고, 이 사실을 이용하여 $153 = 9 \cdot 17 = 3 \cdot 51$ 을 두 제곱수의 차로 나타내고, 이로부터 $4^2 + 27^2 = 13^2 + 24^2$ 임을 확인하여라.

6. 홀수인 素數 p 는 두 제곱수의 차로 나타낼 수 있음을 밝혀라.

7. 양의 정수 n 에 대하여 $n \equiv 2 \pmod 4$ 이면 n 은 두 제곱수의 차로 나타낼 수 없음을 밝혀라.

그리고, $n \equiv 1 \pmod 4$, $n \equiv 3 \pmod 4$, $n \equiv 0 \pmod 4$ 인 경우에 n 을 두 제곱수의 차로 나타낼 수 있음을 밝혀라.

§7.4 여러 제곱수의 합

정수 $1, 2, 3, \cdots, 20$ 중에서 $3, 6, 7, 11, 12, 14, 15, 19$는 두 제곱수의 합으로 나타낼 수 없으나, 이 중에서 $3, 6, 11, 12, 14, 19$는

$$3 = 1^2+1^2+1^2, \quad 6 = 2^2+1^2+1^2, \quad 11 = 3^2+1^2+1^2,$$

$$12 = 2^2+2^2+2^2, \quad 14 = 3^2+2^2+1^2, \quad 19 = 3^2+3^2+1^2$$

과 같이 세 제곱수의 합으로 나타내어지고 $7, 15$는 다음과 같이 네 제곱수의 합으로 나타내어진다(보기 7.3.1 참조).

$$7 = 2^2+1^2+1^2+1^2, \quad 15 = 3^2+2^2+1^2+1^2$$

두 제곱수의 합으로 나타내어지는 정수는 $a^2+b^2 = 0^2+a^2+b^2$과 같이 세 제곱수의 합으로도 나타낼 수 있고, 마찬가지로 세 제곱수의 합으로 나타내어지는 정수는 네 제곱수의 합으로도 나타낼 수 있다.

정리 7.4.1 양의 정수 n이 $8k+7$의 꼴일 때 그리고 이때에만 n은 세 제곱수의 합으로 나타낼 수 없다. 그리고, 양의 정수 n이

$$4^m(8k+7) \qquad (m \geq 0,\ k \geq 0)$$

의 꼴이면, n은 세 제곱수의 합으로 나타낼 수 없다.

증 명 임의의 정수 a에 대하여 다음 중에서 하나가 성립한다.

$$a^2 \equiv 0 \pmod 8, \quad a^2 \equiv 1 \pmod 8, \quad a^2 \equiv 4 \pmod 8$$

따라서 임의의 세 정수 a, b, c에 대하여 $a^2+b^2+c^2$은 법 8에 관하여 $0, 1, 2, 3, 4, 5$ 또는 6과 합동이다. 그러므로, 양의 정수 n이 $8k+7$의 꼴일 때 그리고 이때에만 n은 세 제곱수의 합으로 나타낼 수 없다.

다음에 $m \geq 1$일 때, $4^{m-1}(8k+7)$의 꼴인 양의 정수가 세 제곱수의 합으로 나타낼 수 없다고 가정하자. 이 때, 세 정수 a, b, c에 대하여

$$4^m(8k+7) = a^2+b^2+c^2$$

이라고 가정하면, $m \geq 1$ 이므로 a, b, c는 모두 짝수이어야 한다.

이제 $a = 2a_1$, $b = 2b_1$, $c = 2c_1$ 이라고 놓으면,

$$4^{m-1}(8k+7) = a_1^2 + b_1^2 + c_1^2$$

으로 되어 가정에 모순된다. 그러므로, 정리가 성립한다.

보조정리 7.4.2 두 양의 정수 m, n을 각각 네 제곱수의 합으로 나타낼 수 있을 때, 곱 mn도 네 제곱수의 합으로 나타낼 수 있다.

증 명 양의 정수 $a_1, a_2, a_3, a_4, b_1, b_2, b_3, b_4$에 대하여 다음이 성립한다.

$$\begin{aligned}
&(a_0^2 + a_1^2 + a_2^2 + a_3^2)(b_0^2 + b_1^2 + b_2^2 + b_3^2)\\
&= (a_0 b_0 - a_1 b_1 - a_2 b_2 - a_3 b_3)^2 + (a_0 b_1 + a_1 b_0 + a_2 b_3 - a_3 b_2)^2\\
&\quad + (a_0 b_2 - a_1 b_3 + a_2 b_0 + a_3 b_1)^2 + (a_0 b_3 + a_1 b_2 - a_2 b_1 + a_3 b_0)^2
\end{aligned}$$

그리고, 위의 등식의 양변에서 b_1, b_2, b_3 대신에 각각 $-b_1, -b_2, -b_3$를 대입한 다음에 부호를 재조정하면 아래 등식을 얻는다.

$$\begin{aligned}
&(a_0^2 + a_1^2 + a_2^2 + a_3^2)(b_0^2 + b_1^2 + b_2^2 + b_3^2)\\
&= (a_0 b_0 + a_1 b_1 + a_2 b_2 + a_3 b_3)^2 + (a_0 b_1 - a_1 b_0 + a_2 b_3 - a_3 b_2)^2\\
&\quad + (a_0 b_2 - a_1 b_3 - a_2 b_0 + a_3 b_1)^2 + (a_0 b_3 + a_1 b_2 - a_2 b_1 - a_3 b_0)^2
\end{aligned}$$

실제로, 위의 첫째 등식은 이른바 Hamilton의 사원수(四元數, quaternion) $\xi = a_0 + a_1 i + a_2 j + a_3 k$의 노름(Norm) $N(\xi) = a_0^2 + a_1^2 + a_2^2 + a_3^2$의 특성을 이용하여 얻는다([1] 의 §3.1 보기 3.1.3 참조).

정리 7.4.3 (Lagrange) 모든 양의 정수는 네 제곱수의 합으로 나타낼 수 있다.

증 명 분명히 $1 = 1^2 + 0^2 + 0^2 + 0^2$, $\quad 2 = 1^2 + 1^2 + 0^2 + 0^2$ 이다.

다음에 홀수인 素數 p가 네 제곱수의 합으로 나타낼 수 있음을 증명하기 위하여 $S = \{0^2, 1^2, \cdots, (\frac{p-1}{2})^2\}$를 생각해 보자.

두 정수 i, j에 대하여 $i^2 \equiv j^2 \pmod{p} \Leftrightarrow i \equiv \pm j \pmod{p}$ 이므로 S의 어느 두 둘도 법 p에 관하여 합동이 아니다(정리 3.5.2). 따라서

$$T = \{-1-s \mid s \in S\}$$

이라고 하면, T의 어느 두 원소도 법 p에 관하여 서로 합동이 아니다.

한편, $S \cap T = \varnothing$ 이므로 $|S \cup T| = |S| + |T| = p+1$ 이고 따라서 S의 적당한 원소와 T의 적당한 원소가 법 p에 관하여 합동이므로, 다음과 같은 정수 a, b가 존재한다.

$$a^2 \equiv -1 - b^2 \pmod{p} \quad \text{즉} \quad a^2 + b^2 + 1 \equiv 0 \pmod{p}$$

$$0 \le a \le \frac{p-1}{2}, \quad 0 \le b \le \frac{p-1}{2}$$

그러므로, $a^2 + b^2 + 1 = kp$인 정수 k가 존재하고 이때

$$kp = a^2 + b^2 + 1 \le 2\left(\frac{p-1}{2}\right)^2 + 1 < p^2$$

이므로 $1 \le k \le p-1$ 이다. 따라서 $1 \le k \le p-1$ 인 k에 대하여 방정식

$$x^2 + y^2 + z^2 + w^2 = kp$$

는 정수해 $x = a,\ y = b,\ z = 1,\ w = 0$ 을 가진다.

이제 정수해를 가지는 방정식

$$x^2 + y^2 + z^2 + w^2 = kp, \qquad 1 \le k \le p-1$$

중에서 k의 값이 가장 작은 것을 m이라고 하고, 또

$$x = a, \quad y = b, \quad z = c, \quad w = d$$

를 방정식 $x^2 + y^2 + z^2 + w^2 = mp$의 정수해라고 하자. 즉,

$$a^2 + b^2 + c^2 + d^2 = mp$$

이 때, m이 짝수라고 가정하면, a, b, c, d는 모두 짝수이거나 모두 홀수이거나 또는 이들 중에서 둘은 짝수이고 나머지 둘은 홀수이므로 필요하다면 a, b, c, d 의 순서를 바꾸어 $a \equiv b \pmod{2}$, $c \equiv d \pmod{2}$ 이라고 가정하여도 좋다.

이 경우에

$$\left(\frac{a-b}{2}\right)^2+\left(\frac{a+b}{2}\right)^2+\left(\frac{c-d}{2}\right)^2+\left(\frac{c+d}{2}\right)^2=\frac{m}{2}p$$

로 되어 m 의 最小性에 모순된다. 따라서 m 은 홀수이다.

또, $m>1$ 이라 가정하고 a_1, b_1, c_1, d_1 을 다음과 같은 정수라고 하자.

$$a_1 \equiv a \pmod{m}, \quad -\frac{m-1}{2}<a_1 \le \frac{m-1}{2}$$

$$b_1 \equiv b \pmod{m}, \quad -\frac{m-1}{2}<b_1 \le \frac{m-1}{2}$$

$$c_1 \equiv c \pmod{m}, \quad -\frac{m-1}{2}<c_1 \le \frac{m-1}{2}$$

$$d_1 \equiv d \pmod{m}, \quad -\frac{m-1}{2}<d_1 \le \frac{m-1}{2}$$

이 때,

$$a_1^2+b_1^2+c_1^2+d_1^2 \equiv a^2+b^2+c^2+d^2 \equiv 0 \pmod{m}$$

이므로 $a_1^2+b_1^2+c_1^2+d_1^2=k_1 m$ 인 정수 k_1 이 존재하고,

$$k_1 m = a_1^2+b_1^2+c_1^2+d_1^2 \le 4\left(\frac{m-1}{2}\right)^2 < m^2$$

이므로 $0 \le k_1 < m$ 이다.

그런데, $k_1=0$ 이라고 가정하면, $a_1=b_1=c_1=d_1=0$ 이므로

$$a \equiv b \equiv c \equiv d \equiv 0 \pmod{m}, \quad a^2+b^2+c^2+d^2=mp$$

이고 따라서 $m^2 \mid mp$ 즉 $m \mid p$ 로 되어 $1<m \le p-1$ 이라는 사실에 모순된다. 그러므로 $1 \le k_1 < m$ 이다.

그리고,

$$\begin{aligned} k_1 m^2 p &= (a_1^2+b_1^2+c_1^2+d_1^2)(a^2+b^2+c^2+d^2) \\ &= (a_1 a+b_1 b+c_1 c+d_1 d)^2+(a_1 b-b_1 a+c_1 d-d_1 c)^2 \\ &\quad +(a_1 c-b_1 d-c_1 a+d_1 b)^2+(a_1 d+b_1 c-c_1 b-d_1 a)^2, \end{aligned}$$

이고, 또

$$a_1 a + b_1 b + c_1 c + d_1 d \equiv a^2 + b^2 + c^2 + d^2 \equiv 0 \pmod{m}$$
$$a_1 b - b_1 a + c_1 d - d_1 c \equiv ab - ba + cd - dc \equiv 0 \pmod{m}$$
$$a_1 c - b_1 d - c_1 a + d_1 b \equiv ac - bd - ca + db \equiv 0 \pmod{m}$$
$$a_1 d + b_1 c - c_1 b - d_1 a \equiv ad + bc - cb - da \equiv 0 \pmod{m}$$

이므로

$$a_2 = \frac{a_1 a + b_1 b + c_1 c + d_1 d}{m}, \quad b_2 = \frac{a_1 b - b_1 a + c_1 d - d_1 c}{m},$$

$$c_2 = \frac{a_1 c - b_1 d - c_1 a + d_1 b}{m}, \quad d_2 = \frac{a_1 d + b_1 c - c_1 b - d_1 a}{m}$$

이라고 하면, a_2, b_2, c_2, d_2 는 모두 정수이고

$$a_2^2 + b_2^2 + c_2^2 + d_2^2 = \frac{k_1 m^2 p}{m^2} = k_1 p$$

이므로 $1 \le k_1 < m$ 인 k_1 에 대하여 방정식 $x^2 + y^2 + z^2 + w^2 = k_1 p$ 가 정수해를 가지게 되어 m 의 最小性에 모순된다. 따라서 $m = 1$ 이다.

그러므로, 방정식 $x^2 + y^2 + z^2 + w^2 = p$ 는 정수해를 가지므로 p 는 네 제곱수의 합으로 나타낼 수 있다.

다음에 정수 $n\ (\ge 2)$ 의 표준분해가 $n = p_1^{e_1} p_2^{e_2} \cdots p_r^{e_r}$ 이면, 앞의 증명에 의하여 n 의 각 소인수 p_i 는 네 제곱수의 합으로 나타낼 수 있으므로 보조정리 7.4.2 에 의하여 n 도 네 제곱수의 합으로 나타낼 수 있다.

보기 7.4.1 다음이 성립한다.

$$7 = 2^2+1^2+1^2+1^2, \quad 15 = 3^2+2^2+1^2+1^2, \quad 17 = 4^2+1^2+0^2+0^2$$

$$105 = 7 \cdot 15 = (2^2 + 1^2 + 1^2 + 1^2)(3^2 + 2^2 + 1^2 + 1^2)$$
$$= 8^2 + 6^2 + 2^2 + 1^2$$

$$459 = 3^2 \cdot 3 \cdot 17 = 3^2(1^2 + 1^2 + 1^2 + 0^2)(4^2 + 1^2 + 0^2 + 0^2)$$
$$= 3^2(5^2 + 4^2 + 3^2 + 1^2) = 15^2 + 12^2 + 9^2 + 3^2$$

연 습 문 제 (7.4)

1. 다음 정수는 세 제곱수의 합으로 나타낼 수 있는지를 판정하여라.

   (1) 3 (2) 18 (3) 23 (4) 28 (5) 90

2. 두 양의 정수 a, b가 각각 세 제곱수의 합으로 나타내어질 때, $a+b$도 세 제곱수의 합으로 나타내어질 수 있는지 판정하여라.

3. 다음 정수를 네 제곱수의 합으로 나타내어라.

   (1) 6 (2) 12 (3) 21 (4) 89 (5) 99

4. 다음과 같이 정수 7, 15, 34 는 네 제곱수의 합으로 나타내어진다.

   $7 = 2^2+1^2+1^2+1^2, \quad 15 = 3^2+2^2+1^2+1^2, \quad 34 = 4^2+4^2+1^2+1^2$

   이 사실을 이용하여 다음 정수를 네 제곱수의 합으로 나태어라.

   (1) $238 = 7 \cdot 34$ (2) $510 = 15 \cdot 34$ (3) $3570 = 7 \cdot 15 \cdot 34$

5. 정수 $n\ (\geq 170)$에 대하여 $n = a^2+b^2+c^2+d^2+e^2$ 인 다섯 개의 양의 정수 a, b, c, d, e가 존재한다.
   이 사실을 다음 등식과 정리 7.4.3을 이용하여 증명하여라.

   $169 = 13^2 = 12^2+5^2 = 12^2+4^2+3^2 = 10^2+8^2+2^2+1^2$

6. 홀수인 양의 정수 m에 대하여 $2^m = a^2+b^2+c^2+d^2$ 인 양의 정수 a, b, c, d는 존재하지 않음을 증명하여라.

7. 정수 p가 素數일 때, 다음이 성립함을 증명하여라.

   (1) p가 서로 다른 네 素數의 제곱의 합이면, 이들 素數 중의 하나는 2 이다.

   (2) p가 서로 다른 세 素數의 제곱의 합이면, 이들 素數 중의 하나는 3 이다.

8. 素數 p와 두 양의 정수 a, b에 대하여 다음이 성립함을 밝혀라.

   (1) $p = a^3+b^3$ 이면, $p = 2$ 이다.

   (2) $p = a^3-b^3$ 이면, $p = 3b(b+1)+1$ 이다.

피타고라스

정수론은 매우 오래된 학문으로서 고대 그리스 사람들은 자연수의 성질에 대한 지식을 바빌로니아 사람들과 이집트 사람들로부터 물려받았으며 이에 관한 이론은 피타고라스(Pythagoras, B.C. 580 ~ 52) 와 그 제자들이 확립하였다고 말할 수 있다. 피타고라스는 이집트와 바빌로니아 등 여러 지방을 여행하면서 연구하다가 그리스로 돌아와 남부 이탈리아의 크로톤에 학교를 세웠다. 이 학교에서 연구한 과제는 정수론(整數論, arithmetica), 기하학(幾何學, geometria), 음악(音樂, harmonia), 천문학(天文學, astrologia), 논리(論理, logic), 수사학(修辭學, rhetoric) 등이며, 이 학교에서 공부했던 사람들을 피타고라스 학과라고 부른다.

피타고라스와 그 학파의 연구 중에서 특히 다음과 같은 연구는 유명하다.

(1) 피타고라스의 정리와 그 증명

(2) 삼각형의 내각의 크기의 합은 180° 이다.

(3) 다각형의 외각의 크기의 합과 내각의 크기의 합에 대한 공식

(4) 다각형을 그 넓이가 같은 도형으로 변형하는 방법

(5) 황금 분할

(6) 다섯 개의 정다면체의 발견

피타고라스 학파는 '만물은 수(자연수)이다.' 라고 주장하여, 모든 사물을 설명해주는 열쇠는 수에 있다고 믿었다. 자연수를 합리적으로 이해하려면 어떤 수의 성질을 분석하면 된다고 생각하였다. 피타고라스 자신도 정수론 연구의 중요성을 인식하고 이에 대한 연구를 진전시켰다.

피타고라스 학파는 모든 물질적 또는 정신적 사물에 일정한 자연수를 대응시켜 광대한 철학과 수의 신비를 결부시켰다. 즉, 이성(理性)은 진리를 생성한다는 의미에서 1 은 이성을 나타내고 2 와 3 은 각각 남자와 여자를 나타낸다고 보았으며 4 는 타당성(妥當性)에 대한 기호로 정하고 5 는 2 와 3 의 합, 즉 남자와 여자의 결합이라는 뜻에서 결혼을 나타낸다고 보았다.

이와 같이 고대 그리스 시대의 지식인은 사물의 모형으로서의 수에 대한 사고(思考)를 철학에 받아들여 수학에 대한 기초 개념을 사고의 계통으로 확립하려 애썼다. 피타고라스 학파의 목적은 철학이었고 수학 연구는 한 수단이었으나, 후에 알렉산드리아에 학교를 세운 다음부터 수학 연구에 전념하였다.

제 8 장

연 분 수

'마음 속에 명확한 문제를 가지고 있지 않은 채 그 해결 방법만을 추구하는 사람은 대부분 아무것도 얻지 못한다.'

'He who seeks for methods without having a definite problem in mind seeks for the most part in vain.'

——— *David Hilbert*

이 장에서는, 유한 단순연분수와 무한 단순연분수, 무리수의 연분수 전개, 무리수 $\sqrt{n}$ 의 연분수 전개에 대하여 논하고, 또 무리수 $\sqrt{d}$ 의 연분수 전개를 이용하여 부정방정식

$$x^2 - dy^2 = 1, \quad x^2 - dy^2 = -1$$

의 정수해를 구하는 방법에 대하여 논한다.

§8.1 유한 연분수

이 절에서는, 유리수를 아래와 같이 나타내는 방법에 대하여 생각해 보자.

$$7+\cfrac{1}{6+\cfrac{1}{5+\cfrac{1}{4+\cfrac{1}{3}}}}$$

정의 8.1.1 실수 $x_0, x_1, \cdots, x_n$에 대하여

$$x_0+\cfrac{1}{x_1+\cfrac{1}{x_2+\cfrac{}{\ddots+\cfrac{1}{x_{n-1}+\cfrac{1}{x_n}}}}}$$

와 같은 꼴의 분수를 **유한 연분수**(有限 連分數, finite continued fraction) 또는 간단히 **연분수**라고 이것을

$$\langle x_0\,;\,x_1,\,x_2,\,\cdots,\,x_n\rangle \quad \text{또는} \quad [\,x_0;\,x_1,\,x_2,\,\cdots,\,x_n]$$

으로 나타내고 $x_0, x_1, x_2, \cdots, x_n$을 이 연분수의 **항**(項, term)이라고 한다.

특히, $a_0, a_1, a_2, \cdots, a_n$이 정수이고 $a_1 \geq 1, a_2 \geq 1, \cdots, a_n \geq 1$일 때,

$$\langle a_0\,;\,a_1,\,a_2,\,\cdots,\,a_n\rangle$$

을 **유한 단순연분수**(有限 單純連分數, finite simple continued fraction) 또는 간단히 **단순연분수**라고 한다. 즉,

$$\langle a_0\,;\,a_1,\,a_2,\,\cdots,\,a_n\rangle = a_0+\cfrac{1}{a_1+\cfrac{1}{a_2+\cfrac{}{\ddots+\cfrac{1}{a_{n-1}+\cfrac{1}{a_n}}}}}$$

정리 8.1.2 유한 단순연분수 $\langle a_0 ; a_1, \cdots, a_n \rangle$ 은 유리수를 나타낸다. 또, 유리수는 꼭 두 가지 방법으로 유한 단순연분수로 나타내어진다.

증 명 유한 단순연분수 $\langle a_0 ; a_1, \cdots, a_n \rangle$ 은 분명히 유리수를 나타낸다.

먼저 u가 정수일 때, $u = a_0$이라고 하면 u는 다음과 같이 두 가지 방법으로 나타내어진다.

$$u = a_0 = \langle a_0 \rangle, \qquad u = a_0 - 1 + \frac{1}{1} = \langle a_0 - 1 ; 1 \rangle$$

다음에 u가 정수가 아닌 유리수일 때,

$$u = \frac{r_0}{r_1} \qquad\qquad (r_0, r_1 \text{ 은 정수, } r_1 \geq 1)$$

이라 하고 $a_0, \cdots, a_n, r_2, \cdots, r_{n+1}$ 을 다음과 같은 정수라고 하자.

$$\begin{array}{ll} r_0 = a_0 r_1 + r_2, & 0 < r_2 < r_1 \\ r_1 = a_1 r_2 + r_3, & 0 < r_3 < r_2 \\ r_2 = a_1 r_3 + r_4, & 0 < r_4 < r_3 \\ \quad \vdots & \quad \vdots \\ r_{n-1} = a_{n-1} r_n + r_{n+1}, & 0 < r_{n+1} < r_n \\ r_n = a_n r_{n+1}, & a_n \geq 2 \end{array} \qquad \begin{array}{r|cc|l} a_0 & r_0 & r_1 & a_1 \\ & \underline{a_0 r_1} & \underline{a_1 r_2} & \\ & r_2 & r_3 & \\ & \vdots & \vdots & \\ a_{n-1} & r_{n-1} & r_n & a_n \\ & \underline{a_{n-1} r_n} & \underline{a_n r_{n+1}} & \\ & r_{n+1} & 0 & \end{array}$$

이 때, $n \geq 1$ 이고 또 다음이 성립한다.

$$u = a_0 + \frac{r_2}{r_1} = a_0 + \cfrac{1}{\cfrac{r_1}{r_2}}, \qquad a_0 = [\,u\,]$$

$$\frac{r_1}{r_2} = a_1 + \frac{r_3}{r_2} = a_1 + \cfrac{1}{\cfrac{r_2}{r_3}}, \qquad a_1 \geq 1$$

$$\vdots$$

$$\frac{r_{n-1}}{r_n} = a_{n-1} + \frac{r_{n+1}}{r_n} = a_{n-1} + \cfrac{1}{\cfrac{r_n}{r_{n+1}}}$$

$$= a_{n-1} + \frac{1}{a_n}$$

따라서 앞의 첫째 등식에 나머지 등식을 차례로 대입하면 다음을 얻는다.

$$u = a_0 + \cfrac{1}{\cfrac{r_1}{r_2}} = a_0 + \cfrac{1}{a_1 + \cfrac{1}{\cfrac{r_2}{r_3}}}$$

$$\vdots$$

$$= a_0 + \cfrac{1}{a_1 + \cfrac{1}{\ddots + \cfrac{1}{a_{n-1} + \cfrac{1}{a_n}}}} = \langle a_0 , a_1, \cdots, a_n \rangle$$

그런데, $n \geq 1$, $a_n \geq 2$ 이므로

$$a_n = (a_n - 1) + \frac{1}{1}, \qquad a_n - 1 \geq 1$$

이고 따라서 u 는 다음과 같이 두 가지 방법으로 나타내어진다.

$$u = \langle a_0 ; a_1, \cdots, a_n \rangle, \quad u = \langle a_0 ; a_1, \cdots, a_n - 1, 1 \rangle$$

유리수 u 를 유한 단순연분수로 나타내는 것을 u 의 **연분수 전개**(連分數展開, continued fraction expansion)라고 한다.

위의 정리에서 a_0 는 경우에에 따라 양의 정수이거나 0 또는 음의 정수일 수 있다. 실제로, 다음이 성립한다.

(1) $u < 0$ 이면, $a_0 = [u] \leq -1$ 이다.

(2) $0 \leq u < 1$ 이면, $a_0 = [u] = 0$ 이다.

(3) $u \geq 1$ 이면, $a_0 = [u] \geq 1$ 이다.

그리고, 정의와 정리 8.1.2 에 의하여 다음이 성립한다.

정리 8.1.3 유한 단순연분수 $u = \langle a_0 ; a_1, \cdots, a_n \rangle$, $n \geq 1$ 에 대하여 다음이 성립한다.

$$u = \langle a_0 ; a_1, \cdots, a_n \rangle = a_0 + \frac{1}{\langle a_1 ; \cdots, a_n \rangle}, \quad a_0 = [u]$$

보기 8.1.1 유리수 $\dfrac{9}{11}$ 를 단순 연분수로 나타내어 보자. 실제로,

$$
\begin{aligned}
9 &= 0\cdot 11 + 9,\\
11 &= 1\cdot 9 + 2,\\
9 &= 4\cdot 2 + 1,\\
2 &= 2\cdot 1
\end{aligned}
\qquad\qquad
\begin{array}{c|cc|c}
0 & 9 & 11 & 1\\
 & 0 & 9 & \\ \cline{2-3}
4 & 9 & 2 & 2\\
 & 8 & 2 & \\ \cline{2-3}
 & 1 & 0 &
\end{array}
$$

이므로 다음 결과를 얻는다.

$$\frac{9}{11} = \frac{1}{1+\frac{2}{9}} = \frac{1}{1+\frac{1}{\frac{9}{2}}} = \frac{1}{1+\frac{1}{4+\frac{1}{2}}} = \langle 0;1,4,2\rangle,$$

$$\frac{9}{11} = \frac{1}{1+\frac{1}{4+\frac{1}{1+\frac{1}{1}}}} = \langle 0;1,4,1,1\rangle$$

그리고, 위의 결과로부터 다음을 얻는다.

$$
\begin{aligned}
\frac{31}{11} &= 2+\frac{9}{11} = \langle 2;1,4,2\rangle & \left[\frac{31}{11}\right] = 2\\
&= \langle 2;1,4,1,1\rangle, &\\
-\frac{24}{11} &= -3+\frac{9}{11} & \left[-\frac{24}{11}\right] = -3\\
&= \langle -3;1,4,2\rangle = \langle -3;1,4,1,1\rangle &
\end{aligned}
$$

정의 8.1.4 정수로 이루어진 무한수열 $a_0,\ a_1,\ a_2,\ a_3,\ \cdots,\ a_n,\ \cdots$ 에서 $a_1 \ge 1,\ \cdots,\ a_n \ge 1,\ \cdots$ 일 때,

$$h_{-2} = 0,\ \ h_{-1} = 1,\ k_{-2} = 1,\ \ k_{-1} = 0$$

이라 하고 정수 $i\ (\ge 0)$ 에 대하여 정수 $h_i,\ k_i$ 를 다음과 같이 정한다.

$$
\left.\begin{aligned}
h_i &= a_i h_{i-1} + h_{i-2}\\
k_i &= a_i k_{i-1} + k_{i-2}
\end{aligned}\right.\quad (i \ge 0)
$$

a_i			a_0	a_1	a_2	$\cdots$	a_i	$\cdots$
h_i	0	1	h_0	h_1	h_2	$\cdots$	h_i	$\cdots$
k_i	1	0	k_0	k_1	k_2	$\cdots$	k_i	$\cdots$

정리 8.1.5 정수로 이루어진 무한수열 $a_0, a_1, a_2, a_3, \cdots, a_n, \cdots$ 에서 $a_1 \geq 1, a_2 \geq 1, \cdots, a_n \geq 1, \cdots$ 일 때, 임의의 양의 실수 x에 대하여

$$\langle a_0 ; a_1, \cdots, a_{i-1}, x \rangle = \frac{x h_{i-1} + h_{i-2}}{x k_{i-1} + k_{i-2}} \qquad (i \geq 1)$$

이고 또 다음이 성립한다.

(1) $1 = k_0 \leq a_1 = k_1 < k_2 < \cdots < k_i < \cdots$

(2) $\langle a_0 ; a_1, \cdots, a_i \rangle = \dfrac{h_i}{k_i}, \qquad (h_i, k_i) = 1 \qquad (i \geq 0)$

(3) $h_i k_{i-1} - h_{i-1} k_i = (-1)^{i+1} \qquad (i \geq 0)$

(4) $h_i k_{i-2} - h_{i-2} k_i = (-1)^i a_i \qquad (i \geq 0)$

증 명 정의에 의하여 $h_{-1} = 1,\ h_0 = a_0,\ k_{-1} = 0,\ k_0 = 1$ 이므로 양의 실수 x 에 대하여 다음이 성립한다.

$$\langle a_0 ; x \rangle = a_0 + \frac{1}{x} = \frac{x a_0 + 1}{x} = \frac{x h_0 + h_{-1}}{x k_0 + k_{-1}}$$

이제 정수 $j\ (\geq 1)$ 에 대하여

$$\langle a_0 ; a_1, \cdots, a_{j-1}, x \rangle = \frac{x h_{j-1} + h_{j-2}}{x k_{j-1} + k_{j-2}}$$

이라고 가정하면, 다음이 성립한다(정의 8.1.1, 정의 8.1.4 참조).

$$\begin{aligned} &\langle a_0 ; a_1, \cdots, a_{j-1}, a_j, x \rangle \\ &= \langle a_0 ; a_1, \cdots, a_{j-1}, a_j + \frac{1}{x} \rangle = \frac{(a_j + \frac{1}{x}) h_{j-1} + h_{j-2}}{(a_j + \frac{1}{x}) k_{j-1} + k_{j-2}} \\ &= \frac{x (a_j h_{j-1} + h_{j-2}) + h_{j-1}}{x (a_j k_{j-1} + k_{j-2}) + k_{j-1}} = \frac{x h_j + h_{j-1}}{x k_j + k_{j-1}} \end{aligned}$$

따라서 모든 양의 정수 i 에 대하여 다음이 성립한다.

$$\langle a_0 ; a_1, \cdots, a_{i-1}, x \rangle = \frac{x h_{i-1} + h_{i-2}}{x k_{i-1} + k_{i-2}} \qquad (i \geq 1)$$

(1) 먼저 $k_0 = 1$, $k_1 = a_1 k_0 + k_{-1} = a_1 \geq 1 = k_0$ 이다.

그리고, $i \geq 2$ 일 때, $1 \leq k_{i-2}$ 이라고 가정하면, $a_i \geq 1$ 이므로

$$k_i = a_i k_{i-1} + k_{i-2} > a_i k_{i-1} \geq k_{i-1}$$

이고, 따라서 $1 = k_0 \leq a_1 = k_1 < k_2 < \cdots < k_n < \cdots$ 이다.

(2) 먼저 $\langle a_0 \rangle = a_0 = \dfrac{h_0}{k_0}$ 이고, 또 다음이 성립한다.

$$\langle a_0 ; a_1, \cdots, a_{i-1}, a_i \rangle = \frac{a_i h_{i-1} + h_{i-2}}{a_i k_{i-1} + k_{i-2}} = \frac{h_i}{k_i} \qquad (i \geq 1)$$

(3) 먼저 $h_0 = a_0$, $k_0 = 1$, $h_{-1} = 1$, $k_{-1} = 0$ 이므로 다음이 성립한다.

$$h_0 k_{-1} - h_{-1} k_0 = a_0 \cdot 0 - 1 \cdot 1 = -1 = (-1)^{0+1}$$

그리고 $j \geq 0$ 일 때

$$h_j k_{j-1} - h_{j-1} k_j = (-1)^{j+1}$$

이라고 가정하면 다음이 성립한다.

$$\begin{aligned} h_{j+1} k_j - h_j k_{j+1} &= (a_{j+1} h_j + h_{j-1}) k_j - h_j (a_{j+1} k_j + k_{j-1}) \\ &= h_{j-1} k_j - h_j k_{j-1} = -(h_j k_{j-1} - h_{j-1} k_j) \\ &= -(-1)^{j+1} = (-1)^{j+2} \\ &= (-1)^{(j+1)+1} \end{aligned}$$

따라서 정수 $i\ (\geq 0)$ 에 대하여 다음 등식이 성립한다.

$$h_i k_{i-1} - h_{i-1} k_i = (-1)^{i+1} \qquad (i \geq 0)$$

그리고 위의 등식이 성립하므로 $(h_i, k_i) = 1$ 이다(정리 1.5.7 참조).

(4) 위의 (3) 에 의하여 다음이 성립한다.

$$\begin{aligned} & h_i k_{i-2} - h_{i-2} k_i \\ &= (a_i h_{i-1} + h_{i-2}) k_{i-2} - h_{i-2} (a_i k_{i-1} + k_{i-2}) \\ &= a_i (h_{i-1} k_{i-2} - h_{i-2} k_{i-1}) \\ &= a_i (-1)^{(i-1)+1} = a_i (-1)^i \qquad (i \geq 0) \end{aligned}$$

정의 8.1.6 단순연분수 $\langle a_0 ; a_1, \cdots, a_n \rangle$ 에서

$$u_i = \langle a_0 ; a_1, \cdots, a_i \rangle = \frac{h_i}{k_i} \qquad (0 \le i \le n)$$

를 이 단순연분수의 **제 i 근사분수**(近似分數, i th convergent)이라고 한다.

특히, $\langle a_0 ; a_1, \cdots, a_n \rangle = \dfrac{h_n}{k_n}$ 이다.

보기 8.1.2 단순연분수 $\langle 10 ; 2, 3, 4 \rangle$ 의 근사분수는 다음과 같다.

$$u_0 = \langle 10 \rangle = 10,$$

$$u_1 = \langle 10 ; 2 \rangle = 10 + \frac{1}{2} = \frac{21}{2},$$

$$u_2 = \langle 10 ; 2, 3 \rangle = 10 + \cfrac{1}{2 + \cfrac{1}{3}} = \frac{73}{7},$$

$$u_3 = \langle 10 ; 2, 3, 4 \rangle = 10 + \cfrac{1}{\cfrac{1}{2 + \cfrac{1}{3 + \cfrac{1}{4}}}} = \frac{313}{30}$$

a_i			10	2	3	4
h_i	0	1	10	21	73	313
k_i	1	0	1	2	7	30

정리 1.6.2 에 의하면, 일차부정방정식

$$ax + by = c \qquad (a \neq 0,\ b \neq 0)$$

에서 $d = (a, b)$ 이라고 할 때, $d \mid c$ 인 경우에 이 일차방정식은 정수해를 가진다.

실제로, $\dfrac{a}{b} = \langle a_0 ; a_1, \cdots, a_n \rangle$ 일 때, $u_i = \dfrac{h_i}{k_i}$ 를 제 i 근사분수라고 하면, 정리 8.1.5 에 의하여 다음이 성립한다.

$$\frac{a}{b} = \frac{h_n}{k_n}, \qquad h_n k_{n-1} - h_{n-1} k_n = (-1)^{n-1}$$

이로부터 일차부정방정식 $ax + by = c$ 의 한 정수해 $x = x_0,\ y = y_0$

를 구할 수 있고 이때 이 방정식의 정수해 전체는 다음과 같다.

$$\begin{cases} x = x_0 + \dfrac{b}{d}\,t \\ y = y_0 - \dfrac{a}{d}\,t \end{cases} \qquad (t \in \mathbb{Z})$$

보기 8.1.3 다음 일차부정방정식의 정수해를 구해 보자.

$$188x + 18y = 6$$

먼저

$$(188, 18) = 2, \quad 2 \mid 6$$

이므로, 이 일차방정식의 정수해는 존재한다.

또, 이 일차방정식은 일차방정식

$$94x + 9y = 3$$

과 동치이다. 한편,

$$\frac{188}{18} = \frac{94}{9} = \langle 10 ; 2, 4 \rangle$$

$$\begin{array}{r|rr|l} 10 & 188 & 18 & 2 \\ & \underline{180} & \underline{16} & \\ 4 & 8 & 2 & \\ & \underline{8} & & \\ & 0 & & \end{array}$$

a_i			10	2	4
h_i	0	1	10	21	94
k_i	1	0	1	2	9

이고

$$94 \cdot 2 - 9 \cdot 21 = (-1)^{2-1} = -1,$$

$$94 \cdot (-6) + 9 \cdot 63 = 3$$

이므로 $x = -6$, $y = 63$ 은 이 방정식의 한 정수해이다.

그러므로, 일차부정방정식 $188x + 18y = 6$ 의 정수해는 다음과 같다.

$$\begin{cases} x = -6 + 9t \\ y = 63 - 94t \end{cases} \qquad (t \in \mathbb{Z})$$

연 습 문 제 (8.1)

1. 다음 유리수를 두 가지 방법으로 유한 단순연분수의 꼴로 나타내어라.

(1) $\frac{17}{3}$ (2) $-\frac{17}{3}$ (3) $\frac{3}{17}$ (4) $8\frac{2}{3}$

2. 다음 유한 단순연분수가 나타내는 유리수를 구하여라.

(1) $\langle 2;1,3\rangle$ (2) $\langle 0;2,1,3\rangle$ (3) $\langle -3;1,3\rangle$ (4) $\langle 2;1,3,1,3\rangle$

3. 유리수 u에 대하여 $u=\langle a_0;a_1,\cdots,a_n\rangle$ 일 때, 다음 물음에 답하여라.

(1) 임의의 정수 a에 대하여 $u-a_0$와 $u-a$의 연분수 전개를 구하여라.

(2) $u>1$ 일 때, $\frac{1}{u}=\langle 0;a_0,a_1,\cdots,a_n\rangle$ 임을 밝혀라.

4. 양의 정수 b에 대하여 다음이 성립함을 증명하여라.

(1) $\langle a_0;a_1\rangle > \langle a_0;a_1+b\rangle$ (2) $\langle a_0;a_1,a_2\rangle < \langle a_0,a_1,a_2+b\rangle$

5. 정의 8.1.4에서 등식

$$h_i=a_ih_{i-1}+h_{i-2},\quad k_i=a_ik_{i-1}+k_{i-2}\qquad (i\geq 0)$$

는 행렬을 써서 다음과 같은 등식으로 나타낼 수 있다.

$$\begin{bmatrix} h_i & h_{i-1}\\ k_i & k_{i-1}\end{bmatrix}=\begin{bmatrix} h_{i-1} & h_{i-2}\\ k_{i-1} & k_{i-2}\end{bmatrix}\begin{bmatrix} a_i & 1\\ 1 & 0\end{bmatrix}$$

이 사실을 이용하여 양의 정수 n에 대하여 다음이 성립함을 증명하여라.

$$\begin{bmatrix} h_n & h_{n-1}\\ k_n & k_{n-1}\end{bmatrix}=\begin{bmatrix} a_0 & 1\\ 1 & 0\end{bmatrix}\begin{bmatrix} a_1 & 1\\ 1 & 0\end{bmatrix}\cdots\begin{bmatrix} a_{n-1} & 1\\ 1 & 0\end{bmatrix}\begin{bmatrix} a_n & 1\\ 1 & 0\end{bmatrix}$$

6. 보기 8.1.3과 같은 방법으로 다음 일차방정식의 정수해를 구하여라.

(1) $18x+5y=10$ (2) $19x+51y=1$

(3) $257x+97y=4$ (4) $257x-97y=1$

§8.2 무한 연분수

이 절에서도 앞 절에 이어 연분수의 성질에 대하여 논하기로 한다.

정리 8.2.1 정수로 이루어진 무한수열 $a_0, a_1, a_2, a_3, \cdots, a_n, \cdots$ 에서 $a_1 \geq 1, \cdots, a_n \geq 1, \cdots$ 일 때, $h_{-2} = 0,\ h_{-1} = 1,\ k_{-2} = 1,\ k_{-1} = 0$ 이라 하고 정수 $i\ (\geq 0)$ 에 대하여

$$h_i = a_i h_{i-1} + h_{i-2},$$
$$k_i = a_i k_{i-1} + k_{i-2},$$
$$u_i = \langle a_0 ; a_1, \cdots, a_i \rangle$$

a_i			a_0	a_1	a_2	$\cdots$	a_i	$\cdots$
h_i	0	1	h_0	h_1	h_2	$\cdots$	h_i	$\cdots$
k_i	1	0	k_0	k_1	k_2	$\cdots$	k_i	$\cdots$

이라고 하면 다음이 성립한다.

(1) $1 = k_0 \leq a_1 = k_1 < k_2 < \cdots < k_n < \cdots$

(2) $u_i = \dfrac{h_i}{k_i},\quad (h_i, k_i) = 1 \qquad (i \geq 0)$

(3) $h_i k_{i-1} - h_{i-1} k_i = (-1)^{i+1} \qquad (i \geq 0)$

$h_i k_{i-2} - h_{i-2} k_i = (-1)^i a_i \qquad (i \geq 0)$

(4) $u_i - u_{i-1} = \dfrac{(-1)^{i+1}}{k_{i-1} k_i},\quad 0 < u_1 - u_0 \leq 1 \qquad (i \geq 1)$

(5) $u_i - u_{i-2} = \dfrac{(-1)^i a_i}{k_{i-2} k_i} \qquad (i \geq 2)$

(6) $u_{2i} < u_{2j+1} \qquad (i \geq 0,\ j \geq 0)$

$u_0 < u_2 < u_4 < \cdots < u_{2i} < \cdots \cdots < u_{2j+1} < \cdots < u_5 < u_3 < u_1$

(7) 극한값 $\xi = \lim\limits_{n\to\infty} u_n$ 은 존재하고, 다음이 성립한다.

$$u_{2i} < \xi < u_{2j+1} \qquad (i \geq 0,\ j \geq 0)$$

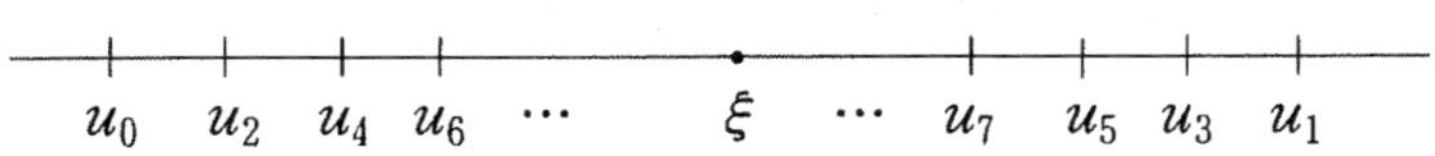

증 명 (1), (2), (3) 정리 8.1.5 에서 증명한 것이다.

(4) 위의 (2), (3) 에 의하여 $i \geq 1$ 일 때 다음이 성립한다.

$$u_i - u_{i-1} = \frac{h_i}{k_i} - \frac{h_{i-1}}{k_{i-1}}$$

$$= \frac{h_i k_{i-1} - h_{i-1} k_i}{k_{i-1} k_i} = \frac{(-1)^{i+1}}{k_{i-1} k_i}$$

특히, $u_1 - u_0 = \dfrac{1}{k_1} = \dfrac{1}{a_1}$ 이므로 $0 < u_1 - u_0 \leq 1$ 이다.

(5) 위의 (2), (3) 에 의하여 $i \geq 2$ 일 때 다음이 성립한다.

$$u_i - u_{i-2} = \frac{h_i}{k_i} - \frac{h_{i-2}}{k_{i-2}}$$

$$= \frac{h_i k_{i-2} - h_{i-2} k_i}{k_{i-2} k_i} = \frac{(-1)^i a_i}{k_{i-2} k_{i-1}}$$

(6) 먼저 $i \geq 1$ 이면 $a_i \geq 1$ 이고, 또 $i \geq 0$ 이면 $k_i \geq 1$ 이므로 다음 등식이 성립한다.

$$u_{2i+1} - u_{2i} = \frac{1}{k_{2i} k_{2i+1}} > 0, \qquad u_{2i} < u_{2i+1} \qquad (i \geq 0)$$

$$u_{2i+2} - u_{2i} = \frac{a_{2i+2}}{k_{2i} k_{2i+2}} > 0, \qquad u_{2i} < u_{2i+2} \qquad (i \geq 0)$$

$$u_{2j+3} - u_{2j+1} = \frac{-a_{2j+3}}{k_{2j+1} k_{2j+3}} < 0, \quad u_{2j+3} < u_{2j+1} \qquad (j \geq 0)$$

$$u_{2i} < u_{2i+2j} < u_{2i+2j+1} < u_{2j+1} \qquad (i \geq 0,\ j \geq 0)$$

$$u_0 < u_2 < u_4 < \cdots < u_{2i} < \cdots \cdots < u_{2j+1} < \cdots < u_5 < u_3 < u_1$$

(7) 위의 (5) 에 의하여

$$\lim_{n \to \infty} (u_{2n+1} - u_{2n}) = \lim_{n \to \infty} \frac{1}{k_{2n} k_{2n+1}} = 0$$

이므로, 극한값 $\xi = \lim_{n \to \infty} u_{2n} = \lim_{n \to \infty} u_{2n+1}$ 은 존재하고 $\xi = \lim_{n \to \infty} u_n$ 이다. 그리고, (6) 에 의하여 다음이 성립한다.

$$u_{2i} < \xi < u_{2j+1} \qquad (i \geq 0,\ j \geq 0)$$

정의 8.2.2 정수로 이루어진 무한수열 $a_0, a_1, a_2, a_3, \cdots, a_n, \cdots$ 에서 $a_1 \geq 1, \cdots, a_n \geq 1, \cdots$ 일 때,

$$u_i = \langle a_0 ; a_1, \cdots, a_i \rangle \qquad (i \geq 0)$$

라고 하면, 극한값 $\xi = \lim_{n\to\infty} u_n$ 은 존재한다. 극한값 ξ 를 **무한 단순연분수** (infinite simple continued fraction) 또는 **무한 연분수**라 하고 또 이 사실을

$$\xi = \langle a_0 ; a_1, a_2, \cdots, a_n, \cdots \rangle$$

로 나타낸다. 그리고, 유리수 $u_i = \dfrac{h_i}{k_i}$ 를 ξ 의 **제 i 근사분수**라 한다.

정리 8.2.3 무한 단순연분수 $\xi = \langle a_0 ; a_1, a_2, \cdots, a_n, \cdots \rangle$ 에 대하여

$$\xi_i = \langle a_i ; a_{i+1}, \cdots, a_n, \cdots \rangle \qquad (i \geq 0)$$

이라고 하면 다음이 성립한다.

$$\xi = a_0 + \frac{1}{\xi_1} = \langle a_0 ; \xi_1 \rangle, \qquad a_0 = [\xi]$$

$$\xi = \langle a_0 ; a_1, \cdots, a_{i-1}, \xi_i \rangle, \qquad a_i = [\xi_i] \qquad (i \geq 1)$$

증 명 정리 8.1.3 에 의하여 다음이 성립한다.

$$\xi = \lim_{n\to\infty} \langle a_0 ; a_1, a_2, \cdots, a_n \rangle = \lim_{n\to\infty} \left(a_0 + \frac{1}{\langle a_1 ; a_2, \cdots, a_n \rangle} \right)$$

$$= a_0 + \frac{1}{\lim_{n\to\infty} \langle a_1 ; a_2, \cdots, a_n \rangle} = a_0 + \frac{1}{\xi_1} = \langle a_0 ; \xi_1 \rangle$$

그리고, $u_0 < \xi < u_1$ 즉 $a_0 < \xi < a_0 + \dfrac{1}{a_1} \leq a_0 + 1$ 이므로 $[\xi] = a_0$ 이다. 마찬가지로, $\xi_1 = \langle a_1 ; a_2, a_3, \cdots \rangle = \langle a_1 ; \xi_2 \rangle$, $a_1 = [\xi_1]$ 이므로

$$\xi = \xi_0 = a_0 + \frac{1}{\xi_1} = a_0 + \cfrac{1}{a_1 + \cfrac{1}{\xi_2}} = \langle a_0 ; a_1, \xi_2 \rangle$$

이고, 또 다음이 성립함을 알 수 있다.

$$\xi = \langle a_0 ; a_1, \cdots, a_{i-1}, \xi_i \rangle, \quad a_i = [\xi_i] \qquad (i \geq 1)$$

정리 8.2.4 두 무한 연분수 $\langle a_0; a_1, \cdots, a_n, \cdots \rangle$, $\langle b_0; b_1, \cdots, b_n, \cdots \rangle$ 의 값이 일치하면, 모든 i (≥ 0) 에 대하여 $a_i = b_i$ 이다.

증 명 위의 두 무한연분수의 값을 각각 ξ, η 라고 할 때, $\xi = \eta$ 이면 정리 8.2.3 에 의하여 $a_0 = [\xi] = [\eta] = b_0$ 이고 또

$$a_0 + \frac{1}{\langle a_1; a_2, \cdots, a_n, \cdots \rangle} = b_0 + \frac{1}{\langle b_1; b_2, \cdots, b_n, \cdots \rangle}$$

이므로 $\langle a_1; a_2, \cdots, a_n, \cdots \rangle = \langle b_1; b_2, \cdots, b_n, \cdots \rangle$ 이다.

이와 같은 논법을 되풀이하면, $a_i = b_i$ $(i \geq 0)$ 임을 밝힐 수 있다.

보기 8.2.1 이제 $\xi = \langle 1; 1, 1, 1, \cdots \rangle$ 이라고 하면 정리 8.2.3 에 의하여

$$\xi = 1 + \frac{1}{\langle 1; 1, 1, 1, \cdots \rangle} = 1 + \frac{1}{\xi}$$

이므로 $\xi^2 - \xi - 1 = 0$, $\xi \geq 0$ 이고 따라서 $\xi = \dfrac{1+\sqrt{5}}{2}$ 이다.

그리고, $u_i = \dfrac{h_i}{k_i}$ 를 ξ 의 제 i 근사분수라고 하면 다음 결과를 얻는다.

$$u_0 = \frac{1}{1}, \quad u_2 = \frac{3}{2}, \quad u_4 = \frac{8}{5}, \quad u_6 = \frac{21}{13},$$

$$u_1 = \frac{2}{1}, \quad u_3 = \frac{5}{3}, \quad u_5 = \frac{13}{8}, \quad u_7 = \frac{34}{21}$$

$$1 < \frac{3}{2} < \frac{8}{5} < \frac{21}{13} < \cdots < \xi < \cdots < \frac{34}{21} < \frac{13}{8} < \frac{5}{3} < \frac{2}{1}$$

a_i			1	1	1	1	1	1	1	1	1	1	1	$\cdots$
h_i	0	1	1	2	3	5	8	13	21	34	55	89	144	$\cdots$
k_i	1	0	1	1	2	3	5	8	13	21	34	55	89	$\cdots$

한편, Fibonacci 수 f_n 과 h_n, k_n 사이에는 다음 관계가 있다(정의 2.5.3).

$$f_1 = f_2 = 1, \qquad f_{n+2} = f_n + f_{n+1} \qquad (n \geq 1)$$

$$f_{n+2} = h_n, \qquad f_{n+1} = k_n \qquad (n \geq 0)$$

$$\lim_{n\to\infty} \frac{f_{n+1}}{f_n} = \lim_{n\to\infty} \frac{f_{n+2}}{f_{n+1}} = \lim_{n\to\infty} \frac{h_n}{k_n} = \xi = \frac{1+\sqrt{5}}{2}$$

정의 8.2.5 무한 단순연분수 $\langle a_0, a_1, a_2, \cdots, a_n, \cdots \rangle$ 에서 적당한 정수 $t\ (\geq 0)$ 와 양의 정수 r 에 대하여 처음 $t+1$ 번째의 항부터 r 개의 항 $a_t, a_{t+1}, \cdots, a_{t+r-1}$ 이 이 순서대로 되풀이되는 경우에, 이 무한연분수를

$$\langle a_0 ; a_1, \cdots, a_{t-1}, \overline{a_t, a_{t+1}, \cdots, a_{t+r-1}} \rangle$$

으로 나타내고 또 이것을 **순환 단순연분수**(循環 單純連分數, periodic simple continued fraction) 또는 간단히 **순환 연분수**라고 한다.

여기서 r 는 가능한 한 가장 작은 양의 정수로 택하기로 하고, 이 경우에 $a_t, a_{t+1}, \cdots, a_{t+r-1}$ 를 **순환마디**라 하고 r 를 **주기**라고 한다.

보기 8.2.2 순환 단순연분수

$$\langle 1;2, \overline{3,4} \rangle = \langle 1;2,3,4,3,4,3,4, \cdots \rangle$$

는 주기 2 인 순환 연분수이고, 여기서 3, 4 는 순환마디이다.

이제

$$\xi = \langle 1;2, \overline{3,4} \rangle, \qquad \theta = \langle \overline{3;4} \rangle$$

이라고 하면, $\xi = \langle 1;2, \theta \rangle$ 이고 또

$$\theta = \langle \overline{3;4} \rangle = \langle 3;4, \theta \rangle = 3 + \cfrac{1}{4 + \cfrac{1}{\theta}} = \frac{13\theta + 3}{4\theta + 1}$$

이므로

$$4\theta^2 - 12\theta - 3 = 0, \qquad \theta > 0$$

이고 따라서 $\theta = \dfrac{3 + 2\sqrt{3}}{2}$ 이다. 그러므로, ξ 의 값은 다음과 같다.

$$\begin{aligned}\xi = \langle 1;2, \theta \rangle &= 1 + \cfrac{1}{2 + \cfrac{1}{\theta}} \\ &= 1 + \frac{\theta}{2\theta + 1} = 1 + \frac{3 + 2\sqrt{3}}{2(4 + 2\sqrt{3})} \\ &= 1 + \frac{(3 + 2\sqrt{3})(4 - 2\sqrt{3})}{8} = 1 + \frac{\sqrt{3}}{4}\end{aligned}$$

a_i			1	2	3	4	3	4	⋯
h_i	0	1	1	3	10	43	139	599	⋯
k_i	1	0	1	2	7	30	97	418	⋯

$$u_0 = \frac{1}{1}, \quad u_2 = \frac{10}{7}, \quad u_4 = \frac{139}{97},$$

$$u_1 = \frac{3}{2}, \quad u_3 = \frac{43}{30}, \quad u_5 = \frac{599}{418},$$

$$1 < \frac{10}{7} < \frac{139}{97} < \cdots < \xi < \cdots < \frac{599}{418} < \frac{43}{30} < \frac{3}{2}$$

연 습 문 제 (8.2)

1. 다음 무한 단순연분수의 값과 그 근사분수 u_1, u_2, u_3 를 구하여라.

(1) $\langle 1; 2, 3, 4, 5, \cdots \rangle$ (2) $\langle \overline{2} \rangle$ (3) $\langle 1; \overline{1, 2} \rangle$

2. 다음 순환 단순연분의 값을 구하고 또 그 근사분수 u_3, u_4 를 구하여라.

(1) $\langle 5;, \overline{5, 10} \rangle$ (2) $\langle 2; \overline{1, 1, 3} \rangle$

3. 무한 단순연분수 $\langle a_0; a_1, a_2, \cdots, a_n, \cdots \rangle$ 의 제 i 근사분수를 $u_i = \dfrac{h_i}{k_i}$ 이라고 할 때, 다음이 성립함을 증명하여라.

(1) $\langle a_i; a_{i-1}, \cdots, a_1, a_0 \rangle = \dfrac{h_i}{h_{i-1}}$ $(i \geq 0)$

(2) $\langle a_i; a_{i-1}, \cdots, a_2, a_1 \rangle = \dfrac{k_i}{k_{i-1}}$ $(i \geq 1)$

4. 무한 단순연분수 $\langle a_0; a_1, a_2, \cdots, a_n, \cdots \rangle$ 의 제 i 근사분수를 $u_i = \dfrac{h_i}{k_i}$ 이라고 할 때, 다음이 성립함을 증명하여라.

(1) $k_i > 2^{\frac{i-1}{2}}$ $(i \geq 2)$

(2) $(h_i^2 - k_i^2)(h_{i-1}^2 - k_{i-1}^2) = (h_i h_{i-1} - k_i k_{i-1})^2 - 1$ $(i \geq 0)$

§8.3 무리수의 연분수 전개

이 절에서는, 무리수를 무한 단순연분수로 나타낼 수 있음을 밝힌다.

정리 8.3.1 무리수 ξ는 단 한 가지 방법으로 무한 단순연분수로 나타내어진다. 실제로,

$$\xi_0 = \xi, \qquad a_0 = [\,\xi_0\,]$$

$$\xi_{i+1} = \frac{1}{\xi_i - a_i}, \qquad a_{i+1} = [\,\xi_{i+1}\,] \qquad (i \geq 0)$$

이라고 하면, $\xi = \langle a_0\,; a_1, a_2, \cdots, a_i, \cdots \rangle$ 이고 다음이 성립한다.

(1) $\xi = \langle a_0\,; a_1, \cdots, a_i, \xi_{i+1} \rangle \qquad (i \geq 0)$

$\xi_i = \langle a_i\,; a_{i+1}, \cdots, a_n, \cdots \rangle \qquad (i \geq 0)$

(2) 정수 a에 대하여 $\xi + a = \langle a_0 + a\,; a_1, a_2, a_3, \cdots \rangle$ 이다.

증 명 각 정수 $i\ (\geq 0)$에 대하여 a_i는 정수이며 ξ_i는 무리수이고 또 $a_i = [\,\xi_i\,]$, $0 < \xi_i - a_i < 1$ 이므로

$$\xi_{i+1} = \frac{1}{\xi_i - a_i} > 1, \quad a_{i+1} = [\,\xi_{i+1}\,] \geq 1, \quad \xi_i = a_i + \frac{1}{\xi_{i+1}}$$

이므로 다음이 성립한다(정리 8.2.1, 정리 8.2.3).

$$\xi = \xi_0 = a_0 + \frac{1}{\xi_1} = \langle a_0\,; \xi_1 \rangle = \langle a_0\,; a_1 + \frac{1}{\xi_2} \rangle = \langle a_0\,; a_1, \xi_2 \rangle$$

$$= \cdots = \langle a_0\,; a_1, \cdots, a_i, \xi_{i+1} \rangle = \frac{\xi_{i+1} h_i + h_{i-1}}{\xi_{i+1} k_i + k_{i-1}} \qquad (i \geq 0)$$

$$\xi - u_i = \xi - \frac{h_i}{k_i} = \frac{\xi_{i+1} h_i + h_{i-1}}{\xi_{i+1} k_i + k_{i-1}} - \frac{h_i}{k_i}$$

$$= \frac{\xi_{i+1} h_i k_i + h_{i-1} k_i - (\xi_{i+1} h_i k_i + h_i k_{i-1})}{k_i(\xi_{i+1} k_i + k_{i-1})}$$

$$= \frac{-(h_i k_{i-1} - h_{i-1} k_i)}{k_i(\xi_{i+1} k_i + k_{i-1})} = \frac{(-1)^i}{k_i(\xi_{i+1} k_i k_{i-1})} \qquad (i \geq 0)$$

한편, 정리 8.2.1 에 의하여 $i \geq 1$ 일 때, $k_i \geq i$ 이고 $\xi_{i+1} > 1$ 이므로

$$\lim_{i\to\infty} (\xi - u_i) = 0, \qquad \xi = \lim_{i\to\infty} u_i = \langle a_0 ; a_1, a_2, \cdots, a_i, \cdots \rangle$$

이고, 정리 8.2.4 에 의하여 ξ를 무한 단순연분수로 나타내는 방법은 단 한 가지뿐이다. 그리고, 위의 증명과정을 ξ_i 로부터 시작하면 다음이 성립한다.

$$\xi_i = \langle a_i ; a_{i+1}, \cdots, a_n, \cdots \rangle \qquad (i \geq 0)$$

임의의 정수 a에 대하여 $\eta = \xi + a$ 일 때, 다음이 성립한다.

$$\eta_0 = \xi_0 + a, \qquad [\eta_0] = [\xi_0] + a = a_0 + a$$

$$\eta_1 = \frac{1}{\eta_0 - (a_0 + a)} = \frac{1}{\xi_0 - a_0} = \xi_1, \quad [\eta_1] = [\xi_1] = a_1$$

그리고, $\eta_i = \xi_i \ (i \geq 1)$ 이라고 가정하면 $[\eta_i] = [\xi_i] = a_i$ 이므로

$$\eta_{i+1} = \frac{1}{\eta_i - a_i} = \frac{1}{\xi_i - a_i} = \xi_{i+1} \qquad (i \geq 1)$$

이고, 따라서 $\eta = \langle a_0 + a ; a_1, \cdots, a_i, \cdots \rangle$ 이다.

무리수 ξ를 무한 단순연분수로 나타내는 것을 ξ의 **연분수 전개**(連分數展開, continued fraction expansion)라고 한다.

이제까지 얻은 결과에 의하면, 실수는 다음과 같이 분류된다.

(1) 유한 단순연분수는 유리수를 나타내고, 또 유리수는 꼭 두 가지 방법으로 유한 단순연분수로 나타내어진다.

(2) 무한 단순연분수는 무리수를 나타내고, 또 무리수는 단 한 가지 방법으로 무한 단순연분수로 나타내어진다.

정리 8.3.2 무한 단순연분수 $\xi = \langle a_0 ; a_1, \cdots, a_n, \cdots \rangle$ 의 값은 무리수이고, 또 $u_i = \dfrac{h_i}{k_i}$ 를 ξ 의 제 i 근사분수라고 하면 다음이 성립한다.

(1) $0 < |\xi - u_i| < \dfrac{1}{k_i k_{i+1}}, \quad 0 < |\xi - u_i| < \dfrac{1}{k_i^{\,2}} \qquad (i \geq 0)$

(2) $|\xi - u_{i+1}| < |\xi - u_i|, \qquad |k_{i+1}\xi - h_{i+1}| < |k_i \xi - h_i| \quad (i \geq 0)$

증 명 모든 $i\ (\geq 0)$ 에 대하여 ξ는 u_i와 u_{i+1} 사이에 있고, 또

$$u_{i+1} - u_i = \frac{(-1)^i}{k_i k_{i+1}} \qquad (i \geq 0)$$

$$1 = k_0 \leq k_1 < k_2 < \cdots < k_n < \cdots$$

이므로 다음이 성립한다(정리 8.2.1).

$$0 < |\xi - u_i| < |u_{i+1} - u_i| = \frac{1}{k_{i+1} k_i} \leq \frac{1}{k_i^{\,2}} \qquad (i \geq 0)$$

이제 ξ가 유리수라 가정하고 $\xi = \frac{a}{b}$ $(a,\ b$는 정수, $b \geq 1)$ 이라고 하면,

$$0 < \left| \frac{a}{b} - \frac{h_i}{k_i} \right| < \frac{1}{k_i^{\,2}} \quad \text{즉} \quad 0 < |k_i a - h_i b| < \frac{b}{k_i} \qquad (i \geq 0)$$

이고, 또 충분히 큰 양의 정수 n에 대하여 $1 \leq b < k_n$ 이므로 이러한 n의 값에 대하여 $0 < |k_n a - h_n b| < 1$ 로 되어 모순이 생긴다.

따라서 ξ의 값은 무리수이다.

또, 각 $i\ (\geq 0)$ 에 대하여 $\xi_i = \langle a_i ; a_{i+1},\ a_{i+2},\ \cdots \rangle$ 이라고 하면,

$$\xi = \langle a_0\ ,\ a_1\ ,\ \cdots,\ a_{i+1},\ \xi_{i+2} \rangle$$

이므로 정리 8.1.5에 의하여 다음이 성립한다.

$$\xi = \frac{\xi_{i+2} h_{i+1} + h_i}{\xi_{i+2} k_{i+1} + k_i}$$

즉 $$\xi_{i+2}(k_{i+1}\xi - h_{i+1}) = h_i - \xi k_i$$

그런데, $i \geq 0$ 일 때, $\xi_{i+2} > 1$ 이므로

$$|k_{i+1}\xi - h_{i+1}| < |k_i \xi - h_i|, \quad 0 < \frac{k_i}{k_{i+1}} \leq 1 \qquad (i \geq 0)$$

이므로

$$\left| \xi - \frac{h_{i+1}}{k_{i+1}} \right| < \frac{k_i}{k_{i+1}} \left| \xi - \frac{h_i}{k_i} \right| \leq \left| \xi - \frac{h_i}{k_i} \right|$$

이고 따라서 $|\xi - u_{i+1}| < |\xi - u_i|$ 이다.

보기 8.3.1 무리수 $\sqrt{2}$ 의 연분수 전개를 생각해 보자.

$$\xi_0 = \sqrt{2}, \qquad\qquad a_0 = [\,\xi_0\,] = 1$$

$$\xi_1 = \frac{1}{\xi_0 - 1} = \frac{1}{\sqrt{2} - 1} = \sqrt{2} + 1, \qquad a_1 = [\,\xi_1\,] = 2$$

$$\xi_2 = \frac{1}{\xi_1 - 2} = \frac{1}{\sqrt{2} - 1} = \xi_1, \qquad a_2 = [\,\xi_2\,] = a_1 = 2$$

따라서 $\sqrt{2} = \langle 1\,;\,\overline{2}\,\rangle$ 이다.

그리고, 다음이 성립한다(정리 8.2.1, 정리 8.3.2 참조).

$$u_0 = \frac{1}{1},\ u_2 = \frac{7}{5},\ u_4 = \frac{41}{29},\ u_6 = \frac{239}{169},$$

$$u_1 = \frac{3}{2},\ u_3 = \frac{17}{12},\ u_5 = \frac{99}{70},\ u_7 = \frac{577}{408}$$

$$1 < \frac{7}{5} < \frac{41}{29} < \frac{239}{169} < \cdots < \sqrt{2} < \cdots < \frac{577}{408} < \frac{99}{70} < \frac{17}{12} < \frac{3}{2}$$

$$\left|\sqrt{2} - \frac{3}{2}\right| < \frac{1}{k_1 k_2} = \frac{1}{10}, \qquad \left|\sqrt{2} - \frac{7}{5}\right| < \frac{1}{k_2 k_3} = \frac{1}{60}$$

a_i			1	2	2	2	2	2	2	2	2	$\cdots$
h_i	0	1	1	3	7	17	41	99	239	577	1393	$\cdots$
k_i	1	0	1	2	5	12	29	70	169	408	985	$\cdots$

보기 8.3.2 $\sqrt{2} = \langle 1\,;\,\overline{2}\,\rangle$ 임을 이용하여 다음 결과를 얻는다.

(1) $\sqrt{2} + 1 = \langle\, 2, 2, 2, 2, 2, \cdots \rangle$

(2) $\dfrac{1}{\sqrt{2} + 1} = \sqrt{2} - 1 = \langle 0\,;\,\overline{2}\,\rangle$

(3) $\eta = \dfrac{1}{\sqrt{2}}$ 이라고 할 때,

$$\eta_0 = \frac{1}{\sqrt{2}} = \frac{\sqrt{2}}{2},\quad [\,\eta_0\,] = 0, \qquad \eta_1 = \frac{1}{\eta_0} = \sqrt{2} = \xi_0$$

이므로 $\dfrac{1}{\sqrt{2}} = \langle\, 0; 1, \overline{2}\,\rangle$ 이다.

정리 8.3.3 무리수 ξ를 나타내는 무한 연분수에서 $u_i = \dfrac{h_i}{k_i}$ 를 제 i 근사분수라고 할 때, $n \geq 1$ 인 경우에 두 정수 a, b에 대하여 다음이 성립한다.

(1) $1 \leq b < k_{n+1}$ 이면, $|k_n \xi - h_n| \leq |b\xi - a|$ 이다.

(2) $1 \leq b \leq k_n$ 이면, $\left|\xi - \dfrac{h_n}{k_n}\right| \leq \left|\xi - \dfrac{a}{b}\right|$ 이다.

증 명 (1) 다음과 같은 s, t에 관한 연립일차방정식을 생각해 보자.

$$(*) \qquad \begin{cases} h_n s + h_{n+1} t = a \\ k_n s + k_{n+1} t = b \end{cases}$$

정리 8.2.1 에 의하여 이 연립일차방정식의 계수로 이루어진 행렬식의 값은

$$\begin{vmatrix} h_n & h_{n+1} \\ k_n & k_{n+1} \end{vmatrix} = h_n k_{n+1} - h_{n+1} k_n = (-1)^{n+1}$$

이므로 s, t 의 값은 다음과 같다.

$$s = (-1)^{n+1} \begin{vmatrix} a & h_{n+1} \\ b & k_{n+1} \end{vmatrix} = (-1)^{n+1}(a k_{n+1} - b h_{n+1}),$$

$$t = (-1)^{i+1} \begin{vmatrix} h_n & a \\ k_n & b \end{vmatrix} = (-1)^{n+1}(b h_n - a k_n)$$

그런데, $s = 0$ 이라고 가정하면, $a k_{n+1} = b h_{n+1}$ 이고 $(h_{n+1}, k_{n+1}) = 1$ 이므로 $k_{n+1} \mid b$ 이고 따라서 $k_{i+1} \leq b$ 로 되어 $1 \leq b < k_{n+1}$ 이라는 조건에 모순된다. 그러므로, $s \neq 0$ 이다.

이제 $t = 0$ 인 경우에는 (*) 에 의하여 $a = h_n s$, $b = k_n s$ 이므로

$$|b\xi - a| = |s||k_n \xi - h_n| \geq |k_n \xi - h_n|$$

으로 되어 정리가 성립한다. 다음에 $t \neq 0$ 인 경우를 생각해 보자.

먼저 $t > 0$ 이면, $b < k_{n+1} \leq k_{n+1} t$ 이므로 $k_n s = b - k_{n+1} t < 0$ 이고 따라서 $s < 0$ 이다. 한편, $t < 0$ 이면, $k_n s = b - k_{n+1} t > 0$ 이므로 $s > 0$

이다. 그러므로, $t \neq 0$ 인 경우에 t 와 s 의 부호는 서로 다르다.

그런데, 정리 8.2.1 에 의하여 ξ 는 $u_n = \dfrac{h_n}{k_n}$ 과 $u_{n+1} = \dfrac{h_{n+1}}{k_{n+1}}$ 사이에 있으므로 $k_n\xi - h_n$ 의 부호와 $k_{n+1}\xi - h_{n+1}$ 의 부호는 서로 다르고 따라서 $(k_n \xi - h_n)s$ 의 부호와 $(k_{n+1}\xi - h_{n+1})t$ 의 부호는 서로 같다.

이 사실과 (*) 에 의하여 다음 부등식이 성립한다.

$$\begin{aligned}|b\xi - a| &= |(h_n s + k_{n+1}t)\xi - (h_n s + h_{n+1}t)| \\ &= |(k_n \xi - h_n)s + (k_{n+1}\xi - h_{n+1})t| \\ &= |(k_n \xi - h_n)s| + |(k_{n+1}\xi - h_{n+1})t| \\ &= |k_n\xi - h_n||s| + |k_{n+1}\xi - h_{n+1}||t| \\ &> |k_n\xi - h_n||s| \geq |k_n\xi - h_n|\end{aligned}$$

(2) $\left|\xi - \dfrac{h_n}{k_n}\right| > \left|\xi - \dfrac{a}{b}\right|$ 이라고 가정하면, $1 \leq b \leq k_n < k_{n+1}$ 이므로

$$|k_n\xi - h_n| = k_n\left|\xi - \frac{h_n}{k_n}\right| > b\left|\xi - \frac{a}{b}\right| = |b\xi - a|$$

으로 되어 (1) 에 모순된다. 그러므로, (2) 가 성립한다.

위의 정리는 무리수 ξ 의 제 i 근사분수 $u_i = \dfrac{h_i}{k_i}$ 가 가장 좋은 有理近似값 (유리수인 近似값, rational approximation) 임을 말해 준다.

정리 8.3.4 무리수 ξ를 나타내는 무한 연분수전개에서 제 i 근사분수가 $u_i = \dfrac{h_i}{k_i}$ 일 때, 두 정수 a, b 에 대하여

$$b \geq 1, \quad (a, b) = 1, \qquad \left|\xi - \frac{a}{b}\right| < \frac{1}{2b^2}$$

이면, $\dfrac{a}{b} = \dfrac{h_j}{k_j}$ 인 정수 $j\ (\geq 1)$ 이 존재한다.

증 명 모든 정수 $i\ (\geq 1)$ 에 대하여 $\dfrac{a}{b} \neq \dfrac{h_i}{k_i}$ 이라고 가정하자.

이 때, $k_j \leq b < k_{j+1}$ 인 정수 $j\ (\geq 1)$ 이 존재하고 이 경우에 정리 8.3.2

와 조건에 의하여 다음이 성립한다.

$$|k_j\xi - h_j| \le |b\xi - a| = b\left|\xi - \frac{a}{b}\right| < \frac{1}{2b}$$

그러므로, $\left|\xi - \frac{h_j}{k_j}\right| < \frac{1}{2bk_j}$ 이다. 또, $\frac{a}{b} \neq \frac{h_j}{k_j}$ 이므로 $bh_j - ah_j \neq 0$ 이고 따라서 $|bh_j - ah_j| \ge 1$ 이므로 다음이 성립한다.

$$\begin{aligned}\frac{1}{bk_j} &\le \left|\frac{bh_j - ak_j}{bk_j}\right| = \left|\frac{h_j}{k_j} - \frac{a}{b}\right| \\ &\le \left|\frac{h_j}{k_j} - \xi\right| + \left|\xi - \frac{a}{b}\right| \\ &< \frac{1}{2bk_j} + \frac{1}{2b^2} \le \frac{1}{b^2}\end{aligned}$$

그러므로, $b < k_j$ 으로 되어 $k_j \le b < k_{j+1}$ 이라는 사실에 모순된다.
따라서 정리가 성립한다.

보기 8.3.3 원주율 $\pi = 3.14159265358979323846264 34\cdots$ 는 무리수이다.

$$\xi_0 = \pi \qquad\qquad a_0 = [\pi] = 3$$

$$\xi_1 = \frac{1}{\pi - 3} = \frac{1}{0.14159265\cdots} = 7.06251330\cdots, \qquad a_1 = [\xi_1] = 7$$

$$\xi_2 = \frac{1}{\xi_1 - 7} = \frac{1}{0.06251330\cdots} = 15.99659440\cdots, \qquad a_2 = [\xi_2] = 15$$

$$\xi_3 = \frac{1}{\xi_2 - 15} = \frac{1}{0.99659440\cdots} = 1.00341723\cdots, \qquad a_3 = [\xi_3] = 1$$

$$\xi_4 = \frac{1}{\xi_3 - 1} = \frac{1}{000341723\cdots} = 292.63467\cdots, \qquad a_4 = [\xi_4] = 292$$

$$\xi_5 = \frac{1}{\xi_4 - 292} = \frac{1}{0.63467\cdots} \qquad a_5 = [\xi_5] = 1$$

이와 같이 계산하여 $\pi = \langle 3;7,15,1,292,1,1,1,2,1,3,\cdots\rangle$ 을 얻는다.

$$u_0 = \frac{3}{1}, \quad u_1 = \frac{22}{7}, \quad u_2 = \frac{333}{106}, \quad u_3 = \frac{355}{113}$$

$$\left|\pi - \frac{22}{7}\right| < \frac{1}{k_1k_2} = \frac{1}{742}, \qquad \left|\pi - \frac{355}{113}\right| < \frac{1}{k_3k_4} < \frac{3}{10^7}$$

a_i			3	7	15	1	292	1	1	1	$\cdots$
h_i	0	1	3	22	333	355	103993	104348	208341	312689	$\cdots$
k_i	1	0	1	7	106	113	33102	33215	66317	99532	$\cdots$

이들 근사분수는 π의 최상의 近似값이다. 예를 들면, $\dfrac{22}{7}$ 는 그 분모가 7 보다 작은 어떠한 유리수보다 π에 더 가까운 近似값이다.

보기 8.3.4 다음과 같이 정의된 Euler 상수 e는 무리수이다(§1.4 보충문제).

$$e = 1 + \frac{1}{1\,!} + \frac{1}{2\,!} + \frac{1}{3\,!} + \cdots + \frac{1}{n\,!} + \cdots$$

실제로, $e = 2.718281828459045235360287\cdots$ 이고, 보기 8.3.3 에서와 같이

$$e = \langle 2\,;1,2,1,1,4,1,1,6,1,1,8,1,1,\cdots\rangle$$

임을 알 수 있다. 그리고, 다음이 성립한다,

$$u_0 = \frac{2}{1},\quad u_1 = \frac{3}{1},\quad u_2 = \frac{8}{3},\quad u_3 = \frac{11}{4},$$

$$u_4 = \frac{19}{7},\quad u_5 = \frac{87}{32},\quad u_6 = \frac{106}{39},\quad u_7 = \frac{193}{71}$$

$$\left|e - \frac{11}{4}\right| < \frac{1}{k_3 k_4} = \frac{1}{28},\qquad \left|e - \frac{19}{7}\right| < \frac{1}{k_4 k_5} = \frac{1}{224}$$

$$u_6 = \frac{106}{39} < e < u_5 = \frac{87}{32}$$

a_i			2	1	2	1	1	4	1	1	6	1	$\cdots$
h_i	0	1	2	3	8	11	19	87	106	193	1264	1457	$\cdots$
k_i	1	0	1	1	3	4	7	32	39	71	465	536	$\cdots$

연 습 문 제 (8.3)

1. 무리수 $\xi = \sqrt{23}$ 의 무한 연분수 전개가 $\xi = \langle 4\,;\overline{1,3,1,8}\rangle$ 임을 확인하고, 이 연분수 전개의 근사분수와 ξ를 비교하여라.

2. 무리수 $\sqrt{6}$ 의 연분수 전개가 $\sqrt{6} = \langle 2;\overline{2,4}\rangle$ 임을 확인하여라.
그리고, 이 결과를 이용하여 다음 무리수의 연분수 전개를 구하여라.
(1) $\sqrt{6}-3$ (2) $\dfrac{5}{\sqrt{6}-1}$ (3) $\dfrac{2}{\sqrt{6}}$

3. 무리수 $\sqrt{3}$ 의 연분수 전개가 $\sqrt{3} = \langle 1;\overline{1,2}\rangle$ 임을 확인하여라.
그리고, 이 결과를 이용하여 다음 무리수의 연분수 전개를 구하여라
(1) $\sqrt{3}+4$ (2) $\sqrt{3}-4$ (3) $\dfrac{2}{\sqrt{3}+1}$

4. 무리수 $\dfrac{7+2\sqrt{6}}{5}$ 의 연분수 전개를 구하여라.

5. 무리수 ξ 의 연분수 전개가 $\langle a_0, a_1, a_2, a_3, a_4, \cdots\rangle$ 일 때, 다음이 성립함을 증명하여라.
(1) $a_1 = 1$ 이면, $-\xi = \langle -a_0-1, a_2+1, a_3, a_4, \cdots\rangle$ 이다.
(2) $a_1 \geq 2$ 이면, $-\xi = \langle -a_0-1, 1, a_1-1, a_2, a_3, a_4, \cdots\rangle$ 이다.

6. 무리수 ξ 와 정수 a 에 대하여 ξ 와 $\eta = \xi + a$ 의 연분수 전개의 제 i 근사분수가 각각 $u_i = \dfrac{h_i}{k_i}$, $v_i = \dfrac{p_i}{q_i}$ 이라고 할 때, $k_i = q_i$ 임을 밝혀라.

7. 무리수 ξ 의 제 i 근사분수를 $u_i = \dfrac{h_i}{k_i}$ 이라고 할 때, 각 정수 $i\ (\geq 0)$ 에 대하여 다음 중에서 적어도 하나가 성립한다.
(i) $|\xi - u_i| < \dfrac{1}{2k_i^{\,2}}$ (ii) $|\xi - u_{i+1}| < \dfrac{1}{2k_i^{\,2}}$

8. 양의 무리수 ξ 의 연분수 전개가 $\xi = \langle a_0; a_1, a_2, a_3, \cdots\rangle$ 일 때,

$$\frac{1}{\xi} = \langle 0; a_0, a_1, a_2, a_3, \cdots\rangle$$

임을 증명하여라. 그리고, ξ 와 $\dfrac{1}{\xi}$ 의 제 i 근사분수를 각각 u_i, v_i 이라고 하면, 정수 $i\ (\geq 0)$ 에 대하여 $v_i = \dfrac{1}{u_{i-1}}$ 임을 증명하여라.

§8.4 무리수 $\sqrt{n}$ 의 연분수 전개

양의 정수 n 이 제곱수가 아닐 때, $\sqrt{n}$ 은 무리수이다(문제 2.2.11). 이 절에서는 이러한 무리수 $\sqrt{n}$ 의 연분수 전개에 대하여 논한다.

정리 8.4.1 정수 n (≥ 2) 이 제곱수가 아닐 때, 정수 i (≥ 0) 에 대하여 ξ_i, m_i, q_i 를 다음과 같이 귀납적으로 정의하자.

$$\xi_0 = \sqrt{n}, \qquad a_0 = [\,\xi_0\,]$$

$$\xi_{i+1} = \frac{1}{\xi_i - a_i}, \qquad a_{i+1} = [\,\xi_{i+1}\,] \qquad (i \geq 0)$$

$$m_0 = 0, \qquad q_0 = 1,$$

$$m_{i+1} = a_i q_i - m_i, \qquad q_{i+1} = \frac{n - {m_{i+1}}^2}{q_i} \qquad (i \geq 0)$$

이 때, $\sqrt{n} = \langle a_0\,; a_1, a_2, \cdots, a_n, \cdots \rangle$ 이고 다음이 성립한다.

(1) 모든 정수 i (≥ 0) 에 대하여 m_i, q_i 는 정수이다.

(2) $q_i \,|\, (n - {m_i}^2) \qquad (i \geq 0)$

(3) $\xi_i = \dfrac{m_i + \sqrt{n}}{q_i} \qquad (i \geq 0)$

증 명 정리 8.3.1 에 의하여 $\sqrt{n} = \langle a_0\,; a_1, a_2, \cdots, a_i, \cdots \rangle$ 이다.

먼저 $i = 0$ 일 때, $m_0 = 0$, $q_0 = 1$, $\xi_0 = \sqrt{n} = \dfrac{0 + \sqrt{n}}{1}$ 이므로 (1), (2), (3) 이 성립한다.

다음에 정수 j (≥ 0) 에 대하여 (1), (2), (3) 이 성립한다고 가정하자.

이 때, $m_{j+1} = a_j q_j - m_j$ 는 정수이다. 그리고, $q_j \,|\, (n - {m_j}^2)$ 이고

$$q_{j+1} = \frac{n - {m_{j+1}}^2}{q_i} = \frac{n - {m_j}^2}{q_j} + (2\,a_j m_j - {a_j}^2 q_j)$$

이므로 q_{j+1} 은 정수이고, n 은 제곱수가 아니므로 $q_{j+1} \neq 0$ 이다. 또,

$$q_j q_{j+1} = n - {m_{j+1}}^2$$

이므로 $q_{j+1} \big| (n - {m_{j+1}}^2)$ 이고 다음이 성립한다.

$$\xi_{j+1} = \frac{1}{\xi_j - a_j} = \frac{1}{\dfrac{m_j + \sqrt{n}}{q_j} - a_j} = \frac{q_j}{(m_j + \sqrt{n}) - q_j a_j}$$

$$= \frac{q_j}{\sqrt{n} - m_{j+1}} = \frac{q_j(m_{j+1} + \sqrt{n})}{n - {m_{j+1}}^2} = \frac{m_{j+1} + \sqrt{n}}{q_{j+1}}$$

따라서 모든 정수 $i\ (\geq 0)$ 에 대하여 (1), (2), (3) 이 성립한다.

보기 8.4.1 무리수 $\sqrt{7}$ 을 $\xi_0 = \sqrt{7} = \dfrac{0+\sqrt{7}}{1}$ 로 나타내면, 다음이 성립한다.

$$m_0 = 0,\quad q_0 = 1,\qquad a_0 = 2$$

$$m_1 = a_0 q_0 - m_0 = a_0 = 2,$$

$$q_1 = \frac{7 - {m_1}^2}{q_0} = 3,\qquad a_1 = 1$$

$$m_2 = a_1 q_1 - m_1 = 3 - 2 = 1,$$

$$q_2 = \frac{7 - {m_2}^2}{q_1} = 2,\qquad a_2 = 1$$

$$m_3 = a_2 q_2 - m_2 = 2 - 1 = 1,$$

$$q_3 = \frac{7 - {m_3}^2}{q_2} = 3,\qquad a_3 = 1$$

i	m_i	q_i	ξ_i	a_i
0	0	1	$\sqrt{7}$	2
1	2	3	$\frac{2+\sqrt{7}}{3}$	1
2	1	2	$\frac{1+\sqrt{7}}{2}$	1
3	1	3	$\frac{1+\sqrt{7}}{3}$	1
4	2	1	$2+\sqrt{7}$	4
5	2	3	$\frac{2+\sqrt{7}}{3}$	1

$$m_4 = a_3 q_3 - m_3 = 3 - 1 = 2,\quad q_4 = \frac{7 - {m_4}^2}{q_3} = 1,\quad a_4 = 4$$

$$m_5 = a_4 q_4 - m_4 = 4 - 2 = 2,\quad q_5 = \frac{7 - {m_5}^2}{q_4} = 3,\quad a_5 = 1$$

따라서 $\xi_{4+1} = \xi_1$, $\sqrt{7} = \langle 2; \overline{1,1,1,4} \rangle$ 이고 그 주기는 $r = 4$ 이다. 그리고, $q_8 = q_4 = q_0 = 1$ 이다.

다음 정리의 증명은 생략하기로 한다.

정리 8.4.2 정수 $n\ (\geq 2)$ 이 제곱수가 아닐 때, $\sqrt{n}$ 은 다음과 같은 꼴의 주기가 $r\ (\geq 1)$ 인 순환 연분수로 나타내어진다.

$$\sqrt{n} = \langle a_0 ; \overline{a_1, \cdots, a_{r-1}, a_r} \rangle, \quad a_0 = [\sqrt{n}] \geq 1, \ a_r = 2a_0$$

위의 정리에서 순환마다 $a_1, a_2, \cdots, a_{r-1}, a_r$ 중에서 $a_1, a_2, \cdots, a_{r-1}$ 은

$$a_1, a_2, a_3, \cdots, \cdots, a_3, a_2, a_1$$

와 같이 대칭적으로 배열되어 있다. 예를 들면, 다음과 같다.

$$\sqrt{29} = \langle 5; \overline{2, 1, 1, 2, 10} \rangle, \ \sqrt{31} = \langle 5; \overline{1, 1, 3, 5, 3, 1, 1, 10} \rangle$$

표 8 에 무리수 $\sqrt{n}$ 의 연분수 전개가 실려 있다.

정리 8.4.3 정수 $n\ (\geq 2)$ 이 제곱수가 아닌 경우에 정리 8.4.1 에서와 같이 ξ_i, m_i, q_i 를 정하고 $\sqrt{n}$ 의 연분수 전개가 주기 r 인 순환연분수라고 할 때, $u_i = \dfrac{h_i}{k_i}$ 를 $\sqrt{n}$ 의 제 i 근사분수라고 하면 다음이 성립한다.

(1) $h_i^{\,2} - n\,k_i^{\,2} = (-1)^{i+1} q_{i+1}, \quad q_i > 0 \qquad (i \geq 0)$

(2) $\xi_{i+1} = \xi_1 \Leftrightarrow r \mid i \qquad (i \geq 0)$

(3) $q_i = 1 \Leftrightarrow r \mid i \qquad (i \geq 0)$

증 명 (1) 이제 $\sqrt{n} = \langle a_0 ; a_1, a_2, \cdots, a_i, \cdots \rangle$ 이라고 하자.

이 때, 정리 8.3.1 에 의하여 $\sqrt{n} = \langle a_0 ; a_1, a_2, \cdots, a_i, \xi_{i+1} \rangle$ 이고 따라서 정리 8.1.5 와 정리 8.4.1 에 의하여

$$\sqrt{n} = \frac{\xi_{i+1} h_i + h_{i-1}}{\xi_{i+1} k_i + k_{i-1}}, \quad \xi_{i+1} = \frac{m_{i+1} + \sqrt{n}}{q_{i+1}} \qquad (i \geq 0)$$

이므로

$$\sqrt{n} = \frac{(m_{i+1} + \sqrt{n})\, h_i + q_{i+1} h_{i-1}}{(m_{i+1} + \sqrt{n})\, k_i + q_{i+1} k_{i-1}} \qquad (i \geq 0)$$

이고 따라서 모든 $i\ (\geq 0)$ 에 대하여 다음이 성립한다.

$$\{(m_{i+1}+\sqrt{n})k_i+q_{i+1}k_{i-1}\}\sqrt{n} = (m_{i+1}+\sqrt{n})h_i+q_{i+1}h_{i-1},$$

$$(m_{i+1}k_i+q_{i+1}k_{i-1}-h_i)\sqrt{n} = m_{i+1}h_i+q_{i+1}h_{i-1}-nk_i$$

그런데, 위의 등식에서 (좌변)은 무리수이고 (우변)은 유리수이므로

$$m_{i+1}k_i+q_{i+1}k_{i-1}-h_i=0, \quad m_{i+1}h_i+q_{i+1}h_{i-1}-nk_i=0$$

즉, $\quad h_i = m_{i+1}k_i+q_{i+1}k_{i-1}, \qquad nk_i = m_{i+1}h_i+q_{i+1}h_{i-1}$

이고, 또 $h_ik_{i-1}-h_{i-1}k_i=(-1)^{i+1}$ 이므로 다음이 성립한다.

$$\begin{aligned} {h_i}^2-n{k_i}^2 &= h_i(m_{i+1}k_i+q_{i+1}k_{i-1})-k_i(m_{i+1}h_i+q_{i+1}h_{i-1}) \\ &= q_{i+1}(h_ik_{i-1}-h_{i-1}k_i) \end{aligned}$$

$$(*) \qquad {h_i}^2-n{k_i}^2=(-1)^{i+1}q_{i+1} \qquad (i\ge 0)$$

한편, 정리 8.2.1 에 의하여

$$\frac{h_{2j}}{k_{2j}} = u_{2j} < \sqrt{n} < u_{2j+1} = \frac{h_{2j+1}}{k_{2j+1}} \qquad (j\ge 0)$$

이고 따라서

$$h_{2j}^{\ 2}-nk_{2j}^{\ 2}<0, \quad h_{2j+1}^{\ 2}-nk_{2j+1}^{\ 2}>0 \qquad (j\ge 0)$$

이므로 i가 짝수이면 ${h_i}^2-n{k_i}^2<0$ 이고, i가 홀수이면 ${h_i}^2-n{k_i}^2>0$ 이다. 그런데, (*) 에 의하여

$$\frac{h_{i+1}^{\ 2}-nk_{i+1}^{\ 2}}{{h_i}^2-n{k_i}^2} = -\frac{q_{i+2}}{q_{i+1}} \qquad (i\ge 0)$$

이고, 위의 등식에서 (좌변) <0 이므로, $\dfrac{q_{i+2}}{q_{i+1}}>0 \ (i\ge 0)$ 이다.

한편, $m_1=a_0=[\sqrt{n}]$ 이므로 $q_1=n-{m_1}^2>0$ 이다. 따라서 위의 부등식을 순차적으로 적용하여 모든 정수 $i\ (\ge 1)$ 에 대하여 $q_i>0$ 임을 알 수 있고 또 $q_0=1>0$ 이다.

(2) $\sqrt{n} = \langle a_0; a_1, a_2, \cdots, a_i, \cdots \rangle$ 은 주기 r인 순환연분수이므로

$$\langle a_{i+1}; a_{i+2}, a_{i+3}, \cdots, a_{i+r}, \cdots \rangle = \langle a_1; a_2, \cdots, a_i, \cdots \rangle$$

인 양의 정수 중에서 가장 작은 양의 정수는 r이다.

특히, $\xi_{r+1} = \xi_1$ 이고 따라서 모든 양의 정수 j 에 대하여 다음이 성립한다.

$$\xi_{rj+1} = \cdots = \xi_{2r+1} = \xi_{r+1} = \xi_1$$

역으로, 정수 $i\ (\geq 1)$ 에 대하여 $\xi_{i+1} = \xi_1$ 일 때,

$$i = rj + s, \qquad 0 \leq s < r$$

이라고 하면,

$$\xi_1 = \xi_{i+1} = \xi_{rj+1+s} = \cdots = \xi_{r+1+s} = \xi_{s+1}$$

이므로 r 의 최소性에 의하여 $s = 0$ 이고 따라서 $r \mid i$ 이다.

(3) 모든 정수 $j\ (\geq 0)$ 에 대하여 $\xi_{rj+1} = \xi_1$ 이므로

$$\frac{m_{rj+1} + \sqrt{n}}{q_{rj+1}} = \frac{m_1 + \sqrt{n}}{q_1}$$

즉 $$(q_{rj+1} - q_1)\sqrt{n} = m_{rj+1} q_1 - m_1 q_{rj+1}$$

이고, 여기서 좌변은 무리수이고 우변은 유리수이므로

$$q_{rj+1} = q_1, \quad m_{rj+1} q_1 = m_1 q_{rj+1}$$

이고 따라서 $m_{rj+1} = m_1$ 이다. 그런데,

$$q_1 = n - m_1{}^2 = n - m_{rj+1}{}^2 = q_{rj} q_{rj+1} = q_{rj} q_1$$

이므로 $q_{rj} = 1 \quad (j \geq 0)$ 이다.

역으로, 한 정수 $i\ (\geq 0)$ 에 대하여 $q_i = 1$ 이라고 하자. 이 때,

$$\xi_i = m_i + \sqrt{n}, \qquad [\xi_i] = m_i + [\sqrt{n}] = m_i + a_0$$

$$\xi_{i+1} = \frac{1}{\xi_i - a_i} = \frac{1}{\xi_i - [\xi_i]}$$

이므로 다음이 성립한다.

$$\xi_i = [\xi_i] + \frac{1}{\xi_{i+1}} = m_i + a_0 + \frac{1}{\xi_{i+1}} \qquad (i \geq 0)$$

$$a_0 + \frac{1}{\xi_1} = \xi_0 = \sqrt{n} = \xi_i - m_i = a_0 + \frac{1}{\xi_{i+1}}$$

따라서 $\xi_{i+1} = \xi_1$ 이므로 $i = rj$ 인 정수 $j\ (\geq 0)$ 가 존재한다.

정리 8.4.4 정수 $n\ (\geq 2)$ 에 대하여

$$a^2 \equiv b^2 \pmod{n}, \quad a+b \neq n, \quad 0 < b < a < n$$

인 양의 정수 a, b가 존재하면, 두 최대공약수 $(a+b,\ n)$, $(a-b,\ n)$는 n의 약수이면서 1도 아니고 n도 아니다.

증 명 가정에 의하여 $n \mid (a^2 - b^2)$ 즉 $n \mid (a+b)(a-b)$ 이고 또

$$a+b \neq n, \quad 0 < a+b < 2n, \quad 0 < a-b < n$$

이므로 $n \nmid (a+b)$, $n \nmid (a-b)$ 즉 $(a+b,\ n) \neq n$, $(a-b,\ n) \neq n$ 이다. 한편, $(a+b,\ n) = 1$ 이라고 가정하면, $n \mid (a-b)$ 으로 되어 모순이 생기므로 $(a+b,\ n) \neq 1$ 이다. 마찬가지로, $(a-b,\ n) \neq 1$ 이다.

앞의 정리 8.4.3에서 모든 정수 $i\ (i \geq 0)$ 에 대하여 다음이 성립한다,

$$h_i^2 - n\,k_i^2 = (-1)^{i+1} q_{i+1}, \quad h_i^2 \equiv (-1)^{i+1} q_{i+1} \pmod{n}$$

특히, $i+1$이 짝수인 경우에 $q_{i+1} \equiv q^2 \pmod{n}$ 이면, 위의 둘째 합동식은 $h_i^2 \equiv q^2 \pmod{n}$ 으로 되어 정리 8.4.4를 적용할 수 있다.

보기 8.4.2 정수 $n = 1037$ 에 대하여 다음 결과를 얻는다.

$$\xi_0 = \sqrt{1037}, \quad a_0 = [\,\xi_0\,] = 32, \quad m_0 = 0, \quad q_0 = 1$$

$$m_1 = 32 \cdot 1 - 0 = 32, \quad q_1 = \frac{1037 - 32^2}{1} = 13$$

$$\xi_1 = \frac{32 + \sqrt{1037}}{13}, \quad a_1 = [\,\xi_1\,] = 4$$

$$m_2 = 4 \cdot 13 - 32 = 20, \quad q_2 = \frac{1037 - 20^2}{13} = 49 = 7^2$$

$$h_0 = a_0 = 32, \quad h_1 = a_1 h_0 + h_{-1} = 4 \cdot 32 + 1 = 129$$

$$h_1^2 \equiv q_2 \pmod{n} \quad \text{즉} \quad 129^2 \equiv 7^2 \pmod{n}$$

그리고, $(129+7,\ n) = 17$, $(129-7,\ n) = 61$, $n = 17 \cdot 61$ 이다.

보기 8.4.3 정수 $n = 3427$ 에 대하여 다음이 성립한다.

$$\sqrt{n} = \sqrt{3427} = \langle 58; 1, 1, 5, 1, 1, 1, 16, 12, \cdots \rangle$$

i	0	1	2	3	4	5	6	7	8
a_i	58	1	1	5	1	1	1	16	12
m_i	0	45	23	22	13	41	43	17	42
q_i	1	63	54	19	69	42	73	7	9
h_i	58	59	117	644	761	1405	2166	1791	3096

위의 표에서 $i+1$ 이 짝수인 동시에 q_{i+1} 의 값이 제곱수인 첫 번째 정수는

$$q_8 = 9 = 3^2$$

이고 이에 대하여

$$h_7{}^2 \equiv q_8 \pmod{n} \quad 즉 \quad 1791^2 \equiv 3^2 \pmod{n}$$

$$(1791+3, n) = 23, \quad (1791-3, n) = 149$$

이므로 23 과 149 는 n 의 약수이고 $n = 3427 = 23 \cdot 149$ 이다.

보기 8.4.4 정수 $n = 1000009$ 에 대하여 다음 결과를 얻는다.

$$q_3 = 873, \quad h_3 = 2000009, \quad q_4 = 81, \quad q_{18} = 16, \quad h_{17} = 494881$$

위에 결과에서 $i+1$ 이 짝수인 동시에 q_{i+1} 이 제곱수인 첫 번째 정수는 $q_4 = 81 = 9^2$ 이고 이에 대하여

$$h_3{}^2 \equiv q_4 \pmod{n} \quad 즉 \quad 2000009^2 \equiv (-3)^2 \equiv 3^2 \pmod{n}$$

으로 되어 n 의 약수를 구할 수 없다. 그런데,

$$q_{18} = 16 = 4^2, \qquad h_{17} = 494881$$

이므로

$$h_{17}{}^2 \equiv q_{18} \pmod{n} \quad 즉 \quad 494881^2 \equiv 4^2 \pmod{n}$$

$$(494881+4, n) = (494885, n) = 3413,$$
$$(494881-4, n) = (494877, n) = 293$$

이고, 따라서 3413 과 293 은 n 의 약수이고 $n = 3413 \cdot 293$ 이다.

연 습 문 제 (8.4)

1. 양의 정수 a에 대하여 다음이 성립함을 증명하여라.

   (1) $\langle \overline{a} \rangle = \dfrac{a+\sqrt{a^2+4}}{2}$ (2) $\sqrt{a^2+1} = \langle a; \overline{2a} \rangle$

2. 위의 문제 1의 결과를 이용하여 다음 무리수의 연분수 전개를 구하여라.

   (1) $\sqrt{101}$ (2) $\sqrt{290}$ (3) $\sqrt{2210}$

3. 정수 $a\ (\geq 2)$에 대하여 $\xi = \sqrt{a^2-1}$ 이라고 할 때, 정리 8.4.1을 이용하여 다음이 성립함을 증명하여라.

$$a_0 = a-1,\ \ m_0 = 0,\ \ q_0 = 1,\ \ m_1 = a-1,\ \ q_1 = 2a-2$$

$$\sqrt{a^2-1} = \langle a-1; \overline{1, 2a-2} \rangle$$

4. 정수 $a\ (\geq 2)$에 대하여 $\xi = \sqrt{a^2-a}$ 이라고 할 때, 정리 8.4.1을 이용하여 다음이 성립함을 증명하여라.

$$a_0 = a-1,\ \ m_0 = 0,\ \ q_0 = 1,\ \ m_1 = a-1,\ \ q_1 = a-1$$

$$\sqrt{a^2-a} = \langle a-1; \overline{2, 2a-2} \rangle$$

5. 문제 3과 문제 4를 이용하여 다음 무리수를 연분수로 나타내어라.

   (1) $\sqrt{99}$ (2) $\sqrt{120}$ (3) $\sqrt{110}$ (4) $\sqrt{600}$

6. 정수 $n\ (\geq 2)$이 제곱수가 아닌 경우에 $\sqrt{n}$ 의 연분수 전개의 제 i 근사분수를 $u_i = \dfrac{h_i}{k_i}$ 이라고 할 때, 다음이 성립함을 증명하여라.

   (1) $|h_i - k_i\sqrt{n}| < \dfrac{1}{k_i}$

   (2) $h_i^2 - n k_i^2 = c_i$ 이라고 하면, $|c_i| < 1 + 2\sqrt{n}$ 이다.

7. 합동식 $19^2 \equiv 2^2 \pmod{119}$ 을 이용하여 119의 인수를 구하여라.

§8.5 Pell의 방정식

부정방정식 중에서도

$$x^2 - dy^2 = c \qquad (c \neq 0,\ d \neq 0)$$

와 같은 꼴의 부정방정식을 흔히 **Pell의 방정식**(Pell's equation)이라고 한다. 이와 같은 부정방정식을 연구한 사람은 Fermat, Lagrange, Euler 등이며, 이 부정방정식에 영국의 수학자 John Pell의 이름이 잘못 붙여졌다.

방정식 $x^2 - dy^2 = c$ 에서 $x = s,\ y = t$ 가 이 방정식의 정수해이면

$$x = s,\ y = t; \qquad x = s,\ y = -t;$$

$$x = -s,\ y = t; \qquad x = -s,\ y = -t$$

도 이 방정식의 정수해이므로, 이 방정식의 정수해 전체를 결정하려면, 양의 정수해 전체를 구하고 $x = 0$ 또는 $y = 0$ 인 경우의 정수해를 구하면 된다.

그런데, $d < 0$ 인 경우에 방정식

$$x^2 - dy^2 = c$$

에서 $c < 0$ 이면 이 방정식의 정수해는 없고, 또 $c > 0$ 이면 $|x| \leq \sqrt{c}$ 이므로 이 방정식의 정수해는 유한개 존재하거나 또는 없다.

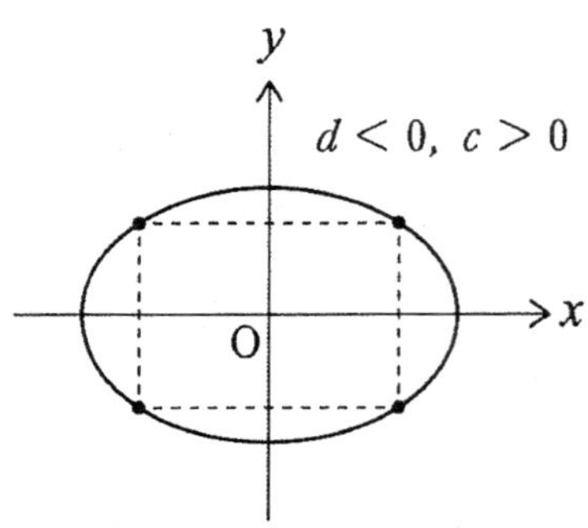

한편, $d = a^2$ 인 경우에 방정식

$$x^2 - dy^2 = c$$

는 $(x + ay)(x - ay) = c$ 로 변형되므로 이 방정식의 정수해 전체를 구하려면 $c = c_1 c_2$ 인 두 정수 c_1, c_2 에 대한 연립방정식

$$\begin{cases} x + ay = c_1 \\ x - ay = c_2 \end{cases}$$

의 정수해를 구하면 되므로 이 방정식의 정수해는 유한 개 존재하거나 또는 존재하지 않는다. 따라서 방정식 $x^2 - dy^2 = c$ 중에서 가장 흥미 있는 경우는 정수 d 가 제곱수가 아닌 양의 정수인 경우이다.

정리 8.5.1 부정방정식

$$x^2 - dy^2 = c, \quad d > 0$$

의 양의 정수해가 존재하는 경우에 이 방정식의 두 양의 정수해

$$x = s_1,\ y = t_1;$$

$$x = s_2,\ y = t_2$$

에 대하여 $s_1 \le s_2$ 일 때 그리고 이때에만 $t_1 \le t_2$ 이다.

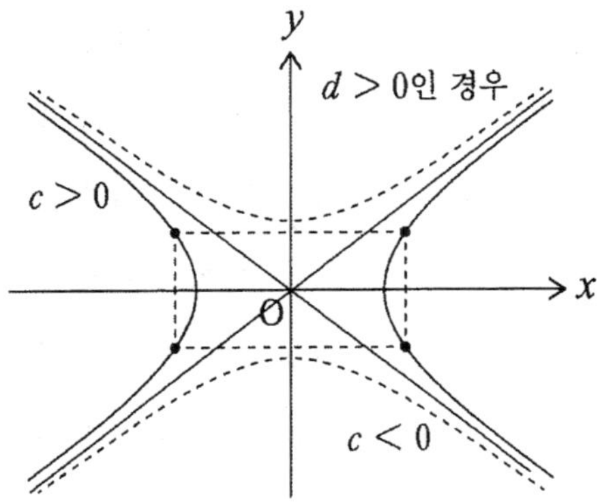

증 명 가정에 의하여 $s_1^{\,2} - d\,t_1^{\,2} = c = s_2^{\,2} - d\,t_2^{\,2}$ 이므로

$$s_1^{\,2} - s_2^{\,2} = d\,(t_1^{\,2} - t_2^{\,2}), \qquad d > 0$$

이므로 $s_1 \le s_2$ 일 때 그리고 이때에만 $t_1 \le t_2$ 이다.

정의 8.5.2 부정방정식 $x^2 - dy^2 = c,\ d > 0$ 의 양의 정수해가 존재하는 경우에 이 방정식의 모든 양의 정수해 $x = s,\ y = t$ 에 대하여

$$s_0 \le s, \qquad t_0 \le t$$

인 양의 정수해 $x = s_0,\ y = t_0$ 를 **기본해**(基本解, fundamental solution) 또는 **최소 양의 정수해**(least positive integral solution) 라고 한다.

위의 정의에서 양의 정수 s 에 대하여 $1 \le s_0 \le s$ 인 양의 정수 s_0 는 유한개뿐이므로 기본해는 존재한다(위의 그림 참조).

양의 정수 d 가 제곱수가 아닐 때, $a + b\sqrt{d}$ (a, b는 정수) 와 같은 꼴의 실수 전체의 집합을 $\mathbb{Z}[\sqrt{d}]$ 로 나타낸다. 즉,

$$\mathbb{Z}[\sqrt{d}] = \{a + b\sqrt{d} \mid a, b \in \mathbb{Z}\}$$

집합 $\mathbb{Z}[\sqrt{d}]$ 의 두 원소 ξ, η 에 대하여 $\xi + \eta$ 와 $\xi\eta$ 는 모두 $\mathbb{Z}[\sqrt{d}]$ 의 원소이다. 각 원소 $\xi = a + b\sqrt{d} \in \mathbb{Z}[\sqrt{d}]$ 에 대하여 $\bar{\xi} = a - b\sqrt{d}$ 를 ξ 의 (대수적) **켤레원소**(algebraic conjugate)라고 한다. 그리고, 두 정수

$$T(\xi) = \xi + \overline{\xi} = 2a, \quad N(\xi) = \xi\overline{\xi} = a^2 - db^2$$

를 각각 ξ의 **트레이스**(trace), **노름**(Norm, 독일어)이라고 한다.

두 원소 $\xi, \eta \in \mathbb{Z}[\sqrt{d}]$ 에 대하여 다음이 성립한다.

$$\overline{\xi + \eta} = \overline{\xi} + \overline{\eta}, \qquad \overline{\xi\eta} = \overline{\xi}\,\overline{\eta},$$

$$N(\xi\eta) = (\xi\eta)(\overline{\xi}\overline{\eta}) = (\xi\overline{\xi})(\eta\overline{\eta}) = N(\xi)\,N(\eta)$$

그러나, $\xi \neq 0$ 일 때, $\xi^{-1} = \dfrac{1}{\xi}$ 는 $\mathbb{Z}[\sqrt{d}]$ 의 원소가 아닐 수 있다.

예들 들면, $\mathbb{Z}[\sqrt{d}]$ 의 원소 $\xi = 2 + 3\sqrt{d}$ 에 대하여

$$\xi^{-1} = \frac{1}{\xi} = \frac{2 - 3\sqrt{d}}{2^2 + 3^2} = \frac{2}{13} - \frac{3}{13}\sqrt{d}$$

이므로 ξ^{-1} 는 $\mathbb{Z}[\sqrt{d}]$ 의 원소가 아니다.

정리 8.5.3 양의 정수 d 가 제곱수가 아닐 때, 다음이 성립한다.

(1) $\mathbb{Z}[\sqrt{d}]$ 의 원소 $\xi_1 = a_1 + b_1\sqrt{d}$, $\xi_2 = a_2 + b_2\sqrt{d}$ 에 대하여

$\xi\eta = a + b\sqrt{d}$ 이라고 하면, $a_1 < a$, $b_1 < b$ 이다.

(2) $\mathbb{Z}[\sqrt{d}]$ 의 원소 $\xi = a + b\sqrt{d}$ 에 대하여 $N(\xi) = \pm 1$ 일 때 그리고 이때에만 $\xi^{-1} \in \mathbb{Z}[\sqrt{d}]$ 이다.

증 명 (1) 분명히 $\xi_1\xi_2 = (a_1a_2 + b_1b_2d) + (a_1b_2 + a_2b_1)\sqrt{d}$ 이므로 $a_1 < a_1a_2 + b_1b_2d = a$, $b_1 < a_1b_2 + a_2b_1 = b$ 이다.

(2) $N(\xi) = \pm 1$ 이면, $\xi\overline{\xi} = N(\xi) = \pm 1$ 이므로 $\xi^{-1} = N(\xi)\overline{\xi}$ 이고 $\xi^{-1} \in \mathbb{Z}[\sqrt{d}]$ 이다. 역으로, $\xi^{-1} \in \mathbb{Z}[\sqrt{d}]$ 이면,

$$N(\xi)\,N(\xi^{-1}) = N(\xi\xi^{-1}) = N(1) = 1$$

이고 $N(\xi)$ 와 $N(\xi^{-1})$ 는 모두 정수이므로 $N(\xi) = \pm 1$ 이다.

정수 $d\ (\geq 2)$ 가 제곱수가 아닐 때, 다음 두 부정방정식을 생각해 보자.

$$x^2 - dy^2 = 1, \qquad x^2 - dy^2 = -1$$

정리 8.5.4 양의 정수 d가 제곱수가 아닐 때, $\xi = a + b\sqrt{d} \in \mathbb{Z}[\sqrt{d}]$ 에 대하여 다음이 성립한다.

(1) $N(\xi) = 1$일 때 그리고 이때에만 $x = a,\ y = b$는 부정방정식 $x^2 - dy^2 = 1$의 정수해이다. 특히, $N(\xi) = 1,\ \xi > 1$일 때 그리고 이때에만 $x = a,\ y = b$는 부정방정식 $x^2 - dy^2 = 1$의 양의 정수해이다.

(2) $N(\xi) = -1$일 때 그리고 이때에만 $x = a,\ y = b$는 부정방정식 $x^2 - dy^2 = -1$의 정수해이다. 특히, $N(\xi) = -1,\ \xi > 1$일 때 그리고 이때에만 $x = a,\ y = b$는 부정방정식 $x^2 - dy^2 = -1$의 양의 정수해이다.

증 명 (1) $N(\xi) = a^2 - db^2$이므로 (1)의 첫 부분이 성립한다.

다음에 $N(\xi) = a^2 - db^2 = 1,\ \xi > 1$이라고 하자.

이 때, $x = a,\ y = b$는 방정식 $x^2 - dy^2 = 1$의 정수해이다. 그리고, $N(\xi) = \xi\overline{\xi} = 1$이므로 $\overline{\xi} = \dfrac{1}{\xi}$, $\xi > 1$이고 따라서 $0 < \overline{\xi} < 1$이고,

$$2a = \xi + \overline{\xi} > 1, \qquad 2b\sqrt{d} = \xi - \overline{\xi} > 0$$

이므로 $a \geq 1,\ b \geq 1$이고, 따라서 $x = a,\ y = b$는 방정식 $x^2 - dy^2 = 1$의 양의 정수해이다.

역으로, $x = a,\ y = b$가 방정식 $x^2 - dy^2 = 1$의 양의 정수해이면, $N(\xi) = 1$이고 $a \geq 1,\ b \geq 1$이므로 $\xi = a + b\sqrt{d} \geq 1 + \sqrt{d} > 1$이다.

(2) $N(\xi) = a^2 - db^2$이므로 (2)의 첫 부분이 성립한다.

다음에 $N(\xi) = a^2 - db^2 = -1,\ \xi > 1$이라고 하자.

이 때, $x = a,\ y = b$는 방정식 $x^2 - dy^2 = -1$의 정수해이다. 그리고, $N(\xi) = \xi\overline{\xi} = -1$, $\overline{\xi} = \dfrac{-1}{\xi}$, $\xi > 1$이므로 $-1 < \overline{\xi} < 0$이다. 그러므로,

$$2a = \xi + \overline{\xi} > 0, \quad 2b\sqrt{d} = \xi - \overline{\xi} > 1$$

이므로 $a \geq 1,\ b \geq 1$이고, 따라서 $x = a,\ y = b$는 방정식 $x^2 - dy^2 = -1$의 양의 정수해이다.

역으로, $x = a,\ y = b$가 방정식 $x^2 - dy^2 = -1$의 양의 정수해이면, $N(\xi) = a^2 - db^2 = -1$이고 또 $\xi = a + b\sqrt{d} \geq 1 + \sqrt{d} > 1$이다.

정리 8.5.5 양의 정수 d가 제곱수가 아닌 경우에 $\sqrt{d}$의 연분수 전개의 제 i 근사분수를 $u_i = \dfrac{h_i}{k_i}$이라고 할 때, $x = a,\ y = b$가 부정방정식

$$x^2 - dy^2 = 1 \quad \text{또는} \quad x^2 - dy^2 = -1$$

의 양의 정수해이면 $a = h_j,\ b = k_j$인 정수 $j\ (\geq 0)$가 존재한다.

증 명 가정에 의하여 $a^2 - db^2 = 1$ 또는 $a^2 - db^2 = -1$이다.

이제 $d = (a, b)$이라고 하면, $d \mid a,\ d \mid b$이므로 $d \mid (a^2 - db^2)$ 즉 $d \mid 1$이므로 $(a, b) = 1$이다. 또, $(a - b\sqrt{d})(a + b\sqrt{d}) = \pm 1$이므로 다음이 성립한다.

$$|a - b\sqrt{d}| = \frac{1}{a + b\sqrt{d}} \quad \text{즉} \quad \left|\frac{a}{b} - \sqrt{d}\right| = \frac{1}{b(a + b\sqrt{d})}$$

그런데, $a^2 - db^2 = 1$이면, $a^2 = db^2 + 1 > db^2$이므로 $a > b\sqrt{d}$이고 따라서 $a + b\sqrt{d} > 2b\sqrt{d} > 2b$이다.

한편, $a^2 - db^2 = -1$이면, $a^2 = db^2 - 1 \geq 2b^2 - 1 = b^2$이고 따라서 $a \geq b$이므로 $a + b\sqrt{d} > b + b = 2b$이다. 그러므로, 어느 경우에나

$$\left|\frac{a}{b} - \sqrt{d}\right| = \frac{1}{b(a + b\sqrt{d})} < \frac{1}{2b^2}$$

이므로 정리 8.3.4에 의하여 $a = h_j,\ b = k_j$인 정수 $j\ (\geq 0)$가 존재한다.

보기 8.5.1 $\sqrt{23} = \langle 4\,;\, \overline{1, 3, 1, 8} \rangle$이고 다음이 성립한다(문제 8.3.1).

$$4^2 - 23 \cdot 1^2 = -7, \qquad 5^2 - 23 \cdot 1^2 = 2,$$
$$19^2 - 23 \cdot 4^2 = -7, \qquad 24^2 - 23 \cdot 5^2 = 1$$
$$211^2 - 23 \cdot 44^2 = -7, \qquad 235^2 - 23 \cdot 49^2 = 2$$

a_i			4	1	3	1	8	1	3	1	⋯
h_i	0	1	4	5	19	24	211	235	916	1151	⋯
k_i	1	0	1	1	4	5	44	49	191	240	⋯

따라서 $x = 24,\ y = 5$는 방정식 $x^2 - 23y^2 = 1$의 양의 정수해이고 또

$24 = h_3$, $5 = k_3$ 이다.

그리고, $x = 4$, $y = 1$은 방정식 $x^2 - 23y^2 = -17$의 양의 정수해이고 또 $x = 5$, $y = 1$은 방정식 $x^2 - 23y^2 = 2$의 양의 정수해이다.

정리 8.5.6 양의 정수 d가 제곱수가 아닐 때, $\sqrt{d}$는 주기 r인 순환 연분수로 전개된다. 이제 $u_i = \dfrac{h_i}{k_i}$를 $\sqrt{d}$의 연분수 전개의 제 i 근사분수라고 하면 다음이 성립한다.

[I] 주기 r가 짝수인 경우

(1) 방정식 $x^2 - dy^2 = 1$의 양의 정수해 전체는

$$x = h_{nr-1}, \quad y = k_{nr-1} \qquad (n \geq 1)$$

이고 이 방정식의 기본해는 $x = h_{r-1}$, $y = k_{r-1}$이다.

(2) 방정식 $x^2 - dy^2 = -1$의 정수해는 없다.

[II] 주기 r가 홀수인 경우

(1) 방정식 $x^2 - dy^2 = -1$의 양의 정수해 전체는

$$x = h_{(2n-1)r-1}, \quad y = k_{(2n-1)r-1} \qquad (n \geq 1)$$

이고, 이 방정식의 기본해는 $x = h_{r-1}$, $y = k_{r-1}$이다.

(2) 방정식 $x^2 - dy^2 = 1$의 양의 정수해 전체는

$$x = h_{2nr-1}, \quad y = k_{2nr-1} \qquad (n \geq 1)$$

이고 이 방정식의 기본해는 $x = h_{2r-1}$, $y = k_{2r-1}$이다.

증 명 먼저 $x = a, y = b$가 방정식 $x^2 - dy^2 = 1$ 또는 $x^2 - dy^2 = -1$의 양의 정수해이라고 하자. 이 때, 정리 8.5.5에 의하여 $a = h_j$, $b = k_j$인 정수 j (≥ 0)가 존재하고, 또 정리 8.4.3에 의하여 다음이 성립한다.

$$h_j^{\,2} - dk_j^{\,2} = (-1)^{j+1} q_{j+1}, \qquad q_j > 0 \qquad (j \geq 0)$$

$$q_{j+1} = 1 \Longleftrightarrow r \mid (j+1)$$

그러므로, 다음 네 조건은 서로 동치이다.

(1) $x = h_j$, $y = k_j$ 는 다음 방정식 의 정수해이다.

$x^2 - dy^2 = 1$ [$x^2 - dy^2 = -1$]

(2) $(-1)^{j+1} q_{j+1} = 1$ [$(-1)^{j+1} q_{j+1} = -1$]

(3) $q_{j+1} = 1$, $(-1)^{j+1} = 1$ [$q_{j+1} = 1$, $(-1)^{j+1} = -1$]

(4) $r \mid (j+1)$ 이고 $j+1$ 는 짝수 [$r \mid (j+1)$ 이고, $j+1$ 는 홀수]

(5) (i) r가 짝수일 때,

$j = nr-1 \quad (n \geq 1)$ [j는 없음]

(ii) r가 홀수일 때,

$j = 2nr-1 \quad (n \geq 1)$ [$j = (2n-1)r-1 \quad (n \geq 1)$]

그리고, 정리 8.2.1 에 의하여

$$k_{r-1} \leq k_{rn-1}, \quad k_{2r-1} \leq k_{2nr-1}, \quad k_{r-1} \leq k_{2(n-1)r-1}$$

이고, 따라서 정리가 성립한다(정리 8.5.1 참조).

보기 8.5.2 $\sqrt{7} = \langle 2; \overline{1,1,1,4} \rangle$ 이고 그 주기는 $r = 4$ 이다(보기 8.4.1).

a_i			2	1	1	1	4	1	1	1	4	⋯
h_i	0	1	2	3	5	8	37	45	82	127	590	⋯
k_i	1	0	1	1	2	3	14	17	31	48	223	⋯

방정식 $x^2 - 7y^2 = 1$ 의 기본해는 $x = h_{r-1} = 8$, $y = k_{r-1} = 3$ 이다.

그러나, 방정식 $x^2 - 7y^2 = -1$ 의 정수해는 없다.

정리 8.5.7 양의 정수 d 가 제곱수가 아닐 때, $x = x_1$, $y = y_1$ 을 부정방정식 $x^2 - dy^2 = 1$ 의 기본해라 하고

$$\varepsilon = x_1 + y_1\sqrt{d}, \qquad \varepsilon^n = x_n + y_n\sqrt{d} \qquad (n \geq 1)$$

이라고 하면, 방정식 $x^2 - dy^2 = 1$ 의 양의 정수해 전체는 다음과 같다.

$$x = x_n, \; y = y_n \qquad (n \geq 1)$$

증 명 정리 8.5.6 에 의하여 방정식 $x^2 - dy^2 = 1$ 의 기본해는 존재한다.

먼저 $x = x_1$, $y = y_1$ 은 방정식 $x^2 - dy^2 = 1$ 의 기본해이므로 정리 8.5.4 에 의하여 $N(\varepsilon) = \varepsilon\bar{\varepsilon} = 1$, $\varepsilon > 1$ 이다. 그러므로,

$$N(\varepsilon^n) = N(\varepsilon)^n = 1^n = 1, \quad \varepsilon^n > 1 \qquad (n \geq 1)$$

이고 따라서 모든 양의 정수 n 에 대하여 $x = x_n$, $y = y_n$ 은 부정방정식 $x^2 - dy^2 = 1$ 의 양의 정수해이다(정리 8.5.4). 그리고,

$$\varepsilon^{-1} = \frac{1}{\varepsilon} = \bar{\varepsilon} = x_1 - y_1\sqrt{d}, \quad N(\varepsilon^{-1}) = 1, \quad 0 < \varepsilon^{-1} < 1$$

$$1 < \varepsilon < \varepsilon^2 < \varepsilon^3 < \cdots < \cdots$$

이므로 다음이 성립한다(정리 8.5.3, 정리 8.5.1 참조).

$$x_1 < x_2 < x_3 < x_4 < \cdots, \qquad y_1 < y_2 < y_3 < y_4 < \cdots$$

두 양의 정수 a, b 에 대하여 $x = a$, $y = b$ 가 방정식 $x^2 - dy^2 = 1$ 의 양의 정수해이라고 하자. 그리고, $\xi = a + b\sqrt{d}$ 라 하고 모든 양의 정수 n 에 대하여 $\xi \neq \varepsilon^n$ 이라고 가정하자.

이 때, 정리 8.5.4 에 의하여 $N(\xi) = 1$, $\xi > 1$ 이므로

$$\varepsilon^j < \xi < \varepsilon^{j+1}$$

인 양의 정수 j 가 존재하고 이때 $\varepsilon^{-1} > 0$ 이므로 다음이 성립한다.

$$\varepsilon^j(\varepsilon^{-1})^j < \xi(\varepsilon^{-1})^j < \varepsilon^{j+1}(\varepsilon^{-1})^j \quad \text{즉} \quad 1 < \xi(\varepsilon^{-1})^j < \varepsilon$$

$$N(\xi(\varepsilon^{-1})^j) = N(\xi)N(\varepsilon^{-1})^j = 1 \cdot 1^j = 1$$

그러므로, $\xi(\varepsilon^{-1})^j = s + t\sqrt{d}$ 이라고 하면,

$$s + t\sqrt{d} = \xi(\varepsilon^{-1})^j < \xi = x_1 + y_1\sqrt{d}$$

이고, 또 $x = s$, $y = t$ 는 $x^2 - dy^2 = 1$ 의 양의 정수해이다(정리 8.5.4).

그러나, 이 결과는 $x_1 \leq s$, $y_1 \leq t$ 이라는 사실에 모순된다.

그러므로, 적당한 정수 n (≥ 1) 에 대하여

$$\xi = \varepsilon^n \qquad \text{즉} \qquad a = x_n, \ b = y_n$$

이고, 따라서 정리가 성립한다.

앞의 정리에서 양의 정수 n에 대하여

$$\varepsilon^n = x_n + y_n\sqrt{d}, \qquad -\varepsilon^n = -x_n - y_n\sqrt{d},$$
$$(\varepsilon^{-1})^n = \overline{\varepsilon^n} = x_n - y_n\sqrt{d}, \qquad -\varepsilon^{-n} = -x_n + y_n\sqrt{d},$$
$$\varepsilon^0 = 1 = 1 + 0\sqrt{d}, \qquad -\varepsilon^0 = -1 = -1 + 0\sqrt{d}$$

이고, 방정식 $x^2 - dy^2 = 1$의 정수해 전체는 다음과 같다.

$x = x_n,\ \ y = y_n;\qquad (n \ge 1)$
$x = x_n,\ \ y = -y_n;\qquad (n \ge 1)$
$x = x_n,\ \ y = -y_n;\qquad (n \ge 1)$
$x = -x_n,\ y = -y_n;\qquad (n \ge 1)$
$x = 1,\ \ y = 0;$
$x = -1,\ y = 0$

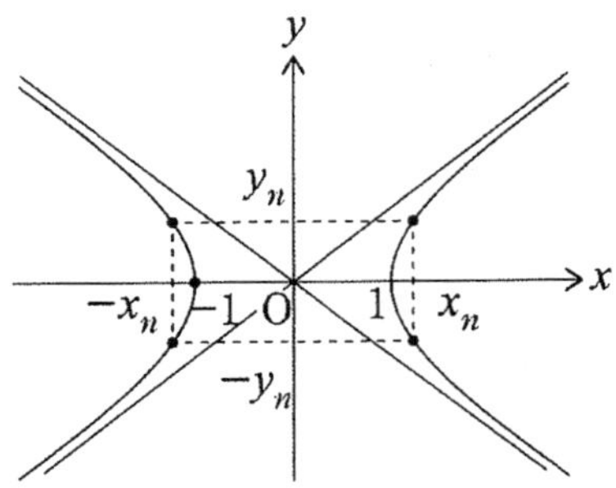

따라서 임의의 정수 n에 대하여

$$\varepsilon^n = x_n + y_n\sqrt{d} \qquad (n \in \mathbb{Z})$$

이라고 하면, 방정식 $x^2 - dy^2 = 1$의 정수해 전체는 다음과 같다.

$$x = x_n,\ y = y_n;\quad x = -x_n,\ y = -y_n \qquad (n \in \mathbb{Z})$$

보기 8.5.3 표 8에 의하여 $\sqrt{3} = \langle 1, \overline{1, 2} \rangle$, $r = 2$이다. 그리고,

$$h_{r-1} = h_1 = 2,$$
$$k_{r-1} = k_1 = 1$$

a_i			1	1	2	1	2	…
h_i	0	1	1	2	5	7	19	…
k_i	1	0	1	1	3	4	11	…

이므로 $x^2 - 3y^2 = 1$의 기본해는 $x = x_1 = 2,\ y = y_1 = 1$이고

$$\varepsilon = 2 + \sqrt{3}, \qquad \varepsilon^n = x_n + y_n\sqrt{d} \qquad (n \ge 1)$$

이라고 하면 방정식 $x^2 - 3y^2 = 1$의 양의 정수해 전체는 다음과 같다.

$$x = x_n, \quad y = y_n \qquad (n \ge 1)$$

예를 들어, $x_2 + y_2\sqrt{3} = \varepsilon^2 = (2 + \sqrt{3})^2 = 7 + 4\sqrt{3}$이고, 따라서 $x_2 = 7 = h_3,\ y_2 = 3 = k_3$이다.

정리 8.5.8 양의 정수 d가 제곱수가 아닌 경우에 $\sqrt{d}$ 의 연분수 전개의 주기가 r일 때, 다음이 성립한다.

(1) 주기 r가 짝수이면, $x^2 - dy^2 = -1$ 의 정수해는 없다.

(2) 주기 r가 홀수인 경우

이 때, $x = x_1$, $y = y_1$을 방정식 $x^2 - dy^2 = -1$ 의 기본해라고 하고

$$\varepsilon = x_1 + y_1\sqrt{d}, \qquad \varepsilon^n = x_n + y_n\sqrt{d} \qquad (n \geq 1)$$

이라고 하면 방정식 $x^2 - dy^2 = -1$ 의 양의 정수해 전체는

$$x = x_{2n-1}, \quad y = y_{2n-1} \qquad (n \geq 1)$$

이고, 방정식 $x^2 - dy^2 = 1$ 의 양의 정수해 전체는 다음과 같다.

$$x = x_{2n}, \qquad y = y_{2n} \qquad (n \geq 1)$$

이고 이 방정식의 기본해는 $x = x_2$, $y = y_2$ 이다.

증 명 정리 8.5.6에 의하여 r가 홀수인 경우에 방정식 $x^2 - dy^2 = -1$ 의 기본해는 존재한다. 이 정리는 정리 8.5.7의 증명과 같은 방법으로 증명되나 증명은 생략하고 증명에 근거가 되는 사항만을 제시한다(정리 8.5.6 참조).

(1) $x = x_1$, $y = y_1$은 방정식 $x^2 - dy^2 = -1$ 의 기본해이므로

$$N(\varepsilon) = \varepsilon\bar{\varepsilon} = -1, \qquad \varepsilon > 1$$

이고 따라서 다음이 성립한다.

$$\varepsilon^{-1} = -\bar{\varepsilon} = -x_1 + y_1\sqrt{d},$$
$$N(\varepsilon^{-1}) = -1, \quad 0 < \varepsilon^{-1} < 1,$$
$$1 < \varepsilon < \varepsilon^2 < \varepsilon^3 < \cdots < \cdots$$

(2) $i \geq 1$ 일 때,

$$N(\varepsilon^{2i}) = (-1)^{2i} = 1,$$
$$N(\varepsilon^{2i-1}) = (-1)^{2i-1} = -1, \quad \varepsilon^i > 1$$

따라서 $x = x_{2i}$, $y = y_{2i}$는 방정식 $x^2 - dy^2 = 1$ 의 양의 정수해이고, 또 $x = x_{2i-1}$, $y = y_{2i-1}$은 방정식 $x^2 - dy^2 = -1$ 의 양의 정수해이다.

위의 정리에서, 주기 r가 홀수인 경우에 부정방정식 $x^2 - dy^2 = -1$ 의 기본해는 $x = x_1 = h_{r-1}$, $y = y_1 = k_{r-1}$ 이고 방정식 $x^2 - dy^2 = 1$ 의 기본해는 $x = x_2 = h_{2r-1}$, $y = y_2 = k_{2r-1}$ 이다(정리 8.5.6 참조).

그리고, 방정식 $x^2 - dy^2 = -1$ 의 정수해 전체는 다음과 같다.

$$x = x_{2n-1},\ y = y_{2n-1};\qquad x = x_{2n-1},\ y = -y_{2n-1}\qquad (n \geq 1)$$

$$x = x_{2n-1},\ y = -y_{2n-1};\ x = -x_{2n-1},\ y = -y_{2n-1}\quad (n \geq 1)$$

보기 8.5.4 $\sqrt{2} = \langle 1, \overline{2} \rangle$ 이고 그 주기는 $r = 1$ 이다(보기 8.3.1).

a_i			1	2	2	2	2	2	2	2	2	…
h_i	0	1	1	3	7	17	41	99	239	577	1393	…
k_i	1	0	1	2	5	12	29	70	169	408	985	…

방정식 $x^2 - 2y^2 = -1$ 의 기본해는 다음과 같다.

$$x = x_1 = h_0 = 1,\quad y = y_1 = k_0 = 1$$

그리고

$$\varepsilon = 1 + \sqrt{2},\qquad \varepsilon^n = x_n + y_n\sqrt{2}\qquad (n \geq 1)$$

이라고 하면, 방정식 $x^2 - 2y^2 = -1$ 의 양의 정수해 전체는

$$x = x_{2n-1},\quad y = y_{2n-1}\qquad (n \geq 1)$$

이고 또 방정식 $x^2 - 2y^2 = 1$ 의 양의 정수해 전체는

$$x = x_{2n},\quad y = y_{2n}\qquad (n \geq 1)$$

이며 방정식 $x^2 - 2y^2 = 1$ 의 기본해는 $x = x_2$, $y = y_2$ 이다.

그리고, $x_2 + y_2\sqrt{2} = \varepsilon^2 = 3 + 2\sqrt{2}$ 이므로

$$x_2 = 3 = h_1,\quad y_2 = 5 = k_1$$

는 방정식 $x^2 - 2y^2 = 1$ 의 기본해이다.

한편, $x_3 + y_3\sqrt{2} = \varepsilon^3 = 7 + 5\sqrt{2}$ 이므로 $x_3 = 7 = h_2$, $y_3 = 5 = k_2$ 는 방정식 $x^2 - 2y^2 = -1$ 의 양의 정수해이다.

보기 8.5.5 양의 정수 d 가 제곱수가 아닐 때,

$$U(\mathbb{Z}[\sqrt{d}]) = \{a + b\sqrt{d} \in \mathbb{Z}[\sqrt{d}] \mid a^2 - db^2 = \pm 1\}$$

이라고 하자. 여기서 $\sqrt{d}$ 의 연분수 전개의 주기 r가 짝수이면, 이 집합은

$$U(\mathbb{Z}[\sqrt{d}]) = \{a + b\sqrt{d} \in \mathbb{Z}[\sqrt{d}] \mid a^2 - db^2 = 1\}$$

와 일치하며 다음이 성립한다(정리 8.5.6, 보기 8.5.2 ~ 보기 8.5.4, 문제 1).

$$\begin{aligned}
U(\mathbb{Z}[\sqrt{2}]) &= \{\pm(1+\sqrt{2})^n \mid n \in \mathbb{Z}\}, & r &= 1 \\
U(\mathbb{Z}[\sqrt{3}]) &= \{\pm(2+\sqrt{3})^n \mid n \in \mathbb{Z}\}, & r &= 2 \\
U(\mathbb{Z}[\sqrt{5}]) &= \{\pm(2+\sqrt{5})^n \mid n \in \mathbb{Z}\}, & r &= 4 \\
U(\mathbb{Z}[\sqrt{7}]) &= \{\pm(8+3\sqrt{7})^n \mid n \in \mathbb{Z}\}, & r &= 1 \\
U(\mathbb{Z}[\sqrt{13}]) &= \{\pm(18+5\sqrt{13})^n \mid n \in \mathbb{Z}\}, & r &= 5 \\
U(\mathbb{Z}[\sqrt{23}]) &= \{\pm(24+5\sqrt{23})^n \mid n \in \mathbb{Z}\}, & r &= 4 \\
U(\mathbb{Z}[\sqrt{41}]) &= \{\pm(32+5\sqrt{41})^n \mid n \in \mathbb{Z}\}, & r &= 3
\end{aligned}$$

정리 8.5.9 (Lagrange) 정수 p가 $p \equiv 1 \pmod 4$ 인 素數일 때, 방정식 $x^2 - py^2 = -1$ 의 양의 정수해는 존재하고 $\sqrt{p}$ 의 순환 연분수 전개의 주기는 홀수이다.

증 명 정리 8.5.6 에 의하여 방정식 $x^2 - py^2 = 1$ 의 기본해가 존재한다. 기본해를 $x = a$, $y = b$ 라고 하면, $a^2 - pb^2 = 1$ 이므로

$$a^2 - b^2 \equiv 1 \pmod 4 \quad \text{즉} \quad a^2 \equiv b^2 + 1 \pmod 4$$

이고 따라서 a 는 홀수이고 b 는 짝수이다(보기 3.1.5).

그리고, $pb^2 = a^2 - 1 = (a+1)(a-1)$ 이므로

$$(*) \qquad p\left(\frac{b}{2}\right)^2 = \frac{a+1}{2} \cdot \frac{a-1}{2}$$

이고 $\frac{b}{2}$, $\frac{a+1}{2}$, $\frac{a-1}{2}$ 은 정수이므로 $p \,\Big|\, \frac{a+1}{2}$ 또는 $p \,\Big|\, \frac{a-1}{2}$ 이다.

이제 $p \,\Big|\, \frac{a-1}{2}$ 이라고 가정하자. 이 때, $\frac{a-1}{2p}$, $\frac{a+1}{2}$ 은 양의 정수이며 $(*)$ 에 의하여 $\left(\frac{b}{2}\right)^2 = \frac{a+1}{2} \cdot \frac{a-1}{2p}$ 이고 또

$$\frac{a+1}{2}\cdot 1 + \frac{a-1}{2p}\cdot(-p) = 1$$

이므로 $\frac{a+1}{2}$ 과 $\frac{a-1}{2p}$ 은 서로 소이다. 따라서 정리 7.1.4 에 의하여

$$\frac{a+1}{2} = u^2, \qquad \frac{a-1}{2p} = v^2$$

인 양의 정수 u, v 가 존재하고 또

$$u^2 - pv^2 = \frac{a+1}{2} - p\cdot\frac{a-1}{2p} = 1$$

이므로 $x = u$, $y = v$ 는 방정식 $x^2 - py^2 = 1$ 의 양의 정수해이다.

그런데, $a^2 - pb^2 = 1$ 이고 또 정수 b 는 홀수이므로 $a > 1$ 이고, 따라서 $u \leq u^2 = \frac{a+1}{2} < a$ 이므로 $u < a$ 이고

$$pv^2 = \frac{a-1}{2} < a-1 < (a+1)(a-1) = pb^2$$

이므로 $v < b$ 이다. 그러나, 이 결과는 $x = a$, $y = b$ 가 $x^2 - py^2 = 1$ 의 기본해라는 사실에 모순된다. 따라서 $p \mid \frac{a+1}{2}$ 이다.

그러므로, $\frac{a+1}{2p}$, $\frac{a-1}{2}$ 은 양의 정수이며 (*) 에 의하여

$$\left(\frac{b}{2}\right)^2 = \frac{a+1}{2p}\cdot\frac{a-1}{2}$$

이고 또 $\frac{a+1}{2p}\cdot p + \frac{a-1}{2}\cdot(-1) = 1$ 이므로 $\frac{a+1}{2p}$ 과 $\frac{a-1}{2}$ 은 서로 소이다. 따라서 정리 7.1.4 에 의하여

$$\frac{a+1}{2p} = r^2, \quad \frac{a-1}{2} = s^2$$

인 양의 정수 r, s 가 존재한다. 그런데,

$$2s^2 + 2 = a+1 = 2pr^2 \quad 즉 \quad s^2 - pr^2 = -1$$

이므로 $x = s$, $y = r$ 는 방정식 $x^2 - py^2 = -1$ 의 양의 정수해이다.

그리고, 정리 8.5.6 에 의하여 $\sqrt{p}$ 의 연분수 전개의 주기는 홀수이다.

방정식 $x^2 - dy^2 = \pm 4$ 에 대해서는 [해설 8.5] 를 참조하기 바란다.

연 습 문 제 (8.5)

1. 표 8을 이용하여 다음 방정식의 기본해를 구하여라.

(1) $x^2 - 5y^2 = -1$ (2) $x^2 - 13y^2 = -1$

(3) $x^2 - 23y^2 = 1$ (4) $x^2 - 41y^2 = -1$

2. 두 정수 h, k에 대하여 $x = h,\ y = k$가 부정방정식 $x^2 - dy^2 = -1$의 해이면, $x = 2h^2 + 1,\ y = 2hk$는 부정방정식 $x^2 - dy^2 = 1$의정수해임을 증명하여라.

3. 양의 정수 d가 제곱수가 아닐 때,

$$d \equiv 0 \pmod 4 \quad \text{또는} \quad d \equiv 3 \pmod 4$$

이면, 부정방정식 $x^2 - dy^2 = -1$의 정수해는 존재하지 않고 따라서 $\sqrt{d}$의 연분수 전개의 주기는 짝수임을 밝혀라.

4. 양의 정수 d가 제곱수가 아닐 때,

$$d \equiv 1 \pmod 4 \quad \text{또는} \quad d \equiv 2 \pmod 4$$

일 때, 부정방정식 $x^2 - dy^2 = -1$의 정수해가 존재하는 예를 들어라.

5. 양의 정수 d가 제곱수가 아닌 경우에 $p \equiv 3 \pmod 4$인 소인수 p를 가지면, 부정방정식 $x^2 - dy^2 = -1$의 정수해는 존재하지 않음을 밝혀라.

6. $x = a,\ y = b$가 부정방정식 $x^3 - 2y^3 = 1$의 양의 정수해일 때,

$$\left| \frac{a}{b} - \sqrt[3]{2} \right| < \frac{1}{3b^3}$$

임을 밝히고 $\dfrac{a}{b}$는 $\sqrt[3]{2}$의 한 근사분수임을 밝혀라.

7. 양의 정수 d가 제곱수가 아닐 때, 방정식 $x^2 - dy^2 = c$가 양의 정수해를 가지면 이 방정식은 무한히 많은 양의 정수해를 가짐을 증명하여라.

라그랑주

라그랑주(Joseph Lous Lagrange, 1736 ~ 1813)는 이탈리아에서 태어나 투린 대학교에서 물리학과 수학을 공부하였다. 그는 19세에 투린에 있는 왕립 포병학교 교수직을 발령 받았으며 1766년에 독일의 Frederik 대왕의 초청을 받아 왕립 학사원에서 20년간 일하다가 1787년에 루이 16세의 초청을 받아 프랑스 학사원에서 일하였다.

Fermat는

'자연수 n이

$$n = 4^m (8k + 7) \qquad (m \geq 0,\ k \geq 0)$$

의 꼴이면, n은 세 제곱수의 합으로 나타낼 수 없다.'

라는 사실을 예측하였고 이것을 1798년에 Lagrange가 증명하였다(정리 7.4.1). 이 사실은 1801년 Gauss가 좀더 명확한 증명을 제시하였다.

바쉐(Bachet)는 1621년에

'모든 자연수는 네 제곱수의 합으로 나타낼 수 있다.'

라는 사실을 예측하였고 15년이 지난 후에 Fermat가 증명하였다고 주장하였으나, 실제로는 1772년에 Lagrange가 이 예측을 증명하였다.

라그랑주는 그의 논문에서 연분수 전개를 이용하여 방정식의 실근의 근사값을 구하는 방법을 발표하였다. 라그랑주는 1768년에 무리수 $\sqrt{d}$의 연분수 전개를 이용하여 부정방정식 $x^2 - dy^2 = 1$의 정수해를 구하는 방법에 대한 최초로 엄밀한 증명을 발표하였다. 실제로는 1759년에 Euler가 이 문제를 연구하였으나 성공하지 못하였다.

라그랑주는 Wilson이 예측하였던 Wilson의 정리를 증명하였고, 또 ± 2, ± 5가 이차잉여일 조건을 연구하였다. 또, 그는 대수학 분야에서는 군(群, group)에 관한 기본 성질을 증명하였으며, 엄밀한 기초 위에서 군론(群論, group theory)을 전개하는 과정을 연구하였다([1] 참조).

제 9 장

素數와 원시근

'순수 물리학의 목적은 認知 가능한 세계의 법칙을 규명하는 데 있고, 순수 수학의 목적은 인간 知性의 법칙을 밝히는 데 있다.'

'The object of pure Physics is the unfolding of the laws of the intelligible world; the object of pure Mathematics that of unfolding the laws of human intelligence.'

——— *J.J. Sylvester*

이 장에서는, 제 4 장, 제 5 장, 제 6 장에서 논한 정리를 이용하여 원시근의 존재성, 원시근과 이항합동식, 원시근과 素數의 판정 등에 대하여 논하고, 또 여러 가지 알고리즘을 소개한다.

이 장의 각 절에서 논하는 내용은 독립적이므로 이 장의 일부 또는 전부를 생략하여도 좋다.

§9.1 원시근의 존재성

이 절에서는, 원시근의 존재성에 대하여 논한다.

정리 9.1.1 두 정수 $m_1\ (\geq 3)$, $m_2\ (\geq 3)$ 가 서로 소일 때, $m = m_1 m_2$ 이라고 하면, m 의 원시근은 존재하지 않는다.

증 명 이제 a 를 $(a, m) = 1$ 인 정수라고 하자. 이 때, 정리 1.5.9 에 의하여 $(a, m_1) = (a, m_2) = 1$ 이므로 정리 5.1.6 에 의하여 다음이 성립한다.

$$\operatorname{ord}_m a \leq [\varphi(m_1), \varphi(m_2)]$$

한편, $m_1 \geq 3$, $m_2 \geq 3$ 이므로 정리 4.3.6 에 의하여 $\varphi(m_1)$ 과 $\varphi(m_2)$ 는 짝수이고 따라서 $[\varphi(m_1), \varphi(m_2)] < \varphi(m_1)\varphi(m_2)$ 이므로

$$\begin{aligned}\operatorname{ord}_m a &\leq [\varphi(m_1), \varphi(m_2)] \\ &< \varphi(m_1)\varphi(m_2) = \varphi(m)\end{aligned}$$

이고, 따라서 a 는 m 의 원시근이 아니다.

그러므로, m 의 원시근은 존재하지 않는다.

위의 정리에 의하여, 양의 정수 m 이

$$2^k,\ p^k,\ 2p^k \qquad (p \text{ 는 홀수인 素數, } k \geq 1)$$

의 꼴인 경우에 대하여 m 의 원시근이 존재하는지를 조사하면 된다.

분명히 1 은 2 의 원시근이고 3 은 4 의 원시근이다.

정리 9.1.2 $k \geq 3$ 일 때, 법 2^k 의 원시근은 존재하지 않는다.

실제로, 홀수인 정수 a 와 $k \geq 3$ 인 정수 k 에 대하여 다음이 성립한다.

$$a^{\frac{\varphi(2^k)}{2}} \equiv 1 \pmod{2^k} \quad \text{즉} \quad a^{2^{k-2}} \equiv 1 \pmod{2^k}$$

증 명 먼저 a가 홀수일 때, 다음이 성립함을 증명하기로 한다.

$$(*) \qquad a^{2^{k-2}} \equiv 1 \pmod{2^k}, \qquad k \geq 3$$

먼저 $a \equiv \pm 1 \pmod 8$ 또는 $a \equiv \pm 3 \pmod 8$ 이고, 또

$a \equiv \pm 1 \pmod 8$ 이면 $a^2 \equiv (\pm 1)^2 \equiv 1 \pmod 8$ 이고

$a \equiv \pm 3 \pmod 8$ 이면 $a^2 \equiv (\pm 3)^2 \equiv 1 \pmod 8$ 이다.

따라서 홀수인 정수 a에 대하여 $a^2 \equiv 1 \pmod{2^3}$ 이므로 $k = 3$ 일 때 $(*)$가 성립한다.

이제 $k \geq 3$ 일 때 $(*)$가 성립한다고 가정하면, 적당한 정수 c에 대하여 $a^{2^{k-2}} = 1 + 2^k c$ 이고 이때 다음이 성립한다.

$$a^{2^{k-1}} \equiv (1 + 2^k c)^2 \equiv 1 + 2^{k+1} c + 2^{2k} c^2 \equiv 1 \pmod{2^{k+1}}$$

따라서 $k \geq 3$ 인 정수 k에 대하여 $a^{2^{k-2}} \equiv 1 \pmod{2^k}$ 이다.

그러므로, $k \geq 3$ 일 때, 2^k의 원시근은 존재하지 않는다.

다음에 홀수인 素數 p에 대하여 생각해 보자.

정리 9.1.3 홀수인 素數 p에 대하여 g가 p의 원시근일 때, $g+p$도 p의 원시근이고 또 다음 중에서 하나가 성립한다.

(i) $g^{p-1} \not\equiv 1 \pmod{p^2}$ (ii) $(g+p)^{p-1} \not\equiv 1 \pmod{p^2}$

증 명 정리 5.2.3에 의하여 p의 원시근이 존재한다.

이제 p의 원시근 g에 대하여 $g^{p-1} \equiv 1 \pmod{p^2}$ 이라고 하자,

이 때, $h = g+p$ 라고 하면, $h \equiv g \pmod p$ 이므로 정리 5.2.2에 의하여 h는 p의 원시근이고 다음이 성립한다.

$$\begin{aligned} h^{p-1} &\equiv (g+p)^{p-1} \\ &\equiv g^{p-1} + (p-1)g^{p-2}p + \binom{p-1}{2} g^{p-3}p^2 + \cdots + p^{p-1} \\ &\equiv g^{p-1} + (p-1)g^{p-2}p \equiv 1 - pg^{p-2} \pmod{p^2} \end{aligned}$$

그런데, $g^{p-2} \not\equiv 0 \pmod{p}$ 이므로 $pg^{p-2} \not\equiv 0 \pmod{p^2}$ 이고 따라서 $h^{p-1} \equiv 1 - pg^{p-2} \not\equiv 1 \pmod{p^2}$ 이다.

따름정리 9.1.4 정수 p가 홀수인 素數일 때, p^2의 원시근이 존재한다.
실제로, g가 p의 원시근이면, g 또는 $g+p$는 p와 p^2의 원시근이다.

증 명 홀수인 素數 p의 원시근 g에 대하여 $r = \text{ord}_{p^2} g$ 이라고 하자.
이 때, $r \mid \varphi(p^2)$ 즉 $r \mid p(p-1)$ 이고, 또한 $g^r \equiv 1 \pmod{p^2}$ 이므로 $g^r \equiv 1 \pmod{p}$ 이고 따라서 $(p-1) \mid r$ 이므로 다음 중 하나가 성립한다.

(i) $r = p-1$ (ii) $r = p(p-1) = \varphi(p^2)$

먼저 $r = \varphi(p^2)$ 이면, g는 p와 p^2의 원시근이다.
다음에 $r = p-1$ 이면, $g^{p-1} \equiv 1 \pmod{p^2}$ 이므로 정리 9.1.3에 의하여 $g+p$는 p의 원시근이고 $(g+p)^{p-1} \not\equiv 1 \pmod{p^2}$ 이므로 앞의 증명에 의하여 $\text{ord}_{p^2}(g+p) = \varphi(p^2)$ 이고 따라서 $g+p$는 p와 p^2의 원시근이다.

보기 9.1.1 정수 7의 원시근은 3과 5뿐이다. 또, $\varphi(7) = 6$ 이고

$$3^6 \equiv 3^4 \cdot 3^2 = 32 \cdot 9 \equiv 43 \not\equiv 1 \pmod{7^2},$$

$$5^6 \equiv (5^3)^2 \equiv 27^2 \equiv 43 \not\equiv 1 \pmod{7^2}$$

이므로 3과 5는 7의 원시근인 동시에 7^2의 원시근이다.
한편, $\varphi(\varphi(7^2)) = \varphi(42) = 12$ 이므로 7^2의 원시근은 12개 존재하고 또 $(i, 42) = 1$ 일 때 그리고 이때에만 $a \equiv 3^i \pmod{7^2}$ 은 7^2의 원시근이다(정리 5.2.2).

정리 9.1.5 정수 p가 홀수인 素數일 때, 모든 양의 정수 k에 대하여 p^k의 원시근이 존재한다.
실제로, p의 원시근 중에는 $g^{p-1} \not\equiv 1 \pmod{p^2}$ 인 원시근 g가 존재하며 이와 같은 g는 p^k의 원시근이다.

증 명 정리 9.1.3에 의하여 p의 원시근 중에는 $g^{p-1} \not\equiv 1 \pmod{p^2}$인 원시근 g가 존재한다. 이제 다음이 성립함을 증명한다.

$$(*) \qquad g^{p^{k-2}(p-1)} \not\equiv 1 \pmod{p^k} \qquad (k \geq 2)$$

먼저 $g^{p-1} \not\equiv 1 \pmod{p^2}$이므로 $k = 2$일 때 (*)는 성립한다.

다음에 $k \geq 2$일 때 (*) 가 성립한다고 가정하자.

이 때, $(g, p^{k-1}) = 1$이므로 Euler의 정리(정리 4.4.4)에 의하여

$$g^{p^{k-2}(p-1)} \equiv g^{\varphi(p^{k-1})} \equiv 1 \pmod{p^{k-1}}$$

이고 따라서 적당한 정수 c에 대하여 $g^{p^{k-2}(p-1)} = 1 + p^{k-1}c$이다. 여기서, (*)에 의하여 $p \nmid c$ 즉 $(c, p) = 1$이므로

$$\begin{aligned} g^{p^{k-1}(p-1)} &\equiv (g^{p^{k-2}(p-1)})^p \equiv (1+p^{k-1}c)^p \\ &\equiv 1 + p^k c + \binom{p}{2}(p^{k-1}c)^2 + \cdots + (p^{k-1}c)^p \\ &\equiv 1 + p^k c \not\equiv 1 \pmod{p^{k+1}} \end{aligned}$$

이고, 따라서 $k+1$일 때에도 (*) 는 성립한다.

그러므로, 모든 정수 $k\ (\geq 2)$에 대하여 (*)가 성립한다.

다음에 정수 $k\ (\geq 2)$에 대하여 $r = \text{ord}_{p^k}\, g$이라고 하자.

이 때, $\varphi(p^k) = p^{k-1}(p-1)$이므로 $r \mid p^{k-1}(p-1)$이다(정리 5.1.2). 또, $g^r \equiv 1 \pmod{p^k}$이므로 $g^r \equiv 1 \pmod{p}$이고 따라서 $(p-1) \mid r$이므로 적당한 정수 $t\ (0 \leq t \leq k-1)$에 대하여 $r = p^t(p-1)$이다.

한편, $0 \leq t \leq k-2$이면,

$$g^{p^{k-2}(p-1)} \equiv (g^{p^t(p-1)})^{p^{k-2-t}} \equiv 1^{p^{k-2-t}} \equiv 1 \pmod{p^k}$$

으로 되어 (*)에 모순된다.

따라서 $r = p^{k-1}(p-1) = \varphi(p^k)$이므로 g는 p^k의 원시근이다.

보기 9.1.2 정수 3은 7의 원시근이고 또 $3^6 \equiv 43 \not\equiv 1 \pmod{7^2}$이다 (보기 9.11). 따라서 모든 양의 정수 k에 대하여 3은 7^k의 원시근이다.

정리 9.1.6 정수 p가 홀수인 素數일 때, 모든 양의 정수 k에 대하여 $2p^k$의 원시근이 존재한다. 실제로, g가 p^k의 원시근일 때 다음이 성립한다.

(1) g가 홀수이면, g는 $2p^k$의 원시근이다.

(2) g가 짝수이면, $g+p^k$은 $2p^k$의 원시근이다.

증 명 이제 g를 p^k의 원시근이라고 하자.

먼저 g가 홀수인 경우를 생각해 보자.

이 경우에 모든 양의 정수 i 에 대하여 $g^i \equiv 1 \pmod 2$ 이므로

$$g^i \equiv 1 \pmod{2p^k} \Longleftrightarrow g^i \equiv 1 \pmod{p^k}$$

이고 따라서

$$\text{ord}_{2p^k}\, g = \text{ord}_{p^k}\, g = \varphi(p^k) = \varphi(2p^k)$$

이므로 g는 $2p^k$의 원시근이다.

다음에 g가 짝수인 경우를 생각해 보자.

이 경우에 $g+p^k$은 홀수이고 $g+p^k \equiv g \pmod{p^k}$ 이므로 정리 5.2.2에 의하여 $g+p^k$는 홀수이고 p^k의 원시근이다. 따라서 위의 증명에 의하여 $g+p^k$은 $2p^k$의 원시근이다.

보기 9.1.3 정수 5에 대하여 $\varphi(5) = 4$ 이고

$$2^2 \equiv 4,\quad 2^3 \equiv 3,\quad 2^4 \equiv 1 \pmod 5$$
$$3^2 \equiv 4,\quad 3^3 \equiv 2,\quad 3^4 \equiv 1 \pmod 5$$

이므로 2와 3은 5의 원시근이다. 그런데,

$$2^4 \equiv 16 \not\equiv 1\ (5^2),\qquad 3^4 \equiv 6 \not\equiv 1\ (5^2)$$

이므로 2와 3은 5의 원시근인 동시에 5^2의 원시근이다.

따라서 $a \equiv 2^i \pmod{5^2}$ 이라고 하면, $(i, 20) = 1$ 일 때 그리고 이때에만 a는 5^2의 원시근이고 $\varphi(\varphi(5^2)) = \varphi(20) = 8$ 이므로 5^2의 원시근은 8개 존재한다(정리 5.2.2).

그리고, 3은 홀수이므로 3은 $2 \cdot 5^2$의 원시근이기도 하다.

이제까지 증명한 정리로부터 다음 정리를 얻는다.

정리 9.1.7 양의 정수 m이 다음과 같은 꼴의 정수일 때 그리고 이때에만 m의 원시근이 존재한다.

$$2,\ 4,\ p^k,\ 2p^k \qquad (p\text{는 홀수인 素數},\ k \ge 1)$$

다음 정리는 $k \ge 3$인 경우에 2^k의 기약잉여계를 제시해 준다.

정리 9.1.8 양의 정수 $k\ (\ge 3)$에 대하여 다음이 성립한다.

(1) $\mathrm{ord}_{2^k} 5 = 2^{k-2} = \dfrac{\varphi(2^k)}{2}$

(2) $R = \{\pm 1, \pm 5, \pm 5^2, \cdots, \pm 5^{2^{k-2}-1}\}$는 법 2^k에 관한 기약잉여계이다.

증 명 먼저 $k \ge 3$인 모든 정수 k에 대하여 다음이 성립함을 증명한다.

$$(*) \qquad 5^{2^{k-3}} \equiv 1 + 2^{k-1} \pmod{2^k}$$

먼저 $5^{2^0} \equiv 5 \equiv 1 + 2^2 \pmod{2^3}$이므로 $k = 3$일 때 (*)는 성립한다.

이제 $k \ge 3$일 때, (*)가 성립한다고 가정하자.

이 때, 적당한 정수 c에 대하여

$$5^{2^{k-3}} = 1 + 2^{k-1} + 2^k c$$

이고 여기서 $k+1 < 2k$, $k+1 \le 2k-2$이므로 다음이 성립한다.

$$\begin{aligned} 5^{2^{k-2}} &\equiv (1+2^{k-1})^2 + (1+2^{k-1})2^{k+1}c + 2^{2k}c^2 \\ &\equiv (1+2^{k-1})^2 \equiv 1 + 2^k + 2^{2k-2} \equiv 1 + 2^k \pmod{2^{k+1}} \end{aligned}$$

따라서 $k \ge 3$인 모든 정수 k에 대하여 (*)가 성립한다.

이 결과에 의하여 특히 $5^{2^{k-3}} \not\equiv 1 \pmod{2^k}$이고 정리 9.1.2에 의하여 $5^{2^{k-2}} \equiv 1 \pmod{2^k}$이므로 $\mathrm{ord}_{2^k} 5 = 2^{k-2}$이다.

한편, $|R| = 2^{k-1} = \varphi(2^k)$이고, $\mathrm{ord}_{2^k} 5 = 2^{k-2}$이므로 2^{k-2}개의 정수

$$1,\ 5,\ 5^2,\ \cdots,\ 5^{2^{k-2}-1}$$

은 어느 둘도 법 2^k에 관하여 합동이 아니고 이들 정수는 모두 2^k와 서로 소이다(정리 5.1.3). 따라서 2^{k-2} 개의 정수

$$-1,\ -5,\ -5^2,\ \cdots,\ -5^{2^{k-2}-1}$$

은 어느 둘도 법 2^k에 관하여 합동이 아니고 이들 정수는 모두 2^k와 서로 소이다. 그리고, 정수 i, j $(i \ge 0,\ j \ge 0)$에 대하여

$$5^i \equiv 1^i \equiv 1 \pmod 4, \quad -5^j \equiv -1 \not\equiv 1 \pmod 4$$

이므로 $5^i \not\equiv -5^j \pmod 4$ 이고 따라서 다음이 성립한다.

$$5^i \not\equiv -5^j \pmod{2^k} \qquad (i \ge 0,\ j \ge 0)$$

따라서 R에 속하는 2^{k-1} 개의 원소는 어느 둘도 법 2^k에 관하여 합동이 아니므로, R는 법 2^k에 관한 기약잉여계이다.

연 습 문 제 (9.1)

1. 정수 g가 홀수인 素數 p의 원시근일 때, g가 p^2의 원시근이 아니면 $\mathrm{ord}_{p^2}\, g = p-1$ 임을 증명하여라.

2. 보기 9.1.3 의 결과를 이용하여 25 의 원시근을 모두 구하여라. 그리고, 50 의 원시근을 모두 구하여라.

3. 정수 13 의 원시근을 모두 구하고, 또 26 의 원시근을 모두 구하여라.

4. 정수 3^2 의 원시근을 모두 구하고, 또 3^3 의 원시근을 모두 구하여라.

5. 임의의 양의 정수 k에 대하여 3 은 $2 \cdot 7^k$ 의 원시근인지를 확인하여라.

6. 정수 3 은 17 의 원시근이다. 이 사실을 이용하여 다음이 성립함을 밝혀라.
   (1) 모든 양의 정수 k에 대하여 3 은 17^k 과 $2 \cdot 17^k$ 의 원시근이다.
   (2) 네 정수 $3,\ 3^3,\ 3^5,\ 3^9$ 은 모두 17^2 과 $2 \cdot 17^2$ 의 원시근이다.
   (3) 두 정수 $3^4,\ 3^{17}$ 은 모두 17^2 의 원시근이 아니다.

§9.2 원시근과 이항합동식

이 절에서는, §4.5 와 §5.2 에서 논한 정리를 원시근을 가지는 양의 정수에 대한 정리로 확장한다. 양의 정수 m 이

$$2,\ 4,\ p^k,\ 2p^k \qquad (p\text{는 홀수인 素數},\ k \geq 1)$$

와 같은 꼴일 때 그리고 이때에만 m 의 원시근이 존재한다(정리 9.1.7).

정리 9.2.1 정수 m (≥ 3) 에 대하여 m 의 원시근이 존재할 때, 합동식

$$x^n \equiv a \pmod{m}, \qquad (a, m) = 1$$

에서 $d = (n, \varphi(m))$ 이라고 하면, $a^{\frac{\varphi(m)}{d}} \equiv 1 \pmod{m}$ 일 때 그리고 이때에만 이 합동식은 해를 가진다.

그리고, 위의 합동식의 해가 존재하면, 이 합동식은 d 개의 해를 가진다.

증 명 합동식은 $x^n \equiv a \pmod{m}$ 는 다음 합동식과 동치이다(정리 5.3.2).

$$n \operatorname{ind}_g x \equiv \operatorname{ind}_g a \pmod{\varphi(m)}$$

정리 3.3.4 에 의하여, 위의 $\operatorname{ind}_g x$ 에 관한 일차합동식은 $d \mid \operatorname{ind}_g a$ 일 때 그리고 이때에만 해를 가지며, 해를 가지는 경우에 위의 합동식은 법 $\varphi(m)$ 에 관하여 d 개의 해를 가진다. 그런데, $\varphi(m) = de$ 이라고 하면, 다음이 성립하므로 정리의 결론을 얻는다.

$$\begin{aligned} d \mid \operatorname{ind}_g a &\Leftrightarrow de \mid e \operatorname{ind}_g a \text{ 즉 } \varphi(m) \mid e \operatorname{ind}_g a \\ &\Leftrightarrow e \operatorname{ind}_g a \equiv 0 \pmod{\varphi(m)} \\ &\Leftrightarrow \operatorname{ind}_g a^e \equiv 0 \pmod{\varphi(m)} \\ &\Leftrightarrow a^e \equiv 1 \pmod{m} \\ &\Leftrightarrow a^{\frac{\varphi(m)}{d}} \equiv 1 \pmod{m} \end{aligned}$$

다음 정리는 정리 9.2.1 의 특별한 경우이다.

정리 9.2.2 정수 m (≥ 3) 의 원시근이 존재하는 경우에, d 차의 합동식

$$x^d \equiv a \pmod{m}, \qquad (a, m) = 1$$

에서 $d \mid \varphi(m)$ 이면,

$$a^{\frac{\varphi(m)}{d}} \equiv 1 \pmod{m}$$

일 때 그리고 이 때에만 위의 합동식은 해를 가진다.

또, 이 합동식의 해가 존재하면, 이 합동식은 d 개의 해를 가진다.

정리 9.2.3 정수 m (≥ 3) 에 대하여 m 의 원시근이 존재할 때, 합동식

$$x^2 \equiv a \pmod{m}, \qquad (a, m) = 1$$

에 대하여 다음이 성립한다.

(1) $a^{\frac{\varphi(m)}{2}} \equiv 1 \pmod{m}$ 일 때 그리고 이때에만 위의 합동식은 해를 가진다. 또, 이 합동식의 해가 존재하면, 이 합동식은 두 개의 해를 가진다.

(2) 합동식 $x^2 \equiv 1 \pmod{m}$ 은 두 해 $x \equiv \pm 1 \pmod{m}$ 을 가진다.

(3) $\varphi(m) = 4k$ 이면, 합동식 $x^2 \equiv -1 \pmod{m}$ 은 해를 가진다.

증 명 정리 4.3.5 에 의하여 $m \geq 3$ 이면 $\varphi(m)$ 는 짝수이다.

(1) 정리 9.2.1 에 의하여 (1) 의 앞 부분이 성립한다.

이제 $x \equiv c \pmod{m}$ 를 이 합동식의 해라고 하면, $c^2 \equiv a \pmod{m}$ 이므로 $(c^2, m) = (a, m) = 1$ 이고 따라서 $(c, m) = 1$ 이다(정리 3.5.1 과 따름정리 1.5.10). 그리고, $x \equiv -c \pmod{m}$ 도 이 합동식의 해이고, 한편, $c \equiv -c \pmod{m}$ 이라고 가정하면, $m \mid 2c$ 이므로 $m \mid 2$ 로 되어 모순이 생긴다. 따라서 이 합동식은 두 해 $x \equiv \pm c \pmod{m}$ 를 가진다.

(2), (3) 은 위의 (1) 에 의하여 성립한다.

정리 9.2.4 정수 m (≥ 3) 의 원시근이 존재할 때, 이항합동식

$$x^{\frac{\varphi(m)}{2}} \equiv b \pmod{m}$$

의 해가 존재한다면, $b \equiv \pm 1 \pmod{m}$ 이다.

증 명 이항합동식 $x^{\frac{\varphi(m)}{2}} \equiv b \pmod{m}$ 의 해 $x \equiv c \pmod{m}$ 가 존재한다면, $c^{\frac{\varphi(m)}{2}} \equiv b \pmod{m}$ 이므로 Euler 의 정리에 의하여

$$b^2 \equiv (c^{\frac{\varphi(m)}{2}})^2 \equiv c^{\varphi(m)} \equiv 1 \pmod{m}$$

이고 따라서 정리 9.2.3 에 의하여 $b \equiv \pm 1 \pmod{m}$ 이다.

정리 9.2.5 정수 $m\ (\geq 3)$ 에 대하여 m 의 원시근 g 가 존재하는 경우에 $(a, m) = 1$ 인 정수 a 에 대하여 다음 중에서 단 하나가 성립한다.

(i) $a^{\frac{\varphi(m)}{2}} \equiv 1 \pmod{m}$ (ii) $a^{\frac{\varphi(m)}{2}} \equiv -1 \pmod{m}$

특히, $g^{\frac{\varphi(m)}{2}} \equiv -1 \pmod{m}$ 이다.

증 명 Euler 의 정리에 의하여 $(a^{\frac{\varphi(m)}{2}})^2 \equiv a^{\varphi(m)} \equiv 1 \pmod{m}$ 이므로 정리 9.2.3 에 의하여 (i), (ii) 중에서 하나가 성립한다.

그런데, $1 \not\equiv -1 \pmod{m}$ 이므로 (i), (ii) 중에서 단 하나가 성립한다.

특히, $g^{\frac{\varphi(m)}{2}} \not\equiv 1 \pmod{m}$ 이므로 $g^{\frac{\varphi(m)}{2}} \equiv -1 \pmod{m}$ 이다.

정리 9.2.6 정수 $m\ (\geq 3)$ 에 대하여 m 의 원시근 g 가 존재하는 경우에 $\varphi(m)$ 의 양의 약수 d 에 대하여 합동식 $x^d \equiv 1 \pmod{m}$ 은 d 개의 해를 가지며 그 해 전체는 다음과 같다.

$$x \equiv g^{\frac{\varphi(m)}{d} i} \pmod{m} \qquad (1 \leq i \leq d)$$

증 명 정리 5.2.2 에 의하여 $R = \{g^1, g^2, \cdots, g^{\varphi(m)}\}$ 는 법 m 에 관한 기약잉여계이고, 또 원소 $g^k \in R$ 에 대하여 다음이 성립한다(정리 3.3.3).

$$\begin{aligned} &(g^k)^d \equiv 1 \pmod{m} \\ \Longleftrightarrow\ & kd \equiv 0 \pmod{\varphi(m)} \\ \Longleftrightarrow\ & k \equiv 0 \pmod{\frac{\varphi(m)}{d}} \end{aligned}$$

그리고, 양의 정수 i, j 에 대하여 다음이 성립한다(정리 5.2.2. 정리 3.3.3).

$$\begin{aligned} & g^{\frac{\varphi(m)}{d} i} \equiv g^{\frac{\varphi(m)}{d} j} \pmod{m} \\ \Longleftrightarrow\ & \frac{\varphi(m)}{d} i \equiv \frac{\varphi(m)}{d} j \pmod{\varphi(m)} \\ \Longleftrightarrow\ & i \equiv j \pmod{d} \end{aligned}$$

따라서 정리가 성립한다.

앞의 정리에 의하여 다음 정리가 성립한다. 이들 두 정리는 정리 5.2.5 를 일반화한 것이다.

정리 9.2.7 정수 $m\ (\geq 3)$ 에 대하여 m 의 원시근 g 가 존재할 때, 다음이 성립한다.

(1) 이항합동식 $x^{\frac{\varphi(m)}{2}} \equiv 1 \pmod{m}$ 의 $\frac{\varphi(m)}{2}$ 개의 해 전체는 다음과 같다.

$$x \equiv g^{2i} \pmod{m} \qquad (1 \leq i \leq \frac{\varphi(m)}{2})$$

(2) 이항합동식 $x^{\frac{\varphi(m)}{2}} \equiv -1 \pmod{m}$ 의 $\frac{\varphi(m)}{2}$ 개의 해 전체는 다음과 같다.

$$x \equiv g^{2i-1} \pmod{m} \qquad (1 \leq i \leq \frac{\varphi(m)}{2})$$

정리 9.2.3 과 위의 정리에 의하여 다음 두 따름정리가 성립한다.

따름정리 9.2.8 정수 $m\ (\geq 3)$ 에 대하여 m 의 원시근 g 가 존재할 때, $(a, m) = 1$ 인 정수 a 에 대하여 다음 세 조건은 서로 동치이다.

(1) 이차합동식 $x^2 \equiv a \pmod{m}$ 는 해는 두 해를 가진다.

(2) $a^{\frac{\varphi(m)}{2}} \equiv 1 \pmod{m}$

(3) 적당한 $i\ (1 \leq i \leq \frac{\varphi(m)}{2})$ 에 대하여 $a \equiv g^{2i} \pmod{m}$ 이다.

따름정리 9.2.9 정수 $m\ (\geq 3)$ 에 대하여 m 의 원시근 g 가 존재할 때, $(a, m) = 1$ 인 정수 a 에 대하여 다음 세 조건은 서로 동치이다.

(1) 이차합동식 $x^2 \equiv a \pmod{m}$ 는 해를 가지지 않는다.

(2) $a^{\frac{\varphi(m)}{2}} \equiv -1 \pmod{m}$

(3) 적당한 $i\ (1 \leq i \leq \frac{\varphi(m)}{2})$ 에 대하여 $a \equiv g^{2i-1} \pmod{m}$ 이다.

연 습 문 제 (9.2)

1. 정수 2 가 素數 19 의 원시근임을 이용하여 다음 물음에 답하여라.
   (1) 정수 素數 19 의 원시원소를 모두 구하여라.
   (2) 위에서 구한 정수는 모두 19^2 의 원시근임을 밝혀라.
   (3) 이항합동식 $x^{\frac{\varphi(19^2)}{2}} \equiv 1 \pmod{19^2}$ 의 해 전체를 구하여라.
   (4) 이항합동식 $x^{\frac{\varphi(19^2)}{2}} \equiv -1 \pmod{19^2}$ 의 해 전체를 구하여라.

2. 정수 $m\ (\geq 3)$ 에 대하여 다음 두 조건은 서로 동치임을 증명하여라.
   (1) 정수 m 의 원시근이 존재한다.
   (2) 이차합동식 $x^2 \equiv 1 \pmod{m}$ 의 해는 $x \equiv \pm 1 \pmod{m}$ 뿐이다.

3. 홀수인 素數 p 에 대하여 g 가 p^2 의 원시근일 때, 이항합동식

$$x^{\frac{p-1}{2}} \equiv 1 \pmod{p^2}$$

의 해를 모두 구하여라.

4. 정수 $m\ (\geq 3)$ 에 대하여 m 의 원시근 g 가 존재할 때, 이항합동식

$$a^x \equiv b \pmod{m}, \qquad (a, m) = 1$$

가 해를 가지기 위한 필요충분조건은 $(\operatorname{ind}_g a, \varphi(m)) \mid \operatorname{ind}_g b$ 임을 밝혀라.

§9.3 원시근과 素數

이 절에서는, 원시근과 素數를 판정하는 몇 가지 방법에 대하여 논하기로 한다.

정리 9.3.1 (Lucas) 정수 $m\ (\geq 3)$ 에 대하여 다음 두 조건을 만족시키는 정수 a 가 존재한다고 하자.

(i) $a^{m-1} \equiv 1 \pmod{m}$

(ii) $m-1$ 의 모든 소인수 q 에 대하여 $a^{\frac{m-1}{q}} \not\equiv 1 \pmod{m}$ 이다.

이 때, m 은 素數이고 a 는 m 의 원시근이다.

증 명 조건 (i) 에 의하여 $(a, m) = 1$ 이다(정리 3.5.1).

이제 $\text{ord}_m a = r$ 라고 하면, 정리 5.1.2 에 의하여 $r \mid \varphi(m)$ 이고 $m \geq 3$ 이므로 $r \leq \varphi(m) \leq m-1$ 이다(문제 4.3.5 참조). 또, 조건 (i) 와 정리 5.1.2 에 의하여 $r \mid (m-1)$ 이므로 $m-1 = rs$ 인 양의 정수 s 가 존재한다.

다음에 $s > 1$ 이라고 가정하자.

이 때, s 의 소인수 q 가 존재하고 $s = qt$ 이라고 하면, $m-1 = rqt$ 이므로

$$a^{\frac{m-1}{q}} \equiv (a^r)^t \equiv 1^t \equiv 1 \pmod{m}$$

으로 되어 조건 (ii) 에 모순된다.

그러므로, $s = 1$ 이고, 따라서 $m-1 = r$ 이고 또

$$m-1 = r \leq \varphi(m) \leq m-1 \quad \text{즉} \quad r = \varphi(m) = m-1$$

이므로 m 은 素數이고 a 는 m 의 원시근이다.

정수 $m\ (\geq 3)$ 이 素數이면, $\varphi(m) = m-1$ 이고 m 의 원시근 a 가 존재하며 a 는 정리 9.3.1 의 두 조건을 만족시킨다(정리 5.2.3).

보기 9.3.1 양의 정수 $m = 1009$ 와 11 에 대하여 다음이 성립한다.

(1) $11^{1009-1} \equiv 1 \pmod{1009}$

(2) $1009-1 = 1008$ 의 소인수는 $2, 3, 7$ 뿐이고 또 이들 소인수에 대하여 다음과 같은 계산 결과를 얻는다.

$$11^{\frac{1008}{2}} \equiv 11^{504} \equiv 116504 \equiv -1 \not\equiv 1 \pmod{1009}$$

$$11^{\frac{1008}{3}} \equiv 11^{336} \equiv 374 \not\equiv 1 \pmod{1009}$$

$$11^{\frac{1008}{7}} \equiv 11^{144} \equiv 935 \not\equiv 1 \pmod{1009}$$

따라서 1009 는 素數이고 또 11 은 법 1009 에 관한 원시근이다.

다음 따름정리는 정리 9.3.1 의 두 조건을 약간 약화시킨 것이다.

따름정리 9.3.2 홀수 $m\ (\geq 3)$ 에 대하여 다음 두 조건을 만족시키는 정수 a 가 존재한다고 하자.

(i) $a^{\frac{m-1}{2}} \equiv -1 \pmod{m}$

(ii) $m-1$ 의 모든 홀수인 소인수 q 에 대하여 $a^{\frac{m-1}{q}} \not\equiv 1 \pmod{m}$ 이다.

이 때, m 은 홀수인 素數이고 a 는 m 의 원시근이다.

증 명 두 조건을 만족시키는 정수 a 가 존재한다고 하자.
이 때, 조건 (i) 에 의하여

$$a^{m-1} \equiv (a^{\frac{m-1}{2}})^2 \equiv (-1)^2 \equiv 1 \pmod{m}$$

이고, $m-1$ 의 소인수 2 에 대하여 $a^{\frac{m-1}{2}} \equiv -1 \not\equiv 1 \pmod{m}$ 이다.

이 결과와 조건 (ii) 에 의하여 a 는 정리 9.3.1 의 두 조건을 만족시키므로 m 은 素數이고 a 는 m 의 원시근이다.

정수 $m\ (\geq 3)$ 이 素數이면, $\varphi(m) = m-1$ 이고 또 m 의 원시근 a 가 존재하며 a 는 따름정리 9.3.3 의 두 조건을 만족시킨다(정리 5.2.4).

보기 9.3.2 홀수 $m = 2003$ 과 5 에 대하여 다음이 성립한다.

(1) $5^{\frac{2003-1}{2}} \equiv 5^{1001} \equiv -1 \pmod{2003}$

(2) $2003-1 = 2002$ 의 홀수인 소인수는 7, 11, 13 뿐이고 이들 소인수에 대하여 다음 결과를 얻는다.

$$5^{\frac{2002}{7}} \equiv 5^{286} \equiv 874 \not\equiv 1 \pmod{2003}$$

$$5^{\frac{2002}{11}} \equiv 5^{183} \equiv 886 \not\equiv 1 \pmod{2003}$$

$$5^{\frac{2002}{13}} \equiv 5^{154} \equiv 633 \not\equiv 1 \pmod{2003}$$

따라서 2003 은 素數이고 또 5 는 2003 의 원시근이다.

다음 정리는 정리 9.3.1 과 마찬가지 방법으로 증명할 수 있다(문제 1).

정리 9.3.3 정수 $m\ (\geq 3)$ 에 대하여 다음 두 조건을 만족시키는 정수 a 가 존재한다고 하자.

(i) $(a, m) = 1$

(ii) $\varphi(m)$ 의 모든 소인수 q 에 대하여 $a^{\frac{\varphi(m)}{q}} \not\equiv 1 \pmod{m}$ 이다.

이 때, a 는 m 의 원시근이다.

정리 9.3.4 정수 $m\ (\geq 3)$ 에 대하여 $m-1 = p_1^{e_1} p_2^{e_2} \cdots p_r^{e_r}$ 를 $m-1$ 의 표준분해라고 할 때, $m-1$ 의 각 소인수 p_i 에 대하여 다음 두 조건을 만족시키는 정수 a_i 가 존재한다고 하자.

(i) $a_i^{m-1} \equiv 1 \pmod{m} \qquad (1 \leq i \leq r)$

(ii) $a_i^{\frac{m-1}{p_i}} \not\equiv 1 \pmod{m} \qquad (1 \leq i \leq r)$

이 때, m 은 素數이다.

증 명 이제 $\mathrm{ord}_m a_i = r_i$ 라고 하자. 이 때, 두 조건 (i), (ii) 에 의하여

$$r_i \mid (m-1), \qquad r_i \nmid \frac{m-1}{p_i}$$

이므로 $p_i^{e_i} \mid r_i$ 임을 알 수 있다. 그런데, 각 r_i 에 대하여 $r_i \mid \varphi(m)$ 이므로 이 결과는 $p_i^{e_i} \mid \varphi(m)$ 임을 뜻하고 따라서 $(m-1) \mid \varphi(m)$ 이다.

그러므로, $\varphi(m) = m-1$ 이므로 m 은 素數이다(문제 4.3.4).

보기 9.3.3 정수 $m = 997$ 에 대하여 $m-1$ 의 소인수는 $2, 3, 83$ 뿐이고 또 $3, 5, 7$ 에 대하여 다음이 성립한다.

$$3^{\frac{996}{83}} \equiv 3^{12} \equiv 40 \pmod{997}, \qquad 3^{996} \equiv 40^{83} \equiv 1 \pmod{997},$$

$$5^{\frac{996}{2}} \equiv 5^{498} \equiv -1 \pmod{997}, \quad 5^{996} \equiv (-1)^2 \equiv 1 \pmod{997},$$

$$7^{\frac{996}{3}} \equiv 7^{332} \equiv 304 \pmod{997}, \quad 7^{996} \equiv 304^3 \equiv 1 \pmod{997}$$

따라서 정리 9.3.4 에 의하여 997 은 素數이다.

앞의 정리 9.3.4 를 이용하여 주어진 양의 정수 m 이 素數인지를 판정하려면 $m-1$ 의 소인수를 구하여야 하는데, 일반적으로 $m-1$ 의 소인수를 구하는 일은 m 이 素數인지를 판정하는 일 만큼이나 어렵다.

한편, Fermat 수 $F_n = 2^{2^n} + 1$ 에 대하여

$$F_n - 1 = 2^{2^n}, \qquad \frac{F_n - 1}{2} = 2^{2^n - 1}$$

이고, 정리 9.3.1 에 의하여 다음 따름정리가 성립한다.

따름정리 9.3.5 Fermat 수 $F_n = 2^{2^n} + 1$ 에 대하여 다음 두 조건을 만족시키는 정수 a 가 존재한다고 하자.

(i) $a^{2^{2^n}} \equiv 1 \pmod{F_n}$

(ii) $a^{2^{2^n - 1}} \not\equiv 1 \pmod{F_n}$

이 때, F_n 은 素數이고 또 a 는 F_n 의 원시근이다.

연 습 문 제 (9.3)

1. 정리 9.3.3 을 증명하여라.

2. 정리 9.3.1 을 이용하여, 정수 101 은 素數이고 2 는 법 101 에 관한 원시근임을 밝혀라.

3. 따름정리 9.3.2 를 이용하여, 233 은 素數이고 3 은 법 233 에 관한 원시근임을 밝혀라.

4. Fermat 수 $F_m = 2^{2^m} + 1$ 에 대하여

$$H_m = \frac{F_m - 1}{2} = 2^{2^m - 1}$$

이라고 할 때, 적당한 정수 a 에 대하여 $a^{H_m} \equiv -1 \pmod{F_m}$ 이면 F_m 은 素數이고 또 a 는 F_m 의 원시근임을 증명하여라.

5. (Pockling 의 素數 판정법) 양의 정수 $m\ (\geq 3)$ 에 대하여 다음과 같은 양의 정수 F, R 가 존재한다고 하자.

$$m - 1 = FR, \quad (F, R) = 1, \quad F > R$$

이 때, 다음 두 조건을 만족시키는 정수 a 가 존재한다고 하자.

(i) $a^{m-1} \equiv 1 \pmod{m}$

(ii) F 의 모든 소인수 q 에 대하여 $(a^{\frac{m-1}{q}} - 1,\ m) = 1$ 이다.

이 때, m 은 素數임을 증명하여라.

§ 9.4 알고리즘

오늘날 알고리즘(algorithm)은 계산 절차와 동일한 의미로 쓰이고 있다. 알고리즘은 입력(input), 출력(output)과 입력을 출력으로 전환시키는 일련의 명확한 단계들로 이루어져 있다. 예를 들면, 유클리드의 알고리즘(정리 1.5.5)은 두 양의 정수 a, b의 입력에 따라 일련의 명확한 단계를 거쳐 이 두 정수의 최대공약수 (a, b)를 출력한다.

주어진 양의 정수가 素數인지를 판정하는 알고리즘은 여러 가지가 개발되어 있고, 상당히 큰 양의 정수의 소인수분해를 구하는 알고리즘도 여러 가지가 개발되어 있다. 전자계산기를 이용하여 주어진 문제에 대한 알고리즘에 써서 문제를 해결할 때, 이 알고리즘의 효율성은 계산하는 데 걸리는 시간과 기억 장치가 기지고 있는 공간에 좌우된다.

이 절에서는, 몇 가지 알고리즘을 소개한다. 알고리즘의 시간 복잡도(times complexity)에 대해서는 [해설 9.4]에서 논한다.

알고리즘 9.4.1 다음 알고리즘은 정수를 계수로 가지는 n차의 다항식 $f(x) = a_0 + a_1x + \cdots + a_nx^n$ 과 정수 a에 대하여

$$b \equiv f(a) \pmod{m}, \qquad 0 \le b < m$$

인 정수 b를 구하는 알고리즘이다.

단계 1 : $c \equiv a_n \pmod{m}$, $0 \le c < m$인 정수 c를 구하고 이것을 다시 b로 놓는다.

단계 2 : $i = 1$에서 $i = n$ 까지

$$c \equiv a_{n-i} + b \cdot a \pmod{m}, \qquad 0 \le c < m$$

인 정수 c를 구하고 이것을 다시 b로 바꾸어 놓는다.

단계 3 : b를 출력한다.

위의 알고리즘은 다음 사실에 그 근거를 두고 있다(따름정리 3.1.4 참조).

$$\begin{aligned} f(x) &= a_0 + a_1x + a_2x^2 + \cdots + a_nx^n \\ &= a_0 + (a_1 + a_2x + \cdots + a_nx^{n-1})x \\ &= a_0 + (a_1 + [a_2 + a_3x + \cdots + a_nx^{n-2}]x)x \\ &\vdots \\ &= a_0 + (a_1 + (a_2 + \cdots + (a_{n-1} + a_nx)x) \cdot x \end{aligned}$$

다음 두 알고리즘은 양의 정수 a, n에 대하여 $b = a^n$인 정수 b를 구하는 데에도 이용된다.

알고리즘 9.4.2 ($b \equiv a^n \pmod{m}$, $0 \le b < m$인 정수 b의 계산)

단계 1 : $b = 1$이라고 놓는다.

단계 2 : $n = 0$이면, b로 돌아와서 계산을 끝낸다.

단계 3 : n이 홀수인 경우에, $c \equiv ba \pmod{m}$, $0 \le c < m$인 정수 c의 값을 구하여 이 값을 새로 b로 놓고, 또 $n-1$을 새로 n으로 놓아 단계 2로 간다.

단계 4 : n이 짝수인 경우에, $c \equiv a^2 \pmod{m}$, $0 \le c < m$인 정수 c의 값을 구하여 이 값을 새로 a로 놓고, 또 $\frac{n}{2}$을 n으로 놓아 단계 2로 간다.

보기 9.4.1 오른쪽 표는 알고리즘 9.4.2에 따라서 양의 정수 a에 대하여

$$b = a^{37}$$

를 계산하는 과정을 보여주고 있다. 여기서,

$$37 = 100101_{(2)}$$

계산 횟수	a	b	n	n (2진법)
0	a	1	37	100101
1	a	a	36	100100
2	a^2	a	18	10010
3	a^4	a	9	1001
4	a^4	a^5	8	1000
5	a^8	a^5	4	100
6	a^{16}	a^5	2	10
7	a^{32}	a^5	1	1
8	a^{32}	a^{37}	0	0

알고리즘 9.4.3 ($b \equiv a^n \pmod{m}$, $0 \le b < m$ 인 정수 b 의 계산)

단계 1 : [양의 정수 n 을 2 진법으로 나타낸다(정리 2.5.1 참조).]

먼저 $t = [\log_2 n]$ 를 계산하고 n 을 다음과 같이 나타낸다.

$$n = r_t \cdots r_2 r_1 r_{0\,(2)} = r_t 2^t + \cdots + r_2 2^2 + r_1 2^1 + r_0$$

단계 2 : $b = 1$ 이라고 놓는다.

단계 3 : 각 $i = t, t-1, \cdots, 2, 1$ 에 대하여

$$b_i \equiv b^2 a^{r_i} \pmod{m}, \qquad 0 \le b_i < m$$

인 b_i 를 계산하고 또 b_i 를 b 로 놓고 $i-1$ 을 i 를 놓는다.

그리고, $i = 0$ 이면, b 로 돌아와서 끝낸다.

보기 9.4.2 다음 표는 알고리즘 9.4.3 에 따라

$$b \equiv 9726^{3533} \pmod{1413}, \qquad 0 \le b < 1413$$

인 정수 b 를 계산하는 과정을 보여 주고 있다.

여기서,

$t = [\log_2 3533] = 11$,

$3533 = 110111001101_{(2)}$

i	r_i	b
11	1	$1^2 \cdot 9726 \equiv 9726 \pmod{11413}$
10	1	$9726^2 \cdot 9726 \equiv 2659 \pmod{11413}$
9	0	$2659^2 \equiv 5634 \pmod{11413}$
8	1	$5634^2 \cdot 9726 \equiv 9167 \pmod{11413}$
7	1	$9167^2 \cdot 9726 \equiv 4958 \pmod{11413}$
6	1	$4958^2 \cdot 9726 \equiv 7783 \pmod{11413}$
5	0	$7783^2 \equiv 6298 \pmod{11413}$
4	0	$6298^2 \equiv 4629 \pmod{11413}$
3	1	$4629^2 \cdot 9726 \equiv 1085 \pmod{11413}$
2	1	$1085^2 \cdot 9726 \equiv 105 \pmod{11413}$
1	0	$105^2 \equiv 11025 \pmod{11413}$
0	1	$11025^2 \cdot 9726 \equiv 5761 \pmod{11413}$

홀수인 素數 p에 대하여 g가 p의 원시근일 때, 법 p에 관한 이산로그 $\mathrm{ind}_g\, a$ 를 계산하는 알고리즘은 여러 가지가 개발되어 있다(정의 5.3.1). 여기서는, 다음 두 알고리즘을 소개한다.

알고리즘 9.4.4 (Shanks 의 이산로그 계산 알고리즘)

다음은 홀수인 素數 p와 p의 원시근 g를 알고 있을 때, $(a, p) = 1$인 정수 a에 대하여 $i = \mathrm{ind}_g\, a$를 구하는 알고리즘이다.

단계 1 : $\varphi(p) = p-1$의 제곱근 $\sqrt{p-1}$ 에 대하여 $q = \left\lceil \sqrt{p-1} \right\rceil$ 를 구한다(정의 1.4.4). 여기서 q는 $\sqrt{p-1}$ 보다 크거나 또는 같은 정수 중에서 가장 작은 정수이다.

단계 2 : 각 정수 j $(0 \le j \le q)$에 대하여

$$b_j \equiv (g^q)^j \pmod{p}, \qquad 1 \le b_j \le p-1$$

인 정수 b_j를 계산하여 순서쌍 (j, b_j)를 표로 나타낸다.

단계 3 : $g^{-1} \equiv g^{p-2} \pmod{p}$이라 하고 각 정수 k $(0 \le k \le q)$에 대하여

$$c_k \equiv a(g^{-1})^k \pmod{p}, \quad 1 \le c_k \le p-1$$

인 정수 c_k를 계산하여 순서쌍 (k, c_k)를 표로 나타낸다.

단계 4 : 단계 2, 단계 3에서 얻은 표에서 $b_j = c_k$인 j, k를 구하여

$$i \equiv jq + k \pmod{p-1}, \qquad 0 \le i \le p-2$$

인 i를 구한다.

위의 단계 3에서 $g g^{-1} \equiv g g^{p-2} \equiv g^{p-1} \equiv 1 \pmod{p}$이다. 그리고, 단계 4에서 $b_j = c_k$ 인 정수 j, k에 대하여

$$(g^q)^j \equiv a(g^{-1})^k \pmod{p} \quad \text{즉} \quad a \equiv (g^q)^j g^k \pmod{p}$$

이고 또

$$i \equiv jq + k \pmod{p-1}, \qquad 0 \le i \le p-2$$

이므로

$$g^i \equiv g^{qj+k} \equiv g^{qj} g^k \equiv a \pmod{p}, \quad 0 \le i \le p-2$$

이고 따라서 $i = \text{ind}_g a$ 이다. 특히, $p-1 = q^2$ 인 경우에

$$b_0 \equiv (g^q)^0 \equiv 1 \pmod{p},$$

$$b_q \equiv (g^q)^q \equiv g^{p-1} \equiv 1 \pmod{p-1},$$

$$g^{q0+k} \equiv g^k \pmod{p},$$

$$g^{qq+k} \equiv g^{p-1} g^k \equiv g^k \pmod{p}$$

이므로, 단계 2 에서 $0 \le j \le q-1$ 에 대한 b_j 만을 구하면 된다.

보기 9.4.3 법 $p = 37$ 에 대하여 $g = 2$ 는 p 의 원시근이다.

이제 알고리즘 9.4.4 에 따라 법 p 에 관한 이산로그 $\text{ind}_g 32$ 를 구해 보자.

단계 1 : $\sqrt{p-1} = \sqrt{36} = 6$ 이므로 $q = 6$ 이다.

단계 2 : 먼저 $g^q \equiv 2^6 \equiv 64 \equiv 27 \pmod{37}$ 이다.

따라서 정수 j $(0 \le j \le q-1)$ 에 대하여

$$b_j \equiv (g^q)^j \equiv 27^j \pmod{37}, \qquad 1 \le b_j \le 36$$

인 b_j 를 계산하여 순서쌍 $\langle j,\ b_j \rangle$ 를 표로 나타내면 다음과 같다.

$\langle 0,\ 1 \rangle$, $\langle 1, 27 \rangle$, $\langle 2, 26 \rangle$, $\langle 3, 36 \rangle$, $\langle 4, 10 \rangle$, $\langle 5, 11 \rangle$

단계 3 : 먼저 $g^{-1} \equiv g^{p-2} \equiv 2^{35} \equiv 19 \pmod{37}$ 이다.

따라서 $a = 32$ 와 각 정수 k $(0 \le k \le q)$ 에 대하여

$$c_k \equiv a(g^{-1})^k \equiv 32 \cdot 19^k \pmod{37}, \quad 1 \le c_k \le 36$$

인 c_k 를 계산하여 순서쌍 $\langle k,\ c_k \rangle$ 는 다음과 같다.

$\langle 0, 32 \rangle$, $\langle 1, 16 \rangle$, $\langle 2, 8 \rangle$, $\langle 3, 4 \rangle$, $\langle 4, 2 \rangle$, $\langle 5, 1 \rangle$, $\langle 6, 19 \rangle$

단계 4 : 단계 2 와 단계 3 에서 얻은 결과에 의하여 $b_j = c_k$ 인 $j,\ k$ 를 구하면 $j = 0,\ k = 5$ 이고, 또

$$i \equiv jq + k \equiv 0 + 5 \equiv 5 \pmod{36}$$

이므로 $\text{ind}_g 32 = 5$ 이다(보기 5.3.7 참조).

알고리즘 9.4.5 (이산로그 계산 알고리즘)

다음은 홀수인 素數 p와 p의 원시근 g를 알 때, $(a, p) = 1$인 정수 a에 대하여, $i = \text{ind}_g a$를 구하는 알고리즘이다.

단계 1 : 적당한 t개의 素數로 이루어진 집합 $P = \{p_1, p_2, \cdots, p_t\}$를 택한다.

단계 2 : 양의 정수 j에 대하여

$$b_j \equiv g^j \pmod{p}, \qquad 1 \le b_j \le p-1$$

인 정수 b_j가

$$b_j = p_1^{e_1} p_2^{e_2} \cdots p_t^{e_t} \qquad (e_1 \ge 0, \cdots, e_t \ge 0)$$

의 꼴로 표현되는지를 확인하고, 또 이와 같은 b_j 들 중에서 $p_1, p_2, \cdots, p_t$가 적어도 한 번 나타나도록 t개의 b_j를 택한다.

단계 3 : 위의 단계 2에서 얻은 식으로부터

$$e_1 \text{ind}_g p_1 + \cdots + e_t \text{ind}_g p_t \equiv \text{ind}_g b_j \equiv j \pmod{p-1}$$

와 같은 꼴의 t개의 합동식으로 이루어진 연립합동식의 해를 구하여 $\text{ind}_g p_1$, $\text{ind}_g p_2$, $\cdots$, $\text{ind}_g p_t$의 값을 정한다.

단계 4 : 양의 정수 k에 대하여

$$c_k \equiv a g^k \pmod{p}, \qquad 1 \le c_k \le p-1$$

인 정수 c_k가

$$c_k = p_1^{f_1} p_2^{f_2} \cdots p_t^{f_t} \qquad (f_1 \ge 0, \cdots, f_t \ge 0)$$

의 꼴로 표현되는지를 확인하고 이와 같은 c_k를 택한다.

단계 5 : 단계 4에서 얻은 c_k에 대하여

$$\text{ind}_g c_k \equiv \text{ind}_g a g^k \equiv \text{ind}_g a + k \pmod{p-1},$$

$$\text{ind}_g c_k \equiv f_1 \text{ind}_g p_1 + f_2 \text{ind}_g p_2 + \cdots + f_t \text{ind}_g p_t \pmod{p-1}$$

임을 이용하여 $i = \text{ind}_g a$를 구한다

보기 9.4.4 素數 $p = 47$ 에 대하여 $g = 10$ 는 p 의 원시근이다. 이제 알고리즘 9.4.5 에 따라 $\text{ind}_g 17$ 을 구해 보자.

단계 1 : 세 개의 素數로 이루어진 집합 $P = \{2, 3, 5\}$ 를 택한다.

단계 2 : 양의 정수 j에 대하여

$$b_j \equiv g^j \equiv 10^j \pmod{47}, \qquad 1 \le b_j \le 46$$

이라고 하면 다음 결과를 얻는다.

$$b_2 \equiv 10^2 \equiv 6 \pmod{47}, \qquad 6 = 2 \cdot 3,$$
$$b_7 \equiv 10^7 \equiv 45 \pmod{47}, \qquad 45 = 3^2 \cdot 5,$$
$$b_{15} \equiv 10^{15} \equiv 40 \pmod{47}, \qquad 40 = 2^3 \cdot 5$$

단계 3 : 위의 단계 2 에서의 결과로부터 다음과 같은 $\text{ind}_g 2$, $\text{ind}_g 3$, $\text{ind}_g 5$ 에 관한 연립일차합동식을 얻는다.

$$\begin{cases} \text{ind}_g 2 + \text{ind}_g 3 \equiv 2 \pmod{46} \\ 2\,\text{ind}_g 3 + \text{ind}_g 5 \equiv 7 \pmod{46} \\ 3\,\text{ind}_g 2 + \text{ind}_g 5 \equiv 15 \pmod{46} \end{cases}$$

이제 위의 연립일차합동식의 해를 구하면 다음 결과를 얻는다.

$$\text{ind}_g 2 = 30, \quad \text{ind}_g 3 = 18, \quad \text{ind}_g 5 = 17$$

단계 4 : 양의 정수 k에 대하여

$$c_k \equiv a g^k \equiv 17 \cdot 10^k \pmod{47} \quad 1 \le c_k \le p-1$$

이라고 할 때,

$$c_{12} \equiv 17 \cdot 10^{12} \equiv 27 \pmod{47}, \quad 27 = 3^3$$

이므로 다음 결과를 얻는다.

$$\text{ind}_{10} 17 + 12 \equiv 3\,\text{ind}_{10} 3 \pmod{46}$$
$$\text{ind}_{10} 17 \equiv 3 \cdot 18 - 12 \equiv 42 \pmod{46}$$

따라서 $\text{ind}_g 17 = \text{ind}_{10} 17 = 42$ 이다.

디리끌레

디리끌레(Gustav Peter Lejeune Dirichlet, 1805 ~ 1859)는 프랑스의 도시인 꼴롱(Cologne) 근처에서 태어나 꼴롱 대학에 입학하였고 Paris 대학에서 대학원을 다녔으며 이 대학에서 프랑스의 수학자 푸리에(Fouries), 르장드르(Legendre), 라플라스(Laplace), 라그랑주(Lagrange)의 영향을 받았다.

디리끌레는 1827년에 Breslau 대학의 강사, 1829년에 베를린 대학의 강사, 1839년에 이 대학의 교수직을 맡고 있다가 괴팅겐(Göttingen) 대학에서 Gauss의 후임으로 교수로 봉직하여 4 년간 재직하였다.

디리끌레는 수학의 여러 분야에 많은 업적을 남겼으나 그 중에도 정수론, 해석학, 포텐셜 이론에 관한 업적으로 유명하다. 그는 푸리에(Fourier) 급수의 수렴성에 대한 연구를 하여 이에 관한 이론에 기본적인 공헌하였으며 라플라스(Laplace) 방정식의 해에 대해서도 연구하였다. 오늘날 'Dirichlet 문제'라고 알려진 문제는 물리학에서 대단히 중요하다.

디리끌레는 Gauss가 저술한

'정수론 연구(整數論 硏究, Disquisitiones Arithmeticae)'

에 많은 흥미를 가져 Legendre와 함께 부정방정식

$$x^5 + y^5 = z^5$$

의 양의 정수해가 없음을 밝혔고 또 부정방정식

$$x^{14} + y^{14} = z^{14}$$

의 양의 정수해가 없음을 증명하였다.

디리끌레가 정수론에 공헌한 업적 중에서 가장 중요한 것은 Dirichlet 급수를 도입하여 a, b가 서로 소인 정수일 때 수열

$$an + b \qquad (n \geq 0)$$

에 素數가 무한히 많다는 것을 증명한 것과 이진 이차형식(二進 二次型式, binary quadratic form)의 유수(類數, class number)에 대한 공식을 유도한 것이라고 말할 수 있다.

제 10 장

정수론적 함수와 Riemann ζ 함수

'수학적 발견의 감동적인 힘은 추리력이 아니라 상상력이다.'

'The moving power of mathematical invention is not reasoning but imagination.'

——— *Augustus De Morgan*

이 장에서는, 정수론적 함수에 관한 Möbius 의 반전 공식과 Dirichlet 곱에 대하여 논하고 형식적 멱급수를 이용하여 정수론적 함수의 Bell 급수에 대하여 논한다.

그리고, 무한급수를 이용하여 Riemann ζ 함수를 정의하고 이 함수의 특성을 논하고 또 정수론적 함수의 Dirichlet 급수에 대하여 간단히 논한다.

§ 10.1 정수론적 함수

이 절에서는, 정수론적 함수에 대하여 논한다(정의 2.4.1 참조).

정의 10.1.1 다음과 같이 정의된 정수론적 함수 μ : $\mathbb{N} \longrightarrow \mathbb{R}$를 **뫼비우스 함수**(Möbius function) 라고 한다.

(i) $\mu(1) = 1$

(ii) 정수 n (≥ 2)의 표준분해가 $n = p_1^{e_1} \cdots p_r^{e_r}$ 일 때,

$$\mu(n) = \begin{cases} (-1)^r & (e_1 = \cdots = e_r = 1 \text{ 인 경우}) \\ 0 & (\text{그 밖의 경우}) \end{cases}$$

m	1	2	3	4	5	6	7	8	9	10
$\mu(m)$	1	-1	-1	0	-1	1	-1	0	0	1

이 책의 부록 표 5 에서 $\mu(n)$의 값을 구할 수 있다. 한 정수 d (≥ 2)에 대하여 $d^2 \mid n$ 일 때, p를 d의 소인수라고 하면 $p^2 \mid d^2$, $p^2 \mid n$ 이므로 $\mu(n) = 0$ 이다.

정리 10.1.2 Möbius 함수 μ는 곱셈함수이다. 즉, 다음이 성립한다.

(i) $\mu(1) = 1$

(ii) $(m, n) = 1$ 이면, $\mu(mn) = \mu(m)\,\mu(n)$ 이다.

그리고, $(m, n) > 1$ 이면, $\mu(mn) = 0$ 이다.

증 명 분명히 $m = 1$ 또는 $n = 1$ 이면, $\mu(mn) = \mu(m)\,\mu(n)$ 이다. 이제 $m \geq 2$, $n \geq 2$, $(m, n) = 1$ 이라 하고,

$$m = p_1^{e_1} p_2^{e_2} \cdots p_r^{e_r}, \qquad n = q_1^{f_1} q_2^{f_2} \cdots q_s^{f_s}$$

을 각각 m, n의 표준분해라고 하면, mn의 표준분해는 다음과 같다.

$$mn = p_1^{e_1} p_2^{e_2} \cdots p_r^{e_r} q_1^{f_1} q_2^{f_2} \cdots q_s^{f_s}$$

먼저 e_i, f_j 중에서 적어도 하나가 ≥ 2 이면 $\mu(m)\mu(n) = 0 = \mu(mn)$ 이고, 또 $e_1 = \cdots = e_r = f_1 = \cdots = f_s = 1$ 이면

$$\mu(mn) = (-1)^{r+s} = (-1)^r(-1)^s = \mu(m)\mu(n)$$

이므로, 함수 μ 는 곱셈 함수이다.

그리고, $d = (m, n) > 1$ 이면, $d \mid m$, $d \mid n$ 이므로 $d^2 \mid mn$ 이고 따라서 $\mu(mn) = 0$ 이다.

정의 10.1.3 정수론적 함수 f 가 다음 두 조건을 만족시킬 때, f 를 **완전 곱셈함수**(completely multiplicative function) 라고 한다.

(i) $f(1) = 1$

(ii) 모든 양의 정수 m, n 에 대하여 $f(mn) = f(m)f(n)$ 이다.

완전 곱셈함수는 물론 곱셈함수이기도 하다. 분명히 다음 정리가 성립한다.

정리 10.1.4 다음 두 함수는 모두 완전 곱셈함수이다(k 는 임의의 실수)

$$e : \mathbb{N} \longrightarrow \mathbb{R}, \quad e(n) = \begin{cases} 1 & (n = 0) \\ 0 & (n \geq 2) \end{cases}$$

$$u_k : \mathbb{N} \longrightarrow \mathbb{R}, \quad u_k(n) = n^k$$

그리고, 다음과 같이 정의된 함수 $\lambda : \mathbb{N} \longrightarrow \mathbb{R}$ 는 완전 곱셈함수이다.

(i) $\lambda(1) = 1$,

(ii) 정수 n (≥ 2) 의 표준분해가 $n = p_1^{e_1} \cdots p_r^{e_r}$ 일 때

$$\lambda(n) = (-1)^{e_1 + \cdots + e_r}$$

여기서 함수 λ 를 **Liouville 함수**라고 한다.

보기 10.1.1 예를 들어 $360 = 2^3 \cdot 3^3 \cdot 5$ 이므로 다음이 성립한다.

$$e(360) = 0, \qquad u_2(360) = 360^2,$$

$$\lambda(360) = (-1)^{3+2+1} = (-1)^6 = 1$$

정의 10.1.5 정수론적 함수 f : $\mathbb{N} \longrightarrow \mathbb{R}$ 에 대하여 함수

$$F : \mathbb{N} \longrightarrow \mathbb{R}, \ F(n) = \sum_{d \mid n} f(d)$$

를 f 의 **뫼비우스 변환**(Möbius transform)이라고 한다.

여기서, $\sum_{d \mid n}$ 은 n 의 양의 약수 d 전체의 대한 합을 나타낸다.

위의 정의에서 d 가 n 의 양의 약수 전체를 움직이면 $\frac{n}{d}$ 도 n 의 양의 약수 전체를 움직이므로, $F(n) = \sum_{d \mid n} f(d) = \sum_{d \mid n} f(\frac{n}{d})$ 이다.

정리 10.1.6 곱셈함수 f 의 Möbius 변환 F 는 곱셈함수이다.

증 명 분명히 $F(1) = f(1) = 1$ 이다. 이제 m_1, m_2 를 서로 소인 양의 정수라고 하자. 이 때, $m_1 m_2$ 의 양의 약수 d 는

$$d = d_1 d_2 \quad (d_1, d_2 \text{ 는 각각 } m_1, m_2 \text{ 의 양의 약수})$$

의 꼴로 나타내어지고 $(d_1, d_2) = 1$ 이다(문제 2.4.12). 또, 다음이 성립한다.

$$\begin{aligned} F(m_1 m_2) &= \sum_{d \mid m_1 m_2} f(d) = \sum_{d_1 \mid m_1} \sum_{d_2 \mid m_2} f(d_1 d_2) \\ &= \sum_{d_1 \mid m_1} \sum_{d_2 \mid m_2} f(d_1) f(d_2) \\ &= \sum_{d_1 \mid m_1} f(d_1) \cdot \sum_{d_2 \mid m_2} f(d_2) = F(m_1) F(m_2) \end{aligned}$$

따라서 F 는 곱셈함수이다.

정리 10.1.7 Euler 의 φ 함수, Möbius 함수 μ, 함수 e, Liouville 함수 λ 와 임의의 양의 정수 n 에 대하여 다음이 성립한다.

(1) $\sum_{d \mid n} \varphi(d) = n = u_1(n), \qquad \sum_{d \mid n} \mu(d) = e(n)$

(2) $\sum_{d \mid n} \lambda(d) = \begin{cases} 1 & (n = 1 \text{ 또는 } n \text{ 이 완전제곱수인 경우}) \\ 0 & (\text{그 밖의 경우}) \end{cases}$

증 명 (1) 정리 4.3.7 에 의하여 $\sum_{d|n} \varphi(d) = n = u_1(n)$ 이다.

다음에 $F(n) = \sum_{d|n} \mu(d)$ 이라고 하자. 이 때, 정리 10.1.6 에 의하여 F 는 곱셈함수이고 $F(1) = 1$ 이다. 그리고, 素數 p 와 양의 정수 k 에 대하여

$$F(p^k) = 1 + \mu(p) + \mu(p^2) + \cdots + \mu(p^k) = 1 - 1 = 0$$

이므로 정수 n (≥ 2) 의 표준분해가 $n = p_1^{e_1} p_2^{e_2} \cdots p_r^{e_r}$ 일 때

$$F(n) = F(p_1^{e_1}) F(p_2^{e_2}) \cdots F(p_r^{e_r}) = 0$$

이고, 따라서 모든 양의 정수 n 에 대하여 $F(n) = e(n)$ 이다(정리 10.1.4).

(2) 이제 $F(n) = \sum_{d|n} \lambda(d)$ 이라고 하자. 이 때, 정리 10.1.6 에 의하여 F 는 곱셈함수이고 $F(1) = 1$ 이다. 또, 素數 p 와 양의 정수 k 에 대하여

$$F(p^k) = \lambda(1) + \lambda(p) + \cdots + \lambda(p^k) = 1 - 1 + \cdots + (-1)^k$$

이므로 k 가 짝수이면 $F(p^k) = 1$ 이고 k 가 홀수이면 $F(p^k) = 0$ 이다.

그리고, 정수 n (≥ 2) 의 표준분해가 $n = p_1^{e_1} p_2^{e_2} \cdots p_r^{e_r}$ 일 때,

$$F(n) = F(p_1^{e_1}) F(p_2^{e_2}) \cdots F(p_r^{e_r})$$

이고 또 n 이 완전제곱수일 때 그리고 이때에만 $e_1, e_2, \cdots, e_r$ 는 모두 짝수이므로, n 이 완전제곱수이면 $F(n) = 1$ 이고, n 이 완전제곱수가 아니면 $F(n) = 0$ 이다.

정리 10.1.8 (Möbius 의 반전 공식(反轉 公式 Möbius inversion formula)) 함수 F 가 정수론적 함수 f 의 Möbius 변환이면, 모든 양의 정수 n 에 대하여 다음이 성립한다.

$$\sum_{d|n} \mu\left(\frac{n}{d}\right) F(d) = \sum_{d|n} \mu(d) F\left(\frac{n}{d}\right) = f(n)$$

증 명 정의에 의하여 $F(n) = \sum_{d|n} f(d)$ 이므로

$$\sum_{d|n} \mu(d) F\left(\frac{n}{d}\right) = \sum_{d|n} \mu(d) \cdot \sum_{d' | \frac{n}{d}} f(d')$$

이고, d 에 대한 총합과 d' 에 대한 총합의 순서를 바꾸면 다음을 얻는다.

$$\sum_{d|n} \mu(d) F(\frac{n}{d}) = \sum_{d'|n} f(d') \cdot \sum_{d|\frac{n}{d'}} \mu(d)$$

그런데, 정리 10.1.7 에 의하여

$$\sum_{d|\frac{n}{d'}} \mu(d) = \begin{cases} 1 & (d' = n \text{일 때}) \\ 0 & (\text{그 밖의 경우}) \end{cases}$$

이므로 $\sum_{d|n} \mu(d) F(\frac{n}{d}) = f(n)$ 이고 다음이 성립한다(정의 10.1.5 아래)

$$\sum_{d|n} \mu(\frac{n}{d}) F(d) = \sum_{d|n} \mu(d) F(\frac{n}{d}) = f(n)$$

보기 10.1.2 임의의 실수 k에 대하여 함수

$$\sigma_k : \mathbb{N} \longrightarrow \mathbb{R},\ \sigma_k(n) = \sum_{d|n} d^k = \sum_{d|n} u_k(d)$$

는 곱셈함수이다(정리 10.1.6). 따라서 반전 공식에 의하여 다음이 성립한다.

$$n^k = u_k(n) = \sum_{d|n} \mu(\frac{n}{d}) \sigma_k(d) = \sum_{d|n} \mu(d) \sigma_k(\frac{n}{d})$$

특히, $k = 0$, $k = 1$ 인 경우에 다음이 성립한다.

$$\sigma_0(n) = \sum_{d|n} d^0 = \tau(n), \qquad \sigma_1(n) = \sum_{d|n} d = \sigma(n)$$

$$\sum_{d|n} \mu(\frac{n}{d}) \tau(d) = n^0 = 1, \quad \sum_{d|n} \mu(\frac{n}{d}) \sigma(d) = n^1 = n.$$

보기 10.1.3 함수 F를 Euler 함수 φ의 Möbius 변환이라고 하면, 양의 정수 n 에 대하여 $F(n) = \sum_{d|n} \varphi(d) = n$ 이고(정리 10.1.7) 따라서 반전 공식에 의하여 다음이 성립한다.

$$\varphi(n) = \sum_{d|n} \mu(d) F(\frac{n}{d}) = \sum_{d|n} \mu(\frac{n}{d}) F(d),$$

$$\varphi(n) = \sum_{d|n} \mu(d) \frac{n}{d} = \sum_{d|n} \mu(\frac{n}{d}) d$$

정의 10.1.9 정수론적 함수 f, g에 대하여 다음과 같이 정의된 정수론적 함수 $f*g : \mathbb{N} \longrightarrow \mathbb{R}$를 f, g의 **디리끌레 곱**(Dirichlet product)이라고 한다.

$$(f*g)(n) = \sum_{d|n} f(d)\, g\left(\frac{n}{d}\right) = \sum_{dd'=n} f(d)\, g(d')$$

정리 10.1.10 정수론적 함수 f, g의 Dirichlet 곱 $f*g$는 곱셈함수이다.

증 명 먼저 $f(1) = 1,\ g(1) = 1$이므로 $(f*g)(1) = f(1)\,g(1) = 1$이다.

이제 $(m, n) = 1$이라고 하자. 이 때, mn의 모든 양의 약수 d는

$$d = d_1 d_2 \qquad (d_1, d_2 \text{는 각각 } m, n \text{의 양의 약수})$$

의 꼴로 나타내어지고, $(d_1, d_2) = 1$이므로 다음이 성립한다.

$$\begin{aligned}
(f*g)(mn) &= \sum_{d|mn} f(d)\, g\left(\frac{mn}{d}\right) \\
&= \sum_{\substack{d_1|m \\ d_2|n}} f(d_1 d_2)\, g\left(\frac{mn}{d_1 d_2}\right) \\
&= \sum_{\substack{d_1|m \\ d_2|n}} f(d_1) f(d_2)\, g\left(\frac{m}{d_1}\right) g\left(\frac{n}{d_2}\right) \\
&= \left(\sum_{d_1|m} f(d_1) g\left(\frac{m}{d_1}\right)\right)\left(\sum_{d_2|n} f(d_2)\, g\left(\frac{n}{d_2}\right)\right) \\
&= \{(f*g)(m)\}\{(f*g)(n)\}
\end{aligned}$$

따라서 $f*g$는 곱셈함수이다.

보기 10.1.4 Möbius 함수 μ, Euler의 φ함수, 함수 Euler 함수 φ에 대하여 다음이 성립한다.

(1) $\mu * u_0 = u_0 * \mu = e, \qquad u_k * u_0 = \sigma_k$

(2) $\mu * u_1 = \varphi, \qquad \varphi * u_0 = u_1$

실제로, 임의의 실수 k와 양의 정수 n에 대하여 $u_k(n) = n^k$이므로 다음 등식이 성립한다(정리 10.1.7, 보기 10.1.3).

$$(\mu * u_0)(n) = \sum_{d|n} \mu(d)\, u_0(\frac{n}{d}) = \sum_{d|n} \mu(d) = e(n),$$

$$(u_k * u_0)(n) = \sum_{d|n} u_k(d)\, u_0(\frac{n}{d}) = \sum_{d|n} d^k = \sigma_k(n),$$

$$(\mu * u_1)(n) = \sum_{d|n} \mu(d)\, u_1(\frac{n}{d}) = \sum_{d|n} \mu(d)\frac{n}{d} = \varphi(n),$$

$$(\varphi * u_0)(n) = \sum_{d|n} \varphi(d)\, u_0(\frac{n}{d}) = \sum_{d|n} \varphi(d) = n = u_1(n)$$

연 습 문 제 (10.1)

1. 다음과 같은 정수 n에 대하여 $\mu(n)$, $u_k(n)$, $\lambda(n)$ 의 값을 구하여라.

   (1) $n = 1210$ (2) $n = 2 \cdot 3 \cdot 5 \cdot 7 \cdot 11$ (3) $n = 10\,!$

2. 정수 n (≥ 2) 의 표준분해가 $n = p_1 p_2 \cdots p_{2s}$ 일 때, n 의 양의 약수 d 에 대하여 $\mu(d) = \mu(\frac{n}{d})$ 임을 밝혀라.

3. 양의 정수 n에 대하여 $\sum_{d|n} \tau(d)$ 를 결정하여라.

4. 두 정수론적 함수 f, g에 대하여 $f \cdot g$를

$$(f \cdot g)(n) = f(n)\, g(n) \qquad (n \geq 1)$$

   으로 정의된 정수론적 함수라고 할 때, 다음이 성립함을 증명하여라.

   (1) 모든 정수론적 함수 f, g, h 에 대하여

$$(f \cdot g) \cdot h = f \cdot (g \cdot h), \qquad f \cdot g = g \cdot f$$

   (2) 모든 정수론적 함수 f에 대하여 $f \cdot u_0 = u_0 \cdot f = f$ 이다.
   여기서, 모든 양의 정수 n 에 대하여 $u_0(n) = 1$ 이다.

   (3) f, g가 곱셈 함수이면, $f \cdot g$ 는 곱셈함수이다.

   (4) f, g가 완전 곱셈함수이면, $f \cdot g$ 는 완전 곱셈함수이다.

§10.2 정수론적 함수와 Bell 급수

이 절에서는, 정수론적 함수와 관련된 특수한 무한급수(無限級數, infinite series)을 정의하고, 이러한 멱급수의 특성에 대하여 논한다.

정의 10.2.1 실수 $a_0, a_1, \cdots, a_n, \cdots$ 을 계수로 가지는 무한급수

$$A(x) = \sum_{n=0}^{\infty} a_n x^n = a_0 + a_1 x + a_2 x^2 + \cdots + a_n x^n + \cdots$$

를 실수체 $\mathbb{R}$ 위의 x에 관한 **형식적 멱급수**(formal power series)라고 한다.

형식적 멱급수는 무한급수의 수렴성과 관계없이 형식적으로 정의한다.

실수를 계수로 가지는 형식적 멱급수 전체의 집합에서의 상등관계와 덧셈, 뺄셈 그리고 곱셈을 다음과 같이 정의한다.

$$\sum_{n=0}^{\infty} a_n x^n = \sum_{n=0}^{\infty} b_n x^n \iff a_n = b_n \quad (n = 0, 1, 2, \cdots)$$

$$\sum_{n=0}^{\infty} a_n x^n \pm \sum_{n=0}^{\infty} b_n x^n = \sum_{n=0}^{\infty} (a_n \pm b_n) x^n,$$

$$\left(\sum_{n=0}^{\infty} a_n x^n\right)\left(\sum_{n=0}^{\infty} b_n x^n\right) = \sum_{n=0}^{\infty} c_n x^n,$$

$$\text{여기서} \quad c_n = \sum_{k=0}^{n} a_k b_{n-k} = a_0 b_n + a_1 b_{n-1} + \cdots + a_n b_0$$

그리고, 실수를 계수로 가지는 다항식

$$a_0 + a_1 x + a_2 x^2 + \cdots + a_n x^n$$

을 형식적 멱급수

$$a_0 + a_1 x + \cdots + a_n x^n + 0\, x^{n+1} + 0\, x^{n+1} + \cdots$$

와 동일시(同一視, identify)하기로 한다. 특히, 실수 a를 멱급수

$$a + 0\, x + \cdots + 0\, x^n + \cdots$$

과 동일시한다.

보기 10.2.1 두 형식적 멱급수

$$A(x) = 1 - x, \quad B(x) = \sum_{n=0}^{\infty} x^n = 1 + x + x^2 + \cdots + x^n + \cdots$$

에 대하여 다음이 성립한다.

$$\begin{aligned} A(x) + B(x) &= (1+1) + (-1+1)x + x^2 + x^3 + \cdots + x^n + \cdots \\ &= 2 + x^2 + x^3 + \cdots + x^n + \cdots, \end{aligned}$$

$$A(x)B(x) = 1 + (1-1)x + (1-1)x^2 + \cdots + (1-1)x^n + \cdots = 1$$

정리 10.2.2 형식적 멱급수 $A(x) = \sum_{t=0}^{\infty} a_n x^n$ 에 대하여

$$A(x)B(x) = 1$$

인 형식적 멱급수 $B(x)$ 가 존재하기 위한 필요충분조건은 $a_0 \neq 0$ 인 것이다.

이러한 형식적 멱급수 $B(x)$ 가 존재할 때, 이것을 $\dfrac{1}{A(x)}$ 로 나타낸다.

증 명 두 형식적 멱급수

$$A(x) = \sum_{n=0}^{\infty} a_n x^n, \quad B(x) = \sum_{n=0}^{\infty} b_n x^n$$

에 대하여 $A(x)B(x) = 1$ 이 성립하기 위한 필요충분조건은 다음 등식이 모두 성립하는 것이다.

$$\begin{gathered} a_0 b_0 = 1 \\ a_0 b_1 + a_1 b_0 = 0 \\ a_0 b_2 + a_1 b_1 + a_2 b_0 = 0 \\ \vdots \\ a_0 b_n + a_1 b_{n-1} + \cdots + a_n b_0 = 0 \\ \vdots \end{gathered}$$

먼저 $a_0 \neq 0$ 이면, 첫 등식에서부터 차례로 $b_0, b_1, \cdots, b_n, \cdots$ 이 단 하나씩 결정되고 따라서 $A(x)B(x) = 1$ 인 $B(x)$ 가 존재한다.

역으로, 위의 등식이 모두 성립하면, 특히 $a_0 \neq 0$ 이다.

보기 10.2.2 실수 $a\ (\neq 0)$ 에 대하여 다음 등식이 성립한다.

$$\frac{1}{1-x} = \sum_{n=0}^{\infty} x^n = 1 + x + x^2 + x^3 + \cdots$$

$$\frac{1}{1-ax} = \sum_{n=0}^{\infty} a^n x^n = 1 + ax + a^2x^2 + a^3x^3 + \cdots$$

정의 10.2.3 정수론적 함수 f 와 素數 p 에 대하여 형식적 멱급수

$$f_p(x) = \sum_{n=0}^{\infty} f(p^n)\, x^n$$

를 f 의 법 p 에 관한 **Bell 급수**(Bell series)라고 한다.

보기 10.2.3 Euler 의 φ 함수에 대하여 $\varphi(1) = 1$ 이고 또 모든 素數 p 와 양의 정수 n 에 대하여 $\varphi(p^n) = p^n - p^{n-1}$ 이므로, $\varphi_p(x)$ 는 다음과 같다(보기 10.2.2 참조).

$$\begin{aligned}
\varphi_p(x) &= \sum_{n=0}^{\infty} \varphi(p^n)\, x^n = 1 + \sum_{n=1}^{\infty} (p^n - p^{n-1})\, x^n \\
&= 1 + \sum_{n=1}^{\infty} p^n x^n - \sum_{n=1}^{\infty} p^{n-1} x^n \\
&= (1 + px + p^2x^2 + p^3x^3 + \cdots) \\
&\qquad - (x + px^2 + p^2x^3 + p^3x^4 + \cdots) \\
&= (1 + px + p^2x^2 + p^3x^3 + \cdots) \\
&\qquad - x(1 + px + p^2x^2 + p^3x^3 + \cdots) \\
&= (1-x) \sum_{n=0}^{\infty} p^n x^n \\
&= (1-x) \cdot \frac{1}{1-px} = \frac{1-x}{1-px}
\end{aligned}$$

보기 10.2.4 Möbius 함수 μ 와 素數 p 에 대하여

$$\mu(p^0) = 1, \quad \mu(p) = -1, \quad \mu(p^n) = 0 \quad (n \geq 2)$$

이므로 $\mu_p(x) = 1 - x$ 이다.

보기 10.2.5 함수 f 가 완전 곱셈함수이면, 모든 素數 p 와 정수 $n \geq 0$ 에 대하여 $f(p^n) = f(p)^n$ 이므로 다음이 성립한다(보기 10.2.2 참조).

$$f_p(x) = \sum_{n=0}^{\infty} f(p)^n x^n = \frac{1}{1 - f(p)x}$$

예를 들어, 정수론적 함수 e, u_k 와 Liouville 의 함수 λ 는 완전 곱셈함수이고, 또 素數 p 에 대하여

$$e_p(p) = 0, \quad u_k(p) = p^k, \quad \lambda(p) = -1$$

이므로 다음이 성립한다(정리 10.1.4 참조).

(1) $e_p(x) = 1$

(2) $$(u_k)_p(x) = \frac{1}{1 - p^k x} = \sum_{n=0}^{\infty} (p^k x)^n = 1 + p^k x + p^{2k}x^2 + p^{3k}x^3 + \cdots$$

(3) $$\lambda_p(x) = \frac{1}{1+x} = \sum_{n=0}^{\infty} x^n = 1 - x + x^2 - x^3 + x^4 - x^5 + \cdots$$

정리 10.2.4 두 정수론적 함수 f, g 가 곱셈함수일 때, $f = g$ 이기 위한 필요충분조건은 모든 素數 p 에 대하여 $f_p(x) = g_p(x)$ 인 것이다.

증 명 먼저 $f = g$ 이면, 분명히 $f_p(x) = g_p(x)$ 이다.

역으로, 모든 素數 p 에 대하여 $f_p(x) = g_p(x)$ 이라고 하자. 이 때,

$$\sum_{n=0}^{\infty} f(p^n)x^n = \sum_{n=0}^{\infty} g(p^n)x^n$$

이므로 모든 素數 p 와 정수 n (≥ 0) 에 대하여 $f(p^n) = g(p^n)$ 이다.

한편, f, g 는 곱셈함수이므로 $f(1) = g(1) = 1$ 이고, 또 정수 m (≥ 2) 의 표준분해가 $m = p_1^{e_1} p_2^{e_2} \cdots p_r^{e_r}$ 일 때 위의 결과에 의하여

$$\begin{aligned} f(m) &= f(p_1^{e_1}) f(p_2^{e_2}) \cdots f(p_r^{e_r}) \\ &= g(p_1^{e_1}) g(p_2^{e_2}) \cdots g(p_r^{e_r}) = g(m) \end{aligned}$$

이므로 $f = g$ 이다.

정리 10.2.5 정수론적 함수 f, g 에 대하여 $h = f * g$ 이라고 하면, 모든 素數 p 에 대하여 $h_p(x) = f_p(x)\, g_p(x)$ 이다.

증 명 素數 p 와 정수 n (≥ 0) 에 대하여 p^n 의 임의의 양의 약수는 다음과 같은 꼴이다.

$$d = p^k \qquad\qquad (0 \leq k \leq n)$$

따라서 $h = f * g$ 일 때, 정의 10.1.9 에 의하여

$$h(p^n) = \sum_{d \mid p^n} f(d)\, g\left(\frac{p^n}{d}\right) = \sum_{k=0}^{n} f(p^k)\, g(p^{n-k})$$

이므로 정의 10.2.3 에 의하여

$$h_p(x) = \sum_{n=0}^{\infty} h(p^n)\, x^n = \sum_{n=0}^{\infty} \left(\sum_{k=0}^{n} f(p^k)\, g(p^{n-k}) \right) x^n$$

이고, 또

$$\begin{aligned} f_p(x)\, g_p(x) &= \left(\sum_{n=0}^{\infty} f(p^n)\, x^n \right) \left(\sum_{n=0}^{\infty} g(p^n)\, x^n \right) \\ &= \sum_{n=0}^{\infty} \left(\sum_{k=0}^{n} f(p^k)\, g(p^{n-k}) \right) x^n \end{aligned}$$

이므로 $h_p(x) = f_p(x)\, g_p(x)$ 이다.

보기 10.2.6 각 실수 k 에 대하여 u_k 는 완전 곱셈함수이고 $u_k * u_0 = \sigma_k$ 이다(보기 10.13). 그런데, 보기 10.2.5 에 의하여 모든 素數 p 에 대하여

$$(u_k)_p(x) = \frac{1}{1 - p^k x}, \qquad \sigma_k(p) = 1 + p^k$$

이므로 다음이 성립한다.

$$\begin{aligned} (\sigma_k)_p(x) &= (u_k)_p(x) \cdot (u_0)_p(x) \\ &= \frac{1}{1 - p^k x} \cdot \frac{1}{1 - x} = \frac{1}{1 - (1 + p^k)x + p^k x^2} \\ &= \frac{1}{1 - \sigma_k(p)\, x + p^k x^2} \end{aligned}$$

연 습 문 제 (10.2)

1. 다음이 성립함을 밝혀라. 여기서 r는 양의 정수이다.

(1) $\dfrac{1}{1+x} = 1-x+x^2-x^3+x^4-x^5+\cdots = \sum_{n=0}^{\infty}(-1)^n x^n$

(2) $\dfrac{1}{1-x^r} = 1+x^r+x^{2r}+x^{3r}+x^{4r}+\cdots = \sum_{n=0}^{\infty} x^{rn}$

2. 다음이 성립함을 밝혀라.

(1) $\dfrac{1}{(1-x)^2} = \sum_{n=0}^{\infty}(n+1)x^n$

(2) $\dfrac{x}{(1-x)^2} = \sum_{n=0}^{\infty} nx^n$

(3) $\dfrac{x}{1-x^2} = \sum_{n=0}^{\infty} x^{2n+1}$

3. 정수론적 함수 h, f를 다음과 같이 정의하자.

(i) $h(1) = 0$이고, 정수 $n\ (\geq 2)$의 표준분해가 $n = p_1^{e_1}p_2^{e_2}\cdots p_r^{e_r}$일 때 $h(n) = r$이다.

(ii) 양의 정수 n에 대하여 $f(n) = 2^{h(n)}$이다.

이 때, f는 곱셈함수이고 또 모든 素數 p에 대하여 다음이 성립함을 밝혀라.

$$f_p(x) = 1 + \sum_{n=1}^{\infty} 2x^n, \qquad f_p(x) = \frac{1+x}{1-x}$$

§10.3 Riemann ζ 함수

실수 $a_1, a_2, \cdots, a_n, \cdots$ 을 항으로 가지는 무한급수

$$\sum_{n=1}^{\infty} a_n = a_1 + a_2 + \cdots + a_n + \cdots$$

에 대하여 $S_n = a_1 + a_2 + \cdots + a_n$ 을 이 무한급수의 **부분합**이라고 한다. 그리고, 극한값 $\lim_{n\to\infty} S_n$ 이 존재할 때 $\sum_{n=1}^{\infty} a_n$ 은 **수렴한다**(收斂, converge)고 말하고, 또 $\lim_{n\to\infty} S_n$ 이 존재하지 않을 때 이 무한급수는 **발산한다**(發散, diverge)고 말한다. 특히, $\lim_{n\to\infty} S_n = S$ 가 존재할 때, S 를 무한급수 $\sum_{n=1}^{\infty} a_n$ 의 **합**(sum)이라 하고 이 사실을 다음과 같이 나타낸다.

$$\sum_{n=1}^{\infty} a_n = a_1 + a_2 + \cdots + a_n + \cdots = S$$

무한급수 $\sum_{n=1}^{\infty} a_n$ 에 대하여 무한급수

$$\sum_{n=1}^{\infty} |a_n| = |a_1| + |a_2| + \cdots + |a_n| + \cdots$$

이 수렴할 때, $\sum_{n=1}^{\infty} a_n$ 은 **절대수렴한다**(絶對收斂, absolutely converge)고 한다.

무한급수 $\sum_{n=1}^{\infty} a_n$ 이 절대수렴하면, $\sum_{n=1}^{\infty} a_n$ 은 수렴하고 이 무한급수의 항의 순서를 바꾸어 더하여도 그 합은 변하지 않는다.

보기 10.3.1 기하급수(幾何級數, geometric series)

$$1 + r + r^2 + \cdots + r^n + \cdots$$

은 $|r| < 1$ 일 때 그리고 이때에만 절대수렴하고 또 다음이 성립한다.

(1) $1 + r + r^2 + \cdots + r^n + \cdots = \dfrac{1}{1-r}$ $\qquad (|r| < 1)$

(2) $1 + 2r + 3r^2 + \cdots + nr^{n-1} + \cdots = \dfrac{1}{(1-r)^2}$ $\qquad (|r| < 1)$

실수 s 에 대하여 다음과 같이 정의된 무한급수를 생각해 보자.

$$\sum_{n=1}^{\infty} \frac{1}{n^s} = 1 + \frac{1}{2^s} + \frac{1}{3^s} + \frac{1}{4^s} + \cdots$$

먼저 $s = 1$ 일 때, 조화급수(調和級數, harmonic series)

$$\sum_{n=1}^{\infty} \frac{1}{n} = 1 + \frac{1}{2} + \frac{1}{3} + \frac{1}{4} + \cdots$$

는 발산한다. 그런데, $0 < s < 1$ 일 때 $\frac{1}{n^s} > \frac{1}{n}$ 이므로 비교 판정법에 의하여 $\sum_{n=1}^{\infty} \frac{1}{n^s}$ 은 발산하고, $s \leq 0$ 일 때 $\lim_{n \to \infty} \frac{1}{n^s} \neq 0$ 이므로 $\sum_{n=1}^{\infty} \frac{1}{n^s}$ 은 발산한다.

이제 $s > 1$ 이라고 하자. 이 때,

$$\frac{1}{2^s} + \frac{1}{3^s} \leq 2\left(\frac{1}{2^s}\right) = \frac{2}{2^s} = 2^{1-s},$$

$$\frac{1}{4^s} + \cdots + \frac{1}{7^s} \leq 4\left(\frac{1}{4^s}\right) = \frac{4}{4^s} = (2^{1-s})^2,$$

$$\frac{1}{8^s} + \cdots + \frac{1}{15^s} \leq 8\left(\frac{1}{8^s}\right) = \frac{8}{8^s} = (2^{1-s})^3$$

이고 또 $0 < 2^{1-s} < 1$ 이므로 다음이 성립한다(보기 10.3.1).

$$1 + 2^{1-s} + (2^{1-s})^2 + (2^{1-s})^3 + \cdots = \frac{1}{1 - 2^{1-s}}$$

따라서 비교판정법에 의하여 $s > 1$ 일 때 $\sum_{n=1}^{\infty} \frac{1}{n^s}$ 은 수렴한다.

정의 10.3.1 실수 s (>1) 에 대하여 다음 무한급수는 수렴한다.

$$\zeta(s) = \sum_{n=1}^{\infty} \frac{1}{n^s} = 1 + \frac{1}{2^s} + \frac{1}{3^s} + \frac{1}{4^s} + \cdots$$

이와 같이 정의된 함수 ζ를 **Riemann ζ 함수**라고 한다.

여기서, $1 < \zeta(s) \leq \dfrac{1}{1 - 2^{1-s}}$ 이다.

보기 10.3.2 조화급수가 발산한다는 사실을 이용하여 素數가 무한히 많음을 증명하여 보자.

이제 素數가 유한 개만이 존재한다고 가정하고 이들 유한 개의 素數 전체를 $p_1, p_2, \cdots, p_r$ 라고 하자. 이 때, 보기 10.3.1 에 의하여, 각 p_i 에 대하여

$$(*) \qquad 1+\frac{1}{p_i}+\frac{1}{p_i^{\ 2}}+\frac{1}{p_i^{\ 3}}+\cdots=\frac{1}{1-p_i^{\ -1}}$$

이므로 이들의 곱은 다음과 같다.

$$(**) \qquad \prod_{i=1}^{r}\left(1+\frac{1}{p_i}+\frac{1}{p_i^{\ 2}}+\frac{1}{p_i^{\ 3}}+\cdots\right)=\prod_{i=1}^{r}\left(\frac{1}{1-p_i^{\ -1}}\right)$$

그런데, 무한급수 (*) 의 모든 항이 양의 실수이므로 (*) 는 절대수렴하고 따라서 (*) 의 항의 순서를 바꾸어도 좋다. 그러므로, 무한급수 (**) 의 좌변의 r 개의 항에서 각각 $\frac{1}{p_1^{\ e_1}}, \frac{1}{p_2^{\ e_2}}, \cdots, \frac{1}{p_r^{\ e_r}}$ $(e_i \geq 0)$ 을 택하여 곱한 곱

$$\frac{1}{p_1^{\ e_1}}\,\frac{1}{p_2^{\ e_2}}\cdots\frac{1}{p_r^{\ e_r}}=\frac{1}{p_1^{\ e_1}p_2^{\ e_2}\cdots p_r^{\ e_r}}$$

전체의 합은 (**) 의 우변과 같으므로 유한 값이다.

한편, 각 정수 $n\ (\geq 2)$ 은 단 한 가지 방법으로

$$n=p_1^{\ e_1}p_2^{\ e_2}\cdots p_r^{\ e_r} \qquad (e_i \geq 0)$$

와 같은 꼴로 나타내어지므로 다음이 성립한다.

$$\prod_{i=1}^{r}\left(1+\frac{1}{p_i}+\frac{1}{p_i^{\ 2}}+\frac{1}{p_i^{\ 3}}+\cdots\right)=1+\frac{1}{2}+\frac{1}{3}+\frac{1}{4}+\cdots=\sum_{n=1}^{\infty}\frac{1}{n}$$

그러나, 이 결과는 $\sum_{n=1}^{\infty}\frac{1}{n}$ 이 발산한다는 사실에 모순된다.

따라서 素數는 무한히 많다.

보기 10.3.3 素數 전체를 크기순으로 늘어놓아 제 n 번째 素數를 p_n 으로 나타낼 때, 다음 무한급수는 발산한다.

$$\sum_{n=1}^{\infty}\frac{1}{p_n}=\frac{1}{2}+\frac{1}{3}+\frac{1}{5}+\frac{1}{7}+\cdots$$

실제로, 무한급수 $\sum_{n=1}^{\infty}\frac{1}{p_n}$ 이 수렴한다고 가정하고 $\sum_{n=1}^{\infty}\frac{1}{p_n}=M$ 이라고

하면, 충분히 큰 양의 정수 N에 대하여 다음이 성립한다.

$$\left|\sum_{n=1}^{N}\frac{1}{p_n}-M\right|<\frac{1}{2} \qquad \text{즉} \qquad \sum_{n>N}\frac{1}{p_n}<\frac{1}{2}$$

그런데, 무한급수 $\sum_{i=1}^{\infty}\left(\frac{1}{2}\right)^i$ 은 수렴하므로 다음 무한급수도 수렴한다.

$$(*) \qquad \sum_{i=1}^{\infty}\left(\sum_{n>N}\frac{1}{p_n}\right)^i$$

이제 $q=p_1p_2\cdots p_N$ 이라고 하면, 모든 양의 정수 k에 대하여 $qk+1$ 은 $p_1, p_2, \cdots, p_N$ 을 소인수로 가지지 않으므로 $qk+1$ 은

$$qk+1=p_{n_1}\cdots p_{n_r} \qquad (n_1>N, \cdots, n_r>N)$$

의 꼴로 인수분해된다. 여기서, $p_{n_1}, \cdots, p_{n_r}$ 중에는 같은 것이 있을 수 있다.

그런데, $\frac{1}{qk+1}$ 은 $\left(\sum_{n>N}\frac{1}{p_n}\right)^r$ 을 전개한 식의 한 항이므로 이것은 (*)의 항으로서 단 한 번 나타나고, 무한급수 (*)는 수렴하므로 $\sum_{k=1}^{\infty}\frac{1}{qk+1}$ 도 수렴한다. 그리고,

$$\sum_{k=1}^{\infty}\frac{1}{qk+q}=\frac{1}{q}\sum_{k=1}^{\infty}\frac{1}{k+1}=\frac{1}{q}\left(\frac{1}{2}+\frac{1}{3}+\frac{1}{4}+\cdots\right)$$

이므로 $\sum_{k=1}^{\infty}\frac{1}{qk+q}$ 은 발산하고 또 $\frac{1}{qk+q}<\frac{1}{qk+1}$ 이다.

따라서 무한급수 $\sum_{k=1}^{\infty}\frac{1}{qk+1}$ 은 발산하게 되어 모순이 생기므로 $\sum_{n=1}^{\infty}\frac{1}{p_n}$ 은 발산한다.

정의 10.3.2 실수로 이루어진 무한수열 $a_1, a_2, \cdots, a_n, \cdots$ 에 대하여 극한값 $\lim_{n\to\infty}a_1a_2\cdots a_n=P$ 가 존재할 때, **무한곱**(infinite product) $\prod_{n=1}^{\infty}a_n$ 은 **수렴한다고** 하고 이 사실을 $\prod_{n=1}^{\infty}a_n=P$ 로 나타낸다.

특히, 모든 素數 p에 대응하는 실수 a_p 들로 이루어진 무한곱 $\prod_{p}a_p$ 를 **Euler 곱**(Euler product)이라고 한다.

정리 10.3.3 $s > 1$ 일 때 다음이 성립한다

$$\zeta(s) = \sum_{n=1}^{\infty} \frac{1}{n^s} = \prod_{p} \left(\frac{1}{1-p^{-s}} \right)$$

여기서, $\prod_{p}$ 는 素數 p에 대한 무한곱을 나타낸다.

증 명 素數 전체를 크기 순으로 늘어놓아 제 n번째 素數를 p_n이라 하고 양의 정수 r와 실수 s (>1)에 대하여 $P_r(s)$, A_r를 다음과 같이 정하자.

$$P_r(s) = \prod_{i=1}^{r} \left(1 + \frac{1}{p_i^s} + \frac{1}{p_i^{2s}} + \frac{1}{p_i^{3s}} + \cdots \right) = \prod_{i=1}^{r} \left(\frac{1}{1-p_i^{-s}} \right),$$

$$A_r = \{ n \mid n = p_1^{e_1} p_2^{e_2} \cdots p_r^{e_r},\ e_1 \geq 0,\ e_2 \geq 0, \cdots, e_r \geq 0 \}$$

이 때, $P_r(s)$ 의 우변의 곱을 전개했을 때 나타나는 항은

$$\frac{1}{p_1^{e_1}} \frac{1}{p_2^{e_2}} \cdots \frac{1}{p_r^{e_r}} \quad 즉 \quad \frac{1}{p_1^{e_1} p_2^{e_2} \cdots p_r^{e_r}} \qquad (e_i \geq 0)$$

와 같은 꼴이고 $P_r(s)$ 는 이러한 항 전체의 합과 같으며, 각 $n \in A_r$ 은 단 한 가지 방법으로 $n = p_1^{e_1} p_2^{e_2} \cdots p_r^{e_r}$ $(e_i \geq 0)$ 의 꼴로 나타내어지므로

$$P_r(s) = \sum_{n \in A_r} \frac{1}{n^s}$$

이고, 또 $n \notin A_r$ 은 $n \geq p > p_r$ 인 소인수 p 를 가지므로 다음이 성립한다.

$$| P_r(s) - \zeta(s) | = \sum_{n \notin A_r} \frac{1}{n^s} \leq \sum_{n > p_r} \frac{1}{n^s} = \zeta(s) - \sum_{n \leq p_r} \frac{1}{n^s}$$

한편, $\sum_{n=1}^{\infty} \frac{1}{n^s}$ 의 부분합은 $\zeta(s)$ 에 수렴하므로,

$$\lim_{r \to \infty} \sum_{n \leq p_r} \frac{1}{n^s} = \zeta(s)$$

이고 따라서 $\lim_{r \to \infty} | P_r(s) - \zeta(s) | = 0$ 이다. 그러므로, 다음이 성립한다.

$$\zeta(s) = \lim_{r \to \infty} P_r(s) = \lim_{r \to \infty} \prod_{i=1}^{r} \left(\frac{1}{1-p_i^{-s}} \right) = \prod_{p} \left(\frac{1}{1-p^{-s}} \right).$$

Euler 에 의하면, 다음과 같이 s 가 짝수일 때 $\zeta(s) = (유리수) \cdot \pi^s$ 이다.

$$\zeta(2) = \frac{\pi^2}{6} = 1.64493406\cdots, \qquad \zeta(4) = \frac{\pi^4}{90} = 1.08232323\cdots,$$

$$\zeta(6) = \frac{\pi^6}{945} = 1.01734306\cdots, \qquad \zeta(8) = \frac{\pi^8}{9450}$$

한편, R. Apery 는 1978 년에 $\zeta(3)$ 가 무리수임을 증명하였으며, 프랑스의 수학자 T. Rivoal 은 2000 년에

$$\zeta(3),\ \zeta(5),\ \zeta(7),\ \cdots,\ \zeta(2k+1),\ \cdots$$

중에 무한히 많은 무리수가 존재함을 증명하였고 또 러시아 수학자 Zudilin 은 $\zeta(5)$, $\zeta(7)$, $\zeta(9)$, $\zeta(11)$ 중에 적어도 하나는 무리수임을 증명하였다.

정리 10.3.4 정수론적 함수 f 에 대하여 $\sum_{n=1}^{\infty} f(n)$ 이 절대수렴하면 다음이 성립한다. 여기서, $\prod_p$ 는 素數 p 에 대한 무한곱을 나타낸다.

(1) f 가 곱셈함수인 경우

$$\sum_{n=1}^{\infty} f(n) = \prod_p \left(1 + f(p) + f(p^2) + \cdots\right)$$

(2) f 가 완전 곱셈함수인 경우

$$\sum_{n=1}^{\infty} f(n) = \prod_p \frac{1}{1 - f(p)}$$

증 명 함수 f 가 곱셈함수이라고 하자. 그리고, 素數 전체를 크기 순으로 늘어놓아 제 m 번째 素數를 p_m 으로 나타내고 또 각 양의 정수 r 에 대하여 P_r 와 A_r 를 다음과 같이 정하자.

$$P_r = \prod_{i=1}^{r} \left(1 + f(p_i) + f(p_i{}^2) + \cdots\right),$$

$$A_r = \{\, n \mid n = p_1^{e_1} p_2^{e_2} \cdots p_r^{e_r},\ \ e_1 \geq 0,\ e_2 \geq 0,\ \cdots,\ e_r \geq 0 \,\}$$

이 때, P_r 의 우변의 곱을 전개했을 때의 항은

$$f(p_1^{e_1})\, f(p_2^{e_2}) \cdots f(p_r^{e_r}) \quad \text{즉} \quad f(p_1^{e_1} p_2^{e_2} \cdots p_r^{e_r}) \qquad (e_i \geq 0)$$

와 같은 꼴이고 P_r 는 이러한 항 전체의 합이며, 각 정수 $n \in A_r$ 은 단 한 가지 방법으로 $n = p_1^{e_1} p_2^{e_2} \cdots p_r^{e_r}$ $(e_i \geq 0)$ 와 같은 꼴로 나타내어지므로

$P_r = \sum_{n \in A_r} f(n)$ 이고, 또 $n \notin A_r$ 은 $n \geq p > p_r$ 인 소인수 p 를 가지므로 다음이 성립한다.

$$|P_r - \sum_{n=1}^{\infty} f(n)| = |\sum_{n \notin A_r} f(n)| \leq \sum_{n \notin A_r} |f(n)| \leq \sum_{n > p_r} |f(n)|$$

그런데, 가정에 의하여 $\sum_{n=1}^{\infty} f(n)$ 은 절대수렴하므로 $\sum_{n=1}^{\infty} |f(n)|$ 은 수렴하고 따라서 $\lim_{r \to \infty} \sum_{n > p_r} |f(n)| = 0$ 이므로 $\lim_{r \to \infty} |P_r - \sum_{n=1}^{\infty} f(n)| = 0$ 이다. 그러므로, 다음이 성립한다.

$$\sum_{n=1}^{\infty} f(n) = \lim_{r \to \infty} P_r = \prod_p (1 + f(p) + f(p^2) + \cdots)$$

특히, 함수 f 가 완전 곱셈함수이면, f 는 곱셈함수이고 또 모든 素數 p 와 양의 정수 k 에 대하여 $f(p^k) = f(p)^k$ 이므로 위의 등식에 의하여 다음이 성립한다(보기 10.3.1).

$$\sum_{n=1}^{\infty} f(n) = \prod_p (1 + f(p) + f(p)^2 + \cdots) = \prod_p \frac{1}{1 - f(p)}$$

따름정리 10.3.5 정수론적 함수 f 와 실수 $s\ (>1)$ 에 대하여

$$F(s) = \sum_{n=1}^{\infty} \frac{f(n)}{n^s}$$

가 절대수렴하면 다음이 성립한다.

아래 두 등식에서 $\prod_p$ 는 모든 素數 p 에 대한 무한 곱을 나타낸다.

(1) f 가 곱셈함수인 경우

$$F(s) = \prod_p \left(1 + \frac{f(p)}{p^s} + \frac{f(p^2)}{p^{2s}} + \cdots + \frac{f(p^n)}{p^{ns}} + \cdots\right)$$

(2) f 가 완전 곱셈함수인 경우

$$F(s) = \prod_p \frac{1}{1 - f(p)\,p^{-s}}$$

증 명 함수 f 에 대하여 다음과 같이 정의된 함수를 생각해 보자.

$$g : \mathbb{N} \longrightarrow \mathbb{R}, \quad g(n) = \frac{f(n)}{n^s}$$

이 때, f가 곱셈함수 [완전 곱셈함수] 이면 함수 g도 곱셈함수[완전 곱셈함수] 이므로 정리 10.3.4 에 의하여 따름정리가 성립한다.

정의 10.3.6 정수론적 함수 f 와 실수 s (>1) 에 대하여 다음과 같이 정의된 $F(s)$ 를 f 의 **Dirichlet 급수**(Dirichlet seires) 라고 한다.

$$F(s) = \sum_{n=1}^{\infty} \frac{f(s)}{n^s} = f(1) + \frac{f(2)}{2^s} + \frac{f(3)}{3^s} + \cdots$$

보기 10.3.4 정수론적 함수 u_k 의 Dirichlet 급수 $F(s)$ 는 다음과 같다.

$$F(s) = \sum_{n=1}^{\infty} \frac{u_k(n)}{n^s} = \sum_{n=1}^{\infty} \frac{n^k}{n^s} = \sum_{n=1}^{\infty} \frac{1}{n^{s-k}} = \zeta(s-k)$$

이 무한급수는 $s-k>1$ 즉 $s>k+1$ 일 때 수렴한다(정의 10.3.1).

보기 10.3.5 함수 τ는 곱셈함수이고 $\tau(1)=1$, $\tau(2)=2$ 이며 $n \geq 3$ 일 때 $2 \leq \tau(n) \leq n-1$ 이다(문제 2.4.1). 따라서

$$\sum_{n=1}^{\infty} \frac{\tau(n)}{n^s} < \sum_{n=1}^{\infty} \frac{n}{n^s} = \sum_{n=1}^{\infty} \frac{1}{n^{s-1}}$$

이고, 특히 $s>2$ 일 때 $\sum_{n=1}^{\infty} \frac{1}{n^{s-1}}$ 은 $\zeta(s-1)$ 에 수렴하므로 $\sum_{n=1}^{\infty} \frac{\tau(n)}{n^s}$ 은 절대수렴하고 또 모든 素數 p와 양의 정수 k에 대하여 $\tau(p^k)=k+1$ 이다. 따라서 따름정리 10.3.5 에 의하여 $s>2$ 일 때 다음이 성립한다.

$$\begin{aligned}\sum_{n=1}^{\infty} \frac{\tau(n)}{n^s} &= \prod_p \left(1 + \frac{\tau(p)}{p^s} + \frac{\tau(p^2)}{p^{2s}} + \cdots + \frac{\tau(p^n)}{p^{ns}} + \cdots\right) \\ &= \prod_p \left(1 + \frac{2}{p^s} + \frac{3}{p^{2s}} + \cdots + \frac{n+1}{p^{ns}} + \cdots\right)\end{aligned}$$

그런데, 보기 10.3.1 에 의하여

$$1 + \frac{2}{p^s} + \frac{3}{p^{2s}} + \cdots + \frac{n+1}{p^{ns}} + \cdots = \frac{1}{(1-p^{-s})^2}$$

이므로 $s>2$ 일 때 다음이 성립한다(정리 10.3.3 참조).

$$\sum_{n=1}^{\infty} \frac{\tau(n)}{n^s} = \prod_p \left(\frac{1}{(1-p^{-s})^2}\right) = \left(\prod_p \frac{1}{1-p^{-s}}\right)^2 = \zeta(s)^2$$

연 습 문 제 (10.3)

1. 실수 s (>1) 에 대하여

$$f(s) = \sum_{i=0}^{\infty} (2^{1-s})^i = \frac{1}{1-2^{1-s}}$$

으로 정의할 때, 다음이 성립함을 증명하여라.

(1) $\zeta(s) \geq \dfrac{1+f(s)}{2}$

(2) $\lim_{s\to 1^+} \zeta(s) = \infty$

2. 정수론적 함수 χ를 다음과 같이 정의된 완전 곱셈함수라고 하자.

(i) $\chi(1) = 1$, $\chi(2) = 0$,

(ii) 정수 p가 $p \equiv 1 \pmod 4$ 인 素數이면 $\chi(p) = 1$ 이다.

정수 p가 $p \equiv 3 \equiv -1 \pmod 4$ 인 素數이면 $\chi(p) = -1$ 이다.

(iii) 정수 n (≥ 2) 의 표준분해가 $n = p_1^{e_1} p_2^{e_2} \cdots p_r^{e_r}$ 일 때

$$\chi(n) = \chi(p_1)^{e_1} \chi(p_2)^{e_2} \cdots \chi(p_r)^{e_r}$$

이 경우에 실수 s (>1) 에 대하여 다음이 성립함을 증명하여라.

(1) $\displaystyle\sum_{n=1}^{\infty} \frac{\chi(n)}{n^s} = \prod_{p} \left(\frac{1}{1-\chi(p)\, p^{-s}} \right)$

(2) $\displaystyle\sum_{n=1}^{\infty} \frac{\chi(n)}{n^s} = \prod_{p\equiv 1 \pmod 4} \left(\frac{1}{1-\chi(p)\, p^{-s}} \right) \prod_{p\equiv 3 \pmod 4} \left(\frac{1}{1-\chi(p)\, p^{-s}} \right)$

3. 실수 s (>1) 에 대하여 다음이 성립함을 증명하여라.

$$\sum_{n=1}^{\infty} \frac{\lambda(n)}{n^s} = \frac{\zeta(2s)}{\zeta(s)}$$

리 만

리만(Georg Friedrich Bernhard Riemann, 1826 ~ 1866)은 하노버(Hannover)의 Breselenz 에서 성직자의 아들로 태어나 어려서부터 아버지의 교육을 받으면서 산술에 대한 뛰어난 재능을 보였다. 리만은 수학 공부를 하기 위하여 괴팅겐(Göttingen) 대학에 입학하였으나 곧 베를린 대학으로 전학하여 Jacobi, Dirichlet, Einstein 등과 함께 공부하였다.

리만은 1851 년에 Göttingen 대학에서 이른바 'Riemann 곡면'에 관한 논문으로 박사학위를 받았으며 1854 년에 이 대학의 강사로 취임하여 1857 년에 조교수, 1859 년에 Dirichlet 의 후임으로 교수가 되었다.

리만이 Göttingen 에서 강사직을 맡기 위해 제출한 논문에서는 'Riemann 적분'을 정의하였고 삼각급수의 수렴에 관한 Riemann 조건을 발표하였으며, 강연에서 '기하학의 기초(幾何學의 基礎, Grundlagen der Geometrie)' 에 대하여 논하였다. 이 강연에서 거리공간, 곡률, n 차원 공간의 기히학과 같은 'Riemann 기하학' 의 주된 개념을 도입하였다.

리만 기하학의 특별한 경우로서 타원적 非유클리드 기하학이 탄생하였다. 이 기하학에서는 평행선이란 존재하지 않고 임의의 서로 다른 두 직선은 만난다. 리만 기하학의 개념은 후에 아인슈타인이 그의 일반 상대성이론을 전개하는 데 이용되었다. 리만은 1857 년에 발표한 Abel 함수에 관한 논문에서 Riemann 곡면의 개념을 도입하여 Abel 적분과 Abel 함수의 이론을 체계화하여 대수적 기하학에 중요한 기초가 되는 대수적 함수에 관한 기본 정리를 증명하였다.

리만이 발표한 정수론에 관한 유일한 논문은 1858 년에 발표한 논문인

'素數의 개수에 관하여(Über die Anzahl der Primzahlen)'

인데, 이 논문에서 리만은 素數의 개수와 Riemann ζ 함수의 해석적 접속(解析的 接續, analytic continuation)에 대하여 논하였고 Riemann ζ 함수의 영점(零點)의 분포에 관한 'Riemann 의 가설(假說)' 을 발표하였다.

리만은 말년에 베버(Weber)의 영향을 받아 이론 물리학에 흥미를 갖게 되었으며, 베버는 물리학에 이용되는 편미분방정식(偏微分方程式, partial differential equation)에 대한 리만의 강의록을 편집하여 출간하기도 하였다.

부 록

Peano 의 공리계

여기서는, 자연수에 대한 Peano 의 공리계를 소개한다.

정의 1 (Peano 의 공리계) 자연수 전체의 집합 N 은 다음 네 조건을 만족시키는 집합이다.

(i) $1 \in \mathrm{N}$

(ii) 집합 N 위에 일대일 사상 $\mathrm{N} \longrightarrow \mathrm{N}$, $x \longmapsto x^+$ 가 정의되어 있다. 즉,

$$x \neq y \Longrightarrow x^+ \neq y^+, \qquad x^+ = y^+ \Longrightarrow x = y$$

(iii) 모든 원소 $x \in \mathrm{N}$ 에 대하여 $x^+ \neq 1$ 이다.

(iv) (수학적 귀납법 공리) 집합 N의 부분집합 S에 대하여 다음 두 조건이 성립한다고 가정하자.

(a) $1 \in S$ (b) $x \in S$ 이면, $x^+ \in S$ 이다.

이 때, $S = \mathrm{N}$ 이다.

위의 (ii) 의 사상을 **후자사상**(後者寫像, successor map)이라 하고 x^+ 를 x 의 **후자**(後者, immediate successor)라고 한다. 위의 정의에서

$$1^+ = 2,\ 2^+ = 3,\ 3^+ = 4,\ 4^+ = 5,\ \cdots$$

이라고 하면 $\mathrm{N} = \{1, 2, 3, 4, 5, \cdots\}$ 이다.

정리 2 임의의 원소 $x \in \mathrm{N}$ 에 대하여 다음 중에서 하나 그리고 단 하나가 성립한다.

(1) $x = 1$ (2) 적당한 원소 $v \in \mathrm{N}$ 에 대하여 $x = v^+$ 이다.

증 명 정리를 만족시키는 원소 $x \in \mathrm{N}$ 전체의 집합을 S 라고 하자.

먼저 정의 1 (iii) 에 의하여 모든 $v \in \mathrm{N}$ 에 대하여 $v^+ \neq 1$ 이므로 1 은 조건 (1) 만을 만족시키므로 $1 \in S$ 이다.

이제 $x \in S$이라고 하자. 이 때, $x = 1$이면, 정의 1의 (iii)에 의하여 $x^+ \neq 1$이지만 $x^+ = 1^+$ 이고 $1 \in \mathrm{N}$이므로 x^+는 조건 (2)만을 만족시키고 따라서 $x^+ \in S$이다. 다음에 $x \neq 1$이면, 적당한 $v \in \mathrm{N}$에 대하여 $x = v^+$이므로 $x^+ = (v^+)^+$이고 $v^+ \in \mathrm{N}$이지만, 정의 1의 (iii)에 의하여 $x^+ \neq 1$이므로 x^+는 조건 (2)만을 만족시키고 따라서 $x^+ \in S$이다. 그러므로, 정의 1의 (iv)에 의하여 $S = \mathrm{N}$이다.

따라서 모든 $x \in \mathrm{N}$에 대하여 정리가 성립한다.

정의 3 집합 N의 임의의 두 원소 x, y에 대하여 합 $x + y$를 다음과 같이 귀납적으로 정의한다.

(i) $x + 1 = x^+$ (ii) $x + y^+ = (x + y)^+$

위의 정의와 수학적 귀납법 공리(정의 1 (iv))에 의하여 집합 N 위의 덧셈 $+$은 잘 정의된다(well-defined).

정리 4 집합 N 위의 덧셈 $+$에 관하여 다음이 성립한다.

A.1 : $(x + y) + z = x + (y + z)$ (결합법칙)

A.2 : $x + y = y + x$ (교환법칙)

A.3 : $x + z = y + z$이면, $x = y$이다. (소약법칙)

증 명 (1) A.1의 증명

이제 $x, y \in \mathrm{N}$이라고 하자. 먼저 $z = 1$일 때, 정의 3에 의하여

$$(x + y) + 1 = (x + y)^+ = x + y^+ = x + (y + 1)$$

이므로, $z = 1$일 때 A.1은 성립한다.

다음에 $x, y, z \in \mathrm{N}$에 대하여 등식 $(x + y) + z = x + (y + z)$가 성립한다고 가정하자. 이 때, 정의 3에 의하여

$$\begin{aligned}(x + y) + z^+ &= \{(x + y) + z\}^+ = \{(x + (y + z)\}^+ \\ &= x + (y + z)^+ = x + (y + z^+)\end{aligned}$$

이므로 z^+ 에 대해서도 A.1 은 성립한다.

따라서 모든 원소 $x, y, z \in \mathrm{N}$ 에 대하여 A.1 은 성립한다.

(2) A.2 의 증명

먼저 모든 원소 $x \in \mathrm{N}$ 에 대하여 $x+1 = 1+x$ 임을 증명한다.

분명히 위의 등식은 $x = 1$ 일 때 성립한다.

이제 원소 $x \in \mathrm{N}$ 에 대하여 $x+1 = 1+x$ 라고 가정하면, 정의 3 과 A.1 에 의하여 다음이 성립한다.

$$\begin{aligned} x^+ + 1 &= (x+1) + 1 = (1+x) + 1 \\ &= 1 + (x+1) = 1 + x^+ \end{aligned}$$

따라서 모든 원소 $x \in \mathrm{N}$ 에 대하여 $x+1 = 1+x$ 이다.

이제 임의의 원소 $x, y \in \mathrm{N}$ 에 대하여 등식 $x+y = y+x$ 가 성립함을 y 에 관한 귀납법으로 증명한다.

먼저 위의 결과에 의하여 $y = 1$ 일 때 이 등식은 성립한다.

그리고, $x+y = y+x$ 라고 가정하면, 정의 3 과 A.1 에 의하여 다음이 성립한다.

$$\begin{aligned} x + y^+ &= (x+y)^+ = (y+x)^+ \\ &= y + x^+ = y + (x+1) \\ &= y + (1+x) = (y+1) + x = y^+ + x \end{aligned}$$

따라서 모든 원소 $x, y \in \mathrm{N}$ 에 대하여 $x+y = y+x$ 이다.

(3) A.3 의 증명

먼저 원소 $x, y \in \mathrm{N}$ 에 대하여 $x+1 = y+1$ 이면, 정의 3 에 의하여 $x^+ = y^+$ 이고 따라서 정의 1 (ii) 에 의하여 $x = y$ 이다.

이제 원소 $x, y, z \in \mathrm{N}$ 에 대하여 A.3 가 성립한다고 가정하자.

이 때, $x + z^+ = y + z^+$ 이면, 정의 3 에 의하여 $(x+z)^+ = (y+z)^+$ 이므로 정의 1 (ii) 에 의하여 $x+z = y+z$ 이고 따라서 가정에 의하여 $x = y$ 이다.

그러므로, 모든 원소 $x, y, z \in \mathrm{N}$ 에 대하여 A.3 이 성립한다.

정리 5 모든 원소 $x, y \in \mathrm{N}$ 에 대하여 $x \neq x+y$ 이다.

증 명 정의 1 (iii) 에 의하여 $1 \neq y^+ = y+1 = 1+y$ 이므로, $x=1$ 일 때 $x \neq x+y$ 이다.

그리고 $x, y \in \mathrm{N}$ 에 대하여 $x \neq x+y$ 이라고 가정하면, $x^+ \neq x^+ + y$ 이다. 실제로, $x^+ = x^+ + y$ 이면, A.2 와 정의 3 에 의하여

$$x^+ = x^+ + y = y + x^+ = (y+x)^+ = (x+y)^+$$

이므로 $x = x+y$ 로 되어 모순이 생긴다.

따라서 모든 원소 $x, y \in \mathrm{N}$ 에 대하여 $x \neq x+y$ 이다.

정리 6 임의의 두 소 $x, y \in \mathrm{N}$ 에 대하여 다음 중에서 하나 그리고 단 하나가 성립한다.

(1) $x = y$

(2) 적당한 원소 $u \in \mathrm{N}$ 에 대하여 $x = y+u$ 이다.

(3) 적당한 원소 $v \in \mathrm{N}$ 에 대하여 $y = x+v$ 이다.

증 명 먼저 (1), (2), (3) 중에서 하나가 성립함을 증명한다.

정리 2 에 의하여 다음 중에서 하나 그리고 단 하나가 성립한다.

(a) $y = 1$

(b) 적당한 원소 $v \in \mathrm{N}$ 에 대하여 $y = v^+ = v+1 = 1+v$ 이다.

그러므로, $x = 1$ 일 때 정리는 성립한다.

이제 두 원소 $x, y \in \mathrm{N}$ 에 대하여 (1), (2), (3) 중에서 하나가 성립한다고 가정하면, x^+ 와 y 에 대하여 다음 결과를 얻는다.

① $x = y$ 이면, $x^+ = y^+ = y+1$ 이므로 (ii) 가 성립한다.

② 적당한 원소 $u \in \mathrm{N}$ 에 대하여 $x = y+u$ 이라고 하자.
이 때, $x^+ = (y+u)^+ = y+u^+$ 이므로 (ii) 가 성립한다.

③ 적당한 원소 $v \in \mathrm{N}$ 에 대하여 $y = x+v$ 이라고 하자.
이 때, $v = 1$ 이면, $y = x+v = x+1 = x^+$ 이므로 (i) 가 성립한다.

한편, $v \neq 1$ 이면, 정리 2에 의하여 $v = w^+$ 인 $w \in \mathrm{N}$ 가 존재하고 이때

$$y = x + v = x + w^+ = x + (w+1) = x + (1+w)$$
$$= (x+1) + w = x^+ + w$$

이므로 (iii) 가 성립한다.

그러므로 모든 원소 $x, y \in \mathrm{N}$ 에 대하여 (1), (2), (3) 중에서 하나가 성립한다. 한편, (1) 과 (2) 가 동시에 성립하면, $x = y = x + u$ 로 되어 정리 5에 모순된다. 마찬가지로, (1) 과 (3) 이 동시에 성립하면, 정리 5에 모순된다.

그리고, (2) 와 (3) 이 동시에 성립하면,

$$x = y + u = (x + v) + u = x + (v + u)$$

로 되어 정리 5에 모순된다.

따라서 (1), (2), (3) 중에서 하나 그리고 단 하나가 증명한다.

정의 7 집합 N 의 임의의 두 원소 x, y 에 대하여 곱 $x \cdot y$ 를 다음과 같이 귀납적으로 정의한다.

(i) $x \cdot 1 = x$ (ii) $x \cdot y^+ = x \cdot y + x$

위의 정의와 귀납법 공리에 의하여 집합 N 위의 곱셈 · 은 잘 정의된다.

정리 8 집합 N 위의 곱셈 · 에 관하여 다음이 성립한다.

M.1 : $(x \cdot y) \cdot z = x \cdot (y \cdot z)$ (결합법칙)

M.2 : $x \cdot y = y \cdot x$ (교환법칙)

M.3 : $x \cdot z = y \cdot z$ 이면, $x = y$ 이다. (소약법칙)

D : $x \cdot (y + z) = x \cdot y + x \cdot z$, $(x + y) \cdot z = x \cdot z + y \cdot z$ (분배법칙)

증 명 이 정리를 D, M.2, M.1, M.3 의 순으로 증명한다.

(1) D 의 증명

이제 $x, y \in \mathrm{N}$ 이라고 할 때, 정의 7에 의하여

$$x \cdot (y+1) = x \cdot y^+ = x \cdot y + x = x \cdot y + x \cdot 1$$

이므로 $z = 1$일 때 D의 첫째 등식이 성립한다.

다음에 $x, y, z \in \mathrm{N}$에 대하여 등식 $x \cdot (y+z) = x \cdot y + x \cdot z$가 성립한다고 가정하면, 정의 3, 정의 7과 A.3에 의하여

$$\begin{aligned} x \cdot (y+z^+) &= x \cdot (y+z)^+ \\ &= x \cdot (y+z) + x \\ &= (x \cdot y + x \cdot z) + x \\ &= x \cdot y + (x \cdot z + x) \\ &= x \cdot y + x \cdot z^+ \end{aligned}$$

이므로 z^+에 대해서도 D의 첫째 등식은 성립한다.

따라서 모든 $x, y, z \in \mathrm{N}$에 대하여 D의 첫째 등식은 성립한다.

마찬가지 방법으로, D의 둘째 등식이 성립함을 증명할 수 있다.

(2) M.2의 증명

분명히 정의 7에 의하여 $1 \cdot 1 = 1$이다.

또, 원소 $x \in \mathrm{N}$에 대하여 $1 \cdot x = x$라고 가정하면, 정의 7과 정의 3에 의하여 $1 \cdot x^+ = 1 \cdot x + 1 = x + 1 = x^+$ 이다.

따라서 모든 원소 $x \in \mathrm{N}$에 대하여 $1 \cdot x = x \cdot 1$이다.

이제 $x, y \in \mathrm{N}$이라고 할 때, 위의 결과에 의하여 $x \cdot 1 = 1 \cdot x$이다. 또, $x \cdot y = y \cdot x$라고 가정하면, 정의 7과 D에 의하여 다음이 성립한다.

$$\begin{aligned} x \cdot y^+ &= x \cdot y + x = y \cdot x + x \\ &= y \cdot x + 1 \cdot x \\ &= (y+1) \cdot x = y^+ \cdot x \end{aligned}$$

따라서 모든 $x, y \in \mathrm{N}$에 대하여 $x \cdot y = y \cdot x$이다.

(3) M.1의 증명

먼저 $x, y \in \mathrm{N}$이라고 할 때, 정의 7에 의하여 다음이 성립한다.

$$(x \cdot y) \cdot 1 = x \cdot y = x \cdot (y \cdot 1)$$

그리고, $x, y, z \in \mathrm{N}$에 대하여 등식 $(x \cdot y) \cdot z = x \cdot (y \cdot z)$가 성립한다고 가정하면, 정의 3, D와 정의 7에 의하여

$$
\begin{aligned}
(x \cdot y) \cdot z^{+} &= (x \cdot y) \cdot (z+1) \\
&= (x \cdot y) \cdot z + (x \cdot y) \cdot 1 \\
&= x \cdot (y \cdot z) + x \cdot y = x \cdot (y \cdot z + y) \\
&= x \cdot (y \cdot z + y \cdot 1) = x \cdot \{y \cdot (z+1)\} \\
&= x \cdot (y \cdot z^{+})
\end{aligned}
$$

따라서 모든 원소 $x, y, z \in \mathrm{N}$ 에 대하여 M.1 이 성립한다.

(3) M.3 의 증명

원소 $x, y, z \in \mathrm{N}$ 에 대하여 $x \cdot z = y \cdot z$ 일 때, $x \neq y$ 라고 가정하자.

이 때, 정리 6에 의하여 $x = y + u$ 인 원소 $u \in \mathrm{N}$ 가 존재하거나 또는 $y = x + v$ 인 원소 $v \in \mathrm{N}$ 가 존재한다. 그런데, 첫째 경우에

$$x \cdot z = (y+u) \cdot z = y \cdot z + u \cdot z$$

이므로 정리 6 에 모순되고, 또 둘째 경우에

$$y \cdot z = (x+v) \cdot z = x \cdot z + v \cdot z$$

으로 되어 정리 6 에 모순된다. 따라서 $x = y$ 이다.

정의 9 두 원소 $x, y \in \mathrm{N}$ 에 대하여 $y = x + u$ 인 원소 $u \in \mathrm{N}$ 가 존재할 때, 이 사실을 $x < y$ 로 나타낸다.

그리고, $x = y$ 또는 $x < y$ 일 때, 이 사실을 $x \leq y$ 로 나타낸다.

집합 N 위에는 위에서와 같이 정의된 순서관계 $<$ 에 대해서는 다음 두 정리가 성립한다.

정리 10 임의의 원소 $x, y, z \in \mathrm{N}$ 에 대하여 다음이 성립한다.

(1) 다음 중에서 하나 그리고 단 하나가 성립한다.

(i) $x < y$ (ii) $x = y$ (iii) $y < x$

(2) $x < y,\ y < z$ 이면, $x < z$ 이다.

(3) $x < y$ 이면, $x + z < y + z,\ \ x \cdot z < y \cdot z$ 이다.

증 명 (1) 정리 6과 정의 9에 의하여 (1)이 성립한다.

(2) $x < y$, $y < z$ 이면, 정의 9에 의하여

$$y = x + u, \quad z = y + v$$

인 원소 $u, v \in \mathrm{N}$ 가 존재하고 이때

$$z = y + v = (x + u) + v = x + (u + v)$$

이고 $u + v \in \mathrm{N}$이다. 따라서 $x < y$, $y < z$ 이면, $x < z$ 이다.

(3) $x < y$ 이면, $y = x + u$ 인 원소 $u \in \mathrm{N}$ 가 존재하고, 이때

$$\begin{aligned} y + z &= (x + u) + z = x + (u + z) \\ &= x + (z + u) = (x + z) + u, \\ y \cdot z &= (x + u) \cdot z = x \cdot z + u \cdot z \end{aligned}$$

이고 또 $u \in \mathrm{N}$, $u \cdot z \in \mathrm{N}$ 이다.

따라서 $x < y$ 이면, $x + z < y + z$, $x \cdot z < y \cdot z$ 이다.

정리 11 집합 N 에서 다음이 성립한다.

(1) 모든 원소 $x \in \mathrm{N}$ 에 대하여 $1 \leq x$ 이다.

(2) $y \leq x$ 일 때 그리고 이때에만 $y < x^+$ 이다.

(3) $x < y$ 일 때 그리고 이때에만 $x^+ \leq y$ 이다.

(4) 모든 원소 $x \in \mathrm{N}$ 에 대하여 $x < x^+$ 이다.

증 명 (1) 원소 $x \in \mathrm{N}$ 에 대하여 $x < 1$ 이라고 가정하자.

이 때, $1 = x + u$ 인 원소 $u \in \mathrm{N}$ 가 존재하고, 여기서 정리 2에 의하여 $u = 1$ 이거나 또는 $u = v^+$ 인 원소 $v \in \mathrm{N}$ 가 존재한다.

그런데, $u = 1$ 이면, $1 = x + u = x + 1 = x^+$ 로 되어 정의 1 (iii) 에 모순되고, 또 $u = v^+$ 이면

$$1 = x + u = x + v^+ = (x + v)^+$$

로 되어 정의 1 (iii) 에 모순된다.

따라서 모든 원소 $x \in \mathrm{N}$ 에 대하여 $1 \leq x$ 이다(정리 10 참조).

(2) 먼저 $y \leq x$ 이라고 하자. 이 때, $y = x$ 또는 $y < x$ 이다.

그런데 $y = x$ 이면, $x^+ = y^+ = y + 1$ 이므로 $y < x^+$ 이다.

그리고, $y < x$ 이면, $x = y + u$ 인 원소 $u \in \mathrm{N}$ 가 존재하고 이때

$$x^+ = (y+u)^+ = y + u^+$$

이므로 $y < x^+$ 이다. 따라서 $y \leq x$ 이면, $y < x^+$ 이다.

역으로, $y < x^+$ 이라고 하자. 이 때, $x^+ = y + v$ 인 원소 $v \in \mathrm{N}$ 가 존재한다. 그런데, $v = 1$ 이면

$$x^+ = y + v = y + 1 = y^+$$

이므로 $y = x$ 이고, 또 $v \neq 1$ 이면 정리 2 에 의하여 $v = w^+$ 인 $w \in \mathrm{N}$ 가 존재하고 이때

$$x^+ = y + v = y + w^+ = (y+w)^+$$

이므로 $x = y + w$ 이고 따라서 $y < x$ 이다.

(3) 위의 (2) 와 정리 10 에 의하여 (3) 이 성립한다.

(4) 분명히 $x \leq x$ 이므로 (2) 에 의하여 $x < x^+$ 이다.

정리 12 (정수의 整列性) 집합 N 의 부분집합 $S\,(\neq \varnothing)$ 에는 가장 작은 원소 l 이 존재한다. 즉, $\varnothing \subsetneq S \subseteq \mathrm{N}$ 일 때, 모든 $s \in S$ 에 대하여 $l \leq s$ 인 원소 $l \in S$ 이 존재한다.

증 명 집합 N의 부분집합 T 를 다음과 같이 정하자.

$$T = \{x \in \mathrm{N} \mid \text{모든 원소 } s \in S \text{ 에 대하여 } x \leq s\}$$

이 때, 정리 11 (1) 에 의하여 $1 \in T \neq \varnothing$ 이다. 또, 정리 11 (4) 에 의하여 모든 원소 $s \in S$ 에 대하여 $s < s^+$ 이므로 $s^+ \notin T$ 이다. 그러므로, $T \subsetneq \mathrm{N}$ 이므로 정의 1 (iv) 에 의하여 $l \in T$, $l^+ \notin T$ 인 원소 l 이 존재한다.

이제 l 이 S 에 속하는 가장 작은 원소임을 밝히기로 한다.

먼저 $l \in T$ 이므로, 모든 원소 $s \in S$ 에 대하여 $l \leq s$ 이다.

그런데, $l \notin S$ 이라고 가정하면, 모든 원소 $s \in S$ 에 대하여 $l < s$ 이므로, 정리 11 (3) 에 의하여 모든 $s \in S$ 에 대하여 $l^+ \leq s$ 이고 따라서 $l^+ \in T$ 로 되어 모순이 생긴다. 그러므로, $l \in S$ 이다.

동치관계

동치관계와 그 특성에 대하여 논한다.

정의 1 집합 $A(\neq \varnothing)$ 위에 정의된 관계 $\sim$ 가 다음 세 조건을 만족시킬 때, $\sim$ 를 A 위의 **동치관계**(同值關係 equivalence relation)라고 한다.

E.1 : $a \sim a$ (반사율, reflexive law)

E.2 : $a \sim b \Rightarrow b \sim a$ (대칭율, symmetric law)

E.3 : $a \sim b,\ b \sim c \Rightarrow a \sim c$ (추이율, transitive law)

집합 $A(\neq \varnothing)$ 위에 동치관계 $\sim$ 가 정의되어 있을 때, 원소 $a, b \in A$ 에 대하여 $a \sim b$ 인 경우에 a, b 는 서로 **동치**(同值, equivalent) 인 원소라고 한다. 또, 한 원소 a 와 동치인 원소 전체의 집합을 a 에 의하여 결정되는 **동치류**(同值類, equivalence class) 라 하고 이 동치류를 $\overline{a}$ 로 나타낸다. 즉,

$$\overline{a} = \{x \in A \mid x \sim a\}$$

보기 1 아래 달력에서 다음과 같이 정의된 관계 $\sim$는 동치관계이다.

$a \sim b \Leftrightarrow a$ 와 b 의 요일은 같다.

일	월	화	수	목	금	토
		1	2	3	4	5
6	7	8	9	10	11	12
13	14	15	16	17	18	19
20	21	22	23	24	25	26
27	28	29	30			

이 동치관계에 의하여 결정되는 동치류는 다음과 같다.

{1, 8, 15. 22, 29}, {2, 9, 16, 23, 30}, {3, 10, 17, 24},
{4, 11, 18, 25}, {5, 12, 19, 26}, {6, 13, 20, 27},
{7, 14, 21, 28}

정리 2 집합 $A\ (\neq \varnothing)$ 위의 동치관계 $\sim$ 에 대하여 다음이 성립한다.

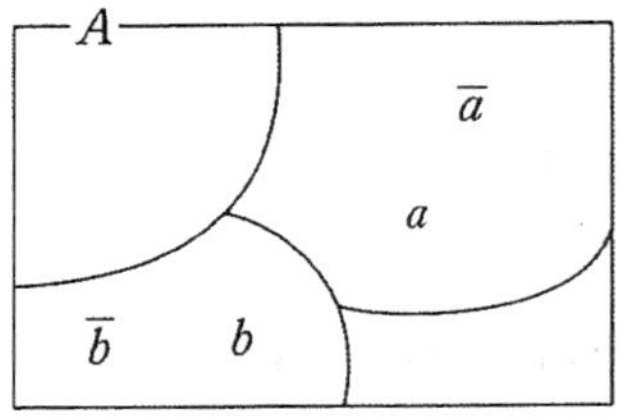

(1) $\overline{a} = \overline{b} \iff a \sim b$

(2) $a \in \overline{b} \iff \overline{a} = \overline{b}$

(3) 각 $a \in A$ 에 대하여 $a \in \overline{a}$ 이고, 원소 $a, b \in A$ 에 대하여 다음 중에서 하나 그리고 단 하나가 성립한다.

(i) $\overline{a} \cap \overline{b} = \varnothing$ (ii) $\overline{a} = \overline{b}$

증 명 (1) 먼저 $\overline{a} = \overline{b}$ 이면, $a \in \overline{a} = \overline{b}$ 이므로 $a \sim b$ 이다.

역으로, $a \sim b$ 이라고 하자. 이 때, 임의의 $x \in \overline{a}$ 에 대하여 $x \sim a$ 이고 $a \sim b$ 이므로 E.3 에 의하여 $x \sim b$ 즉 $x \in \overline{b}$ 이다. 그러므로, $\overline{a} \subseteq \overline{b}$ 이다.

또, E.2 에 의하여 $b \sim a$ 이므로, 위의 증명에서 a 와 b 의 역할을 바꾸어 생각하면 $\overline{b} \subseteq \overline{a}$ 를 얻는다. 따라서 $\overline{a} = \overline{b}$ 이다.

(2) 먼저 $a \in \overline{b}$ 이면, $a \sim b$ 이므로 (2) 에 의하여 $\overline{a} = \overline{b}$ 이다.

역으로, $\overline{a} = \overline{b}$ 이면, $a \in \overline{a} = \overline{b}$ 이므로 $a \in \overline{b}$ 이다.

(3) 조건 E.1 에 의하여 $a \sim a$ 이므로 $a \in \overline{a}$ 이다. 이제 $\overline{a} \cap \overline{b} \neq \varnothing$ 이라고 가정하고 $c \in \overline{a} \cap \overline{b}$ 라고 하면, $c \in \overline{a}$, $c \in \overline{b}$ 이므로 (2) 에 의하여 $\overline{a} = \overline{c}$, $\overline{b} = \overline{c}$ 이고 따라서 $\overline{a} = \overline{b}$ 이다. 그러므로 (3) 이 성립한다.

모든 양의 정수 m 에 대하여 정수 전체의 집합 $\mathbb{Z}$ 위에 정의된 합동관계 $a \equiv b \pmod{m}$ 는 동치관계이다. 즉, 다음이 성립한다.

C.1 : $a \equiv a \pmod{m}$

C.2 : $a \equiv b \pmod{m}$ 이면, $b \equiv a \pmod{m}$ 이다.

C.3 : $a \equiv b \pmod{m}$, $b \equiv c \pmod{m}$ 이면, $a \equiv c \pmod{m}$ 이다.

이 합동관계에 관하여 정수 a 를 포함하는 동치류

$$\overline{a} = \{x \in \mathbb{Z} \mid x \equiv a \pmod{m}\}$$

를 법 m 에 관하여 a 를 포함하는 **잉여류**(剩餘類, residue class)라고 한다.

표 1 **素數와 쌍둥이 素數의 분포**

구간	素數의 개수	쌍둥이 素數의 개수
1—100	25	8
101—200	21	7
201—300	16	4
301—400	16	2
401—500	17	3
501—600	14	2
601—700	16	4
701—800	14	0
801—900	15	5
901—1000	14	0
2501—2600	11	2
2601—2700	15	2
2701—2800	14	3
2801—2900	12	1
2901—3000	11	1
10001—10100	11	4
10101—10200	12	1
10201—10300	10	1
10301—10400	12	2
10401—10500	10	2
29501—29600	10	1
29601—29700	8	1
29701—29800	7	1
29801—29900	10	1
29901—30000	7	0
100001—100100	6	0
100101—100200	9	1
100201—100300	8	0
100301—100400	9	2
100401—100500	8	0
299501—299600	7	1
299601—299700	8	1
299701—299800	8	1
299801—299900	6	0
299901—300000	9	0

표 2 **홀수의 최소 소인수** (5의 배수는 제외)

— 는 素數임을 뜻한다.

1		97	—	191	—	287	7	381	3
3	—	99	3	193	—	289	17	383	—
7	—	101	—	197	—	291	3	387	3
9	3	103	—	199	—	293	—	389	—
11	—	107	—	201	3	297	3	391	17
13	—	109	—	203	7	299	13	393	3
17	—	111	3	207	3	301	7	397	—
19	—	113	—	209	11	303	3	399	3
21	3	117	3	211	—	307	—	401	—
23	—	119	7	213	3	309	3	403	13
27	3	121	11	217	7	311	—	407	11
29	—	123	3	219	3	313	—	409	—
31	—	127	—	221	13	317	—	411	3
33	3	129	3	223	—	319	11	413	7
37	—	131	—	227	—	321	3	417	3
39	3	133	7	229	—	323	17	419	—
41	—	137	—	231	3	327	3	421	—
43	—	139	—	233	—	329	7	423	3
47	—	141	3	237	3	331	—	427	7
49	7	143	11	239	—	333	3	429	3
51	3	147	3	241	—	337	—	431	—
53	—	149	—	243	3	339	3	433	—
57	3	151	—	247	13	341	11	437	19
59	—	153	3	249	3	343	7	439	—
61	—	157	—	251	—	347	—	441	3
63	3	159	3	253	11	349	—	443	—
67	—	161	7	257	—	351	3	447	3
69	3	163	—	259	7	353	—	449	—
71	—	167	—	261	3	357	3	451	11
73	—	169	13	263	—	359	—	453	3
77	7	171	3	267	3	361	19	457	—
79	—	173	—	269	—	363	3	459	3
81	3	177	3	271	—	367	—	461	—
83	—	179	—	273	3	369	3	463	—
87	3	181	—	277	—	371	7	467	—
89	—	183	3	279	3	373	—	469	7
91	7	187	11	281	—	377	13	471	3
93	3	189	3	283	—	379	—	473	11

표 2 (계속) 홀수의 최소 소인수 (2)

477	3	571	—	667	23	761	—	857	—
479	—	573	3	669	3	763	7	859	—
481	13	577	—	671	11	767	13	861	3
483	3	579	3	673	—	769	—	863	—
487	—	581	7	677	—	771	3	867	3
489	3	583	11	679	7	773	—	869	11
491	—	587	—	681	3	777	3	871	13
493	17	589	19	683	—	779	19	873	3
497	7	591	3	687	3	781	11	877	—
499		593	—	689	13	783	3	879	3
501	3	597	3	691	—	787	—	881	—
503	—	599	—	693	3	789	3	883	—
507	3	601	—	697	17	791	7	887	—
509	—	603	3	699	3	793	13	889	7
511	7	607	—	701	—	797	—	891	3
513	3	609	3	703	19	799	17	893	19
517	11	611	13	707	7	801	3	897	3
519	3	613	—	709	—	803	11	899	29
521	—	617	—	711	3	807	3	901	17
523	—	619	—	713	23	809	—	903	3
527	17	621	3	717	3	811	—	907	—
529	23	623	7	719	—	813	3	909	3
531	3	627	3	721	7	817	19	911	—
533	13	629	17	723	3	819	3	913	11
537	3	631	—	727	—	821	—	917	7
539	7	633	3	729	3	823	—	919	—
541	—	637	7	731	17	827	—	921	3
543	3	639	3	733	—	829	—	923	13
547	—	641	—	737	11	831	3	927	3
549	3	643	—	739	—	833	7	929	—
551	19	647	—	741	3	837	3	931	7
553	7	649	11	743	—	839	—	933	3
557	—	651	3	747	3	841	29	937	—
559	13	653	—	749	7	843	3	939	3
561	3	657	3	751	—	847	7	941	—
563	—	659	—	753	3	849	3	943	23
567	3	661	—	757	—	851	23	947	—
569	—	663	3	759	3	853	—	949	13

표 2 (계속) **홀수의 최소 소인수 (3)**

951	3	1047	3	1141	7	1237	—	1331	11
953	—	1049	—	1143	3	1239	3	1333	31
957	3	1051	—	1147	31	1241	17	1337	7
959	7	1053	3	1149	3	1243	11	1339	13
961	31	1057	7	1151	—	1247	29	1341	3
963	3	1059	3	1153	—	1249	—	1343	17
967	—	1061	—	1157	13	1251	3	1347	3
969	3	1063	—	1159	19	1253	7	1349	19
971	—	1067	11	1161	3	1257	3	1351	7
973	7	1069	—	1163	—	1259	—	1353	3
977	—	1071	3	1167	3	1261	13	1357	23
979	11	1073	29	1169	7	1263	3	1359	3
981	3	1077	3	1171	—	1267	7	1361	—
983	—	1079	13	1173	3	1269	3	1363	29
987	3	1081	23	1177	11	1271	31	1367	—
989	23	1083	3	1179	3	1273	19	1369	37
991	—	1087	—	1181	—	1277	—	1371	3
993	3	1089	3	1183	7	1279	—	1373	—
997	—	1091	—	1187	—	1281	3	1377	3
999	3	1093	—	1189	29	1283	—	1379	7
1001	7	1097	—	1191	3	1287	3	1381	—
1003	17	1099	7	1193	—	1289	—	1383	3
1007	19	1101	3	1197	3	1291	—	1387	19
1009	—	1103	—	1199	11	1293	3	1389	3
1011	3	1107	3	1201	—	1297	—	1391	13
1013	—	1109	—	1203	3	1299	3	1393	7
1017	3	1111	11	1207	17	1301	—	1397	11
1019	—	1113	3	1209	3	1303	—	1399	—
1021	—	1117	—	1211	7	1307	—	1401	3
1023	3	1119	3	1213	—	1309	7	1403	23
1027	13	1121	19	1217	—	1311	3	1407	3
1029	3	1123	—	1219	23	1313	13	1409	—
1031	—	1127	7	1221	3	1317	3	1411	17
1033	—	1129	—	1223	—	1319	—	1414	3
1037	17	1131	3	1227	3	1321	—	1417	13
1039	—	1133	11	1229	—	1323	3	1419	3
1041	3	1137	3	1231	—	1327	—	1421	7
1043	7	1139	17	1233	3	1329	3	1423	—

표 2 (계속) **홀수의 최소 소인수 (4)**

1427	—	1521	3	1617	3	1711	29	1807	13
1429	—	1523	—	1619	—	1713	3	1809	3
1431	3	1527	3	1621	—	1717	17	1811	—
1433	—	1529	11	1623	3	1719	3	1818	7
1437	3	1531	—	1627	—	1721	—	1817	23
1439	—	1533	3	1629	3	1723	—	1819	17
1441	11	1537	29	1631	7	1727	11	1821	3
1443	3	1539	3	1633	23	1729	7	1823	—
1447	—	1541	23	1637	—	1731	3	1827	3
1449	3	1543	—	1639	11	1733	—	1829	31
1451	—	1547	7	1641	3	1737	3	1831	—
1453	—	1549	—	1643	31	1739	37	1833	3
1457	31	1551	3	1647	3	1741	—	1837	11
1459	—	1553	—	1649	17	1743	3	1839	3
1461	3	1557	3	1651	13	1747	—	1841	7
1463	7	1559	—	1653	3	1749	3	1843	19
1467	3	1561	7	1657	—	1751	17	1847	—
1469	13	1563	3	1659	3	1753	—	1849	43
1471	—	1567	—	1661	11	1757	7	1851	3
1473	3	1569	3	1663	—	1759	—	1853	17
1477	7	1571	—	1667	—	1761	3	1857	3
1479	3	1573	11	1669	—	1763	41	1859	11
1481	—	1577	19	1671	3	1767	3	1861	—
1483	—	1579	—	1673	7	1769	29	1863	3
1487	—	1581	3	1677	3	1771	7	1867	—
1489	—	1583	—	1679	23	1773	3	1869	3
1491	3	1587	3	1681	41	1777	—	1871	—
1493	—	1589	7	1683	3	1779	3	1873	—
1497	3	1591	37	1687	7	1781	13	1877	—
1499	—	1593	3	1689	3	1783	—	1879	—
1501	19	1597	—	1691	19	1787	—	1881	3
1503	3	1599	3	1693	—	1789	—	1883	7
1507	11	1601	—	1697	—	1791	3	1887	3
1509	3	1603	7	1699	—	1793	11	1889	—
1511	—	1607	—	1701	3	1797	3	1991	11
1515	17	1609	—	1703	13	1799	7	1993	—
1517	37	1611	3	1707	3	1801	—	1997	—
1519	7	1613	—	1709	—	1803	3	1999	—

표 3 **정수의 표준분해** ($10000 \le n \le 10269$)

n	분해	n	분해	n	분해
10000	$2^4 \cdot 5^4$	10030	$2 \cdot 5 \cdot 7 \cdot 59$	10060	$2^2 \cdot 5 \cdot 503$
10001	$73 \cdot 137$	10031	$7 \cdot 1433$	10061	10061
10002	$2 \cdot 3 \cdot 1667$	10032	$2^4 \cdot 3 \cdot 11 \cdot 19$	10062	$2 \cdot 3^3 \cdot 13 \cdot 43$
10003	$7 \cdot 1429$	10033	$79 \cdot 127$	10063	$29 \cdot 347$
10004	$2^2 \cdot 41 \cdot 61$	10034	$2 \cdot 29 \cdot 173$	10064	$2^4 \cdot 17 \cdot 37$
10005	$3 \cdot 5 \cdot 23 \cdot 29$	10035	$3^2 \cdot 5 \cdot 223$	10065	$3 \cdot 5 \cdot 11 \cdot 61$
10006	$2 \cdot 5003$	10036	$2^2 \cdot 13 \cdot 193$	10066	$2 \cdot 7 \cdot 719$
10007	10007	10037	10037	10067	10067
10008	$2^3 \cdot 3^2 \cdot 139$	10038	$2 \cdot 3 \cdot 7 \cdot 239$	10068	$2^2 \cdot 3 \cdot 839$
10009	10009	10039	10039	10069	10069
10010	$2 \cdot 5 \cdot 7 \cdot 11 \cdot 13$	10040	$2^3 \cdot 5 \cdot 251$	10070	$2 \cdot 5 \cdot 19 \cdot 53$
10011	$3 \cdot 47 \cdot 71$	10041	$3 \cdot 3347$	10071	$3^3 \cdot 373$
10012	$2^2 \cdot 2503$	10042	$2 \cdot 5021$	10072	$2^3 \cdot 1259$
10013	$17 \cdot 19 \cdot 31$	10043	$11^2 \cdot 83$	10073	$7 \cdot 1439$
10014	$2 \cdot 3 \cdot 1669$	10044	$2^2 \cdot 3^4 \cdot 31$	10074	$2 \cdot 3 \cdot 23 \cdot 73$
10015	$5 \cdot 2003$	10045	$5 \cdot 7^2 \cdot 41$	10075	$5^2 \cdot 13 \cdot 31$
10016	$2^5 \cdot 313$	10046	$2 \cdot 5023$	10076	$2^2 \cdot 11 \cdot 229$
10017	$3^3 \cdot 7 \cdot 53$	10047	$3 \cdot 17 \cdot 197$	10077	$3 \cdot 3359$
10018	$2 \cdot 5009$	10048	$2^6 \cdot 157$	10078	$2 \cdot 5049$
10019	$43 \cdot 233$	10049	$13 \cdot 773$	10079	10079
10020	$2^2 \cdot 3 \cdot 5 \cdot 167$	10050	$2 \cdot 3 \cdot 5^2 \cdot 67$	10080	$2^5 \cdot 3^2 \cdot 5 \cdot 7$
10021	$11 \cdot 911$	10051	$19 \cdot 23^2$	10081	$17 \cdot 593$
10022	$2 \cdot 5011$	10052	$2^2 \cdot 7 \cdot 359$	10082	$2 \cdot 71^2$
10023	$3 \cdot 13 \cdot 257$	10053	$3^2 \cdot 1117$	10083	$3 \cdot 3361$
10024	$2^3 \cdot 7 \cdot 179$	10054	$2 \cdot 11 \cdot 457$	10084	$2^2 \cdot 2521$
10025	$5^2 \cdot 401$	10055	$5 \cdot 2011$	10085	$5 \cdot 2017$
10026	$2 \cdot 3^2 \cdot 557$	10056	$2^3 \cdot 3 \cdot 419$	10086	$2 \cdot 3 \cdot 41^2$
10027	$37 \cdot 271$	10057	$89 \cdot 113$	10087	$7 \cdot 11 \cdot 131$
10028	$2^2 \cdot 23 \cdot 109$	10058	$2 \cdot 47 \cdot 107$	10088	$2^3 \cdot 13 \cdot 97$
10029	$3 \cdot 3343$	10059	$3 \cdot 7 \cdot 479$	10089	$3^2 \cdot 19 \cdot 59$

표 3 (계속) 정수의 표준분해 (2)

10090	$2 \cdot 5 \cdot 1009$	10120	$2^3 \cdot 5 \cdot 11 \cdot 23$	10150	$2 \cdot 5^2 \cdot 7 \cdot 29$
10091	10091	10121	$29 \cdot 349$	10151	10151
10092	$2^2 \cdot 3 \cdot 29^2$	10122	$2 \cdot 3 \cdot 7 \cdot 241$	10152	$2^3 \cdot 3^3 \cdot 47$
10093	10093	10123	$53 \cdot 191$	10153	$11 \cdot 13 \cdot 71$
10094	$2 \cdot 7^2 \cdot 103$	10124	$2^2 \cdot 2531$	10154	$2 \cdot 5077$
10095	$3 \cdot 5 \cdot 673$	10125	$3^4 \cdot 5^3$	10155	$3 \cdot 5 \cdot 677$
10096	$2^4 \cdot 631$	10126	$2^3 \cdot 61 \cdot 83$	10156	$2^2 \cdot 2539$
10097	$23 \cdot 439$	10127	$13 \cdot 19 \cdot 41$	10157	$7 \cdot 1451$
10098	$2 \cdot 3^3 \cdot 11 \cdot 17$	10128	$2^4 \cdot 3 \cdot 211$	10158	$2 \cdot 3 \cdot 1693$
10099	10099	10129	$7 \cdot 1447$	10159	10159
10100	$2^2 \cdot 5^2 \cdot 101$	10130	$2 \cdot 5 \cdot 1013$	10160	$2^4 \cdot 5 \cdot 127$
10101	$3 \cdot 7 \cdot 13 \cdot 37$	10131	$3 \cdot 11 \cdot 307$	10161	$3^2 \cdot 1129$
10102	$2 \cdot 5051$	10132	$2^2 \cdot 17 \cdot 149$	10162	$2 \cdot 5081$
10103	10103	10133	10133	10163	10163
10104	$2^3 \cdot 3 \cdot 421$	10134	$2 \cdot 3^2 \cdot 563$	10164	$2^2 \cdot 3 \cdot 7 \cdot 11^2$
10105	$5 \cdot 43 \cdot 47$	10135	$5 \cdot 2027$	10165	$5 \cdot 19 \cdot 107$
10106	$2 \cdot 31 \cdot 163$	10136	$2^3 \cdot 7 \cdot 181$	10166	$2 \cdot 13 \cdot 17 \cdot 23$
10107	$3^2 \cdot 1123$	10137	$3 \cdot 31 \cdot 109$	10167	$3 \cdot 3389$
10108	$2^2 \cdot 7 \cdot 19^2$	10138	$2 \cdot 37 \cdot 137$	10168	$2^3 \cdot 31 \cdot 41$
10109	$11 \cdot 919$	10139	10139	10169	10169
10110	$2 \cdot 3 \cdot 5 \cdot 337$	10140	$2^2 \cdot 3 \cdot 5 \cdot 13^2$	10170	$2 \cdot 3^2 \cdot 5 \cdot 113$
10111	10111	10141	10141	10171	$7 \cdot 1453$
10112	$2^7 \cdot 79$	10142	$2 \cdot 11 \cdot 461$	10172	$2^2 \cdot 2543$
10113	$3 \cdot 3371$	10143	$3^2 \cdot 7^2 \cdot 23$	10173	$3 \cdot 3391$
10114	$2 \cdot 13 \cdot 389$	10144	$2^5 \cdot 317$	10174	$2 \cdot 5087$
10115	$5 \cdot 7 \cdot 17^2$	10145	$5 \cdot 2029$	10175	$5^2 \cdot 11 \cdot 37$
10116	$2^2 \cdot 3^2 \cdot 281$	10146	$2 \cdot 3 \cdot 19 \cdot 89$	10176	$2^6 \cdot 3 \cdot 53$
10117	$67 \cdot 151$	10147	$73 \cdot 139$	10177	10177
10118	$2 \cdot 5059$	10148	$2^2 \cdot 43 \cdot 59$	10178	$2 \cdot 7 \cdot 727$
10119	$3 \cdot 3373$	10149	$3 \cdot 17 \cdot 199$	10179	$3^3 \cdot 13 \cdot 29$

표 3 (계속) 정수의 표준분해 (3)

10180	$2^2 \cdot 5 \cdot 509$	10210	$2 \cdot 5 \cdot 1021$	10240	$2^{11} \cdot 5$
10181	10181	10211	10211	10241	$7^2 \cdot 11 \cdot 9$
10182	$2 \cdot 3 \cdot 1697$	10212	$2^2 \cdot 3 \cdot 23 \cdot 37$	10242	$2 \cdot 3^2 \cdot 569$
10183	$17 \cdot 599$	10213	$7 \cdot 1459$	10243	10243
10184	$2^3 \cdot 19 \cdot 67$	10214	$2 \cdot 5107$	10244	$2^2 \cdot 13 \cdot 197$
10185	$3 \cdot 5 \cdot 7 \cdot 97$	10215	$3^2 \cdot 5 \cdot 227$	10245	$3 \cdot 5 \cdot 683$
10186	$2 \cdot 11 \cdot 463$	10216	$2^3 \cdot 1277$	10246	$2 \cdot 47 \cdot 109$
10187	$61 \cdot 167$	10217	$17 \cdot 601$	10247	10247
10188	$2^2 \cdot 3^2 \cdot 283$	10218	$2 \cdot 3 \cdot 13 \cdot 131$	10248	$2^3 \cdot 3 \cdot 7 \cdot 61$
10189	$23 \cdot 443$	10219	$11 \cdot 929$	10249	$37 \cdot 277$
10190	$2 \cdot 5 \cdot 1019$	10220	$2^2 \cdot 5 \cdot 7 \cdot 73$	10250	$2 \cdot 5^3 \cdot 41$
10191	$3 \cdot 43 \cdot 79$	10221	$3 \cdot 3407$	10251	$3^2 \cdot 17 \cdot 67$
10192	$2^4 \cdot 7^2 \cdot 13$	10222	$2 \cdot 19 \cdot 269$	10252	$2^2 \cdot 11 \cdot 233$
10193	10193	10223	10223	10253	10253
10194	$2 \cdot 3 \cdot 1699$	10224	$2^4 \cdot 3^2 \cdot 71$	10254	$2 \cdot 3 \cdot 1709$
10195	$5 \cdot 2039$	10225	$5^2 \cdot 409$	10255	$5 \cdot 7 \cdot 293$
10196	$2^2 \cdot 2549$	10226	$2 \cdot 5113$	10256	$2^4 \cdot 641$
10197	$3^2 \cdot 11 \cdot 103$	10227	$3 \cdot 7 \cdot 487$	10257	$3 \cdot 13 \cdot 263$
10198	$2 \cdot 5099$	10228	$2^2 \cdot 2557$	10258	$2 \cdot 23 \cdot 223$
10199	$7 \cdot 31 \cdot 47$	10229	$53 \cdot 193$	10259	10259
10200	$2^3 \cdot 3 \cdot 5^2 \cdot 17$	10230	$2 \cdot 3 \cdot 5 \cdot 11 \cdot 31$	10260	$2^2 \cdot 3^3 \cdot 5 \cdot 19$
10201	101^2	10231	$13 \cdot 787$	10261	$31 \cdot 331$
10202	$2 \cdot 5101$	10232	$2^3 \cdot 1279$	10262	$2 \cdot 7 \cdot 733$
10203	$3 \cdot 19 \cdot 179$	10233	$3^3 \cdot 379$	10263	$3 \cdot 11 \cdot 311$
10204	$2^2 \cdot 2551$	10234	$2 \cdot 7 \cdot 17 \cdot 43$	10264	$2^3 \cdot 1283$
10205	$5 \cdot 13 \cdot 157$	10235	$5 \cdot 23 \cdot 89$	10265	$5 \cdot 2053$
10206	$2 \cdot 3^6 \cdot 7$	10236	$2^2 \cdot 3 \cdot 853$	10266	$2 \cdot 3 \cdot 29 \cdot 59$
10207	$59 \cdot 173$	10237	$29 \cdot 353$	10267	10267
10208	$2^5 \cdot 11 \cdot 29$	10238	$2 \cdot 5119$	10268	$2^2 \cdot 17 \cdot 151$
10209	$3 \cdot 41 \cdot 83$	10239	$3 \cdot 3413$	10269	$3^2 \cdot 7 \cdot 163$

표 4 Mersenne 素數 (2019 년 5 월 현재)

크기순	素數 p	M_p 의 자리수	발견연도 및 발견자	크기순	素數 p	M_p 의 자리수	발견연도 및 발견자
1	2	1		27	44497	13395	1979 Nelson 등
2	3	1		28	86243	25962	1982 Slowinski
3	5	2		29	110503	33265	1988 Colquitt, Welch
4	7	3		30	132049	39751	1983 Slowinski
5	13	4	1456 미상	31	216091	65050	1985 Slowinski
6	17	6	1588 Cataldi	32	756839	227832	1992 Slowinski, Gage
7	19	6	1588 Cataldi	33	859433	258716	1994 Slowinski, Gage
8	31	10	1772 Euler	34	1257787	378632	1996 Slowinski, Gage
9	61	19	1883 Pervushin	35	1398269	420921	1996 Armengaud 등
10	89	27	1911 Powers	36	2976221	895932	1997 Spence, Woltman
11	107	33	1914 Powers	37	3021377	909526	1998 Clarkson, Woltman, Kurowski 등
12	127	39	1876 Lucas	38	6972593	2098960	1999 Hajratwala, Woltman, Kurowski 등
13	521	157	1952 Robinson	39	13466917	4053946	2001 Cameron, Woltman, Kurowski 등
14	607	183	1952 Robinson	40	20996011	6320430	2003 Schafer
15	1279	386	1952 Robinson	41	24036583	7235733	2004 Findley, Woltman
16	2203	664	1952 Robinson	42	25964951	7816230	2005 Nowak, Woltam
17	2281	687	1952 Robinson	43	30402457	9152052	2005 Cooper, Boone
18	3217	969	1957 Riesel	44	32582657	9808358	2006 Cooper, Boone
19	4253	1281	1961 Hurwitz	45	37156667	11185272	2008 Elvenich, Woltman
20	4423	1332	1961 Hurwitz	46	42643801	12837064	2009 Strindmo, Woltman
21	9689	2917	1963 Gillies	47	43112609	12978189	2008 Smith, Woltman
22	9941	2993	1963 Gillies	48	57885161	17425170	2013 Cooper, Woltman
23	11213	3376	1963 Gilles	49	74207281	22338618	2016 Cooper, Woltman
24	19937	6002	1971 Tucker	50	77232917	23249425	2017 Pace, Woltman
25	21701	6533	1978 Noll, Nickel	51	82589933	24862048	2018 Laroche, Woltman
26	23209	6987	1979 Noll				

표 5 $\tau(m)$, $\sigma(m)$, $\mu(m)$, $\varphi(m)$

m	$\tau(m)$	$\sigma(m)$	$\mu(m)$	$\varphi(m)$	m	$\tau(m)$	$\sigma(m)$	$\mu(m)$	$\varphi(m)$
1	1	1	1	1	26	4	42	1	12
2	2	3	−1	1	27	4	40	0	18
3	2	4	−1	2	28	6	56	0	12
4	3	7	0	2	29	2	30	−1	28
5	2	6	−1	4	30	8	72	−1	8
6	4	12	1	2	31	2	32	−1	30
7	2	8	−1	6	32	6	63	0	16
8	4	15	0	4	33	4	48	1	20
9	3	13	0	6	34	4	54	1	16
10	4	18	1	4	35	4	48	1	24
11	2	12	−1	10	36	9	91	0	12
12	6	28	0	4	37	3	38	−1	36
13	2	14	−1	12	38	4	60	1	18
14	4	24	1	6	39	4	56	1	24
15	4	24	1	8	40	8	90	0	16
16	5	31	0	8	41	2	42	−1	40
17	2	18	−1	16	42	8	96	−1	12
18	6	39	0	6	43	2	44	−1	42
19	2	20	−1	18	44	6	84	0	20
20	6	42	0	8	45	6	78	0	24
21	4	32	1	12	46	4	72	1	22
22	4	36	1	10	47	2	48	−1	46
23	2	24	−1	22	48	10	124	0	16
24	8	60	0	8	49	3	57	0	42
25	3	31	0	20	50	6	93	0	20

표 5 (계속) $\tau(m)$, $\sigma(m)$, $\mu(m)$, $\varphi(m)$ (2)

m	$\tau(m)$	$\sigma(m)$	$\mu(m)$	$\varphi(m)$	m	$\tau(m)$	$\sigma(m)$	$\mu(m)$	$\varphi(m)$
51	4	72	1	32	76	6	140	0	36
52	6	98	0	24	77	4	96	1	60
53	2	54	−1	52	78	8	168	−1	24
54	8	120	0	18	79	2	80	−1	78
55	4	72	1	40	80	10	186	0	32
56	8	120	0	24	81	5	121	0	54
57	4	80	1	36	82	4	126	1	40
58	4	90	1	28	83	2	84	−1	82
59	2	60	−1	58	84	12	224	0	24
60	12	168	0	16	85	4	108	1	64
61	2	62	−1	60	86	4	132	1	42
62	4	96	1	30	87	4	120	1	56
63	6	104	0	36	88	8	180	0	40
64	7	127	0	32	89	2	90	−1	88
65	4	84	1	48	90	12	234	0	24
66	8	144	−1	20	91	4	112	1	72
67	2	68	−1	66	92	6	168	0	44
68	6	126	0	32	93	4	128	1	60
69	4	96	1	44	94	4	144	1	46
70	8	144	−1	24	95	4	120	1	72
71	2	72	−1	70	96	12	252	0	32
72	12	195	0	24	97	2	98	−1	96
73	2	74	−1	72	98	6	171	0	42
74	4	114	1	36	99	6	156	0	60
75	6	124	0	40	100	9	217	0	40

표 6

素數와 원시근

(*p*는 素數, *g*는 *p*의 최소 원시근)

p	*g*	*p*	*g*	*p*	*g*	*p*	*g*	*p*	*g*	*p*	*g*
2	1	113	3	277	5	457	13	643	11	839	11
3	2	127	3	281	3	461	2	647	5	853	2
5	2	131	2	283	3	463	3	653	2	857	3
7	3	137	3	293	2	467	2	659	2	859	2
11	2	139	2	307	5	479	13	661	2	863	5
13	2	149	2	311	17	487	3	673	5	877	2
17	3	151	6	313	10	491	2	677	2	881	3
19	2	157	5	317	2	499	7	683	5	883	2
23	5	163	2	331	3	503	5	691	3	887	5
29	2	167	5	337	10	509	2	701	2	907	2
31	3	173	2	347	2	521	3	709	2	911	17
37	2	179	2	349	2	523	2	719	11	919	7
41	6	181	2	353	3	541	2	727	5	929	3
43	3	191	19	359	7	547	2	733	6	937	5
47	5	193	5	367	6	557	2	739	3	941	2
53	2	197	2	373	2	563	2	743	5	947	2
59	2	199	3	379	2	569	3	751	3	953	3
61	2	211	2	383	5	571	3	757	2	967	5
67	2	223	3	389	2	577	5	761	6	971	6
71	7	227	2	397	5	587	2	769	11	977	3
73	5	229	6	401	3	593	3	773	2	983	5
79	3	233	3	409	21	599	7	787	2	991	6
83	2	239	7	419	2	601	7	797	2	997	7
89	3	241	7	421	2	607	3	809	3		
97	5	251	6	431	7	613	2	811	3		
101	2	257	3	433	5	617	3	821	2		
103	5	263	5	439	15	619	2	823	3		
107	2	269	2	443	2	631	3	827	2		
109	6	271	6	449	3	641	3	829	2		

표 7　　　이산로그표 (법 m에 관한 a의 이산로그)

a \ m	3	5	7	9	11	13	17	19	23	25	m / a
1	0	0	0	0	0	0	0	0	0	0	1
2	1	1	2	1	1	1	14	1	2	1	2
3		3	1		8	4	1	13	16	7	3
4		2	4	2	2	2	12	2	4	2	4
5			5	5	4	9	5	16	1		5
6			3		9	5	15	14	18	8	6
7				4	7	11	11	6	19	5	7
8				3	3	3	10	3	6	3	8
9					6	8	2	8	10	14	9
10					5	10	3	17	3		10
11						7	7	12	9	16	11
12						6	13	15	20	9	12
13							4	5	14	19	13
14							9	7	21	6	14
15							6	11	17		15
16							8	4	8	4	16
17								10	7	13	17
18								9	12	15	18
19									15	18	19
20									5		20
21									13	12	21
22									11	17	22
23										11	23
24										10	24

표 7 (계속) **이산로그표 (2)**

a \ m	27	29	31	37	41	43	47	49	m / a
1	0	0	0	0	0	0	0	0	1
2	1	1	24	1	26	27	18	26	2
3		5	1	26	15	1	20	1	3
4	2	2	18	2	12	12	36	10	4
5	5	22	20	23	22	25	1	29	5
6		6	25	27	1	28	38	27	6
7	16	12	28	32	39	35	32		7
8	3	3	12	3	38	39	8	36	8
9		10	2	16	30	2	40	2	9
10	6	23	14	24	8	10	19	13	10
11	13	25	23	30	3	30	7	40	11
12		7	19	28	27	13	10	11	12
13	8	18	11	11	31	32	11	33	13
14	17	13	22	33	25	20	4		14
15		27	21	13	37	26	21	30	15
16	4	4	6	4	24	24	26	20	16
17	15	21	7	7	33	38	16	25	17
18		11	26	17	16	29	12	28	18
19	12	9	4	35	9	19	45	35	19
20	7	24	8	25	34	37	37	39	20
21		17	29	22	14	36	6		21
22	14	26	17	31	29	15	25	24	22
23	11	20	27	15	36	16	5	38	23
24		8	13	29	13	40	28	37	24
25	10	16	10	10	4	8	2	16	25
26	9	19	5	12	17	17	29	17	26
27		15	3	6	5	3	14	3	27
28		14	16	34	11	5	22		28
29			9	21	7	41	35	18	29
30			15	14	23	11	39	14	30
31				9	28	34	3	7	31
32				5	10	9	44	4	32
33				20	18	31	27	41	33
34				8	19	23	34	9	34
35				19	21	18	33		35
36				18	2	14	30	12	36
37					32	7	42	32	37
38					35	4	17	19	38
39					6	33	31	34	39
40					20	22	9	23	40
41						6	15	15	41
42						21	24		42
43							13	6	43
44							43	8	44
45							41	31	45
46							23	22	46
47								5	47
48								21	48

표 8 무리수 $\sqrt{n}$ 의 연분수 전개

n	$\sqrt{n}$	n	$\sqrt{n}$
2	$\langle 1, \overline{2} \rangle$	37	$\langle 6, \overline{12} \rangle$
3	$\langle 1, \overline{1, 2} \rangle$	38	$\langle 6, \overline{6, 12} \rangle$
5	$\langle 2, \overline{4} \rangle$	39	$\langle 6, \overline{4, 12} \rangle$
6	$\langle 2, \overline{2, 4} \rangle$	40	$\langle 6, \overline{3, 12} \rangle$
7	$\langle 2, \overline{1, 1, 1, 4} \rangle$	41	$\langle 6, \overline{2, 2, 12} \rangle$
8	$\langle 2, \overline{1, 4} \rangle$	42	$\langle 6, \overline{2, 12} \rangle$
10	$\langle 3, \overline{6} \rangle$	43	$\langle 6, \overline{1, 1, 3, 1, 5, 1, 3, 1, 1, 12} \rangle$
11	$\langle 3, \overline{3, 6} \rangle$	44	$\langle 6, \overline{1, 1, 1, 2, 1, 1, 1, 12} \rangle$
12	$\langle 3, \overline{2, 6} \rangle$	45	$\langle 6, \overline{1, 2, 2, 2, 1, 12} \rangle$
13	$\langle 3, \overline{1, 1, 1, 1, 6} \rangle$	46	$\langle 6, \overline{1, 3, 1, 1, 2, 6, 2, 1, 3, 1, 12} \rangle$
14	$\langle 3, \overline{1, 2, 1, 6} \rangle$	47	$\langle 6, \overline{1, 5, 1, 12} \rangle$
15	$\langle 3, \overline{1, 6} \rangle$	48	$\langle 6, \overline{1, 12} \rangle$
17	$\langle 4, \overline{8} \rangle$	50	$\langle 7, \overline{14} \rangle$
18	$\langle 4, \overline{4, 8} \rangle$	51	$\langle 7, \overline{7, 14} \rangle$
19	$\langle 4, \overline{2, 1, 3, 1, 2, 8} \rangle$	52	$\langle 7, \overline{4, 1, 2, 1, 4, 14} \rangle$
20	$\langle 4, \overline{2, 8} \rangle$	53	$\langle 7, \overline{3, 1, 1, 3, 14} \rangle$
21	$\langle 4, \overline{1, 1, 2, 1, 1, 8} \rangle$	54	$\langle 7, \overline{2, 1, 6, 1, 2, 14} \rangle$
22	$\langle 4, \overline{1, 2, 4, 2, 1, 8} \rangle$	55	$\langle 7, \overline{2, 2, 2, 14} \rangle$
23	$\langle 4, \overline{1, 3, 1, 8} \rangle$	56	$\langle 7, \overline{2, 14} \rangle$
24	$\langle 4, \overline{1, 8} \rangle$	57	$\langle 7, \overline{1, 1, 4, 1, 1, 14} \rangle$
26	$\langle 5, \overline{10} \rangle$	58	$\langle 7, \overline{1, 1, 1, 1, 1, 1, 14} \rangle$
27	$\langle 5, \overline{5, 10} \rangle$	59	$\langle 7, \overline{1, 2, 7, 2, 1, 14} \rangle$
28	$\langle 5, \overline{3, 2, 3, 10} \rangle$	60	$\langle 7, \overline{1, 2, 1, 14} \rangle$
29	$\langle 5, \overline{2, 1, 1, 2, 10} \rangle$	61	$\langle 7, \overline{1, 4, 3, 1, 2, 2, 1, 3, 4, 1, 14} \rangle$
30	$\langle 5, \overline{2, 10} \rangle$	62	$\langle 7, \overline{1, 6, 1, 14} \rangle$
31	$\langle 5, \overline{1, 1, 3, 5, 3, 1, 1, 10} \rangle$	63	$\langle 7, \overline{1, 14} \rangle$
32	$\langle 5, \overline{1, 1, 1, 10} \rangle$	65	$\langle 8, \overline{16} \rangle$
33	$\langle 5, \overline{1, 2, 1, 10} \rangle$	66	$\langle 8, \overline{8, 16} \rangle$
34	$\langle 5, \overline{1, 4, 1, 10} \rangle$	67	$\langle 8, \overline{5, 2, 1, 1, 7, 1, 1, 2, 5, 16} \rangle$
35	$\langle 5, \overline{1, 10} \rangle$	68	$\langle 8, \overline{4, 16} \rangle$

표 8 (계속)

n	$\sqrt{n}$
69	$\langle 8,\ \overline{3, 3, 1, 4, 1, 3, 1, 16}\rangle$
70	$\langle 8,\ \overline{2, 1, 2, 1, 2, 16}\rangle$
71	$\langle 8,\ \overline{2, 2, 1, 7, 1, 2, 2, 16}\rangle$
72	$\langle 8,\ \overline{2, 16}\rangle$
73	$\langle 8,\ \overline{1, 1, 5, 5, 1, 1, 16}\rangle$
74	$\langle 8,\ \overline{1, 1, 1, 1, 16}\rangle$
75	$\langle 8,\ \overline{1, 1, 1, 16}\rangle$
76	$\langle 8,\ \overline{1, 2, 1, 1, 5, 4, 5, 1 1, 2, 1, 16}\rangle$
77	$\langle 8,\ \overline{1, 3, 2, 3, 1, 16}\rangle$
78	$\langle 8,\ \overline{1, 4, 1, 16}\rangle$
79	$\langle 8,\ \overline{1, 4, 1, 16}\rangle$
80	$\langle 8,\ \overline{1, 4, 1, 16}\rangle$
81	$\langle 8,\ \overline{1, 16}\rangle$
82	$\langle 9,\ \overline{18}\rangle$
83	$\langle 9,\ \overline{9, 18}\rangle$
84	$\langle 9,\ \overline{6, 18}\rangle$
85	$\langle 9,\ \overline{4, 1, 1, 4, 18}\rangle$
86	$\langle 9,\ \overline{3, 1, 1, 1, 8, 1, 1, 1, 3, 18}\rangle$
87	$\langle 9, 3,\ \overline{18}\rangle$
88	$\langle 9,\ \overline{2, 1, 1, 1, 2, 18}\rangle$
89	$\langle 9,\ \overline{2, 3, 3, 2, 18}\rangle$
90	$\langle 9,\ \overline{2, 18}\rangle$
91	$\langle 9,\ \overline{1, 1, 5, 1, 5, 1, 1, 18}\rangle$
92	$\langle 9,\ \overline{1, 1, 2, 4, 2, 1, 1, 18}\rangle$
93	$\langle 9,\ \overline{1, 1, 1, 4, 6, 4, 1, 1, 1, 18}\rangle$
94	$\langle 9,\ \overline{1, 2, 3, 1, 1, 5, 1, 8, 5, 1, 1, 3, 2, 1, 18}$
95	$\langle 9,\ \overline{1, 2, 1, 18}\rangle$
96	$\langle 9,\ \overline{1, 3, 1, 18}\rangle$
97	$\langle 9,\ \overline{1, 5, 1, 1, 1, 1, 1, 1, 5, 1, 18}\rangle$
98	$\langle 9,\ \overline{1, 8, 1, 18}\rangle$
99	$\langle 9,\ \overline{1, 18}\rangle$

표 9 무리수 $\frac{1+\sqrt{n}}{2}$ 의 연분수 전개

$$\frac{1+\sqrt{5}}{2} = \langle \overline{1}\rangle = \langle 1,\ \overline{1}\rangle$$

$$\frac{1+\sqrt{13}}{2} = \langle 2,\ \overline{3}\rangle$$

$$\frac{1+\sqrt{17}}{2} = \langle 2,\ \overline{1, 1, 3}\rangle$$

$$\frac{1+\sqrt{21}}{2} = \langle 2,\ \overline{1, 3}\rangle$$

$$\frac{1+\sqrt{29}}{2} = \langle 3,\ \overline{5}\rangle$$

$$\frac{1+\sqrt{33}}{2} = \langle 3,\ \overline{2, 1, 2, 5}\rangle$$

$$\frac{1+\sqrt{37}}{2} = \langle 3,\ \overline{1, 1, 5}\rangle$$

$$\frac{1+\sqrt{41}}{2} = \langle 3,\ \overline{1, 2, 2, 1, 5}\rangle$$

$$\frac{1+\sqrt{45}}{2} = \langle 3,\ \overline{1, 5}\rangle$$

$$\frac{1+\sqrt{53}}{2} = \langle 4,\ \overline{7}\rangle$$

$$\frac{1+\sqrt{57}}{2} = \langle 4,\ \overline{3, 1, 1, 1, 3, 7}\rangle$$

$$\frac{1+\sqrt{61}}{2} = \langle 4,\ \overline{2, 2, 7}\rangle$$

$$\frac{1+\sqrt{65}}{2} = \langle 4,\ \overline{1, 1, 7}\rangle$$

$$\frac{1+\sqrt{69}}{2} = \langle 4,\ \overline{1, 1, 1, 7}\rangle$$

$$\frac{1+\sqrt{73}}{2} = \langle 4,\ \overline{1, 3, 2, 1, 1, 2, 3, 1, 7}\rangle$$

$$\frac{1+\sqrt{77}}{2} = \langle 4,\ \overline{1, 7}\rangle$$

$$\frac{1+\sqrt{85}}{2} = \langle 5,\ \overline{9}\rangle$$

$$\frac{1+\sqrt{89}}{2} = \langle 5,\ \overline{4, 1, 1, 1, 1, 4, 9}\rangle$$

$$\frac{1+\sqrt{93}}{2} = \langle 5,\ \overline{3, 9}\rangle$$

$$\frac{1+\sqrt{97}}{2} = \langle 5,\ \overline{2, 2, 1, 4, 4, 1, 2, 2, 9}\rangle$$

참고 문헌

1. 박승안 · 김응태, 현대대수학, 제 9 판, 경문사, 2019
2. 박승안 · 김응태, 정수론, 제 9 판, 경문사, 2019
3. 박승안, 대수학과 암호학, 경문사, 1999
4. 박승안, 암호학과 부호이론, 제 2 판, 경문사, 2008
5. 박승안, 이산수학, 제 3 판, 경문사, 2012
6. 김응태 · 박승안, 선형대수학, 제 5 판, 경문사, 2010
7. 박승안, 유한군의 표현론, 경문사, 2004
8. 박승안, 사영평면과 디자인, 제 3 판, 경문사, 2012
9. 박승안, 수학교사와 대수학, 제 2 판, 경문사, 2012
10. Adams, W.W. and L.J. Goldstein, Introduction to Number Theory, Prentice Hall Englewood Cliffs, New Jersey, 1976
11. Apostol, T.M., Introduction to Analytic Number Theory, Springer, 1995
12. Archibald, R., An introduction to the Theory of Numbers, Charles E. Merill Pub., Columbus, Ohio, 1970
13. Barbeau, Eddward, Pell's Equation, Springer-Verlag, New York, 2003
14. Beker, H. and F. Piper, Cipher System, Wiley, New York, 1982
15. Bolker, E.D., Elementary Number Theroy, Dover, New York, 2007
16. Boyer, C.B. and U.C. Merzbach, A history of Mathematics, John Wiley & Sons, Inc., 1991,
17. Bressoud, D.M., Factorization and primality Testing, Springer-Verlag, New York. 1989

18. Burton, D.M., Elementary Number Theory, seventh ed., McGraw-Hill Education, New York, 2011

19. Burton, D.M., The History of Mathematics, An Introduction, sixth ed., McGraw-Hill, New York, 2007

20. Dudley, U., Elementary Number Theory, second ed., Dover, New York, 2008

21. Edwards, H.M., Riemann's zeta Function, Dover, New York, 2001

22. Feferman, S., The Number System, Addison-Wesley, Reading, Mass, 1963

23. Gauss, C.F., Disquisitiones arithmeticae, Yale, New Haven, Connecticut, 1966

24. Hardy, G.H. and E.M. Wright, An Introduction to the Theory of Numbers, sixth edition, Oxford Univ. Press, Oxford, 2008

25. Ireland, K. and M. Rosen, A classical Introduction to Number Theory, Springer-Verlag, New York, 1982

26. Knuth, D.E., The Art of Computer Programming, Vol. 2 : Seminumercal algorithms, second edition, Addison-Wesley, Reading, Mass. 1981

27. Konheim, A.G., Cryptography, a primer, Wiley, New York, 1981

28. Kumanduri, R. and C. Romero, Number Theory with Computer Applications, Prentice Hall, Upper Saddle River, New Jersey, 1998

29. Lidle, R. and H. Niederreiter, Finite fields, Encyclopedia of Mathematics and its Application, Vol. 20, Addison-Wesley, Reading, Mass. 1983

30. McCoy, N.H., The Theory of Numbers, The Macmillan Co., London, 1970

31. Niven, I., H.S. Zuckerman and H.L. Montgomery, An Introduction to the Theory of Numbers, 5th edition, Wiley, New York, 1991

32. Paley, H. and P.M. Weichsel, Elements of Abstract and linear Algebra, Holts, New York, 1972

33. Posamentier, A., and I. Lehmann, The Fabulous Fibonacci Numbers, Prometheus Books, New York, 2007

34. Ribenboim, P., The book of prime number records, second edition, Springer-Verlag, New York, 1989

35. Rosen, K.H., Elementary Number Theory, sixth ed., Pearson Education Limited, 2014

36. Rosen, K.H., Discrete Mathematics and its Applications, sixth edition, McGraw-Hill, New York, 2007

37. Schroeder. M.R., Number theory in science and communication, Springer-Verlag, Berlin, 1984

38. Saloma, A., Public-key Cryptograhy, Springer-Verlag, New York, 1990

39. Silverman, Joseph, A Friendly Introduction to Number Theory, fourth edition, Pearson Education Limited, 2014

40. Stinson, D.R. Cryptography, Theory and Practice, third edition. Chapman & Hall, Florida, 2005

41. Trappe W. and L. Washington, Introduction to Cryptography with Coding Theory, Prentice Hall, New York, 2002

42. Wells, D., Prime Numbers : The most mysterious figures in mathematics, John and Sons, New York, 2005

찾아보기

(ㅂ)

(ㅅ)

(ㅇ)

(ㅈ)

(ㅊ)

(ㅋ)

(ㅌ)

(ㅍ)

(ㅎ)

□ 박 승 안 □

서울대학교 사범대학 수학과 졸업 이학사
서울대학교 대학원 수학과 졸업 이학석사
University of Illinois at Urbana-Champaign 대학원 수학과
이학석사, 이학박사
University of Illinois at Urbana-Champaign 수학과 객원교수
서강대학교 이과대학 수학과 교수
현재 : 서강대학교 명예교수

저서 : 현대대수학, 제 9 판(공저), 정수론, 제 9 판(공저),
선형대수학, 제 5 판(공저), 유한군의 표현론,
대수학과 암호학, 암호학과 부호이론, 제 2 판,
이산수학, 제 3 판, 사영평면과 디자인, 제 2 판,
수학교사와 대수학, 제 2 판,

□ 김 응 태 □

일본 광도고등사범학교 졸업
충남대학교 문리과대학 조교수
서울대학교 사범대학 수학교육과 교수
서울대학교 명예교수

저서 : 현대대수학, 제 9 판(공저), 정수론, 제 9 판(공저),
선형대수학, 제 5 판(공저), 수학교육교재론(공저)

정 수 론 제9판

2019 년 11 월 20 일 발행 1쇄
2023 년 1 월 20 일 발행 2쇄

저 자 : 박승안 · 김응태
펴낸이 : 조경희
펴낸곳 : 경문사
서울특별시 마포구 와우산로 174
전화 : (02) 332-2004
FAX : (02) 336-5193
등록 : 1979. 11. 9. 제 1979-000023 호

가격 : 34,000원

ISBN : 979-11-6073-291-7

www.kyungmoon.com